3차원 반도체

THREE-DIMENSIONAL INTEGRATION OF SEMICOND

3차원 반도체

콘도 가즈오
카다 모리히로
다카하시 켄지 _편저

장인배 _역

씨아이알

머리말

반도체의 3차원 집적화에 대한 개념은 이미 1969년 '반도체 구조를 관통하는 모래시계 형상의 도전성 연결기구'라는 명칭으로 IBM社에 의해서 미국 특허로 출원되었다(http://www.google.com.mx/patents/US3648131). 이 상호연결기구는 모래시계 형상을 가지고 있었다. 1969년 이래, 3차원 집적에 대한 개념은 전 세계의 반도체업계에 널리 퍼지게 되었고, 40개 이상의 컨소시엄과 기업들이 이 기술의 개발을 수행하고 있다. 이 발명이 출원되고 40여 년이 지난 현재, 반도체의 3차원 집적이 매우 일반화되었으며, 첨단 전자회로에 적용되고 있다.

이 책에서는 최신 3차원 반도체 집적기술에 대해서 다루고 있다. 1장에서는 3차원 집적화의 연구와 개발역사에 대해서 살펴본다. 2장에서는 최근의 3차원 집적와의 연구와 개발활동 그리고 활용현황을 설명한다. 3장에서는 실리콘관통비아(TSV)의 생성공정을 설명한다. 4장과 5장에서는 웨이퍼의 취급, 웨이퍼 박막화 그리고 웨이퍼와 다이 접합 등을 다룬다. 6장에서는 계측과 검사에 대해서 설명한다. 7장에서는 신뢰성과 특성분석 이슈에 대해서 논의한다. 8장에서는 3차원 집적 회로 시험의 경향과 기술개발을 다룬다. 9장에서는 2008~2012년 사이에 NEDO와 ASET에서 수행한 연구개발 프로젝트의 결과에 대해서 요약하고 있다.

이 책이 반도체 3차원 집적기술을 공부하는 초심자들뿐만 아니라 산업체와 학계에서 이 분야에 종사하는 엔지니어들에게도 도움이 되기를 진심으로 바란다. 2000년에 ASET 멤버들이 우리 대학교를 방문하여 저자에게 구리전착 다마스쿠스 공정으로 생성한 접촉비아에 비해서 훨씬 더 큰 연결비아를 충진하기 위하여 도움을 요청했을 때에 매우 놀랐었다. 이것이 저자가 3차원 집적에 대한 연구를 시작하게 된 계기가 되었다. 두 명의 편집자들인 카다 모리히로와 다카하시 켄지는 예전에 ASET의 리더였다. 이 책을 출판하도록 기회를 제공해준 스프링거社의 하월에게 감사를 드리는 바이다.

오사카 대학교 **콘도 가즈오**
오사카 대학교 **카다 모리히로**
오이타 대학교 **다카하시 켄지**

역자 서언

반도체업계는 지난 50여 년간 소자크기의 축소와 집적화를 통해서 지속적으로 용량과 성능을 향상시켜왔다. 하지만 2000년대 초반 157[nm] 파장을 사용한 광학식 노광기술의 개발을 실패하고 나서, 193[nm] 파장을 20년 넘게 사용하게 되면서 파장의 한계를 극복하고 소자의 집적도를 높이기 위해서 액침노광, 분해능강화보조형상, 절반피치 및 사분할 피치 노광기법, 위상시프트 마스크 등 다양한 기술들이 출현하였으며, 이를 통해서 10[nm]대의 초미세선폭을 구현하는 단계에 이르게 되었다. 하지만 임계치수는 파장에 비례하며 개구수에 반비례한다는 광학법칙의 한계를 거스를 수 없기 때문에 반도체업계에서는 극자외선 노광기의 개발에 매달렸으며, 최근 들어서 ASML社에서는 극자외선(13.5[nm])을 사용하는 노광장비의 상용화가 성공하여 반도체 업계는 머지않아 7[nm]와 5[nm] 공정을 상용화할 수 있을 것으로 기대되고 있다.

기존의 반도체 생산공정은 평면형 웨이퍼에 다이라는 구획을 설정하고 노광기법을 사용하여 패턴을 성형하는 방식을 채택하여 대량생산을 실현하였다. 하지만 기존의 반도체 생산공정을 사용하면 로직, 메모리, (아날로그)센서 등 이종 칩들을 하나의 웨이퍼 또는 다이상에서 구현하기 위해서는 너무 많은 공정들이 추가되어야 하므로 대량생산을 통한 경제성 확보가 어려워지기 때문에, 하이브리드 칩의 생산은 극히 제한적인 분야에서만 수행되었다. 그런데 최근 들어서 실리콘관통비아(TSV)를 갖춘 초박형 웨이퍼의 접합공정이 개발되면서 3차원 적층접합을 기반으로 하여 초고속 대용량 메모리나 다양한 하이브리드 칩들을 생산할 수 있는 길이 열리게 되었다.

그런데 초박형 웨이퍼의 가공이나 실리콘관통비아의 생성, 웨이퍼 간 접합 등과 같은 공정들은 전통적인 기계식 연삭가공방법이나 전기화학적 도금방법으로는 해결할 수 없는 기술적 난제들을 가지고 있다. 이런 가공분야는 전자공학 기반의 엔지니어들이 해결할 수는 없는 분야이기에 기계공학적 지식을 갖춘 가공전문 엔지니어의 양성이 필요하지만 반도체업계의 기술적 은밀성으로 인하여 기계공학 전공자들의 접근이 어렵다는 것이 지금의 현실이다. 이런 전문인력의 양성은 기업보다는 대학에서 맡아야 하겠지만, 현재의 대학은 SCI논문이라는 족쇄에 잡혀서 국가 기간산업에 필요한 전문인력의 양성보다는 새로운 논문주제의 탐색에 몰입하게 되면서, 기계공학과에 기계설계나 정밀가공 전공교수가 없고, 전자공학과에 회로설계나 회로해석 전공교수가 없어지는 황당한 상황을 겪고 있다.

따라서 기업이 자체적으로 사내 전문인력 양성기관을 운영하여 필요한 교수요원의 양성과 전문인력의 교육을 해결해야 하는 처지에 이르게 되었다. 역자는 과거 10여 년 동안 세계 최대의 메모리반도체업체와 오랜 자문과 교육을 수행해왔으며, 이를 통해서 반도체 업계에서 우리나라가 압도적인 기술력 우위를 점유하기 위해서는 전문 기술인력 교육이 반드시 필요하다는 것을 절감하게 되었다. 이 책은 반도체 분야에 종사하는 기계공학 기반의 전문 기술인력 양성을 위해서 번역하였으며, 그 목적에 충실하게 활용되기를 바라는 바이다.

2017년 12월 24일

강원대학교 **장인배**교수

기여자

Tsubasa Bandoh Okamoto Machine Tool Works, Ltd., Annaka, Gunma, Japan

Raleigh Estrada Carl Zeiss X-ray Microscopy Inc., Pleasanton, CA, USA

Michael Feser Carl Zeiss X-ray Microscopy Inc., Pleasanton, CA, USA

Gilles Fresquet FOGALE nanotech, NÎMES, France

Hiroaki Fusano 3DI Dept. ATS BU, Tokyo Electron Ltd., Tokyo, Japan

Allen Gu Carl Zeiss X-ray Microscopy Inc., Pleasanton, CA, USA

Takashi Haimoto Dicer Grinder Marketing Team, Marketing Group, Sales Engineering Division, DISCO Corporation, Ota-ku, Tokyo, Japan

Masaki Hashizume The University of Tokushima, Tokushima, Japan

Yoshinobu Higami Ehime University, Ehime, Japan

Yoshihito Inaba Hitachi Chemical Co., Ltd., Ibaraki, Japan

Toshihiro Ito Okamoto Machine Tool Works, Ltd., Annaka, Gunma, Japan

Bruce Johnson Carl Zeiss X-ray Microscopy Inc., Pleasanton, CA, USA

Morihiro Kada Osaka Prefecture University, Osaka, Japan

The National Institution of Advanced Industrial Science and Technology(AIST), Ibaraki, Japan

Tadashi Kamada DENSO Corp., Aichi, Japan

Shuichi Kameyama Fujitsu Limited, Kanagawa, Japan

Harufumi Kobayashi Lapis Semiconductor, Kanagawa, Japan

Kazuo Kondo Osaka Prefecture University, Osaka, Japan

Mitsuma Koyanagi NICHe, Tohoku University, Miyagi, Japan

Yutaka Kusuda R&D Division, SAMCO Inc., Kyoto, Japan

Kangwook Lee NICHe, Tohoku University, Miyagi, Japan

Shyue-Kung Lu National Taiwan University of Science and Technology, Taipei, Taiwan (R.O.C.)

Takahiko Mitsui Okamoto Machine Tool Works, Ltd., Annaka, Gunma, Japan

Fumihiko Nakazawa FUJITSU LABORATORIES LTD., Kanagawa, Japan

Tomoyuki Nonaka R&D Division, SAMCO Inc., Kyoto, Japan

Toshihisa Nonaka Toray Research Center, Inc. (TRC), Shiga, Japan

Kenichi Osada Hitachi Ltd., Tokyo, Japan

Sylvain Perrot FOGALE nanotech, NÎMES, France

Jean-Philippe Piel FOGALE nanotech, NÎMES, France

Zvi Roth Florida Atlantic University, Boca Raton, FL, USA

Kazuta Saito 53M Japan Limited, Sagamihara-shi, Kanagawa, Japan

Itsuko Sakai Graduate School of Engineering, Nagoya University, Nagoya, Japan

Osamu Sato Lasertec Corporation, Yokohama, Japan

Makoto Sekine Graduate School of Engineering, Nagoya University, Nagoya, Japan

Haruo Shimamoto Advanced Industrial Science and Technology(AIST), Ibaraki, Japan

Hiroshi Takahashi Computer Science, Graduate School of Science and Engineering, Ehime University, Ehime, Japan

Kenichi Takeda Hitachi Ltd., Tokyo, Japan

Hideo Takizawa Lasertec Corporation, Yokohama, Japan

Masahiko Tanaka SPP Technologies Co., Ltd., Amagasaki, Hyogo, Japan

Yoshitaka Tatsumoto Lasertec Corporation, Yokohama, Japan

Osamu Tsuji R&D Division, SAMCO Inc., Kyoto, Japan

Shiro Uchiyama Micron Memory Japan, Kanagawa, Japan

Senling Wang Ehime University, Ehime, Japan

Fumiaki Yamada IBM Research, Tokyo, Japan

Eiichi Yamamoto Okamoto Machine Tool Works, Ltd., Annaka, Gunma, Japan

Masahiro Yamamoto 3DI Dept. ATS BU, Tokyo Electron Ltd., Minato-ku, Tokyo, Japan

Tsuyoshi Yoshida Okamoto Machine Tool Works, Ltd., Annaka, Gunma, Japan

Hiroyuki Yotsuyanagi The University of Tokushima, Tokushima, Japan

약어 색인

3DASSM	3차원 올실리콘시스템모듈	3D All Silicon System Module
3DIC	3차원 시스템통합학회	3D system integration conference
3D-IC	3차원 집적회로	3D integrated circuit
3DM3	3차원 집적회로 다중프로젝트 운영	3D-IC Multiproject Run
3D-SIC	3차원 적층식 집적회로	3D stacked Integrated Circuits
3D-SiP	3차원 패키지형 시스템	3D system in package
3D-WLP	3차원 웨이퍼 레벨 패키지	3D wafer level packaging
A*STAR	싱가폴 과학기술연구부	Agency for Science, Technology, and Research
ABM	아날로그 경계모듈	Analog boundary module
ACF	이방성 도체필름	anisotropic conductive film
ADC	아날로그-디지털 변환기	Analog-to-digital convertor
ADSTATIC	진보된 적층 시스템기술과 응용 컨소시엄	Advanced Stacked-System Technology and Application Consortium
AFM	원자 작용력 현미경	Atomic force microscopy
AIST	산업기술총합연구소	Advanced Industrial Science and Technology
AMD社	어드밴스트 마이크로 디바이스	Advanced Micro Device
APIC	선진 패키징과 상호연결	advanced packaging and interconnect
AR	종횡비	aspect ratio
ARD	종횡비 의존성	AR dependence
ASET	초선단전자기술개발기구	Association of Super-Advanced Electronics Technologies
ASIC	주문형 반도체	Application specific integrated circuit
ASSM	올실리콘시스템모듈	All Silicon System Module
ASU	애리조나 주립대학교	Arizona State University
A-SW	아날로그 스위치	analog switch
ATPG	자동 시험패턴 생성기	Automatic test pattern generator
B2F	배면 대 면	Back-to-face
BAA	접착정렬정확도	bonding alignment accuracy
BEOL	후공정 또는 배선형성공정	Back-end-of-line
BER	비트오류율	bit error rate
BG	배면연삭	Back grinding
BGA	연삭볼 어레이	ball grind array
BIS	후방조명센서	back illuminated sensor
BIST	내장자체시험	Built-in self test
BKM	최고지식법	best of knowledge method
BMD	벌크미세결함	Bulk micro defect

BMFT	독일연방 교육연구부	German Federal Ministry of Education and research
BSI	후방조명	Back side illuminated
C2C	칩-칩	chip to chip
C2S	칩-기판	chip-to-substrate
C2W	칩-웨이퍼	chip to wafer
CCD	전하결합소자	charge coupled device
CCP	용량결합플라스마	Capacitively-coupled plasma
CDS	상관이중샘플링	Correlated double sampling
CIS	CMOS 영상센서	CMOS image sensor
CMC	금속업체	commercial metal company
CMOS	상보성 금속산화물반도체	complementary metal-oxide-semiconductor
CMP	화학적 기계연마	Chemical mechanical polishing
CMP社	써킷스 멀티프로젝트社	Circuits Multi Projects
CNSE	나노스케일 과학 및 공학대학	College of Nanoscale Science and Engineering
COO	소유비용	cost of ownership
CoWoS	칩온웨이퍼온기판	Chip-on-wafer-on-substrate
CPU	중앙처리장치	central processing unit
C-SAM	균일깊이모드 초음파주사현미경	constant-depth mode scanning acoustic microscope
CSP	칩 스케일 패키지	chip scale package
C-t	커패시턴스시간	Capacitance-time
CTE	열팽창계수	Coefficient of thermal expansion
CUBIC	점증접합 집적회로	Cumulatively Bonded IC
CUF	모세관충진	Capillary underfill
CUT	시험회로	Circuit under test
CVD	화학기상증착	Chemical vapor deposition
CVS3D	비전, 센서 및 3차원 집적회로 센터	Center for Vision, Sensors and 3DIC
CW	지속파	continuous wave
CZ	초크랄스키	Czochralski
DARPA	미국국방첨단과학기술연구소	Defense Advanced Research Projects Agency
DBG	연삭전절단	dicing before grinding
DBI	직접접합상호연결	Direct Bond Interconnect
DC	직류	direct current
DDR3	3형 이중데이터율	double data rate type 3
DDR4	4형 이중데이터율	Double data rate type 4
DeCap	비동조화 커패시터	De-coupling capacitor
DFT	시험회로설계	Design for test
DI	탈이온	deionized
DLL	지연고정루프	delay locked loop
DMSO	디메틸술폭시드	dimethyl sulfoxide
DoD	미 국방부	US Department of Defense

DOF	피사계심도	Depth of Field
DP	건식연마	dry polishing
DRAM	동적 임의접근 메모리	dynamic random access memory
DRM	쌍극형 링자석	dipole ring magnet
DUT	피시험장치	Device under test
DZ	무결함영역	Denuded zone
EBSD	후방산란전자회절	Electron backscatter diffraction
ECS	전기화학협회	elcetrochemecal society
ECTC	전자소자와 기술학회	Electronic components and technology conference
EDA	전자설계자동화	Electronic design automation
EDX	에너지분산 엑스레인 분광법	Energy dispersive X-ray spectroscopy
EEB	전기도금-증발 범핑	electroplating-evaporation bumping
EG	외부게터링	Extrinsic gettering
EMC	장비와 소재 컨소시엄	Equipment and Materials Consortium
EMC-3D	반도체 3차원 장비와 소재 컨소시엄	Semiconductor 3D Equipment and Materials Consortium
ENOB	유효비트수	Effective number of bits
ESD	정전기방전	Electro-satic-discharge
Eu	공융(최저온도에서 융해하는)	eutectics
F2B	면 대 배면	face to back
F2F	면 대 면	face to face
FC	플립칩	flip chip
FD	평탄화 디스크	flattening disk
FD-OCT	푸리에영역 광간섭단층촬영	Fourier domain optical coherence tomography
FDR	주파수영역 반사계	frequency domain reflectometry
FEM	유한요소법	Finite element method
FEOL	전공정	Front-end-of-line
FF	플립플롭	Flip Flop
FO-WLP	팬아웃 웨이퍼레벨 패키징	fan-out wafer level packaging
FPGA	필드 프로그래머블 게이트 어레이	Field programmable gate array
FPS	초당 프레임 수	frame per second
FWHM	반치전폭	full width at half maximum
GA	유전알고리즘	genetic algorithm
GOF	적합도	goodness of fit
g-DP	게터링-건식연마	Gettering-dry polish
GPU	그래픽처리장치	graphics processor units
GS	그룹신호	ground signal
GSF	스캔플롭통로	gated scan flop
GUI	그래픽 사용자 인터페이스	graphical windows user interface
HBM	광대역 메모리	high bandwidth memory
HEP	고에너지물리학	high-energy physics

HF	불화수소산	hydrofluoric
HMC	하이브리드 메모리큐브	Hybrid memory cube
HMCC	하이브리드 메모리큐브 컨소시엄	Hybrid memory cube consortium
HPC	고성능컴퓨팅	
HPM	염산 과산화물 혼합체	hydrochloric acid peroxide mixture
HPMJ	고압마이크로제트	high-pressure micro-jet
I/O	입출력	input/output
I2C	상호집적회로	Inter-integrated circuit
IC	집적회로	integrated circuit
ICF	층간충진재료	Inter chip fill
ICP	유도결합플라스마	inductively coupled plasma
IDDQ	집적회로 정동작전류	IntegratedCircuitQuiescentCurrent
IDM	통합장비제조업체	integrated device manufacturer
IEEE	미국 전기전자학회	Institute of Electrical and Electronics Engineers
IF	인터페이스	interface
IG	내부게터링	Intrinsic gettering
IIAP	벨기에 반도체공동연구소의 산업체 제휴 프로그램	IMEC's Industrial Affiliation Program
ILC	국제선형충돌기	International Linear Collider
ILP	정수선형 프로그램	Integer linear programming
IMC	금속간화합물	Inter metallic compound
IME	싱가포르 전자공학연구소	Institute of microelectronics
IMEC	벨기에 반도체공동연구소	Interuniversity Microelectronics Center
IP	지적재산권	Intellectual property
IPG	인라인 공정게이지	Inline process gauge
IR	적외선	infrared
ITRI	산업기술연구원	Industrial technology research institute
ITRS	국제 반도체기술 로드맵	International technology roadmap for Semiconductors
JEDEC	합동전자장치엔지니어링협회	Joint Electron Device Engineering Council
JEITA	일본 전자정보기술산업협회	Japan Electronics and Information Technology Industries Association
JGB	야누스그린B	Janus green B
JTAG	연합검사수행그룹	Joint test action group
KAIST	한국과학기술원	Korea Advanced Institute of Science and Technology
KGD	기지양품다이	Known good die
KOZ	배제영역	Keep out zone
LCD	액정디스플레이	liquid crystal display
LCHIP	논리칩	logic chip
LCI	저가형 인터포저	Low Cost Interposers
LF	무연솔더	Lead free
LMS	국부응력	Locally induced mechanical stress

LO	종광	Longitudinal optical
LS-CVD	액체공급 화학기상증착	Liquid source chemical vapor deposition
LSI	대규모집적	large scale integrations
LSV	선형주사전위계	Linear sweep voltammetry
LTCC	저온동시소성 세라믹	low temperature co-fired ceramic
LTHC	광열변환	light-to-heat conversion
MBIST	메모리 내장자체시험	memory built-in self test
MCHIP	메모리칩	memorychip
MCNC-RDI	노스캐롤라이나 연구개발원 전자센터	Microelectronics Center of North Carolina Research and Development Institute
MCP	다중칩 패키지	multi chip package
MEMS	미세전자기계시스템	micro-electro-mechanical systems
MEOL	중간공정	Middle-end-of-line
MERIE	자기력증강 반응성이온에칭	magnetically enhanced reactive ion etching
METI	일본경제산업성	Japan Ministry of Economy, Trade and Industry
MEWP	웨이퍼 중간처리공정	middle end wafer process
MFC	질량유량제어기	mass flow controller
MIT	매사추세츠공과대학교	Massachusetts institute of technology
MOS	금속산화물실리콘	Metal oxide silicon
MOS C-t	금속산화물실리콘의 정전용량-시간	MOS capacitance time
MOS FET	금속산화물반도체 전계효과 트랜지스터	metal-oxide-semiconductor field-effect transistor
MOSIS	금속산화물반도체 전계효과 트랜지스터 위탁생산서비스	metal-oxide-silicon implementation service
MPW	다중프로젝트웨이퍼	multi-project wafer
MTO	마이크로시스템기술실	Microsystems Technology Office
NCF	비전도성필름	Non-conductive film
NCG	비접촉 측정기	Non-contact gauge
NCP	비전도 페이스트	Non-conductive paste
NCSU	노스캐롤라이나 주립대학교	North Carolina State University
NEDO	신에너지산업기술종합개발기구	New Energy and Industrial Technology Development Organization
NIR	근적외선	near-infrared
nMOSFET	전자채널 금속산화물반도체 전계효과트랜지스터	electron channel metal-oxide-semiconductor field-effect transistor
NRL	해군연구소	Naval Research Laboratory
OCT	광간섭성 단층촬영기	optical coherence tomography
OES	광학발광분광기	optical emission spectroscopy
OSAT	반도체조립 및 시험 외주업체	Outsourced semiconductor assembly and test
OSP	유기땜납보존제	Organic solderability preservative
PAUF	사전충진	Pre-applied underfill
PBO	p-페닐렌 벤조비속사졸	p-phenylene benzobisoxazole

PC	개인용 컴퓨터	personal computer
PCB	인쇄회로기판	printed circuit board
PCI	주변장치상호접속	peripheral component interconnect
PDN	배전망	Power distribution network
PECVD	플라스마 증강 화학기상증착	Plasma enhanced chemical vapor deposition
PEG	폴리에틸렌글리콜	Polyethylene glycol
PG	폴리그라인드	Poligrind
PHY	물리층	physical layer
PI	폴리이미드	polyimide
PLL	위상고정루프	phase locked loop
PMD	층간유전체층	Pre-metal dielectric
PoP	패키지 온 패키지	package on package
PRC	패키지 연구센터	Packaging Research Center
PTFE	폴리테트라플루오로에틸렌	polytetrafluoroethylene
PVA	폴리비닐 알코올	polyvinyl alcohol
PVD	물리기상증착	Physical vapor deposition
PZT	티탄산지르콘산납	lead zirconate titanate
R&D	연구개발	research and development
RC	저항성 커패시턴스	resistive capacitive
RDIMM	이중레지스터 직렬메모리모듈	registered dual Inline memory module
RDL	재분배라인	Re-distribution line
RF	무선주파수	radio frequency
RF-MEMS	무선주파수 미세전자기계시스템	Radio frequency micro electro mechanical systems
RGB	적녹청	Red green blue
RI	굴절률	reflective index
RIE	반응성이온에칭	Reactive ion etching
ROI	관심영역	Region of interest
RRDE	회전원판링전극	Rotating ring disk electrode
RST	실리콘 잔류두께	remaining silicon thickness
RT	상온	room temperature
SAIT	삼성종합기술원	Samsung Advanced Institute of Technology
SCE	포화칼로멜전극	saturated calomel electrode
SCP	칩 스케일 패키지	Chip-scale package
SCS	단결정 실리콘	Single cristal silicon
S-CSP	적층식 칩 스케일 패키지	stacked chip scale package
SD-OCT	스펙트럼 도메인 광간섭성 단층촬영기	spectral domain optical coherence tomography
SDR	1배속	Single Data Rate
SEM	주사전자현미경	scanning electron microscope
SEMI	국제반도체장비재료협회	semiconductor equipment and materials international
SIA	미국 반도체산업협회	Semiconductor Industry Association

SiC	적층식 집적회로	stacked integrated circuit
Si-IP	실리콘 인터포저	silicon interposer
SIMS	이차이온질량분석	Secondary ion mass spectrometry
SiP	패키지형 시스템	system in package
SLD	초발광 다이오드	superluminescent diodes
SMIC社	국제반도체제조社	Semiconductor Manufacturing International Corporation
SNR	신호대잡음비	signal to noise ratio
SoC	시스템온칩	system on chip
SPDT	단극쌍투형	Single pole double throw
SPS	이황화 3-술포프로필	3-sulfopropyl disulfide
SPST	단극단투형	Single pole single throw
SRAM	정적 임의접근 메모리	static random-access memory
SRC	반도체연구회사	Semiconductor Research Corporation
SSE	황산은 전극	silver sulfate electrode
SSI	적층식 실리콘 집적	stacked silicon integration
SSO	동시 스위칭 출력	Simultaneous switching output
SS-OCT	스윕광원 광간섭성 단층촬영기	swept source optical coherence tomography
SSSR	위치형상 경사범위	site shape slope range
SUNY	뉴욕주립대학교	The State University of New York
TAM	접근검사메커니즘	Test access mechanism
TAMU	텍사스 A&M 대학교	Texas A&M University
TAP	접근검사 포트	Test access port
TAT	시험소요시간	Test application time
TBIC	시험용 버스 인터페이스회로	Test bus interface circuit
TCB	열압착본딩	Thermal compression bonding
TCI	박막칩조립	thin-chip-integration
TCK	시험용 클록	test clock
TCV	칩관통비아	Through chip via
TDC	시간-디지털 변환기	Time-to-digital converter
TDCBS	영역주사기에 내장된 시간-디지털 변환기	time to digital converter embedded in boundary scan
TDI	시험데이터입력	test data in
TDO	시험데이터출력	test data out
TD-OCT	시간도메인 광간섭성 단층촬영기	time domain optical coherence tomography
TDR	시간도메인 반사계	time domain reflectrometry
TEG	시험요소그룹	Test element group
TEL社	도쿄전자	Tokyoelectron
TEM	투과전자현미경	Transmission electron microscopy
TEOS	테트라에틸 오소실리케이트	Tetraethyl orthosilicate
TG	작업그룹	task group
TGA	열중량분석	thermo-gravimetry analysis

TMA	반복시간다중화	time-multiplexed alternating
TMS	열처리응력	Thermo-mechanical stress
TMS	시험모드선정	test mode select
TMV	몰드관통비아	through mold via
TRST	시험용 리셋	test reset
TRXF	엑스레이 반사형광	Reflection X-ray fluorescence
TSI	실리콘관통 인터포저	Through Silicon Interposer
TSMC社	대만반도체제조회사	Taiwan Semiconductor Manufacturing Co.
TSP	영업사원방문문제	traveling salesman problem
TSV	실리콘관통비아	through silicon via
TTV	총두께편차	Total thickness variation
TV	시편	Test vehicles
UBD	절단전충진	underfill before dicing
UFR	충진용 레진	underfill resin
UHF	극초단파	ultrahigh frequency
UMC社	유나이티드 마이크로일렉트로닉스	United Microelectronics Corporation
UMN	미네소타 대학교	University of Minnesota
UPG	울트라폴리그라인드	Ultra-poligrind
UTAC社	유나이티드 테스트앤드어셈블리센터	United Test and Assembly Center Ltd
UV	자외선	Ultraviolet
VCO	전압제어발진기	Voltage controlled oscillator
VC-V	정전용량-전압	Capacitance-voltage
VDED	VLSI 설계교육센터	VLSI design and education center
VDL	버니어 지연선	vernier delay line
VFPGA	가상필드 프로그래머블 게이트 어레이	virtual field-programmable gate array
VISA	수직연결 센서어레이	vertically interconnected sensor arrays
VNA	벡터 회로망 분석기	Vector network analyzer
VOT	출력변수이진화	Variable output thresholding
VUVAS	진공자외선흡수분광학	Vacuum ultraviolet absorption spectroscopy
W2W	웨이퍼-웨이퍼	Wafer to wafer
WIR	덮개제어 레지스터	wrapper instruction register
WLP	웨이퍼단위 패키징	wafer level packaging
WSS	웨이퍼지지기구	Wafer support system
XPS	엑스레이 광전자분광법	X-ray photoelectron spectroscopy
YAG	이트륨 알루미늄 가넷	yttrium-aluminum-garnet
ZiBond	집트로닉스 직접 산화물 본딩	Ziptronix's Direct Oxide Bonding
μRS	마이크로라만 분광법	micro-raman spectroscopy

Contents

CHAPTER 01 3차원 집적기술의 연구개발 역사

CHAPTER 02 3차원 집적기술의 최근 연구개발 동향

CHAPTER
03

실리콘관통비아공정

웨이퍼 취급과 박막가공 공정

CHAPTER 07

실리콘관통비아의 특성과 신뢰성
3차원 집적회로 공정이 디바이스의 신뢰성에 미치는 영향

CHAPTER 08 3차원 집적회로 시험기술 동향

CHAPTER 09 초선단전자기술개발기구의 드림칩 프로젝트

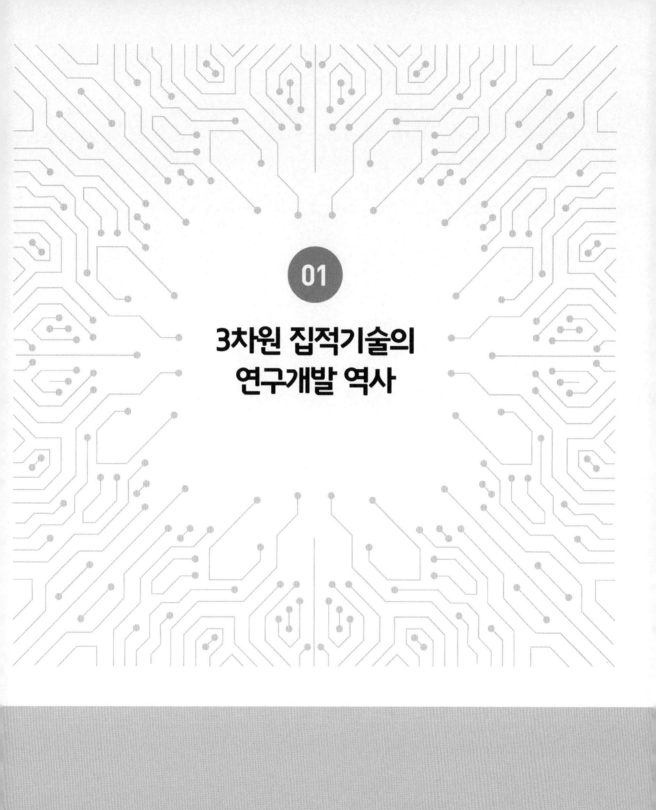

01

3차원 집적기술의
연구개발 역사

CHAPTER 01

3차원 집적기술의 연구개발 역사

1.1 서 언

반도체 집적회로는 무어의 법칙에 따라서 개발이 이루어져왔다. 1965년에 만들어진 이 추정에 따르면, 조밀한 집적회로 내의 트랜지스터 숫자는 2년마다 두 배로 증가하며, 산업계는 이 경향에 따라서 개발을 지속해왔다.[1] 하지만 향후의 기술발전과 관련되어서는 두 가지 서로 다른 개념들이 제안되었다. 그중 하나인 **무어의 법칙 지속**[1]에서는 기술발전이 무어의 법칙에서 제시하는 배율법칙을 계속 따라간다고 제시하고 있으며, 또 다른 개념인 **무어의 법칙 초월**[2]에서는 기능의 발전과 다각화를 강조하고 있다.[2]

1.1.1 국제반도체기술로드맵

2005년에 열린 국제반도체연구자들의 모임(ITRS, 국제반도체기술로드맵)에서 무어의 법칙 초월이라는 개념이 도출되었다. 이로부터 2년 후인 2007년 ITRS에서는 이런 개념들이 공식적으로 정의되었다. 우리는 **그림 1.1**에 도시되어 있는 이런 개념들 중에서 두 가지 분야인 크기축소와 기능적 다각화에 초점을 맞추었다.

---

1 More Moore
2 More than Moore

1. 크기 축소 : **그림 1.1**의 수직축에 표시되어 있는 **무어의 법칙 지속**

   a. **기하학적 크기 축소** : 이는 지속적인 필드크기 축소라고도 부른다. 이 설계방법론에서는 밀도 증가(단위기능당 비용 절감), 성능(속도와 전력) 향상 그리고 신뢰성 향상 등을 위하여 온칩 로직과 메모리 저장요소의 수평방향 및 수직방향 물리적 크기 축소를 추구한다 (그림 1.1).

   b. **유효크기 축소** : 이 방법에서는 (a) 3차원 디바이스 구조(설계인자)의 개선뿐만 아니라 여타의 비기하학적 프로세싱 기법과 칩의 성능에 영향을 미치는 새로운 소재의 활용 등을 포함한다. (b) 다중코어 설계와 같은 새로운 설계기법과 기술의 적용. 무어의 법칙을 계속 지속시키기 위해서 유효크기 축소는 기하학적 크기 축소와 병행하여 수행된다.

2. **기능적 다각화** : **그림 1.1**의 수평축에 표시되어 있는 **무어의 법칙 초월**

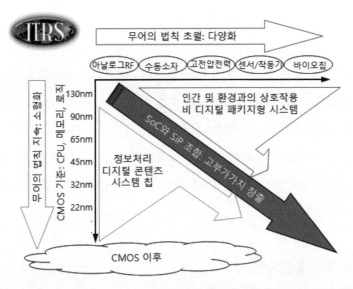

그림 1.1 무어의 법칙 지속과 무어의 법칙 초월 개념에 대한 도식적인 표현

   무어의 법칙이 사용자에게 추가적인 가치를 더해주는 유일한 방법은 아니다. 이에 대응하는 방법은 디바이스에 새로운 기능을 추가하는 기능적 다각화로, 이 경우에는 기존의 하드웨어나 소프트웨어의 크기 축소가 반드시 필요하지는 않다. 무어의 법칙 초월을 위한 이러한 전형적인 방법은 시스템 보드 레벨에서 특정한 칩 레벨(시스템온칩 : SoC) 또는 패키지 레벨(패키지형 시스템 : SiP)로 (무선주파수 통신, 전력제어, 수동소자, 센서 및 작동기 등과 같은) 비디지털 기능을 이전시키는 것이다. 훨씬 더 복잡한 소프트웨어를 시스템온칩이나 패키지형 시스템 속에 내장시

키려는 수요가 증가함에 따라서, 소프트웨어 자체의 크기 축소에 대해서도 고려할 필요가 생겼다. 무어의 법칙 초월을 위한 설계방법론은 디지털과 비디지털 기능들을 콤팩트한 시스템 속에서 함께 구현하는 것을 목적으로 한다.

1.1.2 3차원 집적기술

비록 3차원 집적화 기술이 무어의 법칙을 초월하기 위한 유일한 방법은 아니지만, 일반적으로 가장 중요한 기술개발 전략이라고 간주하고 있다. 과거 40여 년간 지속되어온 트랜지스터의 크기 축소는 실리콘의 원자레벨에 근접하고 있으며, 향후 10~15년 이내로 물리적인 한계에 도달할 것으로 예상된다.

탄소 나노튜브, 스핀트로닉스, 분자스위치 등과 같은 완전히 새로운 디바이스 구조가 개발되어 트랜지스터 기술을 대체할 것이다. 그런데 10~15년 이내로 이런 기술들을 개발할 수는 없다. 이 사이에는 3차원 집적화 기술이 성능과 경제성 향상을 지속시킬 수 있는 현실적인 해결방안이다.[4]

무어의 법칙 초월은 단지 무어의 법칙 지속이 가지고 있는 한계를 넘어서는 것만이 아니며, 패키징 기술의 개선과 발전을 의미하기도 한다. **그림 1.2**에서는 집적회로 패키징 기술의 역사를 보여주고 있다. 1970년대 이후로, 10년마다 패키징 기술은 혁신을 이뤄왔다. 21세기 처음 10년간 은 3차원 패키지형 시스템(3D-SiP)의 시대이며, 현재는 **실리콘관통비아(TSV)**라고 부르는 새로 운 3차원 기술의 개발이 진행 중이다.[5] 실리콘관통비아의 경우, 전극이 실리콘 웨이퍼(또는 칩)

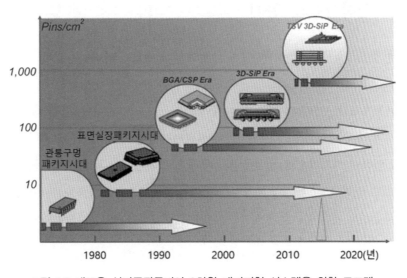

그림 1.2 새로운 실리콘관통비아 3차원 패키지형 시스템을 위한 로드맵

를 완전히 관통한다. 이 기술은 실리콘 웨이퍼 공정기술(전공정 : FEOL)과 반도체 패키징 기술(조립 및 패키징)의 융합을 필요로 한다.

그림 1.3(좌측)에 도시되어 있는 와이어본딩과 같은 기존 기술을 사용하여 3차원 집적화를 수행하는 방안을 **3차원 집적화 패키징 기술**이라고 부른다. 이 책에서는 **그림 1.3**(우측)에 도시되어 있는 것처럼, 반도체 칩을 적층하면서 실리콘관통비아를 사용하여 이를 연결한 시스템에 초점을 맞추며, 이를 3차원 집적화 기술이라고 정의한다.[6] 이 책에서는 트랜지스터들이 적층되어 있거나, 아이비브리지社의 22[nm]세대 CPU에서 도입된 인텔社의 **트라이게이트3** 트랜지스터들을 사용하는 3차원 NAND과 같이, 전공정에 사용하는 3차원 집적회로들에 대해서는 논의하지 않을 예정이다.

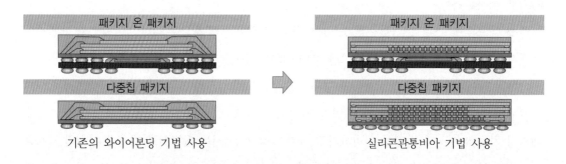

그림 1.3 3차원 집적화 패키징 기술과 3차원 집적화 기술[6]

1.2 3차원 집적기술의 동기

기술개발의 추진동력은 다음의 두 가지 측면에서 설명할 수 있다.

1. 실리콘관통비아를 사용하여 반도체 집적회로 칩들을 연결한다면, 연결거리가 기존의 와이어본딩에 비해서 대략적으로 1/1,000만큼(밀리미터 단위에서 마이크로미터 단위로) 감소된다. 이로 인하여 전기저항과 정전용량이 크게 감소하여 고속과 저전력 작동이 가능해진다.
2. 마운팅 보드 위에 놓인 기존의 패키지들 사이를 (와이어) 연결방식을 사용해서 수천 단위의 연결을 구현하는 것은 어려운 일이지만, 수천 또는 그보다 더 많은 숫자의 실리콘관통비아를

---

3 tri-gate: 인텔이 2011년 5월 공개한 3차원 구조의 새로운 트랜지스터 설계기술을 말한다. 한국경제용어사전

사용하여 실리콘 칩들 사이를 연결하는 것은 간단하다.

유사한 기능들에 국한하여 3차원 집적을 구현할 필요는 없다. 예를 들어, 미세전자기계시스템(MEMS) 디바이스를 반도체 집적회로와 조합하여 특별한 기능성을 개발할 수 있으며, 이를 **3차원 이종 집적화 기술**이라고 부른다.

1.3 3차원 집적기술의 연구개발 역사

1.3.1 3차원 패키징 기술

2015년이 되어서도 **CMOS 영상센서(CIS)** 분야를 제외하고는 3차원 집적회로(실리콘관통비아)의 사용이 일반화되지 못하였다. 반면에 와이어본딩을 사용한 3차원 집적화 패키징 기술을 사용한 대량생산은 계속되고 있었다.

1998년에 샤프社는 와이어본딩 기법을 사용하여 세계 최초로 두 개의 칩이 적층된 **칩 스케일 패키지(CSP)**를 개발하였다.[7] 이보다 전에는 칩 스케일 패키징 기법을 사용하여 칩을 적층한 사례가 없었다. 이를 계기로 샤프社, 미쓰비시社, 히타치社, NEC社, 도시바社, 후지쯔社 등과 같은 일본의 칩 제조사들이 휴대폰 용도로 이를 개발하기 시작하였다. 이 기술을 **적층식 칩 스케일 패키지(S‑CSP)** 또는 **다중칩 패키지(MCP)**라고 부른다. **그림 1.4**에서는 전형적인 적층식 칩 스케일 패키지의 구조를 보여주고 있다.

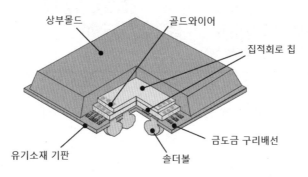

상부몰드 골드와이어 집적회로 칩 금도금 구리배선 솔더볼 유기소재 기판

그림 1.4 적층식 칩 스케일 패키지(S−CSP)의 전형적인 구조

적층식 칩 스케일 패키지 또는 다중칩 패키지는 휴대폰의 핵심 소자인 NOR 플래시 메모리와 **정적 임의접근 메모리(SRAM)**를 조합하기 위해서 최초로 사용되었다. 소형화와 고기능화에 대한 소비자의 요구가 이러한 개발을 촉진시켰다.[8] 샤프社가 세계 최초로 적층식 칩 스케일 패키지를 개발했을 때의 조합식 메모리 개발경쟁을 미국 전자기기기술평의회(JEDEC)의 표준화에 대항하는 **동양대 서양의 전쟁**이라고 불렀다. 이것이 일본 패키징 기술의 역량이 부각되는 계기가 되었다.

비록 초창기에는 상호연결에 와이어본딩 기술만을 사용하였지만, 칩 스케일 패키지의 적층을 통해서 **패키지 온 패키지(PoP)** 모델이 도출되고 나서는, 이 또한 플립 칩 기술에 적용되기 시작했다. 현재는 최신 스마트폰과 태블릿 PC 등에 사용되는 **동적 임의접근 메모리(DRAM)**와 응용회로 및 기저대역 프로세서들을 통합하기 위해서 이들을 적층하는 과정에서 이 기술이 사용되고 있다. 이 기술을 기반으로 하여, **그림 1.5**에 도시된 것처럼 통신분야에서는 **몰드관통비아(TMV)**와 같은 새로운 기술을 지속적으로 개발하고 있다.

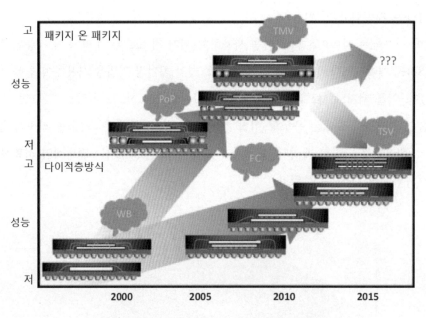

그림 1.5 3차원 집적화 패키징 기술의 발전 동향[10]

플래시메모리 분야의 경우, **그림 1.6**에 도시되어 있는 것처럼, 현재는 8개 이상의 칩을 단일 패키지 속에 적층하고 있다. 당분간은 이 기술이 3차원 집적회로 패키징 기술의 주류가 될 것으로 보인다. 3차원 용량결합이나 유도결합과 같은 무선 상호연결기술들이 개발 중에 있다.

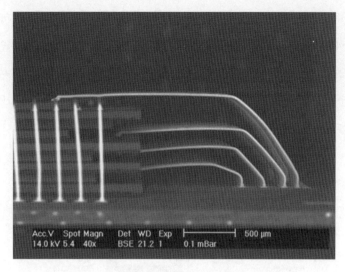

그림 1.6 세계 최초로 9층이 적층된 메모리

1.3.2 실리콘관통비아의 기원

실리콘관통비아 기술에서 사용하는 개념은 전혀 새로운 것이 아니다. 1969년 IBM社는 **반도체 구조를 관통하는 모래시계 형상의 도전성 연결기구**라는 명칭으로 미국특허(USP 3,648,131)를 등록하였다. 이 특허의 초록은 다음과 같다.

제조방법을 포함하는 반도체 집적회로 구조와 더 자세하게는 반도체 웨이퍼의 두 평면을 상호 연결하는 개선된 수단을 안출하였다. 웨이퍼를 관통하여 전도성 연결을 구현하기 위해서 구멍을 식각한 후에, 절연 및 금속 충진을 수행한다. 웨이퍼의 양쪽 면에 능동 또는 수동 디바이스를 성형할 수 있으며, 빔 형상의 리드선이나 허공을 가로지르는 리드선을 사용하지 않고 솔더패드를 사용하여 이들을 기판과 연결할 수 있다. 이에 대한 도면은 **그림 1.7**에 제시되어 있다.

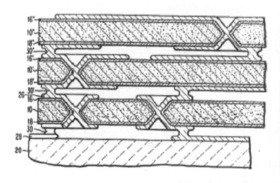
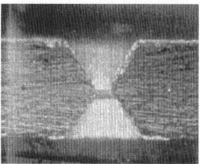

그림 1.7 US Patent 3,648,131A

그 이후로 히타치社와 후지쯔社는 각각 일본특허인 JP(S59)1984-22954(1983년 6월 1일)와 JP(S61)1986-88546(1984년 10월 5일)을 출원하였다. 후지쯔社의 일본 특허인 JP(S63)1988-156348(1986년 12월 19일)에서는 적층칩의 구조를 제시하였다. **그림 1.8**에 도시되어 있는 일본 도호쿠 대학교 연구팀의 1989년과 1991년 학회 발표자료를 통해서 칩 적층기법의 개략적인 특징을 살펴볼 수 있다.

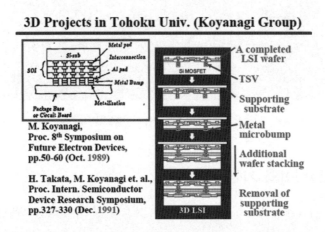

그림 1.8 도호쿠 대학교의 1989년[14] 및 1991년[15] 연구결과 중 일부 발췌

1.3.3 지역별 3차원기술의 연구개발 역사

3차원 집적화/상호연결 기술의 전 세계 연구개발역사

	1999	2000	2001	2002	2003	2004	2005	2006	2007	2008	2009	2010	2011	2012	2013	2014
일본	NEDO연구개발 프로젝트 초고밀도실리콘인터포저						NEDO프로젝트 메모리칩적층기술		연구 준비	NEDO연구개발 프로젝트 드림칩프로젝트				NEDO연구개발 스마트디바이스		
미국						DARPA VISA 프로젝트		DARPA: 3DL1, 3DM2, 3DM3 3차원 회로설계 등								
								SEMATECH 3차원 집적회로 제조공정								
유럽	독일 BMBT		독일 BMBF 프로젝트				유럽(FP6) c-큐브 프로젝트			고신뢰 지능형 나노센서 시스템						
							3차원집적 무선센서 시스템			유럽(FP7) c-브레인스						
							IMC 3D-SiC 프로그램 (2005~) 글로벌/중간레벨 상호연결									
아시아										Ad-STAC 프로그램						
										IME 3DTSV 컨소시엄(2009~)						
										KAIST, 하이닉스, 삼성(한국)						
국제공동							3D EMC(2006~)									
									3D ASSM: 조지아텍(미국), IZM(독일), KAIST(한국)							

그림 1.9 세계적인 3차원 집적화 기술 연구개발의 역사

전 세계적으로 3차원 집적화 기술의 연구개발이 수행되어왔다.[16] 이들 중에서 중요한 사안들이 **그림 1.9**에 요약되어 있다.[17]

1.3.3.1 일본

일본에서는 신기능소자연구개발협회[4]가 1981~1990년 사이에 수행한 3차원 회로요소 연구개발 프로젝트를 통해서 연구개발을 수행하였으며, 이를 통해서 개발된 기술을 **점증접합 집적회로(CUBIC)**라고 불렀다. 이 당시에 실리콘관통비아는 설계에 포함되지 않았었다. (약 2[μm] 두께의) 전자채널 금속산화물반도체 전계효과트랜지스터(nMOSFET) 박막을 벌크 실리콘 디바이스 위에 접착시켰다. 1,600개의 와이어 접합 어레이들의 상호연결을 검사하였으며, 측정된 접촉의 체적저항값인 $5 \times 10^{-6}[\Omega \cdot cm^2]$은 회로의 작동에 부정적인 영향을 미치지 않는 것으로 판명되었다.[18]

일본에서는 1999년에서 2003년까지 5년 동안 초선단전자기술개발기구(ASET)[5]는 **고밀도 전자시스템 집적화 기술 연구개발**이라는 제목의 연구개발 프로젝트를 통해서 실리콘관통비아를 사용한 3차원 집적화 기술에 대한 연구개발을 수행하였다. 이 과제는 일본 경제산업성(METI) 산하의 신에너지·산업기술총합개발기구(NEDO)[6]에서 관리하였다.[19] 이에 뒤이어서 2004년에서 2006년 사이에는 **적층형 메모리칩 기술개발 프로젝트**[20]가 수행되었으며, 2008년에서 2012년 사이에는 **기능혁신형 3차원 집적회로(드림칩) 기술개발 프로젝트**가 수행되었다. 2010년이 되면서, 연구는 환경기술, 인터포저기술, 칩 검사기술, 3차원 집적화 기반기술, 플렉스칩(FPGA)기술 그리고 무선 주파수 MEMS 등에 집중되었다.

일본의 반도체업체들 대부분이 이 프로젝트에 참여하였다. 여기에는 엘피다社, 도시바社, 르네상스社, 로옴社 등의 반도체 기업들과 NEC社, 샤프社, NAC 이미지테크社, IBM社, 파나소닉社, 히타치社, 후지쯔社 등의 전자회사들 그리고 어드반테스트社, DNP社, 이비덴社, 신코社, TEL社, 토판社, 야마이치社 그리고 지큐브社 등의 소재/장비회사들이 포함된다. 더욱이 동경대학교, 동북대학교, 산업기술총합연구소(AIST)[7] 등이 학술분야를 대표하여 참여하였다.[21-23]

2010년에 수행된 중간평가를 통해서 열관리/칩 적층기술, 박형 웨이퍼기술, 3차원 집적화 기술, 초광폭 버스 3차원 패키지형 시스템, (디지털-아날로그) 혼합신호 3차원 집적화 기술 그리고

----

4 Research and Development Association for Future Electron Devices
5 Association of Super-Advanced Electronics Technologies
6 New Energy and Industrial Technology Development Organization
7 National Institute of Advanced Industrial Science and Technology(AIST)

3차원 이종 집적화 기술 등으로 연구개발의 중심이 이동하였다. 이 연구의 결과물들에 대해서는 이 책의 뒷부분에서 다루기로 한다.[24, 25]

그런데 이렇게 긴 기간 동안 일본 정부의 엄청난 투자에도 불구하고, 일본의 반도체 산업은 쇠락해버렸으며, 앞으로의 연구개발이 불투명해졌다.

동경공업대학 소재(2014년까지는 동경대학에 소재)의 **와우 얼라이언스**가 2008년에 설립되었으며,[26] 2011년에는 규슈에서 3차원 반도체연구센터가 개소하였다.[27]

1.3.3.2 일본의 3차원 집적기술 연구개발 프로젝트(드림칩)

2008~2012년 사이 5년의 기간 동안 실리콘관통비아를 이용한 3차원 집적화 기술에 대한 두 번째 풀 스케일의 국가연구개발과제가 수행되었다. 초선단전자기술개발기구(ASET)가 기능혁신형 3차원 집적회로(드림칩) 기술개발 프로젝트를 수행하였으며, 일본 경제산업성(METI)에서 지원하는 IT혁신 프로그램에 기초하여 신에너지·산업기술총합개발기구(NEDO)에서 과제를 관리하였다. 2010년에 수행된 중간평가 이후에, 연구과제는 3차원 집적화공정 기반기술 개발과 실리콘관통비아 활용기술의 두 가지 분야로 집중되었다. 전자에는 열관리/칩적층기술, 박형 웨이퍼기술 그리고 3차원 집적화 기술 등이 포함되었으며, 후자에는 초광폭 버스 2차원 패키지형 시스템, (디지털-아날로그) 혼합신호 3차원 집적화 기술, 3차원 이종 집적화 기술 등이 포함되었다(**그림 1.10** 참조). 이 연구개발과제에 대한 보다 자세한 내용은 9장을 참조하기 바란다.[17, 28]

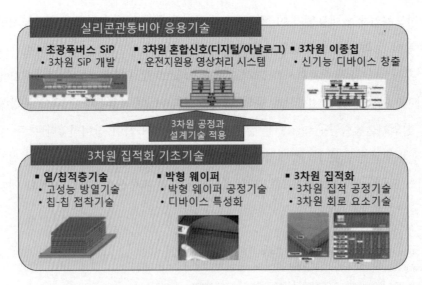

그림 1.10 드림칩 프로젝트의 연구개발 주제들

1.3.3.3 미국

미국 국방첨단과학기술연구소(DARPA)의 마이크로시스템기술관련 연구는 오랜 역사를 가지고 있다. 마이크로시스템기술실(MTO)[8]에서 관리하는 3차원 관련 연구개발 프로젝트들에는 다음이 포함되어 있다.

1. 디지털 증강(3차원 집적회로 프로그램) 다량의 캐시 메모리
   - 광대역 메모리
2. 아날로그 증강(COSMOS 프로그램)
   - 이종통합
   - 이질적 공정기술(SiGe/Si, C.S./Si, SOI/벌크 등)
3. 스마트 초점평면(수직연결 센서어레이(VISA) 프로그램)
   - 개별픽셀처리
   - 고충전율
4. 포토닉스[9](EPIC 프로그램)
   - 광학 및 전자공정단계

미국 국방첨단과학기술연구소(DARPA)가 자금을 지원하고 노스캐롤라이나 연구개발원 전자센터(MCNC‑RDI)가 지원하는 프로젝트가 2003년에 시작되었다. 연구개발을 통해서 아날로그, 디지털 및 혼합신호 회로들로 이루어진 검출기 스택들을 관통하는 마이크로미터 크기의 비아들이 조밀하게 연결되어 있는 구조를 갖춘 수직연결 센서어레이 디바이스가 제작되었다.

매사추세츠 공과대학교 링컨연구실에서는 **SOI 기반의 웨이퍼 스케일 3차원 집적회로기술**을 개발하였다. 이 프로젝트에서는 정밀 웨이퍼 정렬기구와 접착기구, 산화물‑산화물 저온접착 그리고 동축 3차원 비아 등의 기술들을 통합하여 3차원 집적화 기술을 구현하였다. 주요 성과들로는 2006년 4월 3DL1, 2007년 11월 3DM2 그리고 2010년 11월 3DM2를 제작한 것이다. 3DM3 칩 관련 프로젝트에는 대학교와 상업적 연구소, 기업체들이 참여하였다. 여기에는 애리조나 주립대학교(ASU), 노스캐롤라이나 주립대학교(NCSU), 미국 해군연구소(NRL), 미 국방부(DoD), 페르

---

8   Microsystem Technology Office
9   빛을 사용한 정보전달을 다루는 연구 분야. 네이버 어학사전.

미 국립가속기연구소, IBM社, 뉴욕 주립대학교(SUNY), MIT 링컨 연구실 등이 포함되어 있다. 제3차 3차원 집적회로 멀티프로젝트(3DM3) 수행을 통해서 다음과 같이 39가지의 3차원 회로들이 설계되었다.

- **3차원 회로들** 조작방지 인증칩, 적층형 메모리(SRAM & DRAM), 적층형 마이크로프로세서, 고속전송칩, 단일칩 GPS, 네트워크칩, 가변구조형 신경망, SAR 프로세서요소, 무선주파수 스위칭 전력변환기, 3차원 집적회로용 전력관리소자, 무선주파수 MEMS, 이식형 바이오센서, 생체용 랩온칩
- **3차원 영상화 응용** 국제선형충돌기(ILC) 픽셀 검출기, 저전력 패턴인식용 3차원 비전칩, 영상인식기능을 탑재한 다중코어 프로세서, 초점평면 영상화센서, 단위크기 미만의 픽셀 영상화 어레이
- **3차원 특화기술** 3차원 방사선 시험구조, 지터클록 왜곡전파지연, 고속입출력, 무선주파수 빌딩블록, 메타물질 인덕터 그리고 적층형 MOSFET

PTC社, 노스텍사스 주립대학교(NTSU), R3Logic社, 미네소타대학교(UMN) 등에 의해서 3차원 설계 소프트웨어들이 개발되었다.[29-32]

2004년에서 2006년 사이에 국제 SEMATECH에서는 다음과 같은 자료들을 발표하였다. 2004년 6월 10일에는 2005년의 기술적 도전과제 순위를 발표하였으며, 여기에 3차원 상호연결이 처음으로 진입하였다.[33] 2006년 2월 9일에는 계속되는 CMOS의 크기 축소에 따른 기술적 도전에 대한 해결방법의 범위를 넓히기 위해서 반도체 업계에서는 3차원 상호연결 기술의 타당성을 고찰하기 위해서 프로젝트를 시작하였다.[34] 또한 2010년 12월 13일에는 SEMATECH, 미국 반도체산업협회(SIA), 반도체연구회사(SRC) 등은 3차원 이종 집적화와 관련된 산업체의 표준화 작업과 기술사양에 대한 일원화를 주도하기 위해서 새로운 3차원 표준화 프로그램을 시작한다고 발표하였다.[35]

2011년 9월 13일 기준으로 SEMATECH의 회원사는 하이닉스社, IBM社, 인텔社, 삼성社, ADI社 그리고 통합 데이터베이스 관리시스템업체인 ON 세미컨덕터社 등이었다. 주문생산공장에는 글로벌파운드리社, TSMC社, UMC社 등이 포함된다. 무설비업체에는 HP社, 알테라社, LSI社, 퀄컴社 등이 포함된다. 외주반도체 조립 및 시험업체(OSAT)로는 ASE社가 참여하고 있다. 공급업체에는 아토텍社, COSAR社, NEXX社, TEL社, R&D 파트너스社, CNSE/FRMC社, NIST, SRC 등이 포함된다.[36]

1.3.3.4 유럽

2010년 11월 16~18일에 뮌헨에서 개최된 IEEE 3차원 집적화 컨퍼런스의 환영강연에서 회고된 자료에 따르면, 유럽의 3차원 집적화 기술은 오랜 역사를 가지고 있다.[37]

씨멘스社, AEG社, 필립스社, 프라운호퍼 IFT 등은 3차원 집적회로 기술의 개발을 위해서 1987년에서 1989년 사이에 컨소시엄을 운영하였다. 1980년대부터 2000년대 초반까지의 기간 동안, 이 프로젝트들은 독일의 연구부(BFMT)와 독일연방 교육연구부(BMBF)의 지원을 받았으며, 후속 프로젝트들은 유럽연합의 지원을 받았다. 2006년부터 2009년까지 유럽의 집적회로기술 관련 프로젝트인 e-CUBES(3차원 집적된 무선센서 시스템, 3차원 이종집적을 위한 기술플랫폼)[10]가 수행되었다. 이들에 따르면, 필립스社의 헬스&피트니스 시연장치용 박막칩 집적화 기술(TCI/UTCS), 실리콘관통비아 기술을 활용한 고체-액체 상호확산(SLID)방식 수직방향 집적화 기술(ICV), 인피니언社의 시제자동차에 장착한 HoViGo와 탈레스社의 시제항공기에 장착한 HiPPiP 등과 같이 최적화된 3차원 집적화 기술이 세 가지의 e-CUBES 적용사례 개발에 성공적으로 활용되었다.[38, 39]

그리고 최근의 제7차 유럽 집적회로기술체계(FP7 : 2007-2013)에서는 e-BRAINS(3차원 이종 시스템 집적을 위한 최고의 신뢰성을 갖춘 지능형 환경감시 나노센서 시스템)[11] 프로젝트를 통해서 기술관련 연구개발과 실증활동이 수행되었다. 이 프로젝트에는 인피니언社, 프라운호퍼, 씨멘스社, SINTEF社, 센서노아社, IMEC社, SORIN그룹, CEA社, IQE社, EPFL, 3D플러스社, 틴들社, DMCE社, TU, 버몬社, ITE社, 마그나다이아그노스틱스社, 켐니츠기술대학 그리고 Eesyid社 등이 참여하였다. 적용사례에는 입자형 스마트 바이오센서, 적외선 정상화, 의료용 능동 임플란트, 대기질 측정시스템, 스마트 초음파 영상화 프로브 등이 포함되어 있다.[40, 41] 다음에서는 2005년에 벨기에 반도체공동연구소(IMEC)가 발표한 내용과 2011년에 전자정보기술연구소(CEA-Leti)에서 발표한 내용을 요약하여 놓았다.

2005년 7월에 벨기에 반도체공동연구소는 3차원 적층형 집적회로(3D-SIC)의 개발을 위한 선진패키징과 상호연결(APIC) 프로젝트를 출범시킨다고 발표하였다. 이 프로젝트에는 전 세계 30여 개의 집적장치제조업체(IDM), 시스템업체, 패키징, 조립 및 시험업체 등이 참여하였다. 이 프로그램을 통해서 글로벌레벨 또는 중간레벨의 칩 와이어링 체계들을 서로 연결하는 방식을 연구하였다.[42]

또한 벨기에 반도체공동연구소(IMEC)는 3차원 웨이퍼레벨 패키징(3D-WLP)과 전통적인 패

---

10 제6차 유럽 집적회로기술체계
11 BRAINS: Best Reliable Ambient Intelligent Nanosensor Systems

키지 상호연결기술을 활용하는 3차원 패키지형 시스템(3D‒SiP)에 대한 새로운 연구개발 과제를 시작하였다. 이 프로그램들은 벨기에 반도체공동연구소 산업체 제휴 프로그램(IIAP)인 미래 기술 노드를 위한 진보된 상호연결기술과제의 일부분으로 수행되었다.[43]

퀄컴社는 2008년에 벨기에 반도체공동연구소가 주관하는 산업체 제휴프로그램의 3차원 집적화 분야에 참여한다고 발표하였으며, 진보된 디바이스기술에 초점을 맞춘 퀄컴社와의 3차원 연구협약은 2011년까지 연장되었다.[44, 45]

또한 2009년에 벨기에 반도체공동연구소와 TSMC社는 무어의 법칙을 초월하기 위한 새로운 기술옵션들을 사용하여 창의적인 제품들을 발굴하는 연구개발 플랫폼을 구축하기 위해서 창의적 보육연맹12을 발족시킨다고 발표하였다.[46]

2011년에 시작한 벨기에 반도체공동연구소의 3차원 시스템 집적화 프로그램에는 집적장치 제조업체인 파나소닉社, 인텔社, 후지쯔社, 소니社, 메모리 제조업체인 마이크론社, 주문생산업체인 TSMC社, 글로벌파운드리社, 무설비업체인 퀄컴社, 자일링스社, Nvidea社, 알테라社, 외주반도체 조립 및 시험업체로는 앰코 UTAC社, 전자설계자동화 업체인 시놉시스社, Acdnxe社, Atrenta社, 소재공급업체인 히타치화학社, Lam社, TEL社, 서스 스크린社, 울트라텍社, 캐스케이드 마이크로텍社, 디스코社, 난다텍社, PVA社, 텔파社, 스마트 이큅먼트 테크놀로지社 등이 참여하였다.[47]

2011년 1월에 전자정보기술연구소(CEA‒Leti)는 이달중에 유럽 최초의 3차원 집적회로 전용인 300[mm] 라인 하나를 증설하면서 기술제공범위를 크게 확대한다고 발표하였다.[48] 그리고 2012년 1월에는 산업계와 학계의 파트너들에게 차세대 제품과 연구과제에 성숙된 3차원 혁신기술을 제공하기 위한 새로운 플랫폼을 발족한다고 발표하였다.[49]

1.3.3.5 아시아

산업기술연구원(ITRI)에 본부를 두고 있는 연구개발 프로젝트인 진보된 적층시스템 기술과 응용 컨소시엄(Ad‒STAC)은 2008년부터 대만정부의 지원을 받아왔다. 이들의 초기 발표는 다음과 같다.

2008년 7월 8일에 발족한 진보된 적층시스템 기술과 응용 컨소시엄은 전 세계의 파트너들과 기술교류 및 정보공유를 위한 특별한 플랫폼을 제공한다고 발표하였다. 진보된 적층시스템 기술과 응용 컨소시엄의 설립목적은 학계, 공공기업, 연구소를 포함하여, 서로 다른 분야의 기업들을

---

12 Innovation Incubation Alliance

통합하여 3차원 집적회로 기술의 개선을 위한 협력을 이끌어내는 것이다.[50] 2010년 10월 기준으로, 대만의 어플라이드 머티리얼즈社, 에어로텍社, 도이칠란드 GmbH, 브루어 사이언스社, 케이던스 디자인시스템社, 동경대학교 공학대학원, 헤르메스 에피텍社, 쉬스 마이크로텍社, 타즈모社, 유니마이크론社, IV 테크놀로지스社, 에어프로덕트社, GPT社, 디스코社, ASE社, 리딩 프리시전社, 듀퐁社, BASF社, SPTS社, UMC社, SPIL社, 캐벗 마이크로일렉트로닉스社, 시스코社 등이 참여하였다.

2009년 말에 3차원 개발을 위한 완전한 300[mm] 라인이 설치되었다.[51] 대한민국에서는 하이닉스社와 엠코社에 의해서 국가지원 프로젝트가 수행되었던 것으로 추정되지만, 자세한 내용은 비밀에 부쳐져 있다.[52]

싱가포르 과학기술연구부(A*STAR) 산하의 전자공학연구소(IME)가 2011년에 설립되었다. 2011년 12월 6일에 전자공학연구소와 테자론 반도체社는 차세대 실리콘관통 인터포저(TSI) 기술의 개발과 활용을 위한 공동연구 협약을 체결하였다고 발표했다.[53] 2012년 6월 5일에 전자공학연구소와 유나이티드 마이크로일렉트로닉스社는 후방조사 CMOS 영상센서(CIS)용 실리콘관통비아(TSV) 기술개발을 위한 협약을 체결하였다.[54] 2012년 8월 17일에는 전자공학연구소와 화웨이 테크놀로지社가 차세대 실리콘관통비아 기술개발을 위한 양해각서를 체결하였다. 이들 두 기관은 실리콘관통비아를 사용한 차세대 패키지, 2.5D/3D - 집적회로의 연구개발 그리고 이종 2.5차원 집적회로의 설계와 제조플로우 실증 등을 위해 협력하기로 하였다.[55]

1.3.3.6 국제

공식적으로 발표된 국제적인 3차원 집적화 기술 연구개발 컨소시엄들은 다음과 같다.

반도체 3차원 장비와 소재 컨소시엄(EMC-3D)은 실리콘관통비아 기술을 사용하여 칩 적층과 MEMS/센서 패키징을 위한 3차원 상호연결을 생성하는 과정에서 발생하는 기술과 비용 이슈들을 해결하기 위해서 설립된 새로운 컨소시엄이다. 컨소시엄의 설립에 참여한 기업들은 알카텔社, EV 그룹, 세미툴社, XSiL社이다. 참여 연구기관들은 프라운호퍼 IZM, 삼성종합기술원(SAIT), 한국과학기술원(KAIST), 텍사스 A & M 대학교(TAMU)이다. 재료관련 회원사에는 롬앤하스社, 하니웰社, 앤손社 등이며, Isonics社로부터는 웨이퍼 지원을 받았다.[56]

조지아텍의 마이크로시스템 패키지 연구센터(PRC)는 2008년 10월에 독일의 프라운호퍼 IZM 및 한국과학기술원(KAIST)과 파트너십을 체결하고 3차원 올실리콘시스템모듈(3DASSM)이라는 글로벌 산업체 컨소시엄을 발족하였다.[57]

1.4 적용분야별 3차원 집적기술의 연구개발 역사

1.4.1 상보성 금속산화물반도체 영상센서와 미세전자기계시스템

도시바社, 앱티나社, ST마이크로일렉트로닉스社 그리고 몇몇 기업들은 2007년에서 2008년 사이에 실리콘관통비아를 표적전극 생성기술로 활용하여 **상보성 금속산화물반도체**(CMOS) 영상센서를 상용화하였다. 실리콘관통비아를 사용하면 크기를 줄일 수 있기 때문에 소형 디바이스의 설계가 가능해진다.

도시바社는 새로 개발한 관통전극기술을 **칩 관통비아**(TCV)라고 불렀다. 공간활용도가 높은 이 기술로 인하여 카메라모듈 조립체를 웨이퍼 상태에서 설치할 수 있게 되었다. 예를 들어, 칩의 뒷면에 솔더 볼을 붙이면, 기존의 기판과 와이어본딩 공간이 절약된다.

ST마이크로일렉트로닉스社의 스마트센서와 같은 다중칩 MEMS 디바이스는 더 작은 형상계수로 고도의 기능과 성능 집적화를 구현할 수 있다.[58-60]

1.4.2 동적 임의접근 메모리

아마도 **동적 임의접근 메모리**(DRAM)가 풀 스케일의 3차원 집적화 기술을 대량생산에 적용하는 가장 중요한 분야일 것이다.

2011년 7월에, 엘피다 메모리社는 세계 최초의 8[Gb] DRAM 샘플을 출시하였다. 이 칩은 실리콘관통비아 기술을 사용하여 4개의 2[Gb](2배속 3형 : DDR3)모듈을 적층한 것이다.[61] 2011년 8월에는 삼성전자가 실리콘관통비아 패키징 기술을 사용하여 차세대 서버용 30[nm]급 32[Gb] 그린 DDR3 DRAM을 개발하였다고 발표하였다.[62]

뉴욕 주립대학교 올버니 캠퍼스의 나노스케일 과학 및 공학대학(CNSE)이 주관하여 수행하는 SEMATECH의 3차원 상호연결 프로그램에 회원사로 참여하였다.[63]

과거 몇 년 동안 스마트폰과 태블릿 컴퓨터용 시스템 온칩(SoC)은 인상적인 성능수준에 도달하게 되었다. 그런데 제한된 메모리 대역폭이 성능향상의 병목요인으로 작용하고 있으며, 디스플레이 분해능의 지속적인 증가가 이 문제를 더욱 심화시키고 있다. 크기의 차이에도 불구하고, 태블릿 컴퓨터의 디스플레이 분해능이 랩톱 컴퓨터용 디스플레이의 분해능을 앞지르게 되었다.

합동전자장치엔지니어링협회(JEDEC) 산하의 마이크로일렉트로닉스업계를 위한 표준제정의 글로벌 리더인, 솔리드스테이트기술협회에서는 광대역 입출력 모바일 DRAM을 위한 새로운 표준(JESD229 광대역 1배속 입출력)을 제정했다고 발표하였다. 이들에 따르면, 광대역 입출력 모바일 DRAM은 집적화를 높여줄 뿐만 아니라 대역폭, 지연, 전력, 무게 및 형상계수 등을 개선하여 스마트폰, 태블릿 컴퓨터, 휴대용 게임기 그리고 여타의 모바일 기기들을 위한 성능, 에너지효율, 작은 크기 등을 구현해주는 기술적 돌파구인 것으로 산업계에서 기대하고 있다. 합동전자장치엔지니어링협회에서는 2011년 12월에 실리콘관통비아를 사용한 JESD229 표준을 제정하였다.

그런데 기존의 2배속 메모리들의 성능이 현저히 개선되었기 때문에, 12.8[GB/s]의 대역폭을 가지고 있는 모바일 용도의 광대역 입출력 메모리가 사용되지 않고 있었다. 현재는 PC/서버 및 모바일 DRAM 분야에서 더 전통적인 2차원 집적회로를 사용해서 필요한 대역폭을 구현할 수 있게 되었기 때문에 합동전자장치엔지니어링협회에서는 표준화된 2형 광대역 입출력으로 옮겨 가 버렸다.

DRAM 엔지니어들이 당면하고 있는 가장 중요한 기술적 도전요인은 고성능 컴퓨터와 차세대 네트워킹 장비들이 필요로 하는 메모리 대역폭을 구현하는 것이다. 기존의 2배속 방식은 이런 구조에 적합하지 않다. 이런 요구에 부응하여 2011년 10월에 삼성전자社와 마이크론 테크놀로지社는 개방형 인터페이스를 사용하는 **하이브리드 메모리큐브(HMC)**를 개발하기 위한 협력을 발표하였다. 이 하이브리드 메모리큐브 컨소시엄(HMCC)은 다양한 기술들을 시장에 내놓기 위한 산업체의 노력을 집단적으로 가속화시키기 위해서 협력업체인 알테라社, IBM社, 오픈실리콘社, 자일링스社들과 긴밀하게 협력하기로 하였다. 이 컨소시엄은 우선, 대규모 네트워킹에서부터 공산품과 고성능 연산에 이르기까지 광범위한 용도에 대한 사양을 제정하였다.

2012년 5월에, 하이브리드 메모리큐브 컨소시엄(HMCC)은 마이크로소프트社가 컨소시엄에 참여하게 되었다고 발표했으며, 2012년 6월에는 하이브리드 메모리큐브 기술의 산업계 적용을 가속화시키기 위한 세계적인 노력을 위하여 새로운 회원사인 ARM社, HP社, SK 하이닉스社가 참여하게 되었다고 발표하였다.

2012년 8월에는 산업체 적용을 빠르게 증가시키기 위해서 개발회원사들이 하이브리드 메모리큐브 인터페이스 사양의 초기 드래프트를 배포한다고 발표하였다.[66-70]

1.4.3 인터포저를 사용한 2.5D

실리콘관통비아를 사용하여 3차원 적층을 만드는 대신에 **실리콘 인터포저**를 사용하여 집적회로 칩들을 나란히 쌓아 올리는 기술이 더 널리 사용되고 있다. 기술적으로 실리콘 인터포저는 와이어 연결용 층을 갖춘 실리콘 칩이기 때문에, 이런 집적회로를 **2.5차원**이라고 부른다.

자일링스社는 2010년 10월에 2.5D에 대해서, 산업계에서 최초로 실리콘 적층의 상호연결 기술을 개발하여, 높은 트랜지스터와 로직 밀도뿐만 아니라 엄청난 수준의 연산 및 대역성능을 필요로 하는 용도를 위해서 단일 패키지 내에 다수의 FPGA 다이들을 배치하여 용량 및 대역증대와 전력절감을 동시에 구현하였다고 발표하였다.[71, 72]

이로부터 1년 후인 2011년에 자일링스社는 68억 개의 트랜지스터를 사용하여 소비자들이 시스템 통합, ASIC 대체 그리고 ASIC 시제품의 에뮬레이션 등을 위해서 2천만 개의 ASIC 게이트들과 등가인 2백만 개의 로직셀들을 사용할 수 있는 세계 최고의 성능을 갖춘 프로그래머블 로직 디바이스인 Virtex®-72000T 필드 프로그래머블 게이트 어레이(FPGA)를 최초로 출시하였다고 발표했다.[73]

이로부터 1년 반 후인 2012년 3월 22일에 TSMC社와 알테라社는 TSMC社의 칩온웨이퍼온기판(CoWoS) 집적화 공정을 사용하여 3차원 이종 집적회로 시험용 칩을 공동개발 했다고 발표하였다. TSMC社에 따르면 이 기술은 칩온웨이퍼 접착공정을 사용하여 디바이스 실리콘 칩들을 웨이퍼에 부착하는 집적화 공정기술이다.[74]

1.4.4 기타

IBM社[75]와 퀄컴社[76] 같은 여타의 많은 반도체 회사들도 3차원 집적화 기술을 개발해왔다.

인텔社는 2006년 9월에 개최된 개발자 포럼에서 프로세스 코어에 메모리를 직접 연결하는 기술혁신을 통해서 5년 이내로 80코어칩을 공급하겠다고 약속하였다. 이들은 또한 실리콘관통비아를 사용한 80코어 프로토타입을 발표하였는데, 여기에는 256[Mb] SRAM들이 80개의 코어 각각에 직접 연결되어 있었다.[77]

하지만 2010년 6월에는 실리콘관통비아 기술은 전자설계자동화(EDA) 툴이 없고, 설계가 복잡하며, 조립과 시험이 어려우며, 가격이 높고, 표준화가 되어 있지 않은 등의 문제가 있다고 말하였다. 하지만 인텔社는 여전히 실리콘관통비아의 적용처를 탐색하고 있다고 보고하였다. 인텔社가 CPU의 캐시 메모리에 3차원 기술을 적용하는 것은 타당성이 없어 보인다.[78]

2008년에서 2012년까지의 기간 동안 수행되었던 세계적인 연구개발 활동이 **그림 1.11**, **그림 1.12**, **그림 1.13**에 도시되어 있다.

2008년

(2008) 와우 얼라이언스 발족

2009년

엘피다社가 TSV 기술을 사용하여 8[Gb] DRAM 개발

2010년

(2010/1) TSMC社가 실리콘 인터포저와 TSV 기술을 기반으로 3D-IC 설계계획 발표
(2010/4) Ad-STAC에서 TEG 시험을 발표
(2010/6) 엘피다, PTI & UMC社는 2011년까지 로직 DRAM 적층을 상용화하기 위한 3D-IC 파트너십 체결
(2010/6) CMP/CMC/MOSIS社들이 3D MPW 파운드리 시작
(2010/7) SEMI/SEMATECH 표준화
(2010/9) 노키아社는 광대역 입출력 인터페이스를 갖춘 3D-IC를 2013년까지 생산하겠다고 발표
(2010/10) 자일링스社는 2.5D 출시 발표
(2010/12) SEMATECH는 3D 이네이블링 센터 설립

그림 1.11 2008-2010 사이의 세계적인 연구개발 동향

2011년

(2011/1) CEA-Leti社는 3D-300[mm] 파일럿 라인 신설
(2011/2) 삼성社는 모바일 제품용 광대역 입출력 메모리 개발
(2011/3) 하이닉스社는 3DS-DDR3 개발
(2011/3) 하이닉스社는 CNSE의 SEMATECH 3D 상호연결 프로그램에 합류
(2011/4) 세미콘 주력회사들이 SEMATECH의 3D 이네이블링센터에 합류
(2011/6) 멘토社, 테자론社와 MOSIS社가 3D-IC 프로토타입 서비스 개시
(2011/6) 엘피다社는 4층 DDR3 샘플 출고
(2011/7) imec社는 로직칩 위에 DRAM을 적층하고 TSV로 상호연결
(2011/8) 삼성社는 32[Gb] DDR3 모듈샘플 출고
(2011/10) 마이크론社와 삼성社 HMC 발표
(2011/10) Vertex-72000T FPGA 출고
(2011/12) IBM社와 마이크론社 HMC 발표
(2011/12) JEDEC은 광대역 입출력 DRAM 표준화
(2011/12) 엘피다社는 광대역 입출력 모바일 RAM 출고
(2011/12) ST마이크로일렉트로닉스社는 차세대 28[nm] SoC용 TSV 발표
(2011/12) TSMC社는 공격적으로 2.5D/3D 발표
(2011/12) A*STAR와 테자론社는 2.5D/3D TSI 기술 공동개발 합의

그림 1.12 2011년의 세계적인 연구개발 동향

2012년

(2012/1) 소니社는 3D BSI CIS의 개발과 출고를 발표
(2012/3) 알테라社와 TSMC社는 이종3D 발표
(2012/4) JEITA의 표준화 발표
(2012/4) 글로벌파운드리社는 TSV 공정장비 설치를 시작했다고 발표
(2012/5) 자일링스社는 Virtex®-7H580T FPGA 초기납품 발표
(2012/6) CEA-Leti는 Open 3DTM계획 출범
(2012/6) A*STAR IME와 UMC社는 BSI CIS를 위해서 TSV 개발
(2012/8) 큐슈에 3D 반도체연구센터 개관
(2012/8) HMC 인터페이스사양 1차 드래프트 배포
(2012/8) A*STAR IME와 화웨이社는 2.5D/3D TSV 기술 공동개발 발표
(2012/9) UMC社는 SiP 글로벌 서밋에서 TSV 구현을 발표
(2012/9) X-Fab에서 3D 생산

그림 1.13 2012년의 세계적인 연구개발 동향

실리콘관통비아를 사용한 3차원 집적화 기술은 전 세계적으로 엄청난 연구개발 자금이 투입되었음에도 불구하고 아직까지 대량생산단계에 도달하지 못하고 있다. 이는 몇 가지 이유 때문이다. 예를 들어, 비아전/비아후/앞면/뒷면 등과 같은 공정의 순서와 비아의 크기 등의 구조가 매우 다양하기 때문에 표준화가 어렵고, 대량생산을 위한 공급망 구축의 이슈가 있으며, 구성요소의 가격이 비싸다는 문제들이 있다.

그런데 실리콘관통비아(TSV)를 사용한 3차원 집적화 기술이 사용되고 있으며, 이 기술의 적용과 관련된 논쟁과 활용전망에 대해서는 활발한 논의가 진행 중이다.

참고문헌

1. Moore GE (1965) Cramming more components onto integrated circuits. Electronics 38(8):19

2. Dennard RH et al (1974) Design of ion-implanted MOSFETs with very small physical dimension. IEEE J Solid-State Circuits 9(5):256–268

3. International Technology Roadmap for Semiconductors 2007 Edition, Executive Summary Interconnect

4. Garrou P (2007) Perspectives from the leading edge. The SIA meeting in NYC, mid Sept.

5. Kada M (2005) Presentation slide toward the 3D-SiP era. SEMICON Japan

6. Kada M (2012) Presentation slide 3D-integrated circuits technologies—the history and future. ISSM Tokyo

7. Kada M (1999) Stacked CSP/a solution for system LSI. Chip Scale International Technical Symposium Semicon West, B1-B7, Sept 13

8. Kada M, Smith L (2000) Advancements in Stacked Chip Scale Packaging (S-CSP), provides system-in-a-package functionality for wireless and handheld applications. Pan Pacific Microelectronics Symposium Conference, Jan. http://www.eet.bme.hu/~benedek/CAD_Methodology/Courses/packaging/PanPacific_StackedCSP_RevG1.pdf. Accessed 9 July 2014

9. Chen M et al (2011) Presentation slide TI OMAP4xxx POP SMT design guideline. http://www.ti.com/pdfs/wtbu/SWPA182C.pdf. Accessed 8 July 2014

10. Yoshida A (2013) Presentation slide bump & ball interconnect technology update. ICSJ 2013 Nov

11. Akejima S (2007) Hi-density flash memory packaging technology. J Jpn Inst Electron Packag 10(5):375–379 (in Japanese), https://www.jstage.jst.go.jp/article/jiep1998/10/5/10_5_375/_pdf. Accessed 8 July 2014

12. Niitsu K, Kuroda T (2010) An inductive-coupling inter-chip link for high-performance and low-power 3D system integration. Solid-State Circuits Technologies, ISBN : 978-953-307-045-2, INTECH, pp 281–306, Jan

13. International Business Machines Corporation (1969) US Patent US3648131 Hourglassshaped conductive connection through semiconductor structures. Filed : Nov 7 1969

14. Fukushima T et al (2007) Presentation slide thermal issues of 3D ICs (M. Koyanagi, Proceeding of 8th symposium on future electron devices, pp 50–60 Oct 1989). http://www.sematech.org/meetings/archives /3d/8334/pres/Fukushima.pdf. Accessed 12 July 2014

15. Fukushima T et al (2007) Presentation slide thermal issues of 3D ICs (M. Koyanagi, Proc. 8th symposium on future electron devices, pp 50–60 Oct 1989). http://www.sematech.org/meetings/

archives/ 3d/8334/pres/Fukushima.pdf. Accessed 12 July 2014

16. Kada M (2010) Prospect for development on 3D-integration technology and development of functionally innovative 3d-integrated circuit (dream chip) technology. 16th symposium on microjoining and assembly technology in electronics, P5-P12, Feb, (in Japanese)

17. Kada M (2014) R&D overview of 3D integration technology using TSV worldwide and in Japan. 2014 ECS and SMEQ joint international meeting (Oct 5-10)

18. Research & Development Association for Future Electron Devices (FED) Overview Report of R&D Result Spillover Effects and Prospect 3D Circuit Element R&D Project. 1981F-1990F (in Japanese).

19. Electronics and Information Technology Development Department (2004) Super high density electronic system integration technology. NEDO report of project assessment, Sept 30 (in Japanese)

20. NEDO Assessment Committee (2008) Stacked memory chip technology development project report of after project. Assessment Feb (in Japanese). http://www.nedo.go.jp/content/100096542.pdf. Accessed 25 June 2014

21. Kada M (2009) Development on functionally innovative 3D-integrated circuit (dream chip) technology. 3D system integration conference

22. Kada M (2009) Highly performance TSV is pursued towards "dream chip", simulator, peripheral technology, such as proving technology, are also developed. The semiconductor technology yearbook, Nikkei BP (in Japanese)

23. ASET (2009) R&D result of "dream chip project" ASET annual symposium 2010 (in Japanese)

24. NEDO R&D Assessment Committee (2010) Dream chip development project, report of interim project assessment, Nov (in Japanese). http://www.nedo.go.jp/content/100140983.pdf. Accessed 25 June 2014

25. NEDO R&D Assessment Committee (2013) Dream chip development project. Report of after project assessment Nov (in Japanese). http://www.nedo.go.jp/content/100545199.pdf. Accessed 25 June 2014

26. Electronic Journal (2009) Sept, pp.28-29 (in Japanese)

27. Home Page Research Center for Three Dimensional Semiconductors (2014) (in Japanese). http://www.tl. fukuoka-u.ac.jp/~tomokage/3dcenter/toppage.html. Accessed 22 April 2014

28. ASET (2013) Presentation slide dream-chip project by ASET (final result). March 8, http://aset.la. coocan.jp/english/e-kenkyu/Dream_Chip_Pj_Final-Results_ASET.pdf. Accessed 12 July 2014

29. Fritze M et al (2007) Presentation slide thermal challenges in DARPA's 3DIC Portfolio, Sematech workshop on "Thermal & Design Issues in 3D IC's" Albany, NY, Oct 11-12. http://www.sematech.org/ meetings/archives/3d/8334/pres/Fritze-Steer.pdf. Accessed 19 July 2014

30. DA3RPA (2002) Fiscal Year (FY) 2003 budget estimates Feb pp 184-185, p 193, http://www.darpa.mil/

WorkArea/DownloadAsset.aspx?id＝1636. Accessed 22 April 2014

31. Research and Development Services in Support of the DARPA VISA Program Solicitation Number : DON-SNOTE-050228-001Agency : Department of the Navy Office : Space and Naval Warfare Systems Command Location : SPAWAR Systems Center Pacific (2005) Federal Business Opportunities, Research and Development Services in Support of the DARPA VISA Program. https://www.fbo.gov/index?s＝opportunity&mode＝form&tab＝core&id＝d0e6ddf71bfc03e9095d3b7 b276d21b7. Accessed 3 March 2014

32. Keast C et al (2009) Presentation slide A SOI-based wafer-scale 3-D circuit integration technology. 3D architectures for semiconductor integration and packaging, Dec 11

33. Sematech (2004) Press release international SEMATECH identifies top technical challenges for 2005. http://www.sematech.org/corporate/news/releases/20040610a.htm. Accessed 17 April 2014

34. Sematech (2006) Press release SEMATECH launches 3D project to probe options for advanced interconnect. http://www.sematech.org/corporate/news/releases/20060209htm. Accessed 17 April 2014

35. Sematech (2010) Press release new 3D enablement program launched by SEMATECH, SIA and SRC. http://www.azonano.com/news.aspx?newsID＝20908. Accessed 17 April 2014

36. Arkalgud S (2011) Presentation slide 3D interconnects 3D enablement center. Annual SEMATECH symposium Hsinchu, Sept 13. http://www.sematech.org/meetings/archives/symposia/10187/Session2/ 01Arkalgudl.pdf. Accessed 11 July 2014

37. Ramm P et al (2010) Presentation slide, welcome to the IEEE international 3D system integration conference (3DIC). Munich, Nov 16-18

38. Ramm P et al (2010) The European 3D technology platform (e-CUBES). IMAPS, http://www.sintef-norge. com/upload/IKT/9031/Ramm%20IMAPS%20Device%20Packaging%202010.pdf. Accessed 13 July 2014

39. Lietaer N et al (2009) Presentation slide 3D integration technologies for miniaturized tire pressure monitor system (TPMS). Lietaer09—IMAPS symposium Foredrage, http://sintef.org/upload/IKT/9031/ Lietaer09%20-%20IMAPS%20Symposium%202009%20Foredrag.pdf. Accessed 25 June 2014

40. Ramm P et al (2013) Presentation slide the e-BRAINS project. ESSDERC/ESSCIRC, Bucharest Romania workshop : In the quest for zero power : enabling smart autonomous system applications. http://www.e-brains.org/data/events/uploads/Peter_Ramm_The_e-BRAINS_Project_ESSDERC_2013_ WS_In_The_Quest_For_Zero_Power.pdf. Accessed 13 July 2014

41. http://www.e-brains.org/project/rtd/. Accessed 26 April 2014

42. IMEC (2005) Press release IMEC packaging research center attracts 30 companies. www.embedded.com/ print/4054184. Accessed 2 March 2014

43. IMEC (2008) Brochure 3D @ IMEC, http://www2.imec.be/content/user/File/3D_brochure.pdf. Accessed 13 July 2014

44. Qualcomm (2008) Press release Qualcomm and IMEC collaborate on 3D integration research. http://www.cn-c114.net/577/a330029.html. Accessed 2 March 2014

45. IMEC (2011) Press release IMEC extends 3D research agreement with Qualcomm focusing on advanced technologies and devices. http://www2.imec.be/be_en/press/imec-news/imecqualcomminsite.html. Accessed 2 March 2014

46. TSMC and IMEC (2009) Press release TSMC and IMEC join forces to bring novel technology solutions to emerging markets. http://www.leuveninc.com/event/36/784/TSMC_and_IMEC_join_forces_to_bring_novel_technology_solutions_to_emergin/. Accessed March 2, 2014

47. Beyne E (2011) Presentation slide 3D system integration technology convergence. Semicon Europe, Messe Dresden, Germany, Oct 10–13, http://semieurope.omnibooksonline.com/2011/semicon_europa/SEMI_TechARENA_presentations/3DICsession_02_Eric.Beyne_IMEC.pdf. Accessed 14 July 2014

48. CEA Leti (2011) Press release CEA-Leti Ramps up 300 mm line dedicated to 3D-integration applications. Accessed 18 Apr 2014

49. CEA Leti (2012) Press release CEA-Leti launches open 3D^{TM} initiative. Accessed 18 April 2014

50. Ad-stac HP, http://ad-stac.itri.org.tw/memb/index_e.aspx. Accessed 26 April 2014

51. Tsai MJ (2011) Presentation slide overview of ITRI's TSV Technology, 2011-06-22, http://www.sematech.org/meetings/archives/symposia/9237/Session%205%203D%20interconnect/1%20MJ_Tsai_ITRI.pdf. Accessed 9 July 2014

52. Kim G (2009) Presentation slide TSV based 3D technologies in Korea. TSV technology conference, NIKKEI MICRODEVICES, 2009-04-16

53. A*STAR (2011) Press release A*STAR Institute of Microelectronics and Tezzaron Team Up to Develop 2.5D3D through-silicon interposer technology. http://www.bizwireexpress.com/showstoryACN.php ?storyid=26505538. Accessed 26 April 2014

54. A*STAR (2012) Press release A-STAR institute of microelectronics and UMC to develop TSV technology for BSI image sensor used in mobile applications. http://www.advfn.com/news_A-STAR-Institute-of-Microelectronics-and-UMC-to-De_52659319.html. Accessed 26 April 2014

55. A*STAR (2012) Press release A*STAT of microelectronics and Huawei announced joint effort to develop 25D/3D through-silicon interposer technology. https://www.astar.edu.sg/Portals/30/news/IME Futurewei%20Press%20Release%20Final.pdf. Accessed 26 April 2014

56. Siblerud P, Kim B (2007) Presentation slide EMC-3D consortium overview and COC Model". Jan 22–26, http://atlas-old.lal.in2p3.fr/elec/EMC3DEu/documents/Semitool-Consortium%20Overview.pdf.

Accessed 18 July 2014

57. 3DASMM Consortium (2008) News release new consortium formed focusing on Si interposer technologies. http://www.i-micronews.com/news/3D-consortiumof-formed-focusing-Si-interposer-technologies,1464.html. Accessed 26 April 2014

58. Toshiba (2007) Press release strengthening of CMOS image sensor business by in-house production of COMS camera module for mobile phone. (in Japanese), http://www.toshiba.co.jp/about/press/2007_10/pr_j0102.htm. Accessed 26 April 2014

59. Micron (2008) News release micron introduces wafer level camera technology with TSV interconnects. http://www.i-micronews.com/news/Micron-wafer-level-camera-TSV-interconnects,1025.html. Accessed 26 April 2014

60. ST Micro (2011) Press release ST microelectronics first to use through-silicon vias for smaller and smarter MEMS chips. http://www.bizjournals.com/prnewswire/press_releases/2011/10/11/NY84151. Accessed 26 April 2014

61. Elpida (2011) Press release Elpida to start to ship sample of 8 Gbit DDR3 SDRAM of X32 using TSV. (in Japanese). http://techon.nikkeibp.co.jp/article/NEWS/20110627/192909/. Accessed 27 April 2014

62. Samsung (2011) Press release Samsung develops 30 nm-class 32 GB green DDR3 for nextgeneration servers using TSV package technology. http://www.samsung.com/global/business/semiconductor/news-events/press-releases/detail?newsId=4014. Accessed 27 April 2014

63. Hynix (2011) Press release Hynix semiconductor joins SEMATECH 3D interconnect program at UAibany Nano College. http://electroiq.com/blog/2011/03/hynix-semiconductor/. Accessed 27 April 2014

64. JEDEC (2012) Press release JEDEC publishes breakthrough standard for wide I/O mobile DRAM. http://www.jedec.org/news/pressreleases/jedec-publishes-breakthrough-standardwide-io-mobile-dram. Accessed 27 April 2014

65. JEDEC (2011) STANDAD JESD229 wide I/O single data rate (Wide I/O SDR) wide I/O single data rate. December

66. Samsung and Micron (2011) Press release micron and samsung launch consortium to break down the memory wall. http://investors.micron.com/releasedetail.cfm?releaseid=611879. Oct 6, Accessed 3 July 2014

67. IBM and Micron (2011) Press release IBM to produce Micron's hybrid memory cube in debut of first commercial, 3D chip-making capability. IBM news room. https://www-03.ibm.com/press/us/en/pressrelease/36125.wss. Accessed 15 Aug 2014

68. `HMCC (2012) Press release microsoft joins hybrid memory cube consortium. http://investors.micron.com/releasedetail.cfm?releaseid=671388. Accessed 3 July 2014 (May 8)

69. HMCC (2012) Press release consortium to accelerate dramatic advances in memory technology announces new members. http://investors.micron.com/releasedetail.cfm?ReleaseID=686974. Accessed 3 July 2014 (June 27)

70. HMCC (2012) Press release first draft of hybrid memory cube interface specification released. http://news.micron.com/releasedetail.cfm?ReleaseID=700331. Accessed 3 July 2014 (August 14)

71. Xilinx (2010) Press release Xllinx stacked silicon interconnect extends FPGA technology to deliver 'More than Moore' density, bandwidth and power efficiency. http://press.xilinx.com/2010-10-26-Xilinx-Stacked-Silicon-Interconnect-Extends-FPGA-Technology-to-Deliver-More-than-Moore-Density-Bandwidth-and-Power-Efficiency. Accessed 27 April 2014

72. Xilinx (2012) White paper : Virtex-7 FPGAs, Xilinx stacked silicon interconnect technology delivers breakthrough FPGA capacity, bandwidth, and power efficiency Virtex-7 FPGAs. http://www.xilinx.com/support/documentation/white_papers/wp380_Stacked_Silicon_Interconnect_Technology.pdf. Accessed 11 July 2014 (December 11)

73. Xilinx (2011) Press release Xllinx ships world's highest capacity FPGA and shatters industry record for number of transistors by 2X. http://press.xilinx.com/2011-10-25-Xilinx-Ships-Worlds-Highest-Capacity-FPGA-and-Shatters-Industry-Record-for-Number-of-Transistorsby-2X. Accessed 27 April 2014

74. TSMC and Altera (2010) Press release TSMC, Altera team on 3-D IC test vehicle. http://www.eetimes.com/document.asp?doc_id=1261410. Accessed 12 June 2014

75. Knickerbocker JU (2012) IBM presentation slide 3D integration & packaging challenges with through-silicon-vias (TSV). USA NSF Workshop—2/02/2012, http://weti.cs.ohiou.edu/john_weti.pdf. Accessed 3 July 2014

76. I-Micronews (2012) Qualcomm integrates Wide IO Memory onto 28 nm logic chip. http://www.i-micronews.com/news/Qualcomm-integrates-Wide-IO-Memory-onto-28-nm-logicchip, 9605.html. Accessed 27 April 2014 (Oct 3)

77. TechFreep (2006) Hardware news Intel's TSV connects processors to memory. http://techfreep.com/intels-tsv-connects-processors-to-memory.htm. Accessed 27 April 2014 (Sept 28)

78. EETimes (2010) India news 3D TSV chips still pre-mature. http://www.eetindia.co.in/ART_8800610003_1800007_NT_192ccb4b.HTM. Accessed 6 Aug 2011 (18 Jun)

02

3차원 집적기술의 최근 연구개발 동향

CHAPTER 02

3차원 집적기술의 최근 연구개발 동향

2.1 연구개발 동향에 대한 최근 발표

2013년 이래, 3차원 집적화 기술에 대한 연구개발 활동이 가속화되었다. **그림 2.1**, **그림 2.2**, **그림 2.3** 및 **그림 2.4**에서는 2013년과 2014년에 발표된 주제들을 연대순으로 배열하여 놓았다.

(2013/1)   노바티 테크놀로지스社는 집트로닉스社가 특허권을 가지고 있는 산화물 직접접착과 직접접착 상호연결 기술의 라이선스를 취득하였다.[1]
이들의 발표에 따르면, 노바티 테크놀로지스社는 집트로닉스社와 직접접착 관련 특허인 집트로닉스 **직접산화물접착(ZiBond)**와 **직접접착상호연결(DBI)**을 사용하는 라이선스계약을 체결하였으며, 집트로닉스社의 직접접합관련 특허기술이 3차원 메모리, 후방조사 영상센서 그리고 여타 적용분야에 대한 개발기반으로 최고의 성능을 가지고 있다고 믿는다.

(2013/1)   2013년 1월 17일 파리에서 개최된 화학적 기계연마학 사용자 연례회의에서 발표된 토르키의 3차원 집적회로 발표자료에 따르면, 금속업체(CMC), 화학적 기계연마업체(CMP), MOSFET위탁생산서비스(MOSIS), 페르미랩, 테자론社, 고에너지물리학(HEP)랩, 노스캐롤라이나주립대학교(NCSU) 사이에는 긴밀한 협력작업이 수행되고 있으며 여전히 진행 중이다.[2]

(2013/1)   STATS ChiPAC社와 UMC社는 오픈에코시스템 모델을 사용하여 세계 최초로 3차원

집적회로 개발하였다고 발표했다.[3]

이들의 발표에 따르면, STATS ChiPAC社와 UMC社는 오픈에코시스템을 사용하여 개발한 실리콘관통비아를 사용한 3차원 집적회로 칩 적층기술을 세계최초로 제작하였다. 실리콘관통비아가 내장된 시험용 28[nm] 프로세서칩 위에 시험용 광대역 입출력 메모리칩이 적층되어 있는 **3차원 적층형 칩**을 통해서, 패키지 레벨의 신뢰성 검증에 대한 중요한 이정표에 도달하였다.

(2013/2) 소니社와 올림푸스社는 2013년 국제반도체회로학술회의(ISSCC)에서 새로운 CMOS 영상센서(CIS)를 발표하였다.[4]

이들의 발표에 따르면, 소니社의 ISX014 8MP 센서는 $1.12[\mu m]$ 픽셀들과 고속 ISP가 통합되어 있다. 픽셀층과 로직층은 개별 칩으로 제작하며 실리콘관통비아를 사용하여 적층한다. 이전에 소니社에서는 동일한 제조공정을 통해서 후방조사 CMOS 영상센서의 픽셀과 로직회로들을 제작했었다.

(2013/3) 싱가포르의 UTAC社는 **싱가포르 과학기술연구부(A*STAR)** 산하의 전자공학연구소(IME)와 대량생산을 목표로 2.5D 실리콘관통 인터포저를 공동개발하기로 협약하였다.[5]

이들의 발표에 따르면, A*STAR(IME)와 UTAC社는 2.5D 실리콘관통 인터포저(TSI) 플랫폼을 공동개발하며, 이를 통해서 UTAC社가 미세피치 2.5D 실리콘관통 인터포저 패키징 기술을 제공하는 소수의 공급자 대열에 합류할 수 있을 것이다.

(2013/4) 글로벌 파운드리社는 20[nm] 기술에 3차원 실리콘관통비아 적용가능성을 입증하였다.[6]

이들의 발표에 따르면, 글로벌파운드리社는 차세대 모바일 및 소비자 어플리케이션을 위한 3차원 적층형 칩을 가능케 해주는 주요 이정표를 달성하였다. 뉴욕주 사라토가 카운티 소재의 글로벌파운드리 Fab 8 캠퍼스에서는 실리콘관통비아를 사용하여 최초로 작동하는 20[nm]급 실리콘 웨이퍼를 선보였다.

(2013/5) 멘토社와 테자론社는 Calibre® 3DSTACK을 사용하여 2.5D/3D 집적회로 생산을 최적화한다고 발표하였다.[7]

이들에 따르면, 멘토그래픽스社와 테자론 세미컨덕터社는 Mentor® Calibre® 3DSTACK 제품을 테자론社의 3차원 집적회로에 공급한다고 발표하였다. 이 새로운 집적회로에서는 개별다이들에 대해서는 기존의 방식으로 검사를 수행하며, 특수한 자동화 기구를 사용하는 별도의 공정을 통해서 다이간 인터페이스를 검사하는 방식을 사용하여, 2.5D와 3D 적층다이구조의 다이간 상호작용에 대한 고속, 자동검사에 초점을 맞추고 있다.

(2013/5) UMC社는 싱가포르에 우수전문기술센터[1]를 설립한다고 발표하였다.[8]

이들의 발표에 따르면, UMC社는 차세대 전문공정기술을 위한 연구개발과 제조기법을 확산시키기 위하여 싱가포르의 Fab 12i에 우수센터를 설립한다고 발표하였다. 이 우수센터는 110[M$]를 출연하여 설립하며, 싱가포르 전자공학연구소와 같은 지역연구기관과 협동 연구개발을 수행할 예정이다. 여기서 개발할 기술에는 CMOS 영상센서용 후방조사, 내장형 메모리, 고전압 응용회로, 실리콘관통비아 연결 등이다.

(2013/5) 싱가포르 과학기술연구부(A*STAR) 산하의 전자공학연구소(IME)와 STATS ChiPAC社 및 퀄컴社는 저가형 인터포저 기술개발에 협력하기로 하였다.[9]

이들의 발표에 따르면, A*STAR 산하의 전자공학연구소와 퀄컴 테크놀로지스社 및 STATS ChiPAC社는 2013년 5월부터 2.5D 집적회로용 저가형 인터포저(LCI)의 빌딩블록 개발에 협력하기로 하였다.

(2013/5) TSMC社는 ETEC 2013에서 **칩온웨이퍼온기판**(CoWoS) 방식의 3차원 집적회로기술의 신뢰성 분석이라는 제목으로 3차원 기술에 대해서 발표하였다.[10]

TSMC社의 발표에 따르면, 종합적인 신뢰성을 갖춘 칩온웨이퍼온기판 방식의 3차원 집적회로기술이 개발되었다. 실리콘 인터포저의 구리 연결기구의 신뢰성은 실리콘관통비아 삽입으로 인하여 금속 – 절연체 – 금속(MiM) 덮개층 제거에 따른 전기이동(EM),[2] 응력이동(SM),[3] 금속간절연막(IMD)의 절연막경시파괴(TDDB) 그리고 항복전압(Vbd)/ 절연막경시파괴(TDDB) 등에 영향을 받지 않는다. 최대전류이송능력을 구현하기 위한 설계지침을 마련하기 위해서 μ범프의 전기이동과 실리콘관통비아의 전기이동을 분석하였다.

(2013/5) 퀄컴社와 엠코社는 ETEC 2013에서 6편의 3차원 패키징 관련 논문을 발표하였다.[11, 12]

이들의 발표에 따르면, 퀄컴社에서는 실리콘관통비아를 기반으로 하는 광대역 입출력 메모리와 로직칩의 3차원 구조물 패키지에 대한 시험생산제품의 평가결과가 꾸준히 향상되고 있다. 실리콘관통비아를 사용하여 28[nm] 세대 로직 디바이스와 최대 4개의 광대역 입출력 메모리칩들을 적층한 3차원 실리콘관통비아 구조를 세계 최초로 보고하였다. 퀄컴社는 실험적으로 미국 엠코社와 협력하여 이 디바이스를 제작하였다.

---

1 Specialty Technology Center of Excellence
2 Electro migration: 금속에 전류가 흐를 때 일어나는 금속 이온의 이동 현상. 네이버 지식사전
3 Stress migration: 응력에 의해서 공동이 발생하면서 집적회로가 파손되는 현상. 역자 주

2013년

(2013/1) 노바티 테크놀로지스社는 집트로닉스社의 산화물직접접착과 직접접착 상호연결기술의 라이선스 취득
(2013/1) CMC, CMP, MOSIS, 페르미랩, 테자론, HEP랩, NCSU 사이에 긴밀한 협력관계가 수립되어 현재도 진행 중
(2013/1) STATS ChiPAC社와 UMC社는 오픈 에코시스템 모델을 사용하여 세계최초로 3차원 집적회로 개발
(2013/2) 소니社는 ISCC2013에서 새로운 CIS기술 발표
(2013/3) 싱가포르의 UTAC社는 A*STAR 산하 IME와 대량생산을 위한 2.5D 실리콘관통 인터포저 공동개발
(2013/3) 모바일기술을 주제로 한 JEDEC컨퍼런스
(2013/4) 글로벌파운드리社는 20[nm]노드에 3D TSV 구현
(2013/4) 하이브리드 메모리큐브 컨소시엄은 최종사양에 대한 빠른 공감대 형성
(2013/5) 멘토社와 테자론社는 Calibre 3DSTACK을 사용하여 2.5D/3D 집적회로 최적화
(2013/5) UMC社는 싱가포르에 우수전문기술센터 설립

그림 2.1 2013년 1월~5월 사이의 세계적인 연구개발 동향

(2013/6) 시놉시스社는 실리콘관통 인터포저(TSI) 기술을 최적화시키기 위해서 싱가포르 과학기술연구부(A*STAR) 산하의 전자공학연구소(IME)와 협업을 시작하였다.[13]

이들의 발표에 따르면, 시놉시스社는 A*STAR 산하의 전자공학연구소와 2.5D 실리콘관통 인터포저 컨소시엄을 구축하여 실리콘관통 인터포저 기술을 사용하여 3차원 이종 집적회로 시스템의 프레임워크를 제공할 예정이다.

(2013/9) TSMC社와 케이던스社는 진정한 3차원 적층을 위한 3차원 집적회로 레퍼런스 플로우를 제공하였다.[14]

케이던스 디자인 시스템社의 발표에 따르면 TSMC社는 진정한 3차원 적층을 혁신적으로 구현하는 3차원 집적회로 레퍼런스 플로우를 개발하기 위해서 케이던스社와 협력한다. 광대역 입출력 인터페이스를 기반으로 하는 3차원 적층의 메모리 온 로직 설계가 검증된 이 플로우를 사용하여 다중다이 조립이 가능하다. 통합계획 도구, 유연 플랫폼 그리고 전기/열 해석 등을 포함하여, 3차원 집적회로 구현을 위한 케이던스社의 솔루션을 TSMC社의 3차원 적층기술에 접목할 예정이다.

(2013/9) 멘토社의 그래픽 도구에는 진정한 3차원 적층을 구현하기 위해서 TSMC社의 3차원 집적회로 레퍼런스 플로우가 탑재되었다.[15]

멘토 그래픽스社의 발표에 따르면, TSMC社의 3차원 집적회로 레퍼런스 플로우를 위해서, 진정한 3차원 적층 시험용 칩을 사용하여 TSMC社가 이 솔루션을 검증하였다. 플로우는 실리콘 인터포저 사용에서부터 실리콘관통비아를 기반으로 하는 적층된 다

이설계까지 확장되었다. 멘토社의 기술제공항목에는 금속 라우팅과 범프성형, 다중칩의 물리적 검증과 전도성 검사, 칩 인터페이스와 실리콘관통비아의 기생추출,[4] 열 시뮬레이션 그리고 패키징 전과 후에 대한 포괄적인 시험 등이 포함되었다.

(2013/10) 자일링스社와 TSMC社는 올프로그래머블 3차원 집적회로군에 28[nm] CoWoS™ 기법을 적용하는 연구수량 생산을 시작하였다.[16]

이들의 발표에 따르면, 자일링스社와 TSMC社는 산업계 최초의 3차원 이종 집적회로인 Virtex®-7 HT 패밀리의 연구수량생산을 수행한다고 발표하였다. 이 계획에 따르면, 자일링스社에서 생산하는 모든 28[nm] 3차원 집적회로에 대한 대량생산이 시작되었다. 이 28[nm] 디바이스는 TSMC社의 칩온웨이퍼온기판(CoWoS™) 3차원 집적회로 공정에서 개발되었으며, 단일 디바이스에 다중요소들을 집적하여 현저한 실리콘 크기축소와 더불어서 전력과 성능향상을 실현하였다.

(2013/10) SMIC社는 비전, 센서 및 3차원 집적회로 센터(CVS3D) 설립을 발표하였다.[17]

이들의 발표에 따르면, SMIC社[5]는 비전, 센서 및 3차원 집적회로 센터(CVS3D) 설립하였다. 이 센터에서는 SMIC社의 실리콘기반 센서, 실리콘관통비아기술 그리고 여타의 웨이퍼 중간처리공정 연구개발 및 제조역량을 통합 및 강화한다.

2013년

(2013/5) A*STAR IME, STATS ChiPAC社, 퀄컴社는 저가형 인터포저의 공동 기술개발 협약
(2013/5) TSMC社는 ECTC2013에 6편의 3차원 패키징 관련논문 발표
(2013/5) 퀄컴/엠코社는 ECTC2013에 6편의 3차원 패키징 관련논문 발표
(2013/6) 시놉시스社는 TSI기술의 최적화를 위하여 A*STAR IME와 협력
(2013/9) 알테라社와 마이크론社는 알테라 스트래틱스 V FPGA와 마이크론의 하이브리드 메모리큐브 사이의 상호운용성을 성공적으로 입증했다고 발표
(2013/9) 멘토社의 그래픽 툴에 진정한 3D 적층집적을 구현하기 위해서 TSMC社의 3D-IC 레퍼런스플로우를 포함시킴
(2013/9) 마이크론社는 최초의 하이브리드 메모리큐브 샘플 출고
(2013/10) 자일링스社와 TSMC社는 28[nm]CoWoSTM을 기반으로 하는 올프로그래머블 3D-IC 연구수량 생산
(2013/10) SMIC社는 비전, 센서 및 3차원 집적회로센터(3DIC) 설립
(2013/10) JECEC는 광대역 메모리 DRAM 표준화

그림 2.2 2013년 6월~10월 사이의 세계적인 연구개발 동향

4　parastic extraction
5　SMIC: Semiconductor Manufacturing International Corporation(中芯国际集成电路制造)

(2013/12) 전자정보기술연구소(CEA‐Leti)는 퀄컴社와 순차식 3차원 기술의 평가를 위한 협약을 체결하였다.[18]

이들의 발표에 따르면, 전자정보기술연구소는 퀄컴社와 전자정보기술연구소가 보유하고 있는 순차식 3차원 기술의 타당성과 가치를 평가하기로 협약하였다. 최근 들어, 전자정보기술연구소는 트랜지스터 활동층을 3차원 형태로 적층하는 순차식 3차원 집적화라고 부르는 새로운 3차원 집적화 기술공정 개발을 위해서 활발한 연구를 수행하였다. 3차원 실리콘관통비아 기술과 비교하여, 개별 다이를 적층하는 데에 있어서 순차식 3차원 기술이 더 유리하며, 단일 반도체 제조 플로우 내에서 모든 기능들을 처리할 수 있을 것으로 예상된다.

(2013/12) 자일링스社는 로직유닛의 용량을 4백40만 개 수준으로 늘릴 예정이라고 발표하였다.[19]

자일링스社의 발표에 따르면, 4백40만 개 수준의 로직셀 내의 디바이스 밀도는 업계 최고의 밀도를 가지고 있는 Virtex®‐7 2000T의 두 배 이상이다. 이 디바이스를 통해서 두 세대의 고성능 디바이스 시장에서 성공적으로 선두를 유지하고 해당 공정노드를 넘어서는 장점을 발휘하는 제품을 소비자에게 공급하기 위해서는 …20[nm] 공정노드에 대해서 진보된 3차원 집적회로 기술을 사용하는 VU440의 용량은 기존에 발표되었던 경쟁기술인 14/16[nm]를 넘어선다.

2013년

(2013/11) 마이크론社는 페타스케일 슈퍼컴퓨터 시스템에 하이브리드 메모리큐브기술을 적용할 계획이라고 발표
(2013/12) 피코컴퓨팅社는 마이크론社의 하이브리드 메모리큐브와 멀티플 알테라 스트래틱스 VFPGA를 통합하기 위한 최초의 PCI 익스프레스카드 공급
(2013/12) CEA‐Leti는 순차식 3차원 기술을 평가하기 위해서 퀄컴社와 협약체결
(2013/12) 자일링스社는 단일세대 SSI기술을 사용하여 4.4M 로직셀 디바이스 구현
(2013/12) AMD社와 하이닉스社는 광대역 메모리 적층의 공동개발 발표
(2013/12) 하이닉스社는 3D TSV 칩 패키징 기술을 사용하여 HBM DRAM 칩모듈 생산 개시

그림 2.3 2013년 11월~12월 사이의 세계적인 연구개발 동향

(2014/3) 알테라社와 인텔社는 다중다이 디바이스의 개발을 포함하는 제조 파트너십을 연장한다고 발표하였다.[20]

이들의 발표에 따르면, 인텔社가 보유하고 있는 세계적인 수준의 패키징 및 조립기술과 알테라社가 보유하고 있는 첨단 프로그래머블 로직 기술을 교환하여 다중다이 디바

이스 개발에 협력할 예정이다. 이 협력은 기존에 인텔社가 14[nm] 트라이게이트 공정을 사용하여 알테라社의 Stratix® 10 FPGA와 실리콘 온칩을 생산하는 알테라社와 인텔社 사이의 파운드리 관계를 확장한 것이다.

(2014/4) ASE社는 이노데라社와 파트너십을 체결하여 패키지형 시스템의 사업모델을 확장하였다.[21] ASE社[6]의 발표에 따르면, ASE社가 보유하고 있는 패키지형 시스템(SiP) 능력을 더욱 강화시키기 위해서 이노테라 메모리社와 공동개발을 수행하기로 협약을 체결했다. ASE社가 보유하고 있는 포트폴리오를 보완하기 위해서 이노테라社는 2.5차원 집적회로 솔루션의 실리콘 웨이퍼간 상호연결 디바이스의 실리콘 인터포저 제조서비스를 제공할 예정이다. 이노테라社가 보유하고 있는 첨단의 웨이퍼 처리능력과 ASE社의 차세대 집적회로 패키징 및 검사기술을 결합하는 협력 비즈니스 모델을 통해서, 고품질, 안정된 수율과 효율적인 가격구조를 갖는 솔루션을 도출하여 소비시장을 확대할 수 있을 것이다.

다음 절부터는 대량생산을 이끌 것으로 기대되는 연구개발 활동에 대해서 살펴보기로 한다.

2014년

(2014/2) 하이브리드 메모리큐브 컨소시엄은 2세대 사양배포를 통해서 지속적으로 HMC 기술의 산업계 적용을 유도
(2014/3) 알테라社와 인텔社는 다중다이 디바이스의 개발을 포함하는 파트너십 기간 연장
(2014/3) 적층 메모리를 사용하기 위한 Nvida社의 Pascal
(2014/4) ASE社는 이노테라社와 파트너십을 체결하여 패키지형 시스템 사업모델을 확장
(2014/6) 마이크론社는 인텔社와 고성능 온패키지 메모리 솔루션을 사용하여 나이츠랜딩 지원
(2014/8) 삼성社는 업계 최초로 3D TSV 기반의 연계서비스용 DDR4 모듈에 대한 대량생산 시작
(2014/10) AMD社는 3차원 적층형 HBM 기술을 사용하여 차년 2월까지 R9 380X, R9 390X, 370X 등을 출시

그림 2.4 2014년의 세계적인 연구개발 동향

2.2 DRAM

2.2.1 DRAM용 실리콘관통비아

합동전자장치엔지니어링협회(JEDEC) 산하의 반도체기술협회[7]에서는 동적 임의접근 메모리(DRAM)[8]

---

6 ASE: Advanced Semiconductor Engineering, Inc.

7 Solid State Technology Association

의 전력소비당 속도[pj/bit]를 개선하기 위해서 실리콘관통비아(TSV)의 도입을 강력하게 추진하고 있다. 주요 기술분야에는 모바일용 광대역 입출력 DRAM, 고성능연산용 광대역 메모리(HBM) 그리고 2배속(DDR)[9] 등이 포함되어 있다.

3차원 적층(3DS)기술은 실리콘관통비아를 사용하여 다수의 DRAM 칩들을 적층하여 하나의 패키지로 만들어주기 때문에 메모리 용량을 증가시킬 수 있다. DRAM의 형태를 표시하는 DDR4_2H, DDR4_4H, DDR4_8H 등의 접미사들은 각각 2층, 4층 및 8층과 같은 적층의 숫자를 나타내는 것이다. 예를 들어 2[Gb] 칩들 8개를 적층하여 16[Gb] DRAM을 만들 수 있다. 기존의 DDR3 적층에 주종형 구조를 적용하면 메모리용량증대, 전력소비 절감, 데이터 전송률 향상 등과 같은 개선을 이룰 수 있다.

그런데 실리콘관통비아 기술을 DRAM 대량생산에 적용하는 문제에 대해서는 합동전자장치엔지니어링협회(JEDEC)의 의견이 분열되어 있다. 세계 최대의 DRAM 제조업체인 삼성社는 공격적으로 실리콘관통비아 기술을 개발해왔다. 비록 ISCC[10]2011에서 발표했던 원래의 일정보다는 지연되었지만, 삼성은 2014년 8월에 DDR4의 대량생산을 시작하였다.

삼성社의 발표[22]에 따르면, 삼성전자는 업계 최초로 3차원 실리콘관통비아 패키징 기술을 사용한 이중레지스터 직렬메모리(RDIMM)용 64[Gb] DDR4의 대량생산을 시작하였다. 실리콘관통비아에 대한 연구개발이 시작된 지 45년 만에 이 기술을 사용한 디바이스 대량생산이 시작된 것이다. 비록 신뢰성과 가격에 대한 약간의 기술적 도전요인들이 남아 있지만, 실리콘관통비아를 이용한 생산은 계속 추진동력을 얻을 것으로 보인다.

2.2.2 모바일 DRAM용 광대역 I/O와 광대역 I/O2

2011년 12월에 합동전자장치엔지니어링협회(JEDEC)는 새로운 모바일 DRAM용 광대역 I/O 표준인 JESD229를 배포하였다. 그런데 모바일 DRAM용 광대역 I/O가 스마트폰 업계에서 채용되지 않아 전문가들을 당혹하게 만들었다. 나중에 살펴보니 공급망이 복잡하며 대역 요구조건이 예상보다 더 증가하였고, 열 문제도 있었던 것으로 파악되었다. 그 대신에 소비자의 요구조건에 따라서 광대역을 구현하는 더 경제적인 솔루션인 **LPDDR3**(모바일 컴퓨터용 DDR3)가 개발되었다.

DRAM에 대한 대역폭 요구조건은 빠르게 높아지고 있지만, 머지않아서 LPDDR4 기술이 스마

---

8 DRAM: Dynamic Random Access Memory
9 DDR: Double Data Rate
10 ISCC: IEEE symposium on Computer and Communication

트폰 요구조건을 충족시킬 수 있을 것으로 기대된다. 광대역 I/O를 포기한 이후에 합동전자장치엔지니어링협회(JEDEC)는 2013년 말까지는 표준사양을 제정하며, 2015년 초까지는 디바이스 생산을 개시하는 것을 목표로 하여, 2011년 9월에 표준 광대역 I/O2(Wide I/O2) 작업그룹을 발족시켰다. 이 광대역 I/O2는 대역폭이 50[Mb/s] 이상이며 전력소비가 줄어든 더 좋은 성능을 가지고 있을 것으로 기대된다.[23]

2013년 3월 16일에 발표된 합동전자장치엔지니어링협회(JEDEC)의 컨퍼런스 뉴스에 따르면, 이 컨퍼런스에서는 광대역 I/O2 LPDDR4표준에 대해서 논의하며, 조기 표준제정을 위해 모바일 기술에 초점을 맞출 예정이다. 산업체 리더들이 모바일 칩 표준의 다양한 분야에 대해서 논의하며, LPDDR4와 광대역 I/O2를 포함하여 스마트폰과 태블릿 컴퓨터를 위한 차세대 메모리 표준에 대해서도 다룰 예정이다.[24] 표 2.1에서는 모바일 DRAM의 특성을 보여주고 있다.[25-28]

표 2.1 모바일 DRAM의 특성들

	LPDDR2	LPDDR3	LPDDR4	광대역 I/O	광대역 I/O2
JEDEC표준	JESD209-2F	JESD209-3B	–	JESD229	–
발표	2013. 6	2013.8	개발 중	2011.12	개발 중
전송속도[Mbit/s]	1,066	1,600	3,200	266	800
채널당 I/O수	32	32	32	512	512
채널	1 또는 2	1 또는 2	1 또는 2	–	–
대역[Gb/s]	4.3/8.5	6.4/12.8	12.8/25.6	17	51.2
VDD	1.2	1.2	1.1	1.2	1.1
전력소모[W]	–	2.3	1.5	0.8~1.0	–
전력효율[pJ/bit]	9.8	8.4	5.5	5.3	2.9
대량생산 시기	2010	2013	2015	포기	2015

3차원 칩 제조는 포함되지 않았음

2.3 하이브리드 메모리큐브와 광대역 메모리용 동적 임의접근 메모리

디지털 용도에서 대역폭 증가와 전력효율 향상에 대한 요구는 한계가 없어 보인다. **2배속**(DDR)기술의 혁신이 한계에 도달한 네트워킹/서버 분야에 의해서 **하이브리드 메모리큐브**(HMC)와 **광대역 메모리**(HBM)의 개발이 진행될 것이다. 하이브리드 메모리큐브 기술에 대해서 먼저 살펴본 다음에 광대역 메모리에 대해서 살펴보기로 한다. 2013년에서 2014년 사이에 발표된 사안들은 다음과 같다.

2.3.1 하이브리드 메모리큐브

(2013/4) **하이브리드 메모리큐브** 컨소시엄(HMCC)은 최종사양에 대해서 신속한 공감대를 형성
하였으며, 리뷰 컨소시엄을 개최하기로 결정하였다.[29]

이들의 발표에 따르면, 하이브리드 메모리큐브 컨소시엄에 참여하는 100개 이상의 개
발자와 사용자 회원들이 글로벌 표준에 합의하였으며, 많은 기대를 주는 파괴적인 메
모리연산 솔루션을 배포할 예정이다.

(2013/9) 알테라社와 마이크론社는 알테라 스트래틱스® V FPGA와 마이크론社의 하이브리드
메모리큐브 사이의 상호운용성을 성공적으로 입증했다고 발표하였다.[30]

이 기술적 성과로 인하여 설계자들이 차세대 통신과 고성능컴퓨터 설계에 대해서 필드
프로그래머블 게이트 어레이(FPGA)와 실리콘 온칩을 갖춘 하이브리드 메모리큐브의
장점을 평가할 수 있게 되었다.

(2013/9) 마이크론社는 2014년으로 예정되었던 최초의 하이브리드 메모리큐브 시험생산품을
출고하였다.[31]

이들의 발표에 따르면, 마이크론테크놀로지社는 2[Gb] 하이브리드 메모리큐브 엔지니
어링 샘플을 출고하였다. 하이브리드 메모리큐브는 메모리 기술의 뛰어난 기술적 발전
을 나타내며, 이 엔지니어링 샘플은 선도적인 소비자들이 널리 활용할 수 있는 세계
최초의 하이브리드 메모리큐브 디바이스이다.

(2013/11) 마이크론社는 페타스케일 슈퍼컴퓨터 시스템에 자신들의 하이브리드 메모리큐브를
적용할 계획을 발표하였다. 이것은 메모리 기술의 뛰어난 기술적 발전을 나타낸다.[32]
하이브리드 메모리큐브는 슈퍼컴퓨터에서 가장 중요한 요구조건인 저에너지 소모특
성, 광대역 메모리접근성 등을 위해서 설계되었다.

(2013/12) 피코컴퓨팅社는 마이크론사의 하이브리드 메모리큐브와 알테라社의 다중 스트래틱스
V FPGA를 통합하기 위한 최초의 주변장치상호접속(PCI) 익스프레스 카드를 출시하였
다.[33] 이들의 발표에 따르면, 피코컴퓨팅社는 세계에서 가장 강력한 블레이드 서버를
선보였다. EX800은 단일 PCI 익스프레스 카드에서 한번도 구현하지 못했던 연산밀도
를 구현하였으며, 마이크론社의 획기적인 하이브리드 메모리큐브 기술은 전례 없이
높은 대역폭, 저전력의 임의접근 메모리 성능을 실현하였다.

(2014/2)   하이브리드 메모리큐브 컨소시엄은 업계의 하이브리드 메모리큐브 적용 촉진을 위해서 2세대 사양을 배포하였다.[34] 하이브리드 메모리큐브 기술에 대한 산업표준 인터페이스 사양 개발과 확립에 헌신하는 하이브리드 메모리큐브 컨소시엄이 하이브리드 메모리큐브 에코시스템을 제정하고, 새로운 인터페이스 사양의 개발을 통해서 이 획기적인 기술의 산업계 적용을 지원한다고 발표하였다.

(2014/5)   후지쯔社는 일본 최초의 차세대 슈퍼컴퓨터 메인보드를 출시하였으며, 단위크기당 성능이 22배 증가하였다.[35] 이들의 발표에 따르면, 메인보드 내에 MPU 하나당 여덟 개의 DRAM 모듈이 탑재되어 있다. 이 DRAM 모듈에 미국 마이크론社의 하이브리드 메모리큐브를 사용하였다.

(2014/6)   마이크론社는 고성능 온패키지 메모리 솔루션을 사용하여 인텔社의 **나이츠랜딩**이라는 개발코드네임을 가지고 있는 차세대 제온 파이 프로세서의 성능을 향상시키기 위해서 마이크론社는 인텔社와 협업을 수행한다고 발표하였다.[36]

또한 마이크론社는 2012년 VLSI 기술 심포지엄의 기술논문 요약본을 통해서 다음과 같이 발표하였다. 하이브리드 메모리큐브는 로직 회로와 DRAM 사이의 접근지연을 줄여주며, 대역폭을 높여주고 전력소모를 줄여주는 3차원 DRAM 구조를 가지고 있다. 주요 적용분야는 서버, 그래픽스 그리고 네트워크 시스템 등이다. 하이브리드 메모리큐브는 실리콘관통비아를 사용하여 내부연결이 이루어진 이종 적층구조를 가지고 있다. 예를 들어, 실리콘관통비아를 사용하여 표준 1[Gb] 50[nm] DRAM 빌딩블록들(DRAM층)과 다양한 용도의 로직들(로직층)을 결합할 수 있다. 하이브리드 메모리큐브 프로토타입에서는 60[μm] 피치의 1866 실리콘관통비아가 사용되었으며, 이 칩의 에너지 소모율은 10.48[pj/bit]으로서, DDR3 모듈의 65[pj/bit]에 비해서 훨씬 작았다. 구조의 측면에서는 DRAM층이 로직층 타이밍제어에 지배를 받았다. 로직층 역시 호스트는 알 수 없는 적응형 타이밍, 교정, 리프레시, 열관리능력 등을 포함하고 있다. 따라서 호스트나 또 다른 큐브와 접속하기 위해서 하이브리드 메모리큐브는 직렬변환기/직병렬변환기(SerDes)와 같은 개념적인 간단한 통신규약과 고속링크를 사용할 수 있다. 실리콘관통비아의 숫자(링크의 숫자)를 증가시킴으로서, 총 대역폭을 320[Gb/s] 이상으로 증가시킬 수 있었다.

하이브리드 메모리큐브 컨소시엄에 참여하는 개발업체들은 알테라社, ARM社, IBM社, 마이크론社, 오픈실리콘社, 삼성社, SK 하이닉스社, 자일링스社이다. 그리고 이를 활용하는 기업은 100개 이상이다.[38]

2.3.2 광대역 메모리용 동적 임의접근 메모리

(2013/12) SK 하이닉스社는 3차원 칩 패키징 기술을 사용하여 **광대역 메모리용** DRAM 칩 모듈의 생산을 시작하였다.[39] 이들의 발표에 따르면, 실리콘관통비아 칩 패키징 기술(3D TSV)을 사용하여 차세대 광대역 메모리 DRAM을 개발하였다. 광대역 메모리는 합동전자장치엔지니어링협회(JEDEC)가 슈퍼컴퓨터와 서버용 차세대 그래픽 활용을 위해 제정한 새로운 메모리칩의 표준을 따르고 있다.

(2013/12) AMD社와 하이닉스社는 광대역 메모리 적층의 공동개발에 합의하였다.[40] 이들이 ElectroIQ와 SemiWiki에 기고한 기사에 따르면, AMD社와 하이닉스社는 소비자 수준의 메모리 기술을 돌파하였으며, 다음 해까지 대량생산에 근접하는 수량을 생산할 수 있다.

(2014/10) AMD社는 R9 380X, R9 390X &370X 등을 다음 연도 2월에 출시할 예정이다.[41] AMD社의 발표에 따르면, R9 3xx 시리즈는 놀라운 전환점이라고 말하기 어렵다. (파이리트 아일랜드 구조를 기반으로 하는) R9 380X는 Nvidia社가 최근에 출시한 맥스웰 GTX970과 980에 대응하기 위해서 개발된 것이다.

합동전자장치엔지니어링협회(JEDEC)는 2013년 10월에 차세대 고성능 메모리를 위한 광대역 메모리 DRAM 표준(ESD235)을 제정하였다. 이 표준은 1[Tb/s] 수준의 **초광대역**을 목표로 하는 적층형 DRAM에 대한 표준이다. 다수의 DRAM 디바이스들의 적층은 채널이라고 부르는 상호독립적인 인터페이스를 통해서 통신한다. 개별 다이들은 적층에 추가적인 용량과 채널을 제공해준다(적층당 최대 8채널).[42]

SK 하이닉스社는 광대역 메모리가 1[Gb/s] 속도의 데이터처리에 단지 1.2[V]의 전력만을 소모한다고 발표하였다. 1,024개의 입출력 게이트웨이를 통해서, 128[Gb/s]의 데이터를 전송할 수 있어서, 기존 DDR5 그래픽스(GDDR5 SRAM)보다 약 네 배 빠르면서도 전력소모는 40% 절감하였다.[43] 대량생산은 2014년 말에 시작될 예정이며, 광대역 메모리를 사용한 최초의 제품은 2015년으로 예상된다. 실리콘관통비아를 사용하는 모바일용 광대역 입출력장치에서와는 달리, 광대역 메모리는 DRAM을 그래픽처리장치(GPU)나 중앙처리장치(CPU)에 직접 적층하지 않는다. 오히려 광대역 메모리는 인터포저를 사용하여 DRAM과 로직 디바이스를 연결한다. 인터페이스의 폭은 1,024[bit]이며, 1층당 128[Gb/s], 2~4층의 경우 512[Gb/s]~1[Tb/s]를 구현할 수 있다.

산업계에서는 광대역 메모리 DRAM을 GDDR5 광대역 DRAM의 후속으로 사용하기를 원하고 있다. 여기에는 고성능 컴퓨팅용 그래픽처리장치, 고속 프로세서용 메모리, 중앙처리장치용 캐시 메모리 그리고 네트워크 프로세서용 메모리 등이 포함된다. 광대역 메모리는 높은 대역폭을 구현할 뿐만 아니라 소비전력이 작다. 조밀하고 미세한 피치의 상호연결을 통해서 저전력 인터페이스를 구현했을 뿐만 아니라 DRAM의 미세제어가 가능하다. 이를 통해서 물리층(PHY) 내에서의 낮은 전력소모와 세 배의 성능 향상을 구현하였다. GDDR5가 8[Gb/s]에 대해서 85[W]의 전력을 소모하는 반면에, 4층이 적층된 광대역 메모리의 경우 1[Gb/s]에 대해서 단지 30[W]의 전력을 소모할 뿐이다.[44, 45] 표 2.2에서는 고성능 DRAM의 특성을 보여주고 있다.[28, 37, 39, 44-51]

표 2.2 고성능 DRAM의 특성

	광대역 메모리(HBM)	하이브리드 메모리큐브(HMC)
표준	JEDEC JESD235	HMC 컨소시엄
발표시기	2013년 10월	2012년 8월 최초 드래프트
핀당 전송속도[Mbit/s]	1세대: 1,024/2세대: 2,048	10,000
채널당 입출력 수	1,024	16[Tx]+16[Rx]
채널 수	1/2/4	2/4
대역폭[Gb/s]	1세대: 128/2세대 256	80/160
VDD	1.2	1.2
전력소모[W]	3.3(@128[Gb/s])	8.2(@128[Gb/s])
전력효율[pJ/bit]	3.2	8
대량생산 시기	2014년	2014년

2.4 필드 프로그래머블 게이트 어레이와 2.5D

3차원 집적화 기술의 대량생산이 여전히 개발 중인 반면에, **필드 프로그래머블 게이트 어레이**(FPGA) 제조업체들인 자일링스社와 알테라社는 실리콘관통비아를 2.5차원 기술에 도입하였다. 자일링스社는 실리콘관통비아를 사용하는 TSMC社의 65[nm] 공정을 사용하여 다수의 FPGA 칩들을 인터포저상에 나란히 배치하였으며, 이를 사용한 Virtex-72000T 프로그래머블 로직 디바이스를 2011년 10월부터 출고하기 시작하였다. 이보다 6개월 후에 알테라社는 TSMC社와의 공동프로젝트를 통해서 칩온웨이퍼온실리콘(CoWoS)기술을 사용하여 3차원 이종 집적회로(3DIC) 시험용 디바이스를 개발하였다.

현재로는 실리콘관통비아를 지지하는 실리콘 인터포저의 제조비용이 너무 비싸다. 유리가 아마도 경제성을 갖춘 인터포저 대안소재가 될 것이다.

또 다른 경쟁기술은 웨이퍼 내에서 인터포저를 사용하지 않고 와이어링과 패키징을 수행하는 팬아웃 웨이러페벨 패키징(FO-WLP)이다. 이 방법은 3차원 집적화 기술과는 별개이나 상호보완적인 성격을 가지고 있다.

2.5 기 타

도시바社는 다중채널 NAND 디바이스에 실리콘관통비아를 사용할 가능성이 있다고 언급하였다. 만일 이것이 실현된다면 실리콘관통비아의 시장이 크게 확장될 것이다. 소니社는 ISCC2013에서 CMOS 영상센서＋로직을 기반으로 하는 그들의 후방조사(BSI) 칩에 실리콘관통비아를 사용할 예정이라고 발표하였다. 로직＋메모리와 로직＋로직(아날로그) 업계의 실리콘관통비아 적용은 한참 뒤처져 있다.

2.6 일본의 신에너지산업기술종합개발기구

2.6.1 차세대 스마트 디바이스 프로젝트

일본에서는 신에너지산업기술종합개발기구(NEDO)[11]가 2013년 11월부터 드림칩 프로젝트를 계승한 **차세대 스마트 디바이스 프로젝트**[12]를 시작하였다. 이 프로젝트는 에너지절감이 가능한 전기기술과 충돌회피를 위한 차세대 안전운전기술 등의 개발을 목적으로 하고 있다. 이 프로젝트는 2018년 3월(일본의 회기연도 말)까지 5년간 수행될 예정이다. 핵심 목표들은 다음과 같다.

- 차량 탑재형 충돌감지장치의 개발 : 모든 날씨와 시계조건하에서 다중물체들의 위치와 거리를 실시간으로 측정하는 감지장치 기술
- 충돌검출과 위험인식 프로세서의 개발 : 감지 데이터로부터 다중물체를 인식, 운동의 예측 그리고 충돌위험성 판별 등을 수행하는 응용프로세서

....

11 NEDO: New Energy and Industrial Technology Development Organization(国立研究開発法人新エネルギー・産業技術総合開発機構)
12 次世代スマートデバイス開発プロジェクト

- 프로브 데이터 처리장치의 개발 : 다수의 차량들로부터 수집된 주변정보의 고속분석을 위한 저전력 프로세서

2.6.2 스마트 디바이스 프로젝트의 배경, 목적 및 목표

에너지 절감과 운전자 안전향상이 차세대 교통체계의 목표이다. 환경적으로는 배터리를 사용한 시동, 급감속 그리고 차량정체에 따른 저속운전 등으로 인한 비효율적인 연료소모로 인한 차량용 내연기관의 상태를 고려해야만 한다. 또한 충돌방지를 통해서 운전자와 보행자의 생명을 살릴 수 있다. 차량의 최근 데이터를 취합하여 즉각적인 대응을 취할 수 있는 시스템을 구축하는 것이 매우 바람직하다.

유럽의 경우, 이미 안전성 향상을 위한 충돌방지 기술에 노력을 기울이고 있다. 미국의 자동주행기술 개발은 2020년을 전후하여 실용화될 것으로 예상된다. 일본의 경우, 차량 간 통신을 기반으로 하는 충돌회피 기술과 도로와 차량 간 통신을 사용한 차량정체 해소기술이 개발 중에 있다. 소재와 제조를 포함하여 장애물 측정장치의 일본시장 전체 규모는 2020년에 약 1조 엔[13]에 달할 것으로 예상하고 있다.

스마트 디바이스의 심장은 차량에 탑재된 센서들에서 취합된 정보들을 사용하여 장애물을 인식하고 위험을 판별하는 응용프로세서이다. 이 디바이스는 차량사고의 숫자를 줄여서, 차량정체와 그에 따른 탄소배출량을 저감시켜줄 것이다. 이는 또한 일본 자동차 산업의 글로벌 경쟁력 강화에 기여할 것이다. 스마트 디바이스의 출시목표 시점은 2018년으로서, 다음의 목표들을 실현할 필요가 있다.

- 차량에 탑재하는 충돌감지장치의 개발 : 이 디바이스는 모든 날씨와 시계조건하에서 실시간으로 차량과 보행자와 같은 물체들의 위치와 거리를 동시에 측정해야 한다. 이 연구개발에는 감지장치의 소형화도 포함되어 있다.
- 물체검출 시스템과 위험인식 응용 프로세서의 개발 : 하드웨어는 실시간으로 감지데이터를 처리해야 하므로 고속 저전력 구조를 가져야만 한다. 소프트웨어는 보행자나 타 자동차와 같은 물체의 운동을 예측하고 충돌의 위험을 정량적으로 평가해야 한다.
- 프로브 데이터 처리장치의 개발 : 실시간 차량 데이터분석과 누적식 차량정체 모델을 탑재한

---

13 약 10조 원(2017년 10월 기준). 역자 주

고성능 서버를 사용하여 개별차량의 운전지원을 수행한다. 엑사바이트 규모의 **텔레메틱스**[14]가 이 프로젝트의 중요한 기술적 이정표이다.

차세대 교통체계를 구현하기 위해서는 각 차량의 정보 시스템이 지속적으로 측정값들과 국지적인 교통망 평가를 지속적으로 중앙 서버에 전송해야 한다. 마찬가지로 서버는 개별차량들에게 교통 진단결과와 확률적인 사고발생 지도를 제공해야 한다.

---

14 telematics: 자동차와 무선통신을 결합한 새로운 개념의 차량 무선인터넷 서비스. 두산백과

참고문헌

1. Novat and Ziptronix (2013) Press release Novati Technologies Licenses Ziptronix's Direct Oxide Bonding (ZiBond) and Direct Bond Interconnect (DBI) patented technologies for advanced 3D integrated assemblies. http://mobile.reuters.com/article/pressRelease/idUSnBw-1CjnM9a＋124＋BSW20130116?irpc＝942. Accessed 29 April 2014

2. TORKI K (17 January 2013) Presentation slide 3D-IC integration. CMP annual users meeting Paris. http://www.monolithic3d.com/uploads/6/0/5/5/6055488/09_3d_integration_2013.pdf. Accessed 29 April 2014

3. STATS ChiPAC and UMC (2013) Press release STATS ChipPAC and UMC unveil world's first 3D IC developed under an open ecosystem model. http://www.statschippac.com/news/newscenter/2013/news01292013b.aspx. Accessed 29 April 2014

4. Insights From Leading Edge News (2013) IFTLE 172 Sony TSV stacked CMOS image sensors finally arrive in 2013. http://electroiq.com/insights-from-leading-edge/2013/12/iftle-172-sony-tsv-stacked-cmos-image-sensors-finally-arrive-in-2013/. Accessed 4 March 2014

5. IME and UTAC (2013) Press release Singapore's UTAC to co-develop 2.5D through-siliconinterposer with A*STAR's Institute of Microelectronics for volume manufacturing. http://www.noodls.com/view/432D47164CD4DB4ED000D09B71C9D3C6B634E85F?3477xxx1364464809. Accessed 29 April 2014

6. GlobalFoundries (2013) Press release GLOBALFOUNDRIES demonstrates 3D TSV capabilities on 20 nm technology. http://www.techpowerup.com/182292/globalfoundries-demonstrates-3d-tsv-capabilities-on-20nm-technology.html. Accessed 29 April 2014

7. Mentor and Tezzaron (2013) Press release mentor and Tezzaron Optimize Calibre 3DSTACK for 2.5/3D-ICs. http://www.mentor.com/company/news/mentor-tezaron-calibre-3dstack. Accessed 29 April 2014

8. UMC (2013) Press release UMC establishes its Specialty Technology Center of Excellence in Singapore. http://www.umc.com/english/news/2013/20130522.asp. Accessed 29 April 2014

9. A*STAR (IME), Qualcomm and STATS ChipPAC (2013) Press release, A*STAR IME, Stats Chippac and Qualcomm collaborate to develop low cost interposer technology. http://www.noodls.com/view/822844F17FDB7A4F108A8AFEBBB5EA9EDB1A48AF. Accessed 28 April 2014

10. Lin L et al (2013) Reliability characterization of Chip-On-Wafer-On-Substrate (CoWoS) 3D IC integration technology. Sixty third electronic components & technology conference, May 28–31, pp.366–371

11. Kim DW et al (2013) Development of 3D Through Silicon Stack (TSS) assembly for wide IO

memory to logic devices integration. Sixty third electronic components & technology conference, May 28–31, pp.77–80

12. Nikkei (30 October 2013) Technology online news Qualcomm and Amkor 3D stacked 28 nm generation logic and maximum of four Wide I/O memories [ECTC]. http://techon.nikkeibp.co.jp/article/EVENT/20130530/284551/. Accessed 27 April 2014

13. Synopsys (2013) Press release synopsys collaborates with A*STAR IME to optimize TSI technology. http://news.synopsys.com/2013-06-24-Synopsys-Collaborates-with-A-STARIME-to-Optimize-TSI-Technology. Accessed 11 July 2014

14. Cadence (2013) Press release TSMC and Cadence deliver 3D-IC reference flow for true 3D stacking. http://www.cadence.com/cadence/newsroom/press_releases/Pages/pr.aspx?xml=091913_3dic&CMP=home. Accessed 28 Oct 2014

15. Mentor Graphics Corp (2013) Press release mentor graphics tools included in TSMC's 3D-IC reference flow for true 3D stacking integration. http://www.mentor.com/products/mechanical/news/mentor-tsmc-3d-ic-reference-flow. Accessed 15 April 2014

16. Xilinx (2013) Press release Xilinx and TSMC reach volume production on all 28 nm CoWoS^{TM}-based all programmable 3D IC families. http://press.xilinx.com/2013-10-20-Xilinx-and-TSMC-Reach-Volume-Production-on-all-28nm-CoWoS-based-All-Programmable-3D-ICFamilies. Accessed 9 March 2014

17. SMIC (2013) Press release SMIC announces formation of center for vision, sensors and 3DIC. http://www.prnewswire.com/news-releases/smic-announces-formation-of-center-forvision-sensors-and-3dic-228617611.html. Accessed 28 Sept 2014

18. CEA-Leti (2013) Press release CEA-Leti signs agreement with Qualcomm to assess sequential 3D technology. http://www.businesswire.com/news/home/20131208005051/en/CEALeti-Signs-Agreement-Qualcomm-Assess-Sequential-3D#.U19t4_1_vX1. Accessed 29 April 2014

19. Xilinx (2013) Press release Xilinx doubles industry's highest capacity device to 4.4 M logic cells, delivering density advantage that is a full generation ahead. http://www.wantinews.com/news-5975003-Xilinx-will-be-the-industry-39s-largest-capacity-doubled-to-44-million-devices-logical-unit.html. Accessed 30 Sept 2014

20. Altera and Intel (2014) Press release Altera and Intel extend manufacturing partnership to include development of multi-die devices. http://newsroom.altera.com/press-releases/nr-intelpackaging.htm. Accessed 31 March 2014

21. ASE and Inotera (2013) Press release ASE expands System-in-Package business model through industry partnership with Inotera. http://www.inotera.com/English/Press_Center/Press_Releases/2014-04-07+Inotera+and+ASE+Joint+Press+Release.htm. Accessed 7 April 2014

22. 22i¼Samsung (28 August 2014) Press release Samsung starts mass producing industry's first 3D TSV technology based DDR4 modules for enterprise servers. http://www.samsung.com/global/business/ semiconductor/news-events/press-releases/detail?cateSearchParam=&searchTextParam=&startYyyyParam= &startMmParam=&endYyyyParam=&endMmParam=&newsId=13602&page=&searchType= &rdoPeriod=A#none. Accessed 2 Sep 2014

23. Choi JY (2012) Presentation slide beyond LPDDR3 directions. LPDDR3 symposium 2012. http://www. jedec.org/sites/default/files/JY_Choi_Final_LPDDR3.pdf. Accessed 10 July 2014

24. X-bit labs News (2013) JEDEC to discuss wide I/O 2, LPDDR4 standards at conference. http://www. xbitlabs.com/news/memory/display/20130316080548_JEDEC_to_Discuss_Wide_I_O_2_LPDDR4_St andards_at_Conference.html. Accessed 27 April 2014

25. JEDEC (2011) STANDARD JESD209-2F June 2013, Low Power Double Data Rate 2 (LPDDR2) (Revision of JESD209-2E, April 2011), October 2013

26. JEDEC (2013) STANDARD JESD209-3B, Low Power Double Data Rate 3 (LPDDR3) (Revision of JESD209-3A, August 2013)

27. Kim M (2013) Presentation slide high performance & low power memory trend. http://www.semiconwest. org/sites/semiconwest.org/files/docs/SW2013_Minho%20Kim_SK%20Hynix.pdf. Accessed 30 July 2014

28. SK Hynix (2014) Presentation slide memories in 2014 & introducing the new generation memories. https://intel.activeevents.com/sz14/connect/fileDownload/session/F5F7AD-6840DE76F60EF6D7B8B8 A91EA0/SZ14_GSSS006_100_ENGf.pdf. Accessed 30 July 2014

29. HMCC (2013) Press release hybrid memory cube consortium heralds 2013 as turning point for high performance memory ICs, gains rapid consensus for final specification and decision to renew consortium. http://investors.micron.com/releasedetail.cfm?ReleaseID=753753. Accessed 29 April 2014

30. Altera and Micron (2013) Press release Altera and Micron lead industry with FPGA and hybrid memory cube interoperability. http://investors.micron.com/releasedetail.cfm?ReleaseID=788635. Accessed 28 April 2014

31. Micron (2013) Press release Micron technology ships first samples of hybrid memory cube. http://investors. micron.com/releasedetail.cfm?releaseid=793156. Accessed 24 Jan 2015

32. Micron (2013) Press release Micron's hybrid memory cube earns high praise in next-generation supercomputer. http://investors.micron.com/releasedetail.cfm?ReleaseID=805283. Accessed 29 April 2014

33. PRWEB News (2013) Pico computing delivers the first PCI express card to integrate Micron's hybrid memory cube and multiple Altera Stratix V FPGAs. Accessed 24 Jan 2015

34. HMCC (2014) Press release hybrid memory cube consortium continues to drive HMC industry adoption with release of second-generation specification. http://investors.micron.com/releasedetail.

cfm?ReleaseID＝828028. Accessed 19 March 2014

35. Nikkei (2014) Technology on line Fujitsu exhibited the main board of the next supercomputer first time in Japan and the performance per size is 22 times of "KEI" (in Japanese). http://techon.nikkeibp. co.jp/article/NEWS/20140513/351641/, 2014/05/14 08:00. Accessed 2 July 2014

36. Micron (2014) Press release Micron collaborates with Intel to enhance knights landing with a high performance, on-package memory solution. http://investors.micron.com/releasedetail.cfm?ReleaseID＝ 856057. Accessed 2 July 2014

37. Jeddeloh J, Keeth B (2012) Hybrid memory cube new DRAM architecture increases density and performance. Proceedings of 2012 symposium on VLSI technology digest of technical papers, pp. 87–88

38. Hybrid Memory Cube Consortium (2014) http://hybridmemorycube.org/about.html. Accessed 15 Aug 2014

39. SK Hynix (2013) Press release SK Hynix to start production of HBM DRAM chip modules using 3D TSV chip-packaging technology. http://itersnews.com/?p＝62940. Accessed 29 April 2014

40. Tech Soda News (2013) AMD and Hynix announce joint development of HBM memory stacks. http://techsoda.com/amd-hynix-hbm-memory/. Accessed 29 April 2014

41. RedGamingTech News (2014) AMD R9 380X in February & R9 390X & 370X Announced. http://www.redgamingtech.com/amdr9380xfebruaryr9390×370xannounced/1/. Accessed 24 Jan 2015

42. JEDEC (2013) STANDARD JESD235 High Bandwidth Memory (HBM) DRAM. October 2013

43. Business Korea (2013) News release SK Hynix develops 4x faster DRAM. http://www.busin9esskorea. co.kr/article/2766/moore%E2%80%99s-law-sk-hynix-develops-4x-fasterdram. Accessed 28 March 2014

44. Goto H (28 April 2014) PC watch news HBMDRAM for the next generation GPU which realizes 1TB/sec is in to volume production stage (in Japanese). http://pc.watch.impress.co.jp/docs/column/ kaigai /20140428_646233.html. Accessed 20 May 2014

45. Goto H (1 May 2014) PC watch news details of "HBM" stacked with TSV technology which succeed GDDR5 memory (in Japanese). http://pc.watch.impress.co.jp/docs/column/kaigai/20140501_646660. html. Accessed 20 May 2014

46. BLACK B (2013) Presentation slide DIE STACKING IS HAPPENING!. 12-9-2013. http://www. microarch.org/micro46/files/keynote1.pdf. Accessed 10 Aug 2014

47. My Navi News (31 January 2014) Advanced technology seen at the largest society of supercomputer "SC13" (in Japanese). http://news.mynavi.jp/column/sc13/020. Accessed 20 May 2014

48. My Navi News (31 January 2014) Advanced technology seen at the largest society of supercomputer "SC13" (in Japanese). http://news.mynavi.jp/column/sc13/021. Accessed 20 May 2014

49. Borkar S (7 October 2012) Presentation slide ubiquitous computing in the coming years—technology challenges and opportunities. Semicon West

50. Kimmich G (2013) Presentation slide 3D-what's next, D43D. Workshop June 2013, Grenoble. http://www.leti-innovationdays.com/presentations/D43DWorkshop/Session3-StateOfTheArts/D43D13_ Session_3_1_GeorgKimmich.pdf?PHPSESSID＝f7b640026ea14ad29a39a245618e010d. Accessed 3 July 2014

51. Kim J, Kim Y (2014) Presentation slide HBM : memory solution for bandwidth-hungry processors. http://www.setphaserstostun.org/hc26/HC26-11-day1-epub/HC26.11-3-Technology-epub/HC26.11.310-HBM-Bandwidth-Kim-Hynix-Hot%20Chips%20HBM%202014 %20v7.pdf. Accessed 27 Oct 2014

52. Xie JY (7 October 2013) Presentation slide developing high density packaging with low cost stacking solution. Semicon West

53. NEDO (July 2013) Basic plan next generation smart device project (in Japanese). http://www.nedo. go.jp/content/100542603.pdf. Accessed 20 July 2014

03

실리콘관통비아공정

CHAPTER 03

실리콘관통비아공정

3.1 보쉬공정을 사용한 실리콘 심부에칭

3.1.1 서언

　1992년에 보쉬社에 의해서 소위 **보쉬공정**이라고 부르는 실리콘 에칭공정이 개발되었다.[1] 에칭단계와 증착단계를 반복적으로 수행하는 매우 특수한 에칭공정을 통해서 수십~수백[μm] 깊이의 매우 깊은 실리콘 에칭이 가능해진다. 이 혁신적인 공정기술이 실리콘 미세전자기계시스템(MEMS)을 실현시켜주었다는 것은 의심할 여지가 없으며, 대부분의 실리콘기반 MEMS 디바이스 제조업체들이 이 공정을 사용하고 있다. 2000년을 전후하여 이 보쉬공정을 실리콘관통비아(TSV) 에칭에 적용하기 시작했으며, 현재는 공정이 매우 잘 확립되어 있다.[2-4]

　이 장에서는 보쉬공정의 기술적 기초, 실리콘관통비아 에칭을 포함하는 공정의 특성 등에 대해서 논의한다. 보쉬공정용 에칭장비의 특징에 대해서도 살펴보기로 한다.

3.1.2 보쉬공정의 기본특징

　주류 반도체 제조공정에서 실리콘 플라스마 에칭에는 Cl_2 또는 HBr 기반의 공정들이 사용되어 왔다. 이들 두 기본화학물질들에 의해서 생성되는 수증기압이 비교적 낮으며 측벽에 증착되는 경향이 있는 부산물들에 의해서 에칭된 측벽이 보호되므로 플라스마에 의한 이온충돌이 제한된다. 에칭률이 수백[nm/min]이며, 포토레지스트의 선택도가 2~5인 이 공정은 매우 잘 확립되었으며 반도체업계에서 널리 사용된다. 실리콘이 미세가공 소재로 각광을 받기 전에는 반도체 실리콘 에칭의 에칭률이나 선택도 개선과 관련된 심각한 요구조건이 제기되지 않았으며,[5] 이런 실리콘 에칭공정들은 이 새로운 적용사례의 경우에 포토레지스트의 선택도 측면에서 충분치 못하다. Si-MEMS 가공을 위해서는 극도로 높은 **선택도**와 높은 **에칭비율**이 필수적인 상황에서 보쉬공정이 발명되었다.[6-8] 비록 불소화 라디칼들이 할로겐 그룹들 중에서 가장 높은 실리콘 에칭비율을 구현하는 것으로 알려졌지만, 부산물인 SiF_x가 매우 휘발성이 높아서 측벽에 증착시키기가 쉽지 않다. 혁신적인 보쉬공정에서는 **불소 라디칼**들에 의한 측벽의 침식을 막기 위해서 짧은 화학기상 증착단계를 사용한다. **그림 3.1**에서는 보쉬 에칭 반복공정의 각 단계가 종료된 다음의 시편단면을 개략적으로 보여주고 있다. 이 공정은 SF_6 플라스마 에칭공정과 C_4F_8 플라스마 증착공정의 조합으로 이루어진다. (a) 에칭단계가 끝나고 나면, F 라디칼에 의한 Si 에칭 프로파일은 등방성이며, C_4F_8 화학물질을 사용하는 화학기상증착단계를 끝마친 다음에 포토레지스트 상부를 포함하는 웨이퍼의 모든 표면들, 포토레지스트와 에칭된 Si의 측벽 그리고 식각된 Si의 바닥은 CF_x 폴리머도 덮여있다. (b) 플라스마로부터의 이온충돌로 인하여 포토레지스트 상부와 식각된 Si의 바닥 등 평평한 영역 위의 폴리머들이 제거된다. (c) 그런 다음, F 라디칼이 높은 비율로 바닥에 노출된 Si에 대한 에칭을 수행한다. 필요한 깊이까지 (a)-(c)의 과정을 반복한다. (b)단계에서 증착된 폴리머를 제거한 다음에만 포토레지스트가 침식되므로, 이 공정의 포토레지스트 선택도는 30~100:1에 이를 정도로 매우 높다. 따라서 보쉬공정을 사용하여 수백[μm]의 에칭이 필요한 Si-MEMS 시스템의 가공이 가능하다.

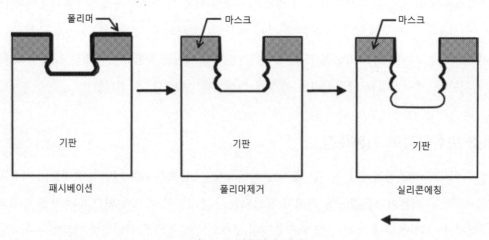

그림 3.1 보쉬공정의 개념

보쉬공정을 위한 전형적인 실험용 에칭공정 챔버가 **그림 3.2**에 도시되어 있다. 일반적으로 보쉬공정에는 **유도결합플라스마**를 사용하며, 고밀도 원격 플라스마 소스는 높은 식각률을 제공해주며, 웨이퍼 홀더상의 무선주파수 바이어스를 적용하여 이온에너지의 양호한 조작성을 갖추었다. 유도결합플라스마는 1980년대 말에서 1990년대 초에 확실하게 자리 잡은 공정이다. 초창기에는 포토레지스트 제거공정에 주로 사용되었으나 오래지 않아서 알루미늄합금의 에칭과 실리콘 에칭에도 활용되었다. 이 기법을 SiO_2 에칭에 적용하려는 시도가 몇 번 있었다. 그러나 SiO_2 에칭은 비교적 저밀도 플라스마와 매우 높은 에너지의 이온충돌을 필요로 하므로 이런 시도가 성공하지 못했다. 또한 폴리-Si 또는 금속 상호연결 같은 하부층 위에 고탄소 폴리머 증착을 민감하게 조절해야 한다. 유도결합플라스마는 C_xF_y를 너무 많이 분해하여 고탄소 폴리머의 증착 조절성을 와해시키는 경향이 있다. 따라서 반도체 평행판에 대하여 주로 사용되는 SiO_2 에칭의 경우, 용량결합플라스마가 여전히 사용되고 있다.

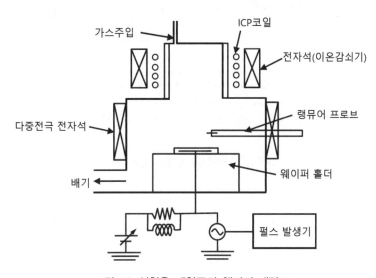

그림 3.2 실험용 에칭공정 챔버의 개략도

보쉬공정의 경우, Si 에칭률은 F 라디칼의 양에 의존하며, 이온충돌은 **그림 3.1 (b)**에 도시되어 있는 폴리머 제거단계에서만 필요하다. **그림 3.1 (c)**의 주 에칭단계를 수행하는 동안, 만일 이온밀도와/또는 이온에너지가 높다면, 포토레지스트 에칭비율이 높아지며 포토레지스트의 선택도가 저하된다. 상용 보쉬공정 에칭시스템에서는 이온충격을 최소화하면서 F 라디칼을 높게 유지하는 여러 가지 방법들을 사용하고 있다. **그림 3.3**에서는 라디칼의 양을 높게 유지하면서 이온을 줄이는 방법들 중 하나로서, **그림 3.2**에 도시되어 있는 유도결합플라스마 소스를 둘러싸고 있는 전자석에 의해 유도된 자기장에 의한 **이온희석 효과**를 보여주고 있다. **그림 3.4**에서는 이온희석이 에칭률과 포토레지스트 선택도에 미치는 영향을 보여주고 있다. 이온 밀도는 챔버 내의 랭뮤어 프로브를 사용하여 측정하였다. 자기장을 가하면 에칭률은 거의 동일하게 유지하면서 선택도를 몇 배 증가시킬 수 있다. 이온/라디칼을 조절하는 또 다른 방법은 각 단계에서 공정조건을 최적화하는 것이며, 이는 각 장비 공급업체들의 핵심 노하우들 중 하나이다. 일부 공급업체들은 이온/라디칼 양을 더 정밀하고 안정하게 조절하기 위해서 (b) 단계와/또는 (c) 단계를 더 많은 단계들로 나누었다.

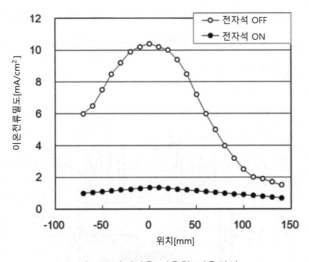

그림 3.3 자기장을 사용한 이온희석

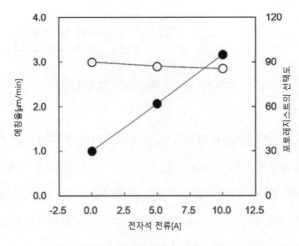

그림 3.4 이온희석이 에칭단계에 미치는 영향

하부 절연층까지 실리콘 에칭이 수행되면, 실리콘과 하부층 사이의 경계에서 실리콘의 측면침식이 발생하는 경향이 있으며, 이를 **노칭**이라고 부른다. 1990년대 중반 주류 반도체 생산공정에서 폴리 실리콘 게이트전극 에칭에서 이 영향이 발견되었으며, 메커니즘을 **전자음영효과**라고 부른다.[9] 노칭생성 메커니즘의 개략도가 **그림 3.5**에 도시되어 있다. 주류 게이트전극 에칭의 경우, 이 문제는 노칭을 유발할 뿐만 아니라 게이트 절연체가 스스로 충전되어 금속산화물반도체 전계효과트랜지스터(MOS FET) 특성의 퇴화를 유발한다. 다행히도, 폴리 실리콘 게이트 전극의 종횡비는 그리 높지 않으므로, 공정최적화를 통해서 이 문제를 방지할 수 있지만, 종횡비가 10~100에 이를 정도로 매우 높은 MEMS 공정의 경우에는 공정 최적화만으로는 노칭을 방지하기에 충분치 않다. 이 문제에 대한 상용 솔루션들 중 하나는 **펄스편향방법**이다. 무선주파수 편향이 꺼져있을 때에는 자기편향 전압이 플라스마 시스레벨까지 떨어지며 고에너지 전자들이 하부층에 도달하여 이온이 전가할 수 없는 수준의 전하를 중화시킬 수 있다. **그림 3.6**에서는 펄스편향방법을 사용한 노치방지 사례를 보여주고 있다.[10] 노칭에 대한 이런 보호조치는 종횡비가 5~10이며 비아 구멍의 바닥에 절연층이 있는 실리콘관통비아의 실리콘 에칭에서 매우 중요하다. MEMS 공정에서 얻은 노하우는 보쉬공정을 실리콘관통비아에 적용할 때에 명백한 장점을 가지고 있다.

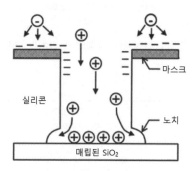

그림 3.5 노치형성 메커니즘

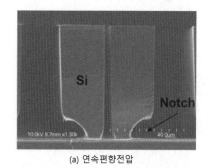

(a) 연속편향전압

(b) 펄스편향전압

그림 3.6 펄스편향을 사용한 노치방지기법

실리콘관통비아를 위한 실리콘 에칭의 또 다른 기술적 도전은 종횡비가 증가함에 따라서 에칭률이 감소한다는 것이다. **그림 3.7**에서는 에칭률에 **종횡비 의존성(ARD)**이 미치는 영향을 보여주고 있다. 이 종횡비 의존성은 에칭 앞면 실리콘 표면에서의 부식액 공급의 감소와 부산물 배출의 감소에 의해서 유발된다. **블라인드 비아홀(BVH)[1]**의 경우, 에칭률이 일정해야 비아깊이를 조절하기 용이하다. 공정도중에 에칭 매개변수를 변화시키는 소위 **매개변수 램핑기법**이라고 부르는 해결방법이 있다. **그림 3.8**에서는 개선된 종횡비 의존성 매개변수 램핑 사례를 보여주고 있다.

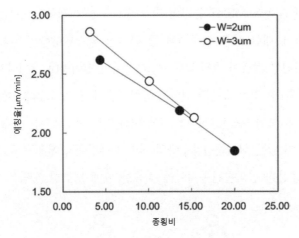

그림 3.7 에칭률에 종횡비가 미치는 영향

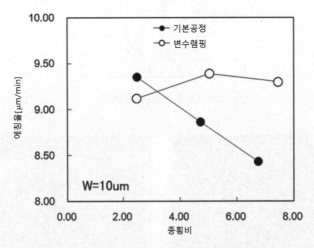

그림 3.8 매개변수 램핑에 의해 개선된 종횡비 의존성

....

1 Blind Via Hole: 부품을 삽입하지 않고 다른 층간을 접속하기 위하여 상용하는 도금 도통홀. 디지털 용어해설집

보쉬공정에서는 반복적인 공정단계로 인하여 **스캘럽**이라고 부르는 주기적인 측벽거칠기가 생성된다. 일반적으로 에칭률이 커지면 각 스캘럽의 측벽깊이가 확대되지만, 다양한 방법으로 이를 줄일 수 있다. 가장 간단한 방법은 단계별 공정시간을 줄이는 것이다. **그림 3.9**에서는 에칭률과 스캘럽 깊이 사이의 전형적인 상관관계를 보여주고 있다.

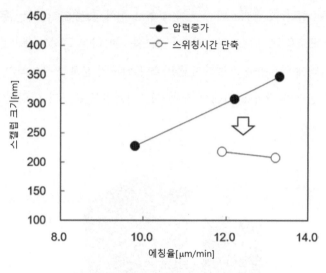

그림 3.9 에칭률과 스캘럽 사이의 상관관계

에칭단계에서 가스압력이 증가하면, 에칭률이 증가하지만 단계시간을 줄이면 스캘럽을 줄일 수 있다. 이 경우 가스교환효율이 중요하다. 장비공급업체들은 이에 대해서 주의를 기울이며 예를 들어, 공정챔버에 직접 마운트되어 있는 고속 **질량유량제어기**(MFC)를 사용하여 빠른 밸브작동을 하는 등과 같이, 주류 반도체 장비에서 사용하지 않는 다수의 기법들을 적용한다. 스캘럽 깊이를 줄이는 또 다른 방법은 SF_6 에칭단계에 첨가하는 화학물질을 최적화하는 것이다. 이런 유형의 기법들을 적용하여 첨단 시스템의 경우에는 스캘럽 깊이를 나노미터 수준으로 줄일 수 있었다.

3.1.3 실리콘관통비아를 위한 보쉬 에칭장비

보쉬형 에칭장비는 미세전자기계시스템(MEMS) 분야에서 개발되었기 때문에, 300[mm] 웨이퍼 공정에서는 시급한 요구가 없었다. 반면에, 실리콘관통비아는 주로 300[mm] 웨이퍼에 적용되기 때문에, 장비공급업체에서는 플라스마 균일성을 개선할 필요가 있다. 반면에, 완성된 전위 웨이퍼공정기술을 보쉬형 스위칭공정에 적용하기 시작한 주류 반도체 공급업체들은 매우 빠른 화학물질 변경과, 변경된 화학물질에 대한 매우 빠른 플라스마 임피던스 매칭을 수행하는 더 견실한 하드웨어를 제작할 필요가 있다.

페가수스 300은 SPP社에서 개발한 첨단 상용 보쉬형 에처장비로서, **그림 3.10**에서는 예전의 제품군을 보여주고 있다. 이 장비는 300[mm] 또는 그 이상의 대형 웨이퍼에 대응하기 위해서 출력을 강화시킨 특수한 동축 플라스마 소스를 갖추고 있다. **그림 3.11**에서는 **동축 이중 유도결합 플라스마 소스**의 개략도를 보여주고 있다.[11] 이 구조를 사용하는 목적은 플라스마 소스의 중앙영역과 주변영역 사이의 출력평형을 조절하여 플라스마 밀도의 분포를 제어하기 위한 것이다. **그림 3.12**에서는 투입된 전력의 평형에 의해서 제어되는 이온밀도 분포가 반영된 SiO$_2$ 에칭률 분포 사례를 보여주고 있다.

그림 3.10 SPP 테크놀로지社에서 판매하는 페가수스 300의 외형

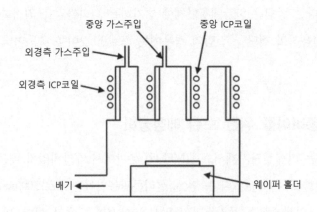

그림 3.11 동축형 이중 유도결합플라스마 소스의 개략도

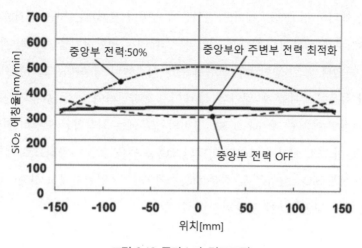

그림 3.12 플라스마 밀도조절

초창기에는 스캘럽의 깊이가 수백[nm]이었지만, 앞서 설명한 다양한 기법이 적용되어서, 현재의 스캘럽 깊이는 100[nm] 미만으로 감소되었다. **그림 3.13**에서는 실리콘관통비아에 대한 중간비아 에칭공정이 끝난 다음의 전형적인 에칭형상을 보여주고 있다. 비아의 직경은 5[μm]이며, 깊이는 65[μm]이다. 실리콘 에칭률은 5[μm/min]이며 300[mm] 웨이퍼 내에서의 불균일성은 ±1.5%, 포토레시스트의 선택도는 60이며 스캘럽의 깊이는 80[nm]이다.

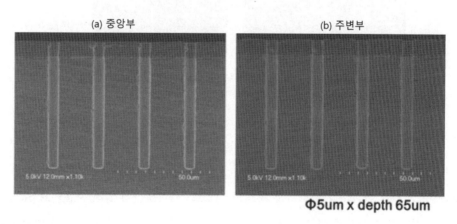

그림 3.13 중간비아공정의 전형적인 에칭형상

실리콘관통비아 에칭의 또 다른 좋은 성질은 후 비아공정에서의 $SiO_2-Si-SiO_2$ 에칭특성이다. 후 비아공정에 적용할 수 있는 공정방법들이 몇 가지 있으며, 일부의 경우 다음 공정단계로 넘어가기 전에 금속 상호연결 상부에 위치하는 실리콘관통비아 하부 산화물을 제거하는 것이 더 좋다. 주류 실리콘 에터의 경우에는 게이트 절연층에 손상이 가해지는 것을 방지하기 위해서 이온 에너지를 충분히 낮게 조절하기 위해서 웨이퍼-스테이지 편향전력을 비교적 작게 설정하므로 SiO_2를 에칭할 수 없다. 또한 일반적인 보쉬형 에칭 시스템의 경우에는 고이온 에너지가 보호층 제거단계에서만 유용하기 때문에, 웨이퍼-스테이지 편향전력이 높지 않다. 최근에 개발된 실리 콘관통비아용 보쉬형 에처인 페가수스 300 장비의 경우에는 최적화된 고전력 편향 시스템을 갖 추고 있어서 SiO_2 마스크, 실리콘 그리고 바닥의 SiO_2층 등을 모두 성공적으로 에칭할 수 있다.[12] 그림 3.14에서는 상부 SiO_2, 실리콘 및 하부 SiO_2층에 대한 동일위치에칭 사례를 보여주고 있다. 이 장비를 사용하면 라인구조를 단순화시킬 수 있다.

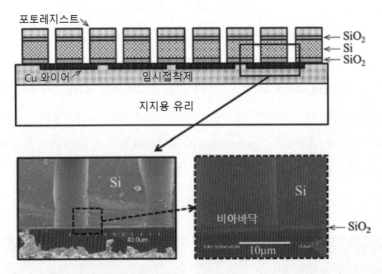

그림 3.14 상부 SiO_2, Si 및 하부 SiO_2층에 대한 동일위치 에칭

3.1.4 결론

이 절에서는 보쉬공정의 기본개념에 대해서 살펴보았다. 1992년에 발명된 이 특별한 기술은 Si-MEMS를 가능케 한 핵심기술로서 현재는 Si-MEMS 대량생산에 널리 사용되고 있다. 실리콘 관통비아를 가공하기 위한 첨단 보쉬 에칭장비가 소개되어 있다. 이 장비는 특히 바닥에서 노칭 문제를 일으키지 않고 비교적 깊은 구멍을 가공해야 하는 후 비아공정을 필요로 하는 CMOS 영상화 센서나 메모리의 3차원 집적화를 위한 핵심 솔루션들 중 하나이다. 앞으로 다가올 3차원 시대에 대응하기 위한 기본기술은 이미 준비되어 있으며, 대량생산과정에서 높아질 요구조건에 대응하여 기술개선이 수행될 것이다.

3.2 실리콘비아 고속에칭과 정상상태 에칭공정을 사용한 측벽에칭반응의 기초

3.2.1 서언

심부 실리콘 에칭기술에 대한 연구들은, 스택들을 관통하는 수직방향 상호연결기구들에 의해서 다수의 칩들이 전기적으로 연결되는 실리콘관통비아(TSV) 구조를 생성하기 위한 에칭공정을 개발하기 위해서 장려되어왔다. 비록 적층된 3차원 칩을 제작하기 위해서 실리콘관통비아 에칭이 사용되어왔지만, 실리콘기판을 완전히 관통하는 에칭은 필요치 않다. 패키징 공정에서 칩들에 대한 박막화 가공이 시행되기 때문에, 일반적으로 $100[\mu m]$ 깊이만으로도 충분하다. 높은 생산성을 구현하기 위해서는, 처리율이 높은 고속 실리콘관통비아 에칭과 후속공정에서 도전성 소재 충진을 용이하게 하기 위한 매끈한 측벽 등이 필요하다. 이런 요구조건들로 인하여 실리콘관통비아 에칭이 매우 어려운 기술적 도전요인을 가지고 있다. 실리콘관통비아는 용도와 집적화 방법에 따라서 직경이 $10\sim50[\mu m]$이며, 깊이는 최대 $150[\mu m]$에 이를 정도로 매우 큰 형상을 가지고 있다.

종횡비가 큰 실리콘 에칭의 성패는 측면방향 에칭률 조절뿐만 아니라 수직방향 에칭률 증강에도 의존한다. 이런 요구조건들을 맞출 수 있는 기술들에는 **반복시간다중화(TMA)[2] 공정**, 극저온 냉각된 웨이퍼를 사용하는 **정상상태 에칭공정**(극저온공정) 그리고 **상온근접온도공정** 등과 같은 세 가지 기술들이 있다.

종횡비가 큰 실리콘 에칭에 사용되는 보쉬공정이라고 알려진 반복시간다중화 공정에서는 에칭과 중합단계를 번갈아 수행하며,[13] 포토레지스트나 SiO_2와 같은 마스크 소재들에 대해서 매우 높은 선택도를 가지고 있어서 높은 종횡비의 구현이 가능하다. 반복시간 다중화 에칭공정은 특히 MEMS 응용분야에서 자주 사용되는 높은 종횡비를 갖는 도랑형상의 가공에 효과적이다. 형상의 바닥면 폴리머층을 빠르게 제거하면서도 측벽의 폴리머는 부분적으로만 제거하는 식각단계가 끝나고 나면 중합화 단계가 뒤따른다. 에칭단계에서 측벽에 부분적으로 남아 있는 폴리머가 측벽을 보호한다. 필요한 에칭깊이에 도달할 때까지 에칭과 보호막 증착과정이 반복하여 시행된다. 폴리머에는 폴리테트라플루오로에틸렌(PTFE)과 같은 물질을 사용하며 증착공정이 끝나고 나면 측벽과 바닥에 약 $50[nm]$ 두께가 증착된다.[14] 반복시간다중화 공정은 직선 프로파일, 높은 에칭 선택도 그리고 비교적 높은 에칭률 등의 장점을 가지고 있다. 단점으로는 에칭과 증착공정의

---

2 time-multiplexed alternating

반복으로 인해서 측벽에 스캘럽 형상이 만들어진다는 점이다. 이 스캘럽이 뒤따르는 비아충진공정의 실패를 초래하는 요인이 된다.

정상상태 공정인 극저온 에칭공정의 경우 측벽에서의 에칭반응을 억제하면서 바닥에서의 에칭 반응을 촉진시킨다. 웨이퍼를 매우 낮은 온도로 유지하면 포토레지스트가 높은 에칭률과 높은 선택도를 갖는다.[15, 16] 극저온 에칭에서는 보호막 증착과 에칭을 동시에 수행하기 위해서 SF_6와 O_2 가스를 사용한다. 보호막의 성분은 SiO_xF_y가 되어야 한다. 반복시간다중화 공정에서 사용되었던 플루오로카본 폴리머 보호막과 비교하여 SiO_xF_y 보호막은 중성물질인 F 라디칼을 사용하여 에칭하기가 더 어렵다. 비교적 높은 에너지를 가지고 있는 이온충돌을 통해서 바닥표면의 보호층을 제거하고, 측벽방향 에칭과 반복시간 다중화 공정에서 발견되는 측벽 표면의 거칠기를 유발하지 않으면서 수직방향으로만 실리콘을 에칭할 수 있다. 측벽표면의 반응을 조절하여 정교한 프로파일을 구현하기 위한 주요 인자들은 온도와 산소 유량비이다. 산소 주입량이 많으면 도랑의 폭이 좁아지면서 테이퍼 형상이 만들어진다. 반면에, 온도가 낮아지면 얇은 보호막의 성능이 강화되어 프로파일의 수직도가 향상된다. 편향출력의 증가와 압력감소는 모두 이온충돌을 강화시켜서 측벽 프로파일의 수직도를 향상시켜준다. 극저온 에칭공정에서는 웨이퍼 온도를 $-100[°C]$ 이하로 유지시키기 위해서 액체질소를 활용하는 칠러시스템을 사용한다. 하지만 이토록 낮은 온도로 웨이퍼를 유지시키는 것이 현실적으로 어렵기 때문에 오늘날에는 극저온 시스템을 널리 사용하지 않는다. 웨이퍼 전극의 구조는 매우 복잡해야만 하며, 웨이퍼의 온도를 낮추고, 다시 올리기 위해서 많은 시간이 소요되기 때문에 생산성이 낮다.

상온에 근접한 온도에서 수행하는 고밀도 플라스마 에칭은 기존의 고밀도 플라스마 에칭 장비에서 화학물질을 정밀하게 조절함으로써, 반복시간 다중화 공정과 극저온 공정에서 볼 수 있는 문제들을 극복할 수 있는 좋은 기법이다. 이 장에서는 SF_6 가스기반 화학물질과 자기력증강 반응성이온에칭(MERIE)에 의해서 생성된 **용량결합플라스마**(CCP)를 사용하는 초고속 실리콘 에칭공정[17, 18]에 대해서 소개하였으며, 매우 높은 에칭률을 구현하는 핵심 인자들과 프로파일 조절방법에 대해서 논의하였다.

매우 높은 에칭률을 구현하기 위해서 사용하는 방법은 Si 표면으로의 F 라디칼 공급을 가능한 한 늘리는 것이다. 고압하에서 고밀도 플라스마를 생성하기에 적합한 수단으로 이 연구에서는 자기력증강 반응성이온에칭 방법을 선택하였다. 자기력증강 반응성이온에칭에서, 자기력선이 전극들을 가로지르지 않도록 만들면 전력손실이 저감되며 전자들이 음극(웨이퍼) 위의 좁은 체적에 밀집되기 때문에, 자기장은 플라스마 밀도를 높여준다.

불소와 산소원자들이 실리콘관통비아의 측벽과 경쟁적으로 반응하는 측벽반응 메커니즘에 대해 이해하기 위해서 현장 엑스레이 광전자분광법(XPS)을 사용하여 SF_6-O_2 가스 플라스마의 하향유동 영역 내에 위치한 실리콘 표면에 대한 분석이 수행되었다. 반응층의 에칭된 표면이 일단 대기에 노출되면, 수증기와 공기 중 산소에 의해서 즉각적으로 산화되어버리며, 소량의 불소를 함유한 SiO_2 박막만이 측정되기 때문에, 이런 현장측정 시스템이 필수적이다. 라디칼들의 상대밀도, 기판온도 그리고 SiF_4 첨가물 등의 영향에 대해서도 측정 및 논의되어 있다.

3.2.2 실리콘관통비아 가공을 위한 자기력증강 반응성이온에칭

자기력증강 반응성이온에칭(MERIE)을 사용한 에칭공정[19~23]이 실현되었으며, 자기장이 부가되면 Si와 SiO_2의 에칭률이 현저하게 증가한다. 자기력증강 반응성이온에칭의 중요한 특징은 웨이퍼가 놓여 있는 음극에 인접하여 고밀도 플라스마가 밀집된다는 것이다.[24] 이런 성질로 인하여 플라스마 확산이 작은 수십[Pa]의 높은 압력조건하에서, 불소 라디칼과 이온들의 높은 플럭스가 웨이퍼 표면에 공급될 것으로 기대된다. 비록, 음극 시스테두리 근처에서 전자의 $E \times B$ 드리프트로 인하여 자기력증강 반응성이온에칭 플라스마가 본질적으로 불균일하지만 **쌍극성 링자석**(DRM)을 사용하면 자기장 구조를 최적화시켜서 플라스마 분포를 비교적 균일하게 조절할 수 있다.[23] 이 연구에서는 무선주파수, 가스압력 그리고 추가된 산소가스의 양과 같은 공정변수의 관점에서 쌍극형 링자석을 갖춘 용량결합플라스마 자기반응성이온에칭을 사용하여 실리콘관통비아의 가공에 필요한 초고속공정에 대해서 연구를 수행하였다.

3.2.2.1 무선주파수의 영향

대형 실리콘관통비아의 에칭을 위한 가장 중요한 요구조건은 극도로 높은 에칭률뿐만 아니라 깊은 깊이로 인한 정밀한 프로파일 조절이다. 종횡비에 대한 요구조건이 그리 높지 않으며 실제의 제조과정에서는 약간의 언더컷과 굽은 형상을 수용할 수 있기 때문에 측벽은 수직이거나 약간의 기울기를 가지고 있어야 한다. SF_6와 O_2 가스의 압력이 비교적 높은 상태에서 쌍극성 링자석(DRM)을 갖춘 자기력증강 반응성이온에칭 시스템을 사용하여 에칭률이 높은 공정에 대해서 탐색을 수행하였다.[19]

그림 3.15에서는 무선주파수가 13.56, 27.12 및 40.68[MHz]인 경우의 Si와 SiO₂(마스크 소재)의 에칭률을 보여주고 있다. 무선주파수 출력은 2,200[W], SF₆와 O₂의 유량은 각각 200[sccm] 및 40[sccm], 압력은 33[Pa]로 유지되었다. SiO₂ 마스크에 40[μm] 직경의 구멍이 성형되어 있는 실리콘기판이 시편으로 사용되었다. 무선주파수가 13.56[MHz]일 때에 Si 에칭률이 33.2[μm/min]이던 것이, 무선주파수가 40.68[MHz]로 증가하면 Si 에칭률은 50.3[μm/min]으로 증가한다. 반면에 무선주파수가 증가하면 SiO₂ 에칭률은 감소한다. 무선주파수가 이보다 더 높은 경우에는 Si의 에칭률이 50[μm/min]에 이를 정도로 매우 높은 에칭률이 구현된다.

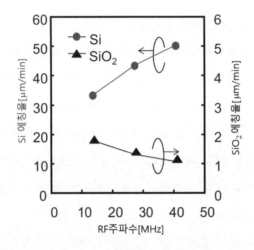

그림 3.15 무선주파수에 따른 Si와 SiO₂의 에칭률

에칭시간이 1[min]인 경우에 무선주파수가 에칭 프로파일에 미치는 영향이 **그림 3.16**에 도시되어 있다. 13.56[MHz]로 에칭을 수행한 **그림 3.16 (a)**의 경우에 전형적인 항아리 형상이 나타난다. 하지만 주파수가 높아질수록, **그림 3.16**의 **(b)** 및 **(c)**에서와 같이 점점 더 직선형상으로 변해간다는 것을 알 수 있다. 항아리 형상은 중성 F 라디칼들의 등방성 반응에 의해서 유발된다. SF₆ 가스의 화학반응을 이용하는 경우에 Si의 에칭률 편차는 불소원자의 밀도에 의존한다고 보고되었다.[24, 25] 또한 O₂를 첨가하면 측벽에 산화물층이 생성되면서 측벽 보호 메커니즘이 발현되어 등방성 에칭반응이 줄어든다.[26] 그러므로 극도로 높은 에칭률을 구현하면서 동시에 에칭 프로파일을 조절하기 위해서, Si 에칭률과 프로파일 조절의 지표로서 F와 O의 밀도를 사용하여, 유효 플라스마 변수들에 대한 연구가 수행되었다.

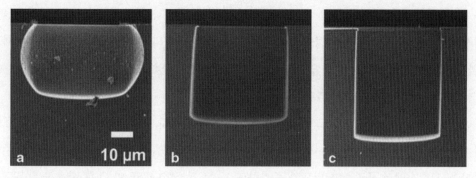

그림 3.16 (a) 13.56[MHz], (b) 27.12[MHz], (c) 40.68[MHz]의 무선주파수에 대한 에칭 프로파일의 의존성

화학광량측정법과 조합된 **광학발광분석기법**을 사용하여 F와 O의 상대밀도를 측정하였으며,[27] 총 가스유량의 10%만큼 Ar 가스를 주입하였다. 측정을 수행하는 동안, 음극에 놓인 실리콘 웨이퍼의 표면에는 SiO_2 박막이 열에 의해 성장하였다.

Ar(750[nm])에 대한 F(704[nm])와 O(845[nm])의 상대적인 방사강도가 **그림 3.17**에 도시되어 있다. 방사광의 강도는 13.56[MHz]에 대한 실험값을 기준으로 하여 정규화되었다. 무선주파수가 13.56[MHz]에서 40.68[MHz]로 증가할 때에 F의 밀도가 증가하면 실리콘 에칭률의 증가가 관찰된다. 이는 실리콘 에칭률이 F의 밀도와 밀접한 관계를 가지고 있다는 것을 의미한다. 주파수에 따라서 F의 밀도와 실리콘의 에칭률이 증가하면, F의 증가에 따라서 등방성 반응이 강화된다고 하더라도, 프로파일이 직선형상으로 변하게 된다. 이는 F의 밀도보다는 O의 밀도가 더 많이 증가

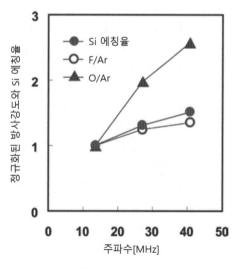

그림 3.17 13.56[MHz]에 대해서 정규화 된 무선주파수의 변화에 따른 F와 O 방사강도와 Si 에칭률의 상관관계

하는 것이 관찰되기 때문이며, 측벽 보호반응인 측벽 표면의 산화가 높은 주파수에서 활씬 더 강해지기 때문이다. 측벽의 산화층으로부터 발생된 특정한 양의 O 라디칼들이 측면방향 에칭률을 억제하지만 에너지를 가지고 있는 이온들이 충돌하는 구멍 바닥에서의 실리콘 에칭률에는 영향을 미치지 않는다는 것을 의미한다.

또한 고주파하에서 SiO$_2$ 마스크의 실리콘 선택도가 증가한다. 이는 전형적으로 웨이퍼 표면에서의 평균 DC 전위(V_{dc})를 사용하여 나타낼 수 있는 SiO$_2$ 에칭률이 주로 이온에너지에 의존하기 때문이다. 고주파에서 플라스마 밀도가 증가하면 V_{dc}는 감소한다. SF$_6$와 O$_2$를 사용하는 용량결합 플라스마 자기력증강 반응성이온에칭의 경우, 무선주파수가 13.56[MHz]에서 40.68[MHz]로 증가할 때에 F와 O의 방사강도가 증가한다. 무선주파수가 40.68[MHz]로 높은 경우에는 실리콘 에칭률이 증가하며 이방성 프로파일이 생성된다.

3.2.2.2 압력의 영향

그림 3.18에 도시되어 있는 것처럼, 실리콘 에칭률과 F와 O 방사의 상대강도의 압력의존성이 40.68[MHz]의 무선주파수하에서 Ar 방사에 미치는 영향에 대한 고찰이 수행되었다. 33[Pa]의 압력에 대해서 에칭률과 상대광학방사강도값들이 정규화되었다. 압력이 6.7에서 47[Pa]로 증가함에 따라서, 실리콘의 에칭률과 F와 O 방사의 상대적인 신호강도가 증가하였으며, 여기서도 실리콘 에칭률은 높은 상관관계를 가지고 있다. F의 밀도와 실리콘 에칭률은 압력에 비례하여 증가하였

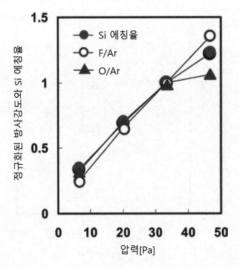

그림 3.18 33[Pa]에 대해서 정규화된 압력에 따른 F와 O 방사강도와 실리콘 에칭률

다. 50[μm/min]에 이를 정도로 매우 높은 에칭률이 구현되었으며, 이는 100[μm] 이상의 깊은 구멍을 가공하는 경우의 에칭공정에서 필요로 하는 핵심 요구조건들 중 하나이다. 결론적으로 높은 압력과 무선주파수하에서 SF_6의 화학반응을 사용하는 용량결합플라스마 자기력증강 반응성이온에칭 기법의 실리콘 에칭은 실리콘관통비아의 에칭에 효과적인 공정임이 밝혀졌다.

3.2.2.3 산소주입의 영향

프로파일 조절과 높은 에칭률을 구현하기 위해서, 높은 압력과 무선주파수 하에서 SF_6 가스의 화학반응을 사용하는 용량결합플라스마 자기력증강 반응성이온에칭 기법의 초고속 공정에 O_2를 첨가하는 방안에 대한 연구가 수행되었다(**그림 3.17**). SF_6 유량 200[sccm], 총 압력 47[Pa], 무선주파수 출력은 60[MHz]인 경우에 1,500[W], 3.2[MHz]인 경우에 200[W] 등의 에칭조건들에 대해서 O_2 가스 첨가량이 0에서 160[sccm]까지 증가함에 따라서, (공칭 구멍직경이 8[μm]인) 에칭된 프로파일이 **그림 3.19**에 도시되어 있다. 에칭시간은 1[min]이었으며, SiO_2 마스크 패턴이 입혀진 실리콘기판이 시편으로 사용되었다.

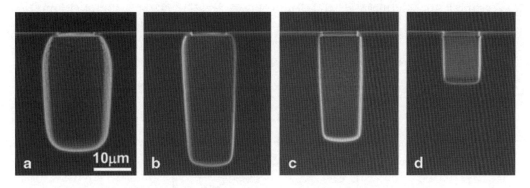

그림 3.19 SF_6 유량이 200[sccm]인 경우에 O_2 유량을 (a) 0[sccm], (b) 40[sccm], (c) 80[sccm], (d) 160[sccm]을 주입하면서 8[μm] 직경의 구멍을 가공한 결과

O_2를 첨가하지 않은 경우에는 **그림 3.19 (a)**에서와 같이 항아리형 프로파일이 생성된다. O_2 첨가량이 40[sccm]으로 증가하면 **그림 3.19 (b)**에서와 같이 에칭 프로파일의 곡률이 감소하고 도랑의 깊이는 증가한다. O_2 첨가량이 80[sccm]으로 증가하면, 더 이상 등방성 반응이 발생하지 않으며, 측벽 프로파일은 거의 직선이 된다. 하지만 에칭 깊이는 약간 감소한다. 마지막으로, O_2 첨가량이 160[sccm]으로 증가하면 **그림 13.9 (d)**에서와 같이 측벽 프로파일은 직선을 유지하지만 에칭 깊이가 현저하게 감소한다. 그림에 따르면 O_2 첨가량이 증가함에 따라서 측벽 프로파일이

명확하게 변한다는 것을 알 수 있다. O_2 첨가량이 0~40[sccm] 사이인 경우에는, F 라디칼들에 의한 등방성 실리콘 에칭으로 인하여 측벽곡률이 발생하는 반면에, O_2 첨가량이 80~160[sccm]인 경우에는 O 라디칼들에 의한 보호성 산화물들이 측벽에 생성되어 실리콘 에칭반응이 억제되므로 측벽 프로파일이 훨씬 더 직선화된다. 그런데 O_2 첨가량이 160[sccm]인 경우조차도, 측벽에 대한 주사전자현미경 사진에서는 측벽의 보호층이 명확하게 구분되지 않는다.

O_2 첨가량 변화에 따른 에칭률 변화경향을 사용하여 F와 O 라디칼들의 거동을 비교하였다. 그림 3.20에서는 O_2 첨가량 변화에 따른 Ar 원자의 방사강도를 기준으로 한 F와 O 원자들의 상대 방사강도 변화양상을 보여주고 있다. 강도값들은 160[sccm]의 O_2 유동에 대해서 정규화되었다. 닫힌 원들은 95[μm] 직경 구멍들의 실리콘 에칭률이다. O_2 유동이 75[sccm]으로 증가할 때까지는 일단 F 방사가 양간 증가하지만 O_2 유동이 이보다 더 증가하면 F 방사는 감소하게 된다. SF_6 플라스마에 O_2가 추가되면 O 라디칼들이 처음에는 SF_x와 F의 재결합 반응을 방해하여 F 원자밀도를 증가시키지만, 이후에는 희석효과에 의해서 차츰 감소하게 된다. O_2 유량과 그에 따른 분압이 증가하면 상대적인 O 방사가 크게 증가한다. 이로 인하여 측벽의 프로파일이 직선에 가까워지는 것이다. 반면에, 실리콘 에칭률은 F의 밀도변화 경향과 일치하지 않는다. 오히려, 실리콘 에칭률은 O 라디칼 밀도에 반비례한다. 따라서 다량의 O_2를 첨가하는 경우에는 과도한 O 라디칼들이 구멍 바닥에서의 실리콘 에칭을 방해한다. 이로 인하여 O_2 유동이 증가하면 측벽 프로파일이 직선화되지만 실리콘 에칭률이 감소하게 된다.

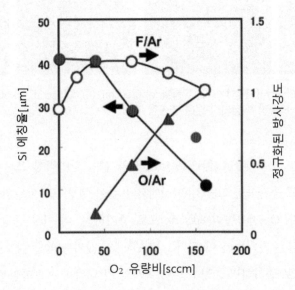

그림 3.20 O_2 유량비에 따른 실리콘 에칭률과 160[sccm] O_2 유동에 대해서 정규화된 F와 O 방사강도

최적의 실리콘관통비아 에칭을 위한 공정변수 연구에 따르면, **그림 3.21**에서와 같이, 54[μm/min]의 높은 에칭속도와 50.4의 SiO$_2$ 마스크 선택비가 성공적으로 구현되었다. 약간 테이퍼형상을 가지고 있는 측벽은 비아구멍에 대한 후속적인 전기배선 과정에서 유전체나 도체를 채워 넣기에 이상적이다. 마스크를 제거한 이후에 이 프로파일이 관찰되었으며, 이 공정에서도 약간의 언더컷이 여전히 존재한다. 측벽에서 발생하는 언더컷을 최소화하기 위해서, 다음 절에서는 측벽에서의 표면반응 메커니즘에 대해서 살펴보기로 한다.

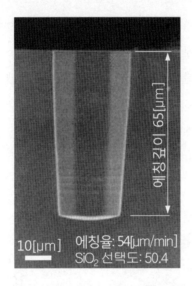

그림 3.21 용량결합플라스마 자기력증강 반응성이온에칭 반응기를 사용하여 가공한 전형적인 실리콘관통비아의 에칭 프로파일

3.2.3 SF$_6$–O$_2$ 플라스마에 의해서 유발되는 측벽에칭반응에 대한 고찰

3.2.2절에서 살펴봤던 것처럼, 다량의 F 라디칼을 주입하면서 O$_2$를 첨가하여 에칭 프로파일을 조절하여 고속 실리콘에칭을 구현하였다. 그런데 에칭, 산화 및 재증착과 같은 경쟁반응들은 매우 복잡하며 이해하기가 쉽지 않다. 더욱이 다량의 산소가 추가된다 하여도, 측벽 에칭이 여전히 관찰되며, 산소의 조성비가 높아지면 바닥에서의 에칭률이 급격하게 감소한다. 이 절에서는 SF$_6$–O$_2$ 플라스마와 이 플라스마에 노출된 실리콘 표면에 대한 진단을 통해서 에칭반응을 분석한다. 실리콘관통비아의 측벽을 직접 분석하는 것은 쉽지 않기 때문에, 실리콘관통비아의 측벽을 실리콘 표면을 대신하여, SF$_6$와 O$_2$ 가스의 하향유동 플라스마에 노출된 실리콘 표면에 대한 검사를 수행하였다.[28] 반응공정에 대한 이해도를 높이기 위해서 웨이퍼 온도와 주입된 가스물질(SiF$_4$)의 영

향에 대해서도 고찰을 수행하였다.[29]

SiO2 마스크(8×8[μm] 크기의 사각형상 개구부)가 성형된 (1×1[cm²] 크기의) 실리콘기판에 대해서 **그림 3.22**에 도시되어 있는 500[MHz]의 극초단파(UHF) SF6−O2 플라스마 반응기를 사용하여 에칭을 수행하였다. 상부전극의 소스출력은 500[W]이다. 마스크가 도포된 실리콘 웨이퍼를 하부 접지전극 위에 설치한다. 전극들 사이의 간극은 40[mm]이다. 총 유량 350[sccm]으로 SF6와 O2 가스를 주입하였으며, 압력은 50[Pa]를 유지하였다. 스테이지 온도는 45[℃]에서 7[℃]로 변화시켰다. 에칭이 끝난 다음에, 실리콘 시편은 진공 중에서 현장 엑스레이 광전자분광 분석 시스템으로 이송된다. 여기서 표면의 원자조성과 화학결합을 분석한다. 플라스마 자가진단을 위해서는 **진공자외선흡수분광기(VUVAS)**[30]와 **광학발광분광기(OES)**가 사용되었다. **그림 3.22(b)**에 도시되어 있는 것처럼, 진공자외선흡수분광기를 사용하여 접지레벨 산소원자에 대한 130.22[nm], 130.49[nm], 130.60[nm] 라인의 진공자외선 흡수를 측정하였으며, 이를 통해서 O 라디칼의 절대밀도를 평가할 수 있다.[31] 광량측정을 사용하여 F 라디칼 밀도의 상대적인 변화를 모니터링하기 위해서 광학발광분광기가 사용되었다.

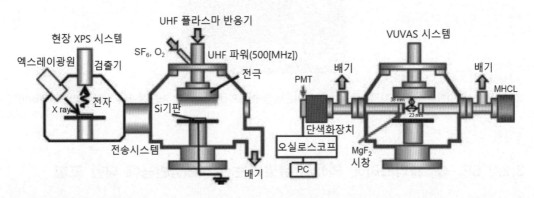

그림 3.22 (a) 500[MHz] UHF SF6−O2 플라스마 반응기와 현장엑스레이광전자분광법 분석 시스템 (b) 진공자외선흡수분광기(VUVAS)

이 에칭 반응기의 경우, 바닥전극 바로 위(시편)에서의 플라스마 밀도는 매우 낮으며, 실리콘기판 위에서 발생하는 이온충돌효과는 무시할 정도이다. 에칭 프로파일은 등방성이며, 라디칼 반응이 지배적이다. 따라서 바닥전극 위에 얹혀 있는 실리콘 웨이퍼는 하향유동 플라스마에 노출되어 있으며, 이 실험에서 실리콘 표면이 실리콘관통비아의 측벽을 대신한다고 간주할 수 있다.

3.2.3.1 산소주입의 영향

가스 유동비율에 따른 실리콘의 에칭률이 **그림 3.23**에 도시되어 있다. O_2 조성비가 30%에 이를 때까지는 실리콘 에칭률이 증가한 다음에 감소하게 된다. 하지만 O_2 조성비가 75%에 달하여도 에칭 반응이 지속된다. 3.2.2절에서 살펴보았던 실제의 실리콘관통비아 에칭공정의 경우,[16] 직선 프로파일을 얻기 위한 O_2 조성비는 20% 미만이었다. F 라디칼이 에칭반응을 하는 동안 표면에 공급되는 현실적인 O 라디칼의 양은 표면반응층의 산화를 통해서 측벽 보호막을 생성하기에 충분하지 않을지도 모른다. 이를 확인하기 위해서는 F 라디칼의 절대밀도를 측정할 필요가 있다.

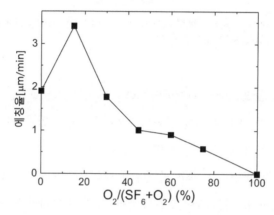

그림 3.23 하향유동 플라스마 에칭에서 실리콘 에칭률의 O_2 유동비율 의존성

1[min] 동안의 플라스마 노출 이후에 현장 엑스레이광전자분광기를 사용하여 실리콘 표면에 대한 분석을 수행하였다. **그림 3.24**에서는 O_2의 유동비가 0~90%인 경우의 Si2p 스펙트럼을 보여주고 있다. 플라스마 노출에 의해서, 실리콘 표면 위에는 실리콘옥시플루오르(SiOF)층이 형성된다. O_2 유동비율이 증가하면 피크 위치는 결합에너지가 높은 쪽으로 이동한다. 이런 피크위치의 이동은 실리콘이 O와 F에 결합되어 SiOF가 생성되었기 때문이다. 피크값이 증가한다는 것은 SiOF층의 두께가 증가한다는 것을 의미한다. SiOF 피크가 결합에너지가 높은 쪽으로 이동한다는 것은 Si 원자와 결합하는 F 원자의 양이 증가했다는 것을 의미한다.

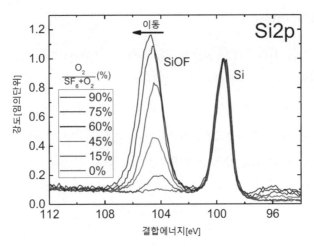

그림 3.24 1[min] 동안의 플라스마 노출을 시행한 다음에 O_2 유동비가 0~90%인 경우에 대한 Si2p 엑스레이광전
자분광 스펙트럼 (컬러 도판 p.473 참조)

그림 3.25 (a)에서는 **그림 3.24**에서 관찰했던 SiOF층의 원자조성을 O_2 가스의 유량비율에 따라
서 보여주고 있다. 불소와 산소의 비율 변화도 함께 제시되어 있다. O_2 가스의 함량이 15%로
증가할 때까지는 O의 조성이 증가한다. 하지만 이후에는 O_2의 함량이 더 증가하여도 O의 조성은
크게 변하지 않는다. O_2의 함량이 15~90%의 범위에 대해서는 불소와 산소의 비율은 약 2 내외의
거의 일정한 값을 유지한다. 위의 데이터에 따르면, 표면은 마지막 Si 결합이 F로 끝나는 Si-
O 체인구조인 $(SiOF_2)n$으로 덮여 있다고 추측할 수 있다.

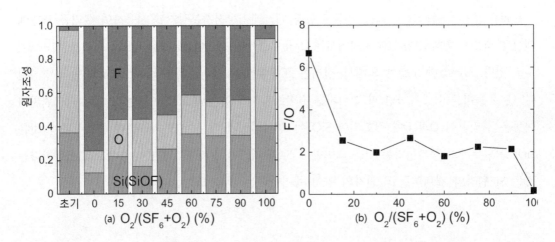

그림 3.25 (a) O_2 가스의 유량비율에 따른 그림 3.24에서 관찰했던 SiOF층의 원자조성비율 변화 (b) O_2 유량비율
에 따른 F와 O의 비율변화

SiOF층의 두께는 **그림 3.26**에 도시되어 있는 것처럼, 엑스레이광전자분광으로 측정한 SiOF와 Si의 피크비율로부터 계산할 수 있다. 반응층 내에서 전자의 비탄성 평균자유비행거리가 SiO_2와 유사한 경향을 가지고 있다고 가정하여 반응층의 두께를 산출할 수 있다.[32] O_2의 유량비율이 0~30%인 범위에 대해서, SiOF층의 두께는 작으며, 원래의 SiO_2층 두께보다도 얇다. O_2의 유량비가 45~90%인 경우에는 SiOF층의 두께가 증가한다. 특히 O_2가 90%인 경우의 두께는 3.6[nm]이다. 산소 플라스마를 사용하는 경우 SiO_2층의 두께는 O_2 함량이 60~90%인 경우의 SiOF층의 두께보다도 얇다. 산소함량이 낮은 조건하에서는 두께가 O 라디칼의 밀도에 의존하지 않는다. O_2의 함량이 30%를 넘어서면, O_2 유량비율의 증가에 따라서 더 두꺼운 SiOF층이 형성되며, O_2 유량비율이 45~90%인 범위에 대해서는 두께가 일정한 비율로 증가한다. O_2의 조성이 90%인 경우에 가장 두꺼운 층이 관찰된다. 이는 소량의 F 라디칼들이 SiOF층 형성에 기여한다는 것을 의미한다.

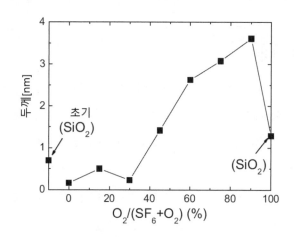

그림 3.26 엑스레이광전자분광 데이터로부터 산출한 SiOF층의 두께

그림 3.27에서는 $SF_6 - O_2$ 플라스마 내에서 O 라디칼의 절대밀도와 F 라디칼의 상대밀도를 보여주고 있다. O_2 유량비율이 15에서 100%까지 증가하면 O 라디칼의 밀도는 $7.01 \times 10^{12}[cm^{-3}]$에서 $1.13 \times 10^{14}[cm^{-3}]$까지 거의 선형적으로 증가한다. F 라디칼 상대밀도의 최댓값은 30%이다. O_2 유량비율이 0에서 30%까지 증가하는 구간에서 SF_6 가스의 유량비율이 감소함에 따라서 F 라디칼의 밀도가 증가하는 것으로 추정된다. O와 SF_6의 반응에 의해서 다량의 F 라디칼들이 생성되며, F 라디칼들의 재결합이 방지된다.[24] 에칭률의 O_2 유량비율에 대한 의존성에 따르면, O_2 주입률이 15%인 경우에 에칭률이 최대를 나타내며 이보다 더 많은 O_2가 주입되면 에칭률이 급격하게 저하되는 반면에, O 라디칼은 측벽 에칭률의 저감에 매우 효과적이다. 그런데 O_2 유량비율이 75%인

경우조차도, 측면방향 에칭반응이 지속된다.

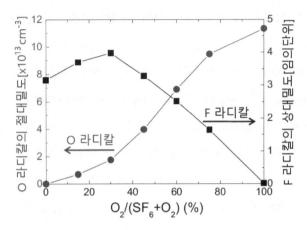

그림 3.27 $SF_6 - O_2$ 플라스마에서 O_2 유량비율의 변화에 따른 라디칼의 절대밀도와 F 라디칼의 상대밀도

3.2.3.2 기판온도의 영향

그림 3.28 (a)에서는 O_2 유량비율이 0, 15, 60%인 경우에 3[min] 동안의 에칭을 수행한 다음의 실리콘 에칭깊이를 온도의 함수로 나타내었다. 온도가 증가하면 실리콘 에칭률도 증가한다. 저온의 경우, 실리콘 에칭률의 저하경향은 O_2 가스의 유량비율이 증가하여도 포화되는 경향을 나타낸다. 1[min] 동안의 플라스마 노출이 끝난 다음에, SiOF층의 두께를 평가하기 위해서 엑스레이 광전자분광법기를 사용하여 그림 3.28 (b)에서와 같이, 실리콘 표면에 대한 분석을 수행하였다. O_2의 유량비율이 0%인 경우에는 반응층이 생성되지 않았다. O_2의 유량비율이 15% 및 60%인

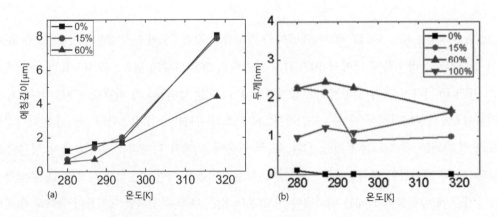

그림 3.28 (a) O_2 유량비율이 0, 15, 60%인 경우에 온도에 따른 실리콘 에칭률 변화, (b) 박막두께

경우에는 저온에서 반응층의 두께가 두꺼웠으나 온도가 올라가면 두께가 감소하였다. 이 온도범위의 경우에는 SiOF 박막에서 F와 O의 비율은 대략 2 정도이다. 반응층의 원자조성은 그리 많이 변하지 않으며, 온도와 O_2의 유량비율에는 무관하게 $SiOF_2$와 같이 유사한 결합이 생성된다. 저온에서는 Si, F 및 O를 포함하는 에칭 생성물을 휘발시키기가 어려워진다. 그런데 에칭률과 반응층 두께 사이에는 강한 연관관계가 보이지 않는다.

그림 3.27에 따르면, F 라디칼의 상대밀도는 O_2의 유량비율이 30%일 때에 최댓값을 갖는다. O_2의 유량비율이 15에서 100%까지 증가하면, O 라디칼 밀도가 $7.01 \times 10^{12} [cm^{-3}]$에서 $1.13 \times 10^{14} [cm^{-3}]$까지 증가한다. F 라디칼이 에칭반응을 일으키는 동안 표면에 이토록 많은 양의 O 라디칼들을 공급하여도 (그림 3.23에서 알 수 있듯이) 표면 반응층의 산화를 통해서 에칭반응을 저지하기에는 충분치 못하다. 실제의 실리콘관통비아공정의 경우, 방향성 프로파일을 구현하기 위한 O_2의 함량은 20% 미만이다. 실리콘을 함유하는 에칭 생성물의 재증착과 같은 여타의 요인들이 측벽 박막 내에서 실리콘 벌크 쪽으로 확산되는 F 라디칼의 저감에 기여할 수 있다. 이를 통해서 측벽에서의 총 에칭을 정지시킬 수 있다.

3.2.3.3 SiF₄ 주입의 영향

SiF_4는 에칭물질인 F와 증착물질인 Si를 모두 함유하고 있기 때문에, 비아의 바닥 위치에서 수직 방향으로의 에칭률은 유지하면서 측면방향 에칭을 줄이기 위해서, SiF_4 가스를 주입하는 방안에 대한 고찰이 수행되었다. 그림 3.29 (a)와 (b)에서는 SF_4 가스를 주입하는 경우와 주입하지 않는 경우에 O_2 가스의 유량비율을 변화시켜가면서, 3[min] 동안의 플라스마 노출을 수행한 다음에 반응층 두께와 에칭깊이를 측정한 결과를 보여주고 있다. 웨이퍼의 온도는 280[K]로 일정하게 유지하였다. 그림 3.29 (b)에서 알 수 있듯이, SF_4를 주입하면 에칭깊이는 줄어든다. SF_4 가스를 주입하는 경우와 주입하지 않는 경우 모두, O_2의 유량비율이 증가하면 에칭깊이는 감소하는 경향을 나타낸다. O_2의 유량비율이 75%인 경우에, SiOF의 두께는 약 9[nm]로 급증하며(그림 3.29 (a)), 에칭반응은 거의 정지한다. SiF_4 가스를 주입하면서 O_2의 유량비율이 90% 이상인 경우에 플라스마에 노출된 Si상에서는 두껍게 증착된 박막을 명확히 확인할 수 있다. 또한 O_2 또는 SiF_4 가스를 주입하면 박막의 증착두께가 두꺼워진다.

바이어스 출력이 200[W]인 400[kHz] 플라스마와 SF_4 가스를 사용하는 화학반응의 경우에 실제 비아구멍에서의 에칭깊이를 측정하였다. 마스크의 구멍형상은 각 변이 8[μm]인 사각형이었다. 구멍 바닥과 측벽에 가해지는 바이어스 출력과 에칭된 깊이 사이의 상관관계가 $O_2 - (O_2 + SF_6)$

가스유량비의 함수로 **그림 3.29 (c)**에 도시되어 있다. 측벽 시뮬레이션 도표는 **그림 3.29 (b)**의 바이어스 출력이 없는 경우의 실리콘 에칭깊이와 동일하다. 실제 측벽의 에칭깊이는 시뮬레이션 결과와 잘 일치하므로 측벽반응을 시뮬레이션하기 위해서 평평한 실리콘기판을 사용하여 수행되었던 실험방법이 유효하다는 것을 알 수 있다. 구멍 바닥에서의 에칭된 깊이는 O_2 유량비율이 75%인 경우에 2.5[μm] 내외이다. O_2의 유량비율이 90%에 도달하면 에칭은 정지된다. 바닥을 에칭하면서 측벽에서의 에칭반응을 중지시키기 위한 최적의 조건은 O_2의 유량비율이 80% 내외인 것으로 판단된다. 3.2.2절에서 사용되었던 실제의 에칭시스템과는 플라스마 조건이 너무 다르기 때문에, 각 라디칼들의 밀도도 매우 다르며, 따라서 에칭의 절댓값도 매우 다르다. 그런데 측벽에서의 기본 경향들과 SiOF층의 생성이, 반응 메커니즘을 이해하고 공정을 최적화하여 조절하기 위해서 필요한 유익한 정보를 제공해준다.

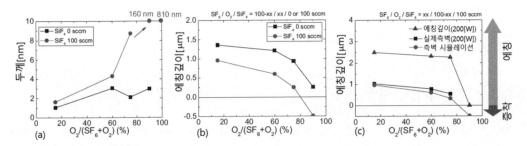

그림 3.29 (a) 표면 SiOF층의 두께, (b) SF₄ 가스를 주입하는 경우와 주입하지 않는 경우에 O_2 유량비율에 따른 Si 에칭깊이, (c) 비아 바닥(삼각형), 기판 바이어스가 있는(200[W]) 경우의 실제 비아구멍 측벽(사각형) 그리고 바이어스가 없는 경우(다이아몬드)의 에칭깊이. 모든 경우의 에칭시간은 3[min]이다.

위의 결과에 기초하여, 순수한 F 원자의 에칭에 대한 실험식을 사용하여 SiOF층 두께에 따른 측벽의 반응 가능성을 공식으로 나타내면 다음과 같이 주어진다.[33, 34]

$$ER_{\text{Si/F}}[\text{nm/min}] = 2.86 \times 10^{-13} n_{\text{FS}} T \exp(-1,248/T)$$

여기서 $ER_{\text{Si/F}}$는 표면상에서 SiOF층에 의한 저하가 없는 에칭률, n_{FS}는 표면근처에서 F 원자의 밀도, T[K]는 온도이다. F 원자의 밀도는 각각의 조건에 대해서 상대적으로 추정하였기 때문에, 상대적인 반응확률 Pr은 SiOF층의 두께 θ의 함수로 다음과 같이 정의된다.

$$ER_{\mathrm{Si/FO}} = \Pr(\theta)ER_{\mathrm{Si/F}}$$

여기서 $ER_{\mathrm{Si/FO}}$는 SiOF층에 의해서 저하된 에칭률이며 $ER_{\mathrm{Si/FO}}$ 값은 최대 에칭깊이 데이터를 사용하여 정규화되었다. **그림 3.30**에서는 SiOF층 두께에 따른 상대적인 반응확률을 보여주고 있다. 그림에 따르면, 9[nm] 두께의 SiOF층은 에칭반응을 중지시키기에는 여전히 충분치 못함을 알 수 있다. 간단한 외삽계산에 따르면, 에칭률을 무시할 수준으로 유지하기 위해서는 약 50[nm] 두께의 SiOF층이 필요하다. 이 값은 반복시간다중화(TMA) 에칭공정에서 보고되었던 PTFE형 보호필름의 두께와 유사하다. 비록, 이 박막의 조성은 서로 다르지만, 박막과 Si 벌크 사이의 계면에서 F 라디칼의 확산을 적절한 수준으로 저감하기 위해서는 약 50[nm]의 두께가 필요하다.

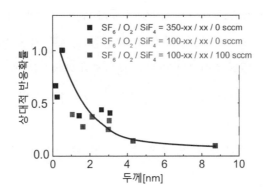

그림 3.30 상대적인 반응확률과 SiOF층 두께 사이의 상관관계 (컬러 도판 p.473 참조)

3.2.4 결론

O_2 함량, 무선주파수 그리고 가스압력의 관점에서 $SF_6 - O_2$ 가스 화학반응을 사용하는 용량결합플라스마 자기력증강 반응성이온에칭을 실리콘관통비아에 적용하는 초고속 에칭공정에 대해서 살펴보았다. 40.68[MHz]의 높은 무선주파수와 47[Pa]의 높은 압력하에서 매우 높은 에칭률이 구현되었다. 가스상에서 생성되는 불소원자의 밀도가 높을수록, 에칭률이 더 높아졌다. 산소원자는 측벽의 에칭반응을 효과적으로 저감시킨다. 마지막으로, SiO_2 마스크를 사용하여 40[μm] 직경의 실리콘관통비아 구멍을 54[μm/min]의 속도로 에칭하였으며, 이때의 선택도는 50이었다.

불소원자와 산소원자가 실리콘 표면과 경쟁적으로 반응하는 측벽에서의 반응 메커니즘을 탐구하기 위해서, 라디칼들의 상대밀도, 기판온도 그리고 SiF_4 가스주입 등이 검토되었다. 실리콘관통비아의 측벽을 모사하는 실리콘 표면에서의 반응에 대해서 이해하기 위해서, SF_6/O_2 가스의 하향유동 플라스마에 노출된 실리콘 표면에 대한 분석이 수행되었다. 에칭과 산화의 경쟁반응 과정에서 Si, F 및 O를 포함하는 반응층이 형성되며, O 라디칼의 밀도와 온도에 따라서 이 층의 두께가 변한다. 반응층 내에서 F-O 사이의 비율은 2 내외로 유지된다. SiOF층이 두꺼워질수록 중성 불소원자에 의해서 에칭률이 저하된다. 실리콘관통비아의 측벽에서 발생하는 에칭반응을 중지시키기 위해서는 약 50[nm] 두께의 SiOF층이 필요한 것으로 추정된다.

3.3 저온 화학기상증착기술

3.3.1 서언

최근 들어, 모바일 기술(스마트폰이나 태블릿 컴퓨터 등)의 향상과 더불어서 정보기술이 발전 하게 되었다. 이 기술의 기능과 능력은 훨씬 더 향상될 것으로 기대된다. 이로 인하여 모바일 기술에 적용되는 전자부품들의 소형화와 고밀도 패키징이 계속 진행될 것이다. 실리콘관통비아 기술과 에칭된 실리콘기판을 (옆으로 연결하는 대신에) 적층하는 기법을 사용하면, 3차원 대규모 집적(3D-LSI) 패키징이 가능하다.

집적회로 제조공정은 다음과 같은 세 개의 하위공정들로 이루어진다.

1. 트랜지스터 공정(전공정 : FEOL[3])
2. 와이어링 공정(후공정 : BEOL[4])
3. 패키징

실리콘관통비아공정은 이 하위공정들 중에서 어디에 위치하는가에 따라서 달라진다. 트랜지 스터 공정 전(**전 비아공정**)이나, 트랜지스터 공정과 와이어링 공정 사이(**중간 비아공정**), 또는 와이어링과 패키징공정 사이(**후 비아공정**) 등으로 구분할 수 있다.

후 비아공정의 장점은 트랜지스터와 와이어링 하부공정들을 수행하는 동안 실리콘관통비아가 디바이스 형성과정을 복잡하게 만들지 않는다는 것이다. 그런데 후 비아공정의 경우에는 저온에

---

3 FEOL: front end of line
4 BEOL: back end of line

서 절연막을 증착해야 한다는 기술적 어려움이 있다. 디바이스 형성이 끝나고 나면, 열 저항이 최고 150[°C]인 접착제를 사용하여 실리콘 웨이퍼를 유리나 실리콘 소재의 캐리어에 접착한다. 실리콘 웨이퍼의 뒷면을 박막화 가공하기 위해서 뒷면연삭이나 화학적 기계연마(CMP)가 사용되며, 그 다음에 비아를 관통 에칭한다. 접착제의 온도한계 때문에, 비아 내부의 절연막 증착은 150[°C] 이하의 온도에서 수행되어야만 한다. 실리콘비아의 종횡비가 높기 때문에, 비아 측벽을 코팅하기 위해서는 높은 **단차피복**의 절연막 증착이 필요하다. SAMCO社의 액체공급 화학기상증착(LS-CVD) 시스템이 150[°C] 이하의 온도에서 높은 종횡비를 갖는 비아에 대해서 뛰어난 단차피복의 절연막을 정착할 수 있으며, 박막의 응력 조절도 가능하다.[35-38]

3.3.2 음극결합플라스마 증강형 화학기상증착

음극결합플라스마 증강형 화학기상증착(PE-CVD 또는 LS-CVD)에서는 샤워헤드 형태의 주입구를 통해서 액상의 테트라에틸 오소실리케이트(TEOS)+O_2를 진공상태인 반응챔버 내로 주입한다. 반응챔버는 평행판 전극의 구조를 가지고 있다. 웨이퍼들은 전력이 공급되는 하부전극에 로딩된다. 챔버 내부의 압력을 낮춘 후에 TEOS+O_2를 주입하면서 하부전극에 무선전력(13.56[MHz], 최대 1[kW])을 공급하면 플라스마 방전이 발생한다. 하부전극에서는 플라스마가 방전됨과 동시에 음의 자체 바이어스가 생성된다. 이 액체공급 화학기상증착 메커니즘이 **그림 3.31**에 도시되어 있다.

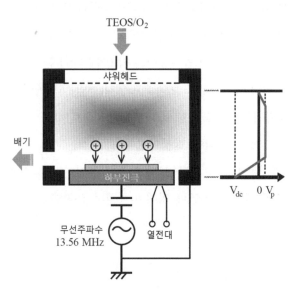

그림 3.31 음극결합플라스마 증강형 화학기상증착(PE-CVD) 시스템의 개략도. 무선주파수 전력이 하부전극에 부가되어 웨이퍼 표면에 큰 DC전위(V_{dc})가 생성된다. 이온충돌에 의해서 TEOS-SiO_2가 증착된다.

그림 3.32에서는 서로 다른 압력에 따른 전력밀도와 자체 바이어스 사이의 상관관계를 보여주고 있다. 무선주파수 전력이 높고 압력이 낮은 경우에 자체 바이어스가 더 음이 되는 경향을 보이고 있다. 자체 바이어스가 음이 될수록 TEOS와 O_2가 더 많이 분리될 뿐만 아니라 플라스마 내에서 Si와 O_2 사이의 반응이 증가한다. 이를 통해서 고밀도 SiO_2 박막이 증착된다.

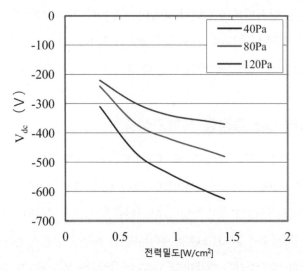

그림 3.32 전력밀도와 자체바이어스(V_{dc}) (컬러 도판 p.474 참조)

그림 3.33에서는 무선주파수 전력밀도에 따른 박막응력과 박막밀도의 변화경향을 보여주고 있다. 그림에 따르면 무선주파수 출력이 높아질수록 박막밀도가 높아지며 박막 내의 압축응력이 증가한다는 것을 알 수 있다. 박막 내의 압축응력은 약 $0.8[W/cm^2]$ 근처에서 포화된다. 그림 3.34에서는 응력과 박막밀도 사이의 상관관계를 보여주고 있다(박막 내의 압축응력이 커질수록 박막밀도가 높다). 음극결합 화학기상증착을 통해서 내부응력이 300[MPa] 이상이 되는 압축성 박막을 증착할 수 있기 때문에, 고밀도 박막이 만들어진다.

테트라에틸 오소실리케이트(TEOS)는 SiH_4보다 안전한 물질이기 때문에 유틸리티 비용이 줄어든다. 더욱이 박막의 성장에 의해서 TEOS에 의해서 형성된 **전구체[5]**는 이동성이 크며 뛰어난 단차 피복을 구현할 수 있다.

....

5 precursor: 어떤 물질대사나 반응에서 특정 물질이 되기 전 단계의 물질. 시사상식사전

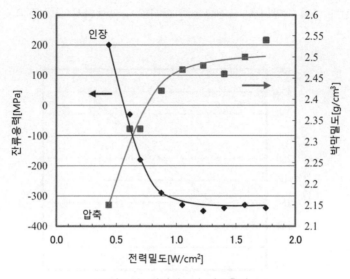

그림 3.33 전력밀도와 잔류응력

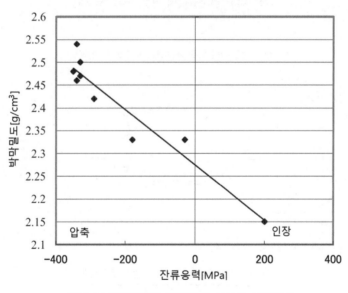

그림 3.34 잔류응력과 박막밀도 사이의 상관관계

　　고온(~400[℃])에서는 수정과 유사한 SiO_2 박막(흡수율과 굴절률이 낮은 고품질 박막)이 증착된다. 이 박막은 광 도파로에 특히 유용하다. **그림 3.35**에서는 테트라에틸 오소실리케이트(TEOS) 유량비와 증착률 사이의 상관관계를 보여주고 있다. TEOS 유량비가 높아질수록, 증착률이 높아지는 경향을 나타낸다. 일반적으로 10~20[sccm]의 유량비를 사용한다. **그림 3.36**에서는 P, B 및 Ge 소재가 도핑되어 있는 웨이퍼의 박막두께, 두께 균일성, 굴절률 그리고 굴절률 균일성이 도시되어 있다. P와 B가 함께 도핑되면, 굴절률을 변화시키지 않으면서 어닐링 온도를 낮출 수 있다.

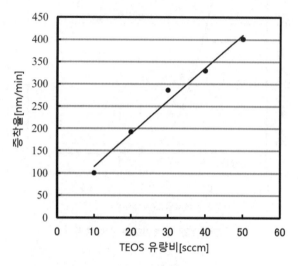

그림 3.35 TEOS유량에 따른 SiO₂ 증착률

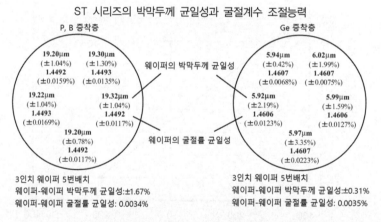

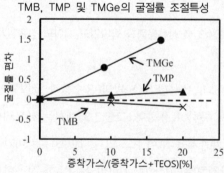

그림 3.36 광도파로에 사용하기 위해서 P, B 및 Ge를 도핑한 TEOS-SiO₂ 박막

3.3.3 저온 SiO₂ 증착

3.3.3.1 저온증착 중의 웨이퍼온도

후 비아공정의 경우, 접착제를 사용하여 유리나 실리콘 캐리어에 기판을 접착한 다음에 뒷면연삭이나 화학기계연마를 사용하여 약 $100[\mu m]$ 이하의 두께로 박막화 가공을 수행한다. 에폭시나 아크릴 레진을 함유한 접착제는 최고 $150[^\circ C]$까지 버틸 수 있다. 접착제의 온도제약 때문에, **저온 화학기상증착** 공정이 필요하다.

음극결합 화학기상증착 시스템에 의해서 생성된 이온입사를 이용하면 저온에서 고밀도 박막 증착이 가능하다. 그런데 이온입사는 하부전극의 온도와 웨이퍼 온도를 상승시킨다. 웨이퍼의 온도는 하부전극 히터와 플라스마 방전에 의한 가열에 영향을 받는다. 이온 에너지와 이온 에너지에 의해서 유도된 플라스마 가열은 모두 전력밀도와 관련이 있다. 웨이퍼 온도를 $150[^\circ C]$ 미만으로 유지하기 위해서는 전력밀도를 $0.8[W/cm^2]$ 미만으로 제한하여야 한다. **그림 3.37**에서는 전력밀도와 웨이퍼 온도 사이의 상관관계를 보여주고 있다. 기판의 온도는 $80[^\circ C]$로 설정되어 있다. **그림 3.38**에서는 열 저항이 작은 **폴리에틸렌 테레펜틸레이트(PET)** 박막 위에 저온($150[^\circ C]$)으로 $1[\mu m]$ 두께의 SiO₂ 박막을 증착시킨 사례를 보여주고 있다. 비록 SiO₂ 박막에 휨이 발생하였지만, 크랙은 관찰되지 않았다.

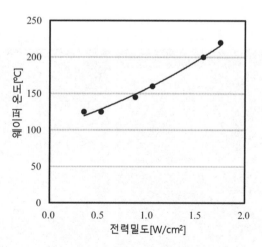

그림 3.37 전력밀도 대비 웨이퍼 온도

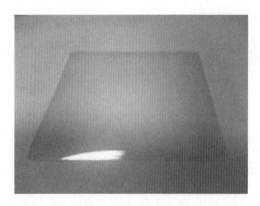

그림 3.38 150[°C]에서 PET 필름 위에 1[μm] 두께의 SiO$_2$ 박막을 증착한 사례

3.3.3.2 실리콘비아구멍 내의 단차피복

그림 3.39에서는 종횡비가 10 : 1인 비아구멍 속에 증착된 **테트라에틸 오소실리케이트**(TEOS) 기반의 SiO$_2$ 절연필름과 SiH$_4$ 기반의 SiO$_2$ 절연필름의 단차피복 차이를 보여주고 있다. TEOS와 SiH$_4$ 공정 모두 웨이퍼의 온도는 150[°C]로 일정하게 유지하였다. 주사전자현미경 사진을 통해서 확인할 수 있듯이, TEOS 기반의 공정이 비아 프로파일 전체(입구, 측벽 및 바닥)에 걸쳐서 균일하고 크랙이 없는 박막을 형성하였다. 반면에 SiH$_4$ 기반의 공정은 프로파일의 입구부에는 균일하게 증착되었지만, 프로파일의 바닥에는 거의 증착되지 않았음을 알 수 있다.

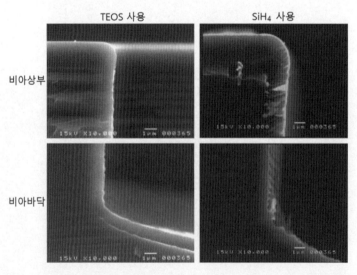

그림 3.39 TEOS와 SiH$_4$ 단차피복 사이의 비교. 일반적으로, 구멍 바닥에 절연필름을 매립하는 것이 어렵다. 하지만 TEOS 기반의 음극결합 PECVD를 사용하면 이동현상으로 인하여 구멍 바닥에 절연막이 잘 증착된다.

후 비아공정의 경우, 비아구멍(상부, 하부 및 측벽)에 증착된 SiO_2 박막은 비아구멍의 상부만큼 두껍지 않다. **그림 3.40**에서는 상부측벽, 하부 및 비아 상부 위치들에서의 SiO_2 박막두께 상대비율을 보여주고 있다. 종횡비가 증가하면 비아 상부 증착막 두께대비 상부측벽, 하부측벽 그리고 바닥 위치에서의 증착막 두께비율이 감소한다. 종횡비가 10 : 1에 달하는 구멍에서조차도, 10%의 두께비율이 구현되었다.

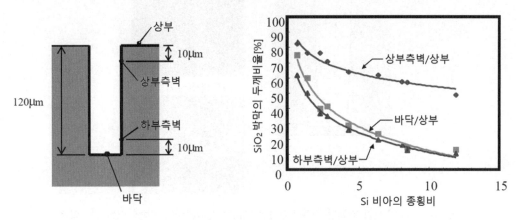

그림 3.40 단차피복과 종횡비 사이의 상관관계

일반적으로 실리콘비아의 제조[40]에는 보쉬공정[39]이 사용된다. 그런데 비아공정을 사용하여 에칭을 수행하면 비아구멍의 프로파일에 다음과 같은 특징들이 초래된다.

1. 역 테이퍼 형상의 비아 입구
2. 측벽에 스캘럽 발생
3. (후 비아공정과 실리콘 온 인슐레이터(SOI) 공정의 경우) 비아 바닥에 노치 발생

이런 프로파일 특성으로 인하여 구멍내부 전체에 대해서 SiO_2 절연막 증착을 구현하는 것은 기술적인 도전이다. 그런데 비아 프로파일에 의해서 유발되는 기술적 도전요인들에도 불구하고, **그림 3.41**에 도시되어 있는 것처럼, TEOS 기반의 SiO_2 박막 단차피복을 사용하여 보쉬형 비아의 모든 표면을 덮을 수 있다.

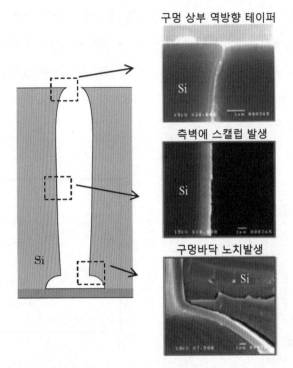

구멍 상부 역방향 테이퍼

Si

측벽에 스캘럽 발생

Si

구멍바닥 노치발생

Si

그림 3.41 박막증착이 어려운 프로파일이 존재하는 실리콘비아구멍에 대한 단차피복

3.3.3.3 저온증착된 SiO_2 박막의 전기적 특성

측벽의 SiO_2 두께가 0.1[μm]인 **깍지형 작동기**[6]의 항복전압을 측정하였다. 화학기상증착 공정을 수행하는 동안 웨이퍼의 온도는 150[℃]를 유지하였다. 시험결과 항복전압은 76[V](7.6[MV/cm]) 였다. 이 결과를 통해서 음극결합플라스마 증강 화학기상증착에 의해서 증착된 SiO_2 박막의 전기적 특성의 효용성이 검증되었다. **그림 3.42**에서는 준 비아구멍에서의 누설전류 측정방법이 도시되어 있다. 이 비아구멍은 폭 30[μm], 깊이 30[μm]이다. 측정된 누설전류밀도는 10^{-5}[A/cm^2]이다

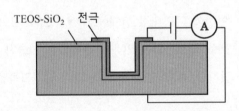

TEOS-SiO_2 전극   A

그림 3.42 누설전류 측정을 위한 실리콘비아 시편의 개략도

------

6   comb drive

3.3.3.4 액체공급 화학기상증착기법을 사용하여 증착한 SiO_2 박막의 응력조절

고밀도 박막을 만들기 위해서는 높은 압축응력이 필요하다. 그런데 박막의 두께가 3[μm]을 넘어서면, 일반적으로 웨이퍼의 휨이 관찰된다. 웨이퍼에 발생하는 이러한 휨은 광학식 노광과 같은 다른 반도체의 공정에서 문제를 일으킬 수 있다. **그림 3.43**에서는 전력밀도에 따른 박막응력 의 변화와 24시간의 시간간격이 박막의 응력에 미치는 영향을 보여주고 있다. **그림 3.43**에 도시되어 있는 것처럼, 박막응력 조절을 위해서 무선주파수 출력밀도를 사용할 수 있다. 그런데 대기환 경하에서 24시간이 경과되고 나면, 초기에 −70[MPa] 이상이던 박막응력이 압축응력으로 바뀐다. 초기응력값에 무관하게 박막응력은 약 −70[MPa]로 시프트되는 경향을 가지고 있다. 다시 말해서, 초기응력값에 무관하게 완벽한 무응력 SiO_2 박막을 만들 수 없다.

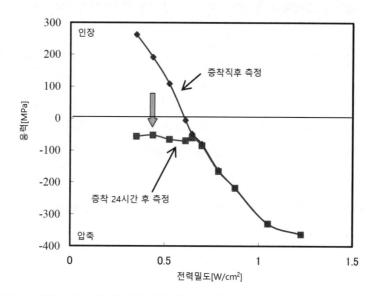

그림 3.43 24시간이 경과한 후의 박막응력(증착 직후와 24시간이 지난 후의 응력측정값)

인장과 압축이 반복되는 다중층 박막은 단일층 박막과는 다른 거동특성을 가지고 있다. 두께가 A인 압축성 박막은 차단막으로 작용하며 그 위에 두께가 B인 인장성 박막이 증착된다. **그림 3.44**에 서는 인장박막(t_1)과 압축박막(t_2)의 두께비율 사이의 상관관계를 보여주고 있다. 응력은 −170~ 200[MPa] 범위 내에서 조절이 가능하며 인장박막과 압축박막 사이의 두께비율을 조절하여 무응 력 상태의 박막을 구현할 수 있다. 더욱이 24시간이 지난 후에도 응력의 시프트가 최소화되었다.

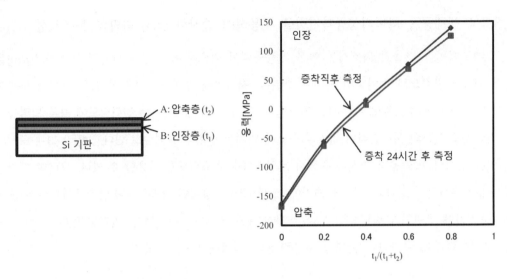

그림 3.44 인장층과 압축층의 박막두께 변화에 따른 박막응력의 의존성

3.3.4 결론

이 장에서는 저온 SiO₂ 증착을 위한 음극결합 액체공급 화학기상증착(LS‑CVD) 기술의 장점과 (MEMS 등의) 적용사례를 포함하여, 자세한 메커니즘에 대해서 살펴보았다. 머지않아서 액체공급 화학기상증착이 전자소자들의 고밀도 패키징 능력을 향상시켜서 모바일기술의 소형화와 기능화에 영향을 미칠 것으로 예상된다.

SAMCO社는 PD‑270STL 장비와 더불어서, 카세트 방식의 대량생산용 액체공급 화학기상증착 시스템(PD‑270STLC)을 공급하고 있다. 액체주입 화학기상증착 기술은 머지않아서 3D‑LSI와 MEMS 분야의 발전에 기여할 것으로 예상된다.

3.4 비아충진을 위한 전기증착

3.4.1 구리 전기증착 촉진제로 사용되는 Cu⁺이온

구리는 알루미늄보다 저항이 작으며 **전기증착**이 용이하다. 따라서 칩간 배선과 실리콘관통비아에 구리를 사용할 수 있다. 비아구멍을 충진하기 위해서 구리를 전기증착하는 것은 실리콘관통비아에서는 필수적인 공정이다. 깊은 비아를 충진하기 위해서는 첨가물이 필요하다.

첨가물의 역할은 도랑 외부에서의 **억제효과**와 도랑과 비아 내부에서의 **촉진효과**로 분류할 수 있다. 억제제는 폴리에틸렌글리콜(PEG)과 Cl^-의 조합으로 이루어진다.[41] 촉진제는 이황화3술포프로필로 이루어진다. 최근의 연구는 촉진제에 집중되고 있으며, 이황화물의 영향에 대해서 논의되었다. 모팟과 웨스트는 촉진제의 흡수를 제안하였으며, 비아 바닥의 곡률에서 촉진제의 흡수를 가정한 곡률이 강조된 수학적 모델이 제안되었다.[42, 43]

반면에, Cu^+의 형성은 중간단계에서 중요하며 Cu^+는 전기증착 공정에서 항상 생성된다.

$$Cu^{2+} + e^- \underset{k_{-1}}{\overset{k_1}{\rightleftharpoons}} Cu^+ \tag{3.1}$$

$$Cu^+ + e^- \underset{k_{-2}}{\overset{k_2}{\rightleftharpoons}} Cu \tag{3.2}$$

이 반응들은 가역공정이다. Cu^{2+}에서 Cu^+로의 반응상수 $k_1 = 2 \times 10^{-4}[mol/m^2s]$이며 Cu^+에서 Cu^{2+}로의 반응상수 $k_{-1} = 8 \times 10^{-3}[mol/m^2s]$이다. Cu^+에서 금속성 구리(Cu)로의 반응상수 $k_2 = 130[mol/m^2s]$이며 금속성 구리(Cu)에서 Cu^+로의 반응상수 $k_{-2} = 3.9 \times 10^{-7}[mol/m^2s]$이다. k_2 값이 $130[mol/m^2s]$에 이를 정도로 매우 큰 값을 가지고 있다는 것은 일단 Cu^+가 생성되고 나면, Cu^+가 금속 구리로 변환되는 것을 막기 위한 반응이 극도로 빠르게 끝난다는 것을 의미한다.[44] 만일 첨가제를 사용하여 k_1 값이 k_2만큼 큰 값을 갖도록 만들 수 있다면, Cu^{2+}가 빠르게 금속으로 변하며 첨가물과 Cu^+가 촉진제로 작용한다. 더욱이 Cu^+는 투명하고 냄새가 없다. 따라서 Cu^+를 검출하는 것은 극도로 어려우며, Cu^+의 촉진효과와 관련된 연구가 매우 드물다.

이 책의 저자인 콘도는 촉진효과를 측정하기 위해서 도랑 바닥에 전극을 설치하였다. 황산구리와 황산으로 이루어진 기본조성 속에 이산화황, 폴리에틸렌글리콜 그리고 Cl^- 이온을 첨가하였다. 도랑 바닥에 설치된 전극의 전위를 음의 방향으로 스윕하였으며, 도랑 바닥 전극의 폭이 좁아질수록 전류는 더 강해졌다.[45] 콘도는 폭이 좁은 전극의 촉진효과는 Cu^+와 이산화황 중간생성물의 자유촉매에 의한 것이라고 추정하였지만, 이 도랑 속에서 Cu^+를 형성하는 Cu^+의 역할에 대해서는 보다 상세한 논의가 필요하다.

Cu^+를 검출하기 위해서 **회전원판링전극(RRDE)**이 사용되었다. 회전원판링전극은 디스크와 링 전극과 같이 두 개의 전극으로 이루어진다(**그림 3.45**). 식 (3.1)과 식 (3.2)에 제시되어 있는 것처럼, Cu^+는 전기증착 과정에서 항상 형성된다. 따라서 디스크 전극상에서 전기증착이 일어나면, 이 디스크전극 위에 Cu^+ 중간생성물이 생성된다. 회전하는 회전원판링전극을 사용하면 원심력을 사용하여 이 중간생성물을 배출할 수 있다. 이 중간생성물은 항상 전극을 가로질러 이동한다. 만일 링 전위가 +300[mV]와 같이 양의 전위로 설정되어 있다면, 중간생성물의 산화반응이 발생한다. 따라서 Cu^+ 생성량을 검출하기 위해서는 전자의 숫자와 전류를 측정해야 한다.

$$Cu^+ \rightarrow e^- + Cu^{2+} \tag{3.3}$$

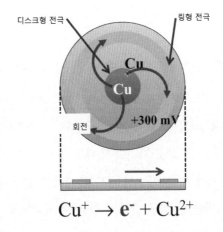

그림 3.45 회전링디스크전극의 개략도와 양의 링 전위를 가지고 있는 링전극에서 발생하는 반응

그림 3.46에서는 링전류와 디스크 과도전위 사이의 상관관계를 보여주고 있다. 만일 디스크의 과도전위가 음이라면(디스크상에 구리가 전기증착됨), 링전류는 0.1[μA]로 매우 작은 값을 갖는다. 만일 디스크의 과도전위가 양이라면(구리가 용해된다), 링전류는 100[μA]로 급격하게 증가한다. 회전링디스크전극의 링에서 전기증착 과정에서 Cu^+가 검출될 가능성에 비해서 구리가 용해되는 과정에서 Cu^+가 검출될 가능성이 1,000배 더 높다.[46] 따라서 도랑 바닥에 설치된 전극과 같이 도랑의 제한된 영역 내에서 다량의 Cu^+가 형성되며, Cu^+와 반응촉진 사이의 상관관계를 실험적으로 검증하였다.

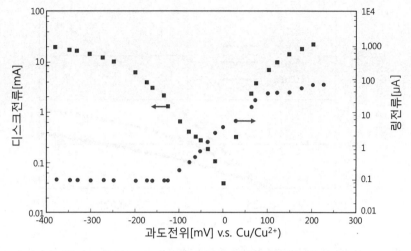

그림 3.46 회전디스크 전극을 사용하는 경우의 링전류와 과도전위 사이의 상관관계

교반하지 않는 용액 속에 주입되는 O_2 기포와 N_2 기포의 영향에 대해서 처음으로 시험을 수행하였다. 용액 속에는 기본적인 조성에 1[ppm]의 이산화황, 400[ppm]의 폴리에틸렌글리콜 그리고 50[ppm]의 Cl^- 첨가물들이 포함되어 있다. 도랑 바닥에 설치된 전극은 **그림 3.47**에 도시되어 있는 것처럼 3, 5 및 10[μm]이다. **선형주사전위법**(LSV)을 적용하기 전에, 10[mA/cm^2]의 전류밀도하에서 12[s] 동안 도랑 바닥의 구리전극을 용해시켜서 Cu^+를 생성한다. **그림 3.48**에서는 N_2 기포하에서 선형주사전위법을 적용한 측정결과를 보여주고 있다. 3, 5 및 10[μm]인 바닥 전극 폭에 대해서 전위와 전류밀도 사이의 상관관계가 제시되어 있다. 촉진효과로 인한 전류의 급격한 증가가 관찰되며 포화된 크로멜 전극(SCE)대비 -0.05[V]이며, 도랑 바닥 전극폭이 3[μm]인 경우에 전류밀도는 -40[mA/cm^2]까지 상승한다.

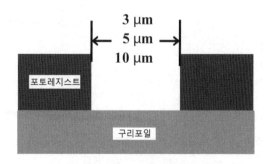

그림 3.47 도랑 바닥 전극의 개략도

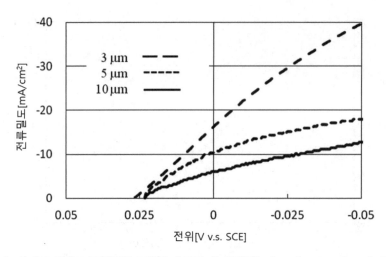

그림 3.48 N₂ 기포하에서 선형주사전위법을 적용한 측정결과(이산화황 : 1[ppm], Cl⁻ : 50[ppm], 폴리에틸렌글리콜 : 400[ppm])

더욱이 도랑 바닥의 전극이 좁아질수록 전류밀도는 증가한다. 반면에, O_2 기포하에서 선형주사전위법을 적용한 측정결과에 따르면 **그림 3.49**에서와 같이, 전류는 −1.0[mA/cm²]으로 매우 낮은 값을 갖는다. 전류밀도는 도랑 바닥의 전극폭이 3, 5 및 10[μm]로 변해도 동일한 값을 유지한다. 전해질 내의 O_2 기체농도에 따른 전류밀도의 가장 큰 차이점은 도랑 바닥 전극에 의해서 도랑 내에 생성된 Cu^+ 중간생성물에 의해서 유발되는 것이다. 도랑 바닥 전극의 폭이 좁아질수록 전류밀도가 증가하는 것은 도랑 내에 Cu^+ 중간생성물이 누적되기 때문에 유발되는 것이다.

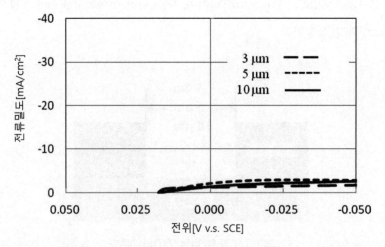

그림 3.49 O_2 기포하에서의 선형주사전위법 측정결과(이산화황 : 1[ppm], Cl⁻ : 50[ppm], 폴리에틸렌글리콜 : 400[ppm])

Cu$^+$ 중간생성물이 자유롭게 전해질 속을 떠돌아다니며, 전극에 흡수되지 않도록 만들기 위해서 600[rpm]의 속도로 회전하는 교반기를 사용하여 강제대류를 수행하였다. 초기에 도랑 바닥에 위치한 구리전극을 용해시킨 다음에 선형주사전위계를 사용하여 전류밀도를 측정하였다. 선형주사전위계의 측정결과는 **그림 3.50**에 도시되어 있다. 전류밀도는 수[mA/cm^2]까지 감소하며 도랑 바닥의 전극폭이 3, 5 및 10[μm]로 변해도 전류밀도에는 큰 차이가 발생하지 않는다. 반응촉진효과도 감소하였다. 이는 600[rpm] 속도의 교반으로 인하여 자유로운 Cu$^+$ 중간생성물들이 도랑 밖으로 나가버렸기 때문이다.

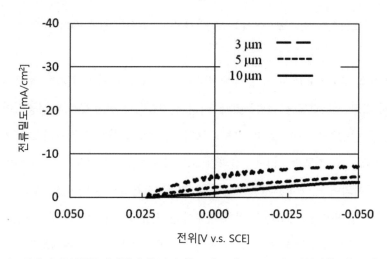

그림 3.50 N$_2$ 기포하에서의 선형주사전위계 측정결과(600[rpm]으로 교반, 이산화황 : 1[ppm], Cl$^-$: 50[ppm], 폴리에틸렌글리콜 : 400[ppm])

다음으로, Cu$^+$와 첨가물들에 대해서 살펴보기 위해서, 첨가물들을 하나씩 제거해 가면서 선형주사전위를 측정하였다. 이산화황과 폴리에틸렌글리콜을 제거하고 Cl$^-$만 첨가한 경우에는 **그림 3.51**에 도시된 것처럼, 전류밀도가 현저히 증가하여 **포화칼로멜전극[7]** 대비 -0.05[V]인 경우에 전극폭 3[μm]에 대해서 -70[mA/cm^2]을 나타내었다. 도랑의 폭이 좁아질수록, 전류밀도가 더 증가하는 경향을 나타낸다. Cl$^-$는 반응촉진을 위한 중요한 첨가제이며, 반응의 촉진은 Cu$^+$ 중간생성물 및 Cl$^-$의 전자브릿지 형성과 관련되어 있어야만 한다.[47] 그런데 이런 세부사항들에 대해서는 현재 연구가 진행 중이다.

---

7 SCE: saturated calomel electrode, 수용액 중에서 전극 전위나 pH를 측정하는 경우에 사용하는 기준 전극의 일종. 도금 기술용어사전

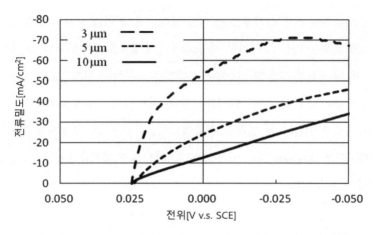

그림 3.51 N_2 기포하에서의 선형주사전위계 측정결과(Cl^- : 50[ppm])

포화칼로멜전극 대비 −0.15[V]의 일정한 전위하에서 도랑 바닥에 위치한 전극에서의 구리용해를 일으키지 않고 전류밀도를 측정하였다. 이는 전기증착을 통한 Cu^+ 형성공정이 반응촉진을 유발한다는 것을 증명하기 위한 것이다. O_2 기포와 N_2 기포를 사용한 결과가 그림 3.52에 도시되어 있다. O_2 기포와 N_2 기포를 사용한 결과가 도표의 x축상에서 구분되어 있으며, 전류밀도가 y축 방향으로 표시되어 있다. O_2 기포를 주입한 경우, 전류밀도는 약 1.0[mA/cm²] 수준의 낮은 값을 나타내었다. 반면에 N_2 기포를 주입한 경우에는 전류밀도가 현저히 증가하였다. 도랑의 폭이 좁아지면, 전류밀도가 증가하며, 도랑의 폭이 3[μm]인 경우에는 전류밀도가 −23[mA/cm²]까지 증가하였다. 구리전극을 용해시키지 않고 균일전위 측정을 수행한 결과에 따르면, 전기증착에 의해서 형성된 자유로운 Cu^+ 중간물질이 촉진제로 작용한다는 것을 알 수 있다.[48]

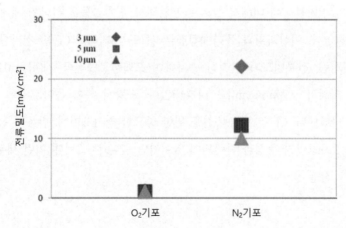

그림 3.52 −0.15[V]의 일정한 전위에 대해서 N_2 기포와 O_2 기포하에서 균일전위 측정결과(이산화황 : 1[ppm], Cl^- : 50[ppm], 폴리에틸렌글리콜 : 400[ppm])

3.4.2 주기적 반전전류파형이 부가되는 Cu⁺이온과 비아충진의 상관관계

디알릴아민 레벨러와 산소가스 기포를 사용하여 37[min] 이내에 종횡비가 7.0인 10[μm] 직경의 비아를 완벽하게 충진시킬 수 있다.[49-52] 염소와 이산화황과 같은 물질들을 촉진제로 사용하고 폴리에틸렌글리콜을 억제제로 사용하며, 4차 디알릴아민을 레벨러로 사용하면, 전기증착에 소요되는 시간은 60[min]에서 35[min]으로 줄어든다.[53]

이 연구에서는 비아의 직경이 4[μm]이며 종횡비가 7.5인 작은 비아를 사용하였다. **표 3.1**에 제시되어 있는 것처럼, 4[μm] 직경의 비아충진 실험을 위해서 10[μm] 직경의 비아에서와 동일한 용액조성이 사용되었다. 또한 회전원판링전극을 사용하여 구리 전기증착의 **반전 펄스 전류파형**이 가해지는 기간(**그림 3.53**, T_{rev}, i_{rev}) 동안 생성된 Cu⁺ 이온농도를 측정할 수 있다. 이 역전류는 구리를 용해시키며, 비아 내에서 Cu⁺가 형성된다.

표 3.1 용액조성

기본 용액 조성		
$CuSO_4 - 5H_2O$		200[g/L]
H_2SO_4		25[g/L]
첨가물		
Cl^-		70[ppm]
이산화황		2[ppm]
폴리에틸렌글리콜(M.W. 10,000)		25[ppm]
SDDACC		1.5[ppm]

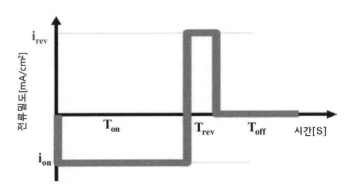

그림 3.53 펄스 전류의 주기적 반전파형에 대한 개략도

그림 3.54에서는 $i_{rev}/|i_{on}|$ 비율을 변화시켜가면서 20[min] 동안 전기증착을 수행한 비아단면을 보여주고 있다. 그림 3.54 (a)의 경우는 i_{rev}/i_{on} =0, 그림 3.54 (b)의 경우는 i_{rev}/i_{on} =2.0 그리고 그림 3.54 (c)의 경우는 i_{rev}/i_{on} =6.0이다. 그림 3.54의 (a)와 (b)에서는 비아의 상부나 바닥위치(화살표 위치)에 공동이 형성되었다. 그런데 그림 3.54 (c)의 경우에는 공동이 생성되지 않았다.

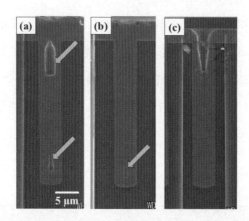

그림 3.54 $i_{rev}/|i_{on}|$ 비율을 변화시켜가면서 20[min] 동안 전기증착을 수행한 비아의 단면형상. (a) $i_{rev}/|i_{on}|$ =0, (b) $i_{rev}/|i_{on}|$ =2.0, (c) $i_{rev}/|i_{on}|$ =6.0

다음으로, 전류파형의 반전펄스 주기를 변화시켜가면서 링전류를 측정하였으며, 측정결과가 그림 3.55에 도시되어 있다. 그림에서 x축은 시간이며 y축은 링전류이다. 이 측정에서 $i_{rev}/|i_{on}|$ 비율은 0, 2.0 및 6.0으로 변화시켰다. 그림 3.55 (a)에서는 $i_{rev}/|i_{on}|$ =0이며, 그림 3.55 (b)에서는 $i_{rev}/|i_{on}|$ =2.0 그리고 그림 3.55 (c)에서는 $i_{rev}/|i_{on}|$ =6.0이다. 그림 3.55에서, $i_{rev}/|i_{on}|$ =0인 경우에 ON 시간 동안의 피크 링전류는 0[μA]이며, $i_{rev}/|i_{on}|$ =2.0인 경우에 ON 시간 동안의 피크 링전류는 40[μA], $i_{rev}/|i_{on}|$ =4.0인 경우에 ON 시간 동안의 피크 링전류는 150[μA] 그리고 $i_{rev}/|i_{on}|$ =6.0인 경우에 ON 시간 동안의 피크 링전류는 230[μA]이다. $i_{rev}/|i_{on}|$ 비율이 증가할수록 링전류가 증가하는 경향을 보인다. 이는 펄스파형 반전주기 비율인 $i_{rev}/|i_{on}|$가 증가함에 따라서 디스크 전극상에 생성된 Cu^+ 이온농도가 크게 증가한다는 것을 의미한다. 따라서 펄스파형 반전주기 동안 흐르는 반전전류량에 따라서 디스크전극상의 Cu^+ 이온농도가 현저하게 증가한다고 결론지을 수 있다.

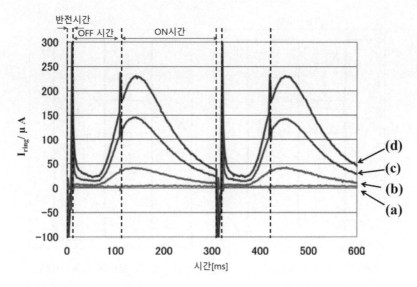

그림 3.55 다양한 $i_{rev}/|i_{on}|$ 비율에 대한 회전원판링전극 링전류의 비교. (a) $i_{rev}/|i_{on}|=0$, (b) $i_{rev}/|i_{on}|=2.0$, (c) $i_{rev}/|i_{on}|=4.0$, (d) $i_{rev}/|i_{on}|=6.0$

3.4.3 비아 내부의 Cu^+ 이온분포 시뮬레이션

아콜카는 1차원 이온확산과 **전극동력학**을 사용하여 비아 내에서 Cu^{2+} 이온의 물질이동을 해석하였다.[54] 회전원판링전극을 사용하여 측정한 역전류를 증가시켜서 역전류와 그에 따른 Cu^+ 이온농도를 증가시켰음을 확인하였다(**그림 3.55**). 그런데 비아 내에서 Cu^+ 이온의 농도를 직접 측정하는 것은 불가능하다. 우리는 Cu^+ 이온의 1차원 확산과 전기동력학에 대한 시뮬레이션모델을 사용하였다.[54] 여기서 사용되는 전극동력학 변수(k_m)는 전류분포에 대한 실험과 시뮬레이션 모델을 사용하여 결정하였다. 비아 내에서 Cu^+ 이온농도의 프로파일은 이 k_m 을 사용하여 계산할 수 있다.

깊이방향에 대한 1차원 확산모델을 사용하여 비아 내에서 Cu^+ 이온농도의 분포를 계산하였다. 이는 반경방향 농도변화가 깊이방향 농도변화에 비해서 작은 경우에는 이를 무시할 수 있기 때문이다. 우리는 또한 비아 내부에서의 Cu^+ 이온이동이 주로 이온확산에 의한 것이라고 가정하고 있다. **그림 3.56**에서는 Cu^{2+} 이온과 Cu^+ 이온의 질량평형을 보여주고 있다. **프릭의 법칙**에 기초하여, 깊이방향으로의 **이온확산 플럭스**는 다음과 같이 나타낼 수 있다.

$$N_d = -D_i \frac{dC_i}{dy} \tag{3.4}$$

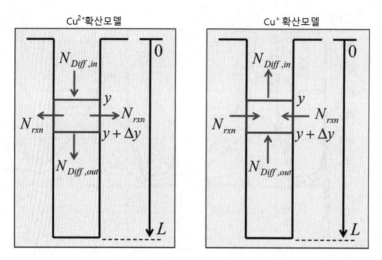

그림 3.56 비아 내부에서 Cu^{2+} 이온과 Cu^+ 이온의 확산에 대한 개념도

여기서 D_i는 이온확산계수, C_i는 이온농도 그리고 y는 깊이방향 좌표이다. 전류분포가 i인 Cu 전극위치에 의한 실리콘관통비아의 측벽에서의 1차원 전류분포는 **버틀러-볼머 방정식**으로 다음과 같이 나타낼 수 있다.

$$N_{rxn} = \frac{i}{nF} = \frac{i_0}{nF}\left(\frac{C_i}{C_{i,bulk}}\right)e^{b\eta} \tag{3.5}$$

여기서 $C_{i,bulk}$는 벌크이온농도, i_0는 교환전류밀도, b는 타펠 기울기 그리고 η는 과도전위이다. 반응동력학변수를 사용하면 식 (3.3)을 식 (3.6)으로 확장시킬 수 있다.

$$N_{rxn} = k_m C_i \tag{3.6}$$

여기서 $k_m = i_0 b^{b\eta/nFC_{i,bulk}}$는 1차 비율 상수이다. 또한 i번째 이온의 **시간의존성** 확산방정식은 다음과 같이 나타낼 수 있다.

$$D_i\frac{d^2 C_i}{dy^2} \pm \frac{i}{nF}\frac{2}{r} = \frac{dC_i}{dt} \tag{3.7}$$

여기서 n은 이동한 전자의 숫자, F는 패러데이 상수, r은 비아반경이다. 경계조건은 다음과 같다.

$$at \ \ y = 0, \ \ C_{Cu^{2+}} = C_{Cu^{2+},bulk}, \ \ C_{Cu^+} = C_{Cu^+,bulk}, \ \ C_{O_2} = C_{O_2,bulk} \tag{3.8}$$

$$at \ \ y = L, \ \ \frac{\mathrm{d}C_{Cu^{2+}}}{\mathrm{d}y} = 0, \ \ \frac{\mathrm{d}C_{Cu^{2+}}}{\mathrm{d}y} = 0, \ \ \frac{\mathrm{d}C_{O_2}}{\mathrm{d}y} = 0 \tag{3.9}$$

여기서 L은 비아깊이이다. 벌크 Cu^+ **이온농도**는 식 (3.10)을 사용하여 Cu^{2+} 이온농도로부터 산출할 수 있다. 만일 벌크 Cu^{2+} 이온농도가 0.8[M]이라면, 벌크 Cu^+ 이온농도는 4.81×10^{-4}[M] 이다. 최대 벌크 O_2 농도는 20[ppm]이다.

$$K_{Cu} = C_{Cu^+}{}^2 / C_{Cu^{2+}} = 5.8 \times 10^{-7} \tag{3.10}$$

그림 3.57에서는 전류펄스파형 반전주기가 $i_{rev}/|i_{on}| = 6.0$인 경우에 비아 내부에서 생성된 Cu^+ 이온농도분포 계산결과를 보여주고 있다. **그림 3.57 (a)**에서는 벌크 전해질 속에 O_2 기포를 주입하지 않은 경우의 결과를 보여주고 있으며, **그림 3.57 (b)**의 경우에는 O_2 기포를 주입하는 경우의 결과를 보여주고 있다. 그림에서 x축은 비아의 깊이, y축은 비아 내부에서의 Cu^+ 이온농도 그리고 x축의 원점은 비아의 상부를 나타낸다. 이 그래프에서 t=0~200[ms] 곡선은 전기증착이 일어나는 동안의 Cu^+ 이온농도를 나타내며, t=200~210[ms] 곡선은 용해가 일어나는 동안의 Cu^+ 이온농도 그리고 t=220~310[ms] 사이의 곡선은 OFF 기간 동안의 Cu^+ 이온농도를 나타낸다. 첫 번째로, **그림 3.57 (a)**에 따르면, 벌크 전해질 내에 O_2가 없는 상태에서 비아 내부에서의 전기증착이 끝나는 시점(t=200[ms])에서의 Cu^+ 이온농도는 수 10^{-3}[M]에 불과하지만 이는 벌크 Cu^+ 이온농도의 두 배에 달하며, 이 농도는 용해주기나 OFF 시간과 같은 전류펄스파형 반전주기 동안의 농도에 비하면 매우 낮은 값이다. 두 번째로, Cu^+ 이온농도는 용해가 끝나는 시점(t=210[ms])에 현저하게 증가한다. Cu^+ 이온농도는 0.045[M]까지 증가하며, 이는 전기증착이 끝나는 시점(t=200[ms])에 비해서 약 450배 높은 값이다. 이는 전류펄스파형 반전주기 동안 반전전류에 의한 용해로 인하여 Cu^+ 이온농도가 현저하게 증가한다는 것을 의미한다. 더욱이 Cu^+ 이온농도는 비아의 중앙에서 바닥까지의 구간에서는 일정하게 유지된다. 세 번째로, Cu^+ 이온농도는 OFF 기간인 t=220~310[ms] 동안 비아 상부 근처에서 현저하게 감소한다. 예를 들어, 6[μm] 깊이에서

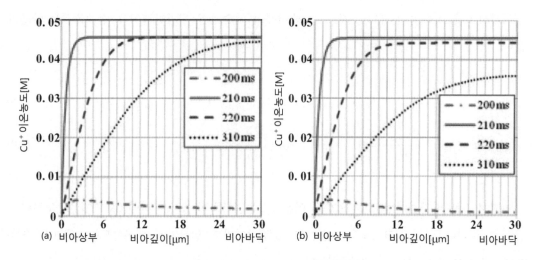

그림 3.57 OFF 시간 비율이 $i_{rev}/|i_{on}|$ =6.0(t=220~310[ms])이며, 전기증착(t=200[ms])과 용해(t=210[ms])가 일어나는 동안의 Cu^+ 이온농도. (a) N_2 기포 주입, (b) O_2 기포 주입

OFF 시간이 끝나는 시점(t=310[ms])의 Cu^+ 이온농도는 0.018[M]로, 용해기간이 끝나는 시점(t=210[ms])에서의 농도인 0.045[M]보다 약 60% 감소한다. 이는 벌크 Cu^+ 이온농도가 OFF 기간 동안 비아 내부에서의 이온농도보다 낮기 때문에, 생성된 Cu^+ 이온들이 비아 상부로부터 벌크 전해질 내로 확산되기 때문이다. 이로 인하여, 용해기간 동안 Cu^+ 이온들이 생성된다고 결론지을 수 있다. OFF 기간 동안 비아 상부에서부터 Cu^+ 이온들이 벌크 전해질 속으로 확산되기 때문에, Cu^+ 이온농도 분포는 비아 하부에서 높고, 비아 상부에서는 낮다. 비아 바닥에서의 전기증착 두께는 $i_{rev}/|i_{on}|$ =6.0인 경우가 $i_{rev}/|i_{on}|$ =0인 경우에 비해서 더 두껍다. 이는 $i_{rev}/|i_{on}|$ =0인 경우의 낮은 Cu^+ 이온농도에 비해서 비아 내부에서의 Cu^+ 이온농도가 높기 때문이다.

추가적으로, 벌크 전해질 내에 O_2가 존재하는 경우에, 전기증착과 용해가 일어나는 동안의 Cu^+ 이온농도는 벌크 전해질 내에 O_2가 없는 경우와 유사하다(그림 3.57 (a)와 (b)의 t=200[ms]와 210[ms]). 그런데 OFF 기간 동안 벌크 전해질 내에 O_2가 존재하는 경우에 Cu^+ 이온농도는 O_2가 없는 경우에 비해서 비아 내부 전체에서 감소한다(그림 3.57 (a)와 (b)의 t=220[ms]와 310[ms]). OFF 기간이 끝나는 시점에서 벌크 전해질 내에 O_2가 존재하는 경우에 비아 바닥에서의 Cu^+ 이온농도는 0.038[M]이 되어, 벌크 전해질 내에 O_2가 없는 경우에 비해서 약 20% 낮다(그림 3.57 (a)와 (b)의 t=310[ms]). 이는 용해된 O_2가 비아 내부로 확산되며 Cu^+ 이온이 Cu^{2+} 이온으로 산화된다는 것을 의미한다.

마지막으로, 전류펄스파형 반전주기 비율인 $i_{rev}/|i_{on}|$를 0, 2.0, 4.0 및 6.0으로 변화시켜가면서

비아 내부에서 Cu$^+$ 이온농도 분포를 계산하였다. **그림 3.58 (a)**에서는 앞에서 설명했던 회전원판 링전극을 사용한 전기화학적 측정결과를 보여주고 있다. 그림에서 x축은 측정시간이며 y축은 링전류를 나타내고 있다. x축은 비아의 상부에서 0이다. 링전극에서 측정된 전류는 전극표면에서 생성된 Cu$^+$ 이온농도에 해당한다. **그림 3.58 (b)**에서는 용해기간동안 비아 내부에서의 Cu$^+$ 이온 농도 계산결과를 보여주고 있다. 그림에서 x축은 비아깊이이며 y축은 Cu$^+$ 이온농도를 나타낸다. 이 그래프에서, $i_{rev}/|i_{on}|$ 비율은 0, 2.0, 4.0 및 6.0으로 변화시켰다. 그림에서 (i)는 $i_{rev}/|i_{on}|=0$인 경우의 결과이며, (ii)는 $i_{rev}/|i_{on}|=2.0$, (iii)은 $i_{rev}/|i_{on}|=4.0$ 그리고 (iv)는 $i_{rev}/|i_{on}|=6.0$인 경우의 결과를 나타낸다.

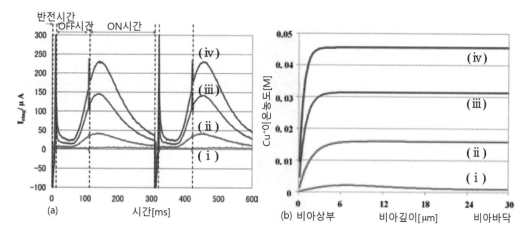

그림 3.58 용해기간 동안 다양한 $i_{rev}/|i_{on}|$ 비율에 대한 Cu$^+$ 이온농도의 비교. (a) 전기화학적 측정결과. x축은 시간이며 y축은 링전류이다.[6] (b) 용해기간 동안의 계산결과. x축은 비아깊이이며, y축은 Cu$^+$ 이온농도이다. (i) $i_{rev}/|i_{on}|=0$, (ii) $i_{rev}/|i_{on}|=2.0$, (iii) $i_{rev}/|i_{on}|=4.0$, (vi) $i_{rev}/|i_{on}|=6.0$

그림 3.58 (a)에 도시되어 있는 전기화학적 측정결과에 따르면, ON 주기 동안의 피크 링전류는 $i_{rev}/|i_{on}|=0$인 경우에 0[μA]이다. $i_{rev}/|i_{on}|=2.0$인 경우에 피크 링전류는 40[μA]이다. $i_{rev}/|i_{on}|=$ 4.0인 경우에 피크 링전류는 150[μA]이다. 마지막으로 $i_{rev}/|i_{on}|=6.0$인 경우에 피크 링전류는 230[μA]이다. 전류펄스파형 반전주기 비율인 $i_{rev}/|i_{on}|$가 증가하면 링전류도 증가한다. 이는 반응성 표면에서 생성된 Cu$^+$ 이온농도가 전류펄스파형 반전주기 비율인 $i_{rev}/|i_{on}|$의 증가에 따라서 현저히 증가한다는 것을 의미한다.

그림 3.58 (b)에 도시되어 있는 계산결과에 따르면, $i_{rev}/|i_{on}|=0$인 경우에 용해기간 동안 비아 내부에서의 Cu$^+$ 이온농도는 0.002[M]이다. $i_{rev}/|i_{on}|=2.0$인 경우에 용해기간 동안 비아 내부에서

의 Cu^+ 이온농도는 0.016[M]이다. $i_{rev}/|i_{on}|$=4.0인 경우에 용해기간 동안 비아 내부에서의 Cu^+ 이온농도는 0.031[M]이다. 마지막으로, $i_{rev}/|i_{on}|$=6.0인 경우에 용해기간 동안 비아 내부에서의 Cu^+ 이온농도는 0.045[M]이다. 전류펄스파형 반전주기 비율인 $i_{rev}/|i_{on}|$의 증가에 따라서 용해기 간동안 비아 내부에서의 Cu^+ 이온농도가 증가한다는 것을 알 수 있다. 이 결과는 회전원판링전극 을 사용한 전기화학적 측정결과와 일치한다(**그림 3.58 (a)**).

이제 최근의 실리콘관통비아 충진 데이터를 간단히 살펴보기로 한다. 5[μm] 직경, 25[μm] 깊이 의 비아를 5[min] 이내에 충진할 수 있다. 지금까지의 기록은 30[min]이었다. 이에 대해서는 다음 장에서 자세히 살펴볼 예정이다. **그림 3.59**에 따르면 비아는 약간 테이퍼진 형상을 가지고 있다. 용액의 조성은 **표 3.1**에 도시되어 있으며 반전전류 펄스가 적용되었다.

그림 3.59 $|i_{on}|$=-90[mA/cm²]를 사용한 5[min] 간의 전기증착결과

3.4.4 여타 기관들이 개발 중인 고속 비아충진 전기증착기법

벨기에 반도체공동연구소(IMEC)의 룬, 에러다이직, 페레켄 등은 실리콘관통비아용 구리 전기 증착에 대한 뛰어난 연구를 수행하였다.[56, 57] 이들은 초기에 5[μm] 직경, 25[μm] 깊이의 비아 충진에 대해서 연구하였다. 첨가제로는 폴리에틸렌글리콜, 이산화황, 야누스그린 B(JGB) 그리고 Cl^-가 사용되었다. **그림 3.60**에서는 이들의 발명에 대해서 설명하고 있다. **그림 3.60 (a)**에서는 실리콘 표면이 Ta 차단막과 Cu 시드층으로 완전히 덮여 있다. **그림 3.60 (b)**에서는 실리콘 표면을 Ta와 Cu 층으로 완전히 덮고 나면, Cu 시드층의 상부표면 위에 얇은 Ta 덮개층을 부분적으로 덮는다. 이 부분적인 Ta 덮개층이 이들의 발명이다. **그림 3.61**에서는 충진된 구리의 중심높이와 충진시간을 보여주고 있다. Ta로 완전히 덮인 기판의 경우, 초기에는 구리의 중심높이가 빠르게

증가하지만 비아를 완전히 충진하기 위해서는 2,800[s]가 필요하다. 반면에, 표면이 부분적으로 Ta에 덮여 있는 기판의 경우에는 중앙부의 높이성장을 위해서는 잠복기간이 필요하지만 450[s]가 지난 다음부터는 중심높이가 빠르게 증가한다. 비아를 충진하기 위해서는 총 865[s]가 소요되며, 이는 표면이 완전히 덮인 기판에 비해서 소요시간이 1/3에 불과한 것이다.

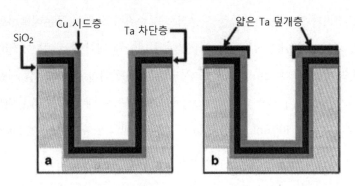

그림 3.60 Ta 차단막, 구리 시드, 얇은 Ta 덮개층으로 이루어진 단면형상. (a) 실리콘 표면은 Ta 차단막과 Cu 시드층으로 완전하게 덮여 있다. (b) 실리콘 표면을 Ta와 Cu 층으로 완전히 덮은 후에, Cu 시드층의 표면 위에 얇은 Ta 덮개층을 도포한다.

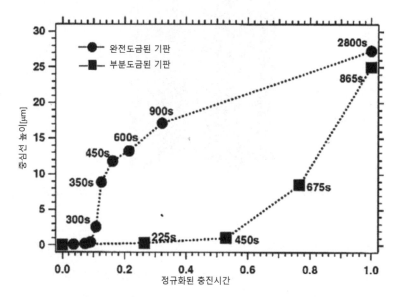

그림 3.61 충진된 구리의 중심높이와 충진시간. 표면이 Ta로 완전히 덮인 경우와 부분적으로 덮인 경우의 기판중심 높이가 제시되어 있다.

앞서 열거한 첨가제들과 더불어서 레벨러로 **야누스그린 B**가 사용되었다. 다량의 야누스그린 B를 사용하면 전류-전압곡선에서 더 큰 억제현상이 관찰된다. 비아의 바닥과 바깥쪽에서는 야누스그린 B의 농도가 높기 때문에 전기증착이 억제된다. 이런 억제현상은 상향식 메커니즘과 관련되어 있지만, 상세한 메커니즘에 대해서는 아직 명확하게 규명되지 않았다.[58] 집속이온빔(FIB)을 사용한 단면검사결과에 따르면 비아입구에서의 결정크기 감소가 관찰되었다. 동일한 상용 첨가물들을 사용하여 종횡비가 2~8인 비아들을 성공적으로 충진하였다.[58] **쿠폰레벨시험**과 **웨이퍼레벨시험**이 모두 수행되었다. 5[μm] 직경, 40[μm] 깊이의 비아에 대한 충진에는 1.5[h]가 소요되었다.

히타치 교와社의 카도타[59]는 5[m/s]에 이를 정도로 높은 전해질 유동속도를 사용하여 수직구조의 전기증착 셀을 발명하였다. OFF 시간이 1.0[s]에 이를 정도로 매우 길며 전류밀도는 10[mA/cm²]인 펄스전류를 부가하였다. 10[μm] 직경, 70[μm] 깊이의 비아에 대한 충진에 90[min]이 소요되었다(**그림 3.62**). 여기에 사용된 첨가물은 보고되지 않았다.

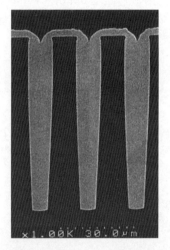

그림 3.62 히타치 교와社에 의해서 구현된 10[μm] 직경, 70[μm] 깊이의 비아의 단면사진

모팻은 -0.0650[V]전위의 황산은전극(SSE)과 Cl⁻와 폴록사민 첨가물을 사용하여 17[min]만에 도넛형상의 비아를 충진하였다.[60] 비아단면의 상부는 평평하였으며, V-형상이 나타나지 않았다. 베이카와 리츠도르프 등[61]은 30[μm] 직경, 110[μm] 깊이의 비아와 12[μm] 직경, 100[μm] 깊이의 비아에 대한 충진을 수행하였다. 불행히도, 전기증착조건들과 첨가물들에 대해서는 논문에 제시되어 있지 않다. 바스카란 등[62]은 8[μm] 직경, 100[μm] 깊이의 비아에 대해서 충진을 수행하였다. 도금조에 대한 교환전류밀도와 전자이동계수에 대한 측정을 수행하였다. 전류-전압곡선

에 따르면, 레벨러 농도가 증가하면 억제효과도 따라서 증가한다. 플루겔 등[63]은 정전류방식 증착과정에서 변동하는 증착전위를 측정하였다. 2차 이온 질량분석(SIMS) 측정결과에 따르면, 오염물질 혼합의 변동을 보여주고 있다. 아놀프 등[64]은 I-형 억제제가 일시적인 억제효과를 생성한다는 것을 규명하였다. 반면에 III-형 억제제는 지속적으로 억제효과를 나타낸다.

아돌프와 란다우는 실리콘관통비아 충진과정에서 첨가물의 이동과 흡착의 영향을 평가하기 위해서 전류분포에 대한 수치계산을 수행하였다.[65] 이들은 레벨러의 역할에 대해서 분석을 수행하였으며,[67] 강하게 결합된 레벨러가 폴리에틸렌글리콜과 이산화황 모두를 대체한다는 것을 깨달았다.[66] 이들이 사용한 모델에서는 실리콘관통비아의 투과깊이의 함수로 레벨러 농도분포가 결정되며, 레벨러는 확산과 혼합의 평형에 의해서 정체깊이에 도달한다. **그림 3.63 (a)**에서는 레벨러가 실리콘관통비아의 상부에서 발생하는 **핀치**를 현저하게 줄여준다는 것을 보여주고 있다.[68] 실리콘관통비아 상부에서의 핀치 시뮬레이션은 현실적인 관점에서 매우 중요한 결과이다.

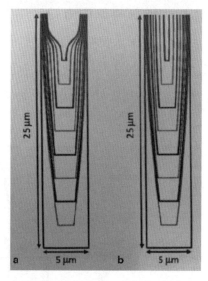

그림 3.63 (a) 레벨러는 실리콘관통비아의 상부에서 핀치 발생을 줄여준다. (b) 레벨러를 사용하지 않으면 핀치가 발생한다.

3.4.5 실리콘관통비아용 전기증착 구리의 열팽창계수 저감을 위한 첨가물

실리콘관통비아를 사용한 3차원 패키징은 차세대 상호연결기술이다. 여기에는 두 가지 주요 공정들이 사용된다. 이들 중 하나가 중간비아공정이다. 트랜지스터 형성이 끝나고 와이어링을 수행하기 전에 반응성이온에칭을 사용하여 비아구멍을 에칭하고 그 속을 구리로 충진한다. 와이어링 공정을 수행하는 동안 실리콘관통비아 속에 충진된 구리는 400~600[℃]의 온도에 노출된다. 이를 **실리콘관통비아 펌핑**이라고 부른다. 또 다른 하나가 **뒷면 최종비아공정**이라고 부른다. 최종비아공정의 문제는 화학적 기계연마가 끝난 후의 **박형** 웨이퍼를 다루기가 어렵다는 점이다. 이 절에서는 중간비아공정에 집중하여 살펴보기로 한다.

체는 실리콘관통비아 펌핑에 대한 관찰과 수치해석을 수행하였다. 펌핑 현상은 구리와 실리콘 사이의 열팽창계수 차이에 의해서 발생된다.[69] 쿠마르는 실리콘관통비아 펌핑을 저감하기 위해서는 사전어닐링 단계가 효과적이라고 보고하였다.[70-72] 개로우는 400[℃]에서 7회의 사전어닐링을 수행할 것을 제안하였다.[73] 실리콘관통비아는 중간비아공정이 400~600[℃]의 온도에 노출되기 때문에 발생한다. 이 팽창을 **펌핑**이라고 부르며 실리콘관통비아가 상부 배선을 파손시킨다. 따라서 구리 소재의 실리콘관통비아의 열팽창을 저감시켜야만 한다.

그림 3.64에서는 온도에 따른 열팽창계수의 변화를 보여주고 있다. 실선은 순수한 구리의 열팽창계수를 나타낸다. 삼각형은 첨가제 A를 사용하지 않은 경우를 나타내며, 사각형은 첨가제 A를 사용한 경우를 나타낸다. 첨가제 A를 사용한 경우에 150~350[℃] 사이의 구간에서 열팽창계수의 현저한 감소가 관찰되었다. 삼각형은 첨가제 A를 사용하지 않은 경우로서, 열팽창계수가 순수한 구리와 거의 동일하다. 첨가제 A를 사용한 경우나 사용하지 않은 경우 모두, 타원으로 나타낸 350[℃] 이상의 온도범위에서 열팽창계수의 갑작스러운 증가가 관찰된다.

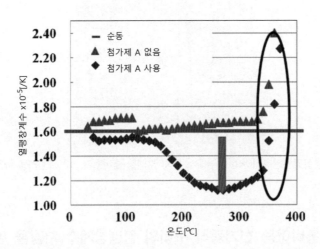

그림 3.64 열팽창계수와 온도 사이의 상관관계. 시편들은 순수한 구리, 첨가제 A를 사용한 전기증착과 첨가제 A를 사용하지 않은 전기증착의 3가지가 비교되었다.

그림 3.65에서는 온도에 따른 열팽창길이의 변화를 보여주고 있다. 점선은 첨가제 A를 사용하지 않은 경우이며, 회색 직선은 첨가제 A를 사용한 경우의 길이변화이다. 첨가제 A를 사용하지 않은 경우에는 열팽창길이가 온도에 비례하고 있다. 하지만 첨가제 A를 사용한 경우에는 화살표로 표시된 것과 같이, 150~350[℃]의 범위에서 팽창길이의 현저한 감소가 관찰된다. 250[℃]에서는 약 50%의 팽창길이 감소가 관찰된다. 하지만 첨가제 A를 사용한 경우에 350[℃] 이상의 온도에서는 열팽창길이의 급격한 증가가 발생한다.

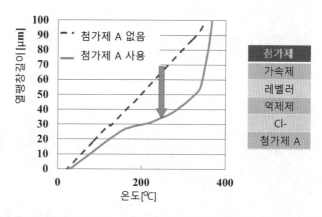

그림 3.65 열팽창길이와 온도 사이의 상관관계. 시편들은 첨가제 A를 사용한 구리 전기증착과 첨가제 A를 사용하지 않은 구리 전기증착이 비교되었다.

그림 3.66에서는 서로 다른 첨가제 조합에 대해서 온도의 변화에 따른 열팽창길이의 변화경향을 보여주고 있다. 실선 A는 순수한 구리의 경우로서, 팽창길이는 온도에 비례한다. 일점쇄선은 억제제, 염소 및 첨가제 A를 사용한 경우로서, 350[℃] 이상의 온도에서 열팽창길이의 급격한 증가가 발생한다. 반면에 염소와 첨가제 A만을 사용한 점선의 경우에는 350[℃] 이상의 온도에서도 열팽창길이의 급격한 증가가 발생하지 않는다. 이는 억제제가 분해되면서 350[℃] 이상의 온도에서 열팽창길이의 급격한 증가를 유발한다는 것을 의미한다. 화살표가 나타내는 것처럼, 400[℃]의 온도에서 약 22%의 열팽창길이 감소가 구현되었다.

그림 3.67에서는 **후방산란전자회절(EBSD)**의 측정결과를 보여주고 있다. 후방산란전자회절 측정기는 결정시편에 전자를 조사하여 후방산란을 측정한다. 위쪽 사진들은 첨가제 A를 사용하지 않은 경우의 시편들이며 아래쪽 사진들은 첨가제 A를 사용한 경우의 시편영상이다. 상온에서 첨가제 A를 사용하지 않은 경우의 평균입자크기는 113.6[nm]에 불과할 정도로 매우 작다. 이 시편을 최대 370[℃]의 온도에서 어닐링을 수행하고 나면 평균입자크기는 158.6[nm]에 이를 정도로

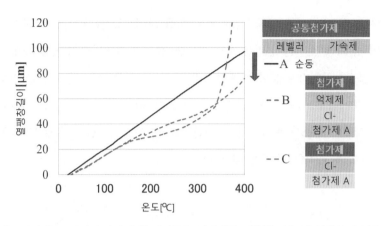

그림 3.66 열팽창길이와 온도 사이의 상관관계. 시편들은 억제제를 사용한 경우 및 사용하지 않은 상태에서 첨가제 A를 사용하여 구리를 전기증착한 경우이다.

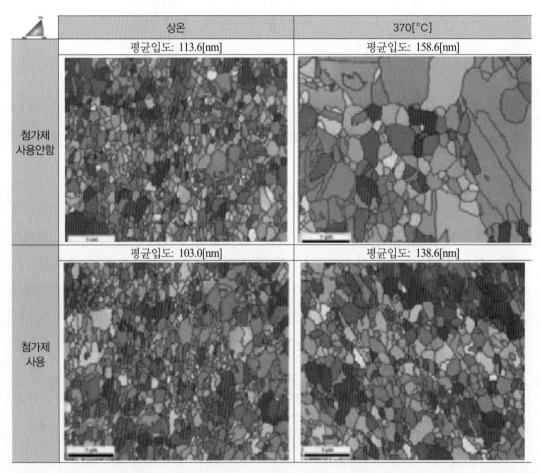

그림 3.67 후방산란전자회절을 사용하여 첨가제 A를 사용한 경우와 사용하지 않은 경우의 상온과 370[°C]의 어닐링 온도에서의 입자크기 측정결과. 평균입자크기가 비교되어 있다.

증가한다. 반면에 첨가제 A를 사용한 경우에는 어닐링 이후의 평균입자크기가 138.6[nm]에 불과하여, 첨가제 A를 사용하지 않은 경우 비해서 훨씬 더 작다. 따라서 첨가제 A를 추가하면 370[℃]에서의 어닐링 이후에도 평균입자크기를 작게 유지할 수 있다.

그림 3.68에서는 어닐링 온도가 구리의 평균입자크기에 미치는 영향을 보여주고 있다. 상온에서는 첨가제 A를 사용한 경우와 사용하지 않은 경우의 평균입자크기 편차가 10[nm]에 불과하다. 그런데 370[℃]가 되면 그 차이가 20[nm]로 증가한다. 첨가제 A는 370[℃]에서의 입자크기 증가를 억제한다는 것을 알 수 있다.

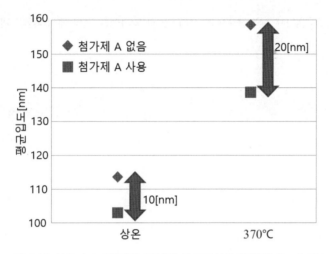

그림 3.68 상온과 370[℃]의 어닐링 온도에서의 평균입자크기 비교

그림 3.69에 표시되어 있는 심볼(⊥)은 **전위**[8]를 나타낸다. 첨가제 A에 의한 불순물들이 입자경계를 분리시켜놓는다. 이 불순물들이 전위가 누적되어 원자의 미끄럼이동이 발생하는 것을 저해한다. 그런데 첨가제 A가 없는 경우에는 불순물들이 입자경계를 분리시키지 못하기 때문에 누적된 전위가 증가하면 미끄럼이동이 발생하게 된다. 따라서 첨가제 A가 없는 경우에는 입자의 성장이 발생하는 것이다.

---

8   dislocation: 원자의 위치이동. 역자 주

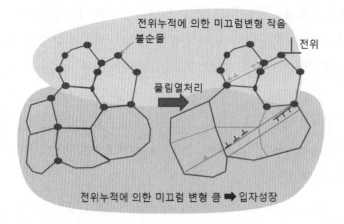

그림 3.69 첨가제 A의 불순물의 분리기능과 입자성장 억제 메커니즘의 개략도

참고문헌

1. Laemer FD, Schilp A (1992) A method for anisotropic etching of silicon. German Patent No. DE4241045

2. Zoschke K, Oppermann H, Manier CA, Ndip I, Puschmann R, Ehrmann O, Wolf J, Lang KD (2012) Wafer level 3D system integration based on silicon interposers with through silicon vias. In : Proceedings of 14th IEEE electronics packaging technology conference 5–7 Dec. 2012, pp.8–13

3. Mourier T, Ribiere C, Romero G, Gottardi M, Allouti N, Eleouet R, Roman A, Magis T, Minoret S, Ratin C, Scevola D, Dupuy E, Martin B, Gabette L, Marseilhan D, Enot T, Pellat M, Loup V, Segaud R, Feldis H, Charpentier A, Bally JP, Assous M, Charbonnier I, Laviron C, Coudrain P, Sillon N (2913) 3D integration challenges today from technological toolbox to industrial prototypes. Proceedings of IEEE interconnect technology conference, pp.1–3

4. Sheu SS, Lin ZH, Lin CS, Lau JH, Lee SH, Su KL, Ku TK, Wu SH, Hung JF, Chen PS, Lai SJ, Lo WC, Kao MJ (2012) Electrical characterization of through silicon vias (TSVs) with an on chip bus driver for 3D IC integration. Proceedings of IEEE 62nd electrical components and technology conference, pp.851–856

5. Peterson K (1982) Silicon as a mechanical material. Proc IEEE 70(5):420–457 6. Bhardwaj JK, Ashraf H, Hopkins J, Johnston I, McAuley S, Hall S, Nicholls G, Atabo L, Hynes A, Welch C, Barker A, Gunn B, Lea L, Guibarra E, Watcham S (1999) Advances in high rate silicon and oxide etching using ICP. MEMS/MST technology symposium at SEMICON West'99, San Francisco, CA, USA. July 12–16, 1999

7. Hynes AM, Ashraf H, Bhardwaj JK, Hopkins J, Johnston I, Shepherd JN (1999) Recent advances in silicon etching for MEMS using the ASETM process. Sens Actuators 74:13–17

8. Pang SW (2001) Dry processing of high aspect ratio Si microstructures for MEMS. Proceedings of international symposium on dry process, pp.49–55

9. Hashimoto K (1994) Charge damage caused by electron shading effect. Jpn J Appl Phys 33(10):6013–6018

10. Bhardwaj JK, Ashraf H, Khamsehpour B, Hopkins J, Hynes AM, Ryan ME, Haynes DM (2000) Method of surface treatment of semiconductor substrates. US Patent No. 6,051,503

11. Hartig MJ, Arnold JC (1997) Inductively coupled plasma reactor and process. US Patent No. US 5,683,548 A

12. Fukushima T, Bea J, Murugesan M, Lee KW, Koyanagi M (2013) Development of via-last 3D integration technologies using a new temporary adhesive system. 3D systems integration conference

(3DIC), San Francisco, 2~4 Oct 2013, pp.1~4

13. Laermer F, Schilp A (1996) Method of anisotropically etching silicon. US Patent, 5501893

14. Ayón AA, Braff R, Lin CC, Sawin HH, Schmidt and MA (1999) Characterization of a time multiplexed inductively coupled plasma etcher. J Electrochem Soc 146(1):339~349

15. Tachi S, Tsujimoto K, Okudaira S (1988) Low-temperature reactive ion etching and microwave plasma etching of silicon. Appl Phys Lett 52(8):616

16. Pruessner MW, Rabinovich WS, Stivater TH, Park D, Baldwin JW (2007) Cryogenic etch process development for profile control of high aspect-ratio submicron silicon trenches. J Vac Sci Technol B25(1):21

17. Sakai I, Sasaki K, Tomioka K, Ohiwa T, Sekine M, Mimura T, Nagaseki K (2001) Proceedings of the 1st international symposium on dry process. The institute of electrical engineers of Japan, Tokyo, p.57

18. Sakai I, Sakurai N, Ohiwa T (2008) Proceedings of the international symposium on dry process, The Japan society of applied physics, Tokyo, p.125

19. Horiike Y, Okano H, Yamazaki T, Horie H (1981) High-rate reactive ion etching of SiO2 using a magnetron discharge. Jpn J Appl Phys Part 2 20(11):L817

20. Hill ML, Hinson DC (1985) Advantages of Magnetron Etching. Solid State Technol 28:243

21. Kinoshita H, Ishida T, Ohno S (1986) Proceedings of the symposium on dry process. The institute of electrical engineers of Japan, Tokyo, p.36

22. Müller P, Heinrich F, Mader H (1989) Magnetically enhanced reactive ion etching (MERIE) with different field configurations. Microelectron Eng 10(1):55~67

23. Sekine M, Narita M, Horioka K, Yoshida Y, Okano H (1995) A new high-density plasma etching system using A dipole-ring magnet. Jpn J Appl Phys 34(11):6274

24. d'Agostino R, Flamm D (1981) Plasma etching of Si and SiO2 in SF6-O2 mixtures. J Appl Phys 52(1):162

25. Gomez S, Belen RJ, Kiehlbauch M, Aydil ES (2004) Etching of high aspect ratio structures in Si using SF6/O2 plasma. J Vac Sci Technol A22(3):606

26. Shimizu H, Kimura D, Komiya H, Kawabata R (1984) Proceedings of the symposium on dry process. The institute of electrical engineers of Japan, Tokyo, p.121

27. Coburn JW, Chen M (1980) Optical emission spectroscopy of reactive plasmas : A method for correlating emission intensities to reactive particle density. J Appl Phys 51(6):3134

28. Amasaki S, Takeuchi T, Takeda K, Ishikawa K, Kondo H, Sekine M, Hori M, Sakurai N, Hayashi H, Sakai I, Ohiwa T (2010) Proceedings of the international symposium on dry process. The Japan

society of applied physics, Tokyo, p.97

29. Amasaki S, Takeuchi T, Takeda K, Ishikawa K, Kondo H, Sekine M, Hori M, Sakurai N, Hayashi H, Sakai I, Ohiwa T Proceedings of the international symposium on dry process. The Japan society of applied physics, Tokyo, p.33

30. Nagai H, Hiramatsu M, Hori M, Goto T (2003) Measurement of oxygen atom density employing vacuum ultraviolet absorption spectroscopy with microdischarge hollow cathode lamp. Rev Sci Instrum 74(7):3453

31. Booth JP, Joubert O, Pelletier J, Sadeghi N (1991) Oxygen atom actinometry reinvestigated : comparison with absolute measurements by resonance absorption at 130 nm. J Appl Phys 69(2):618

32. Pereora J, Pichon L, Dussart R, Cardinaud C, Duluard CY, Oubensaid EH, Lefaucheux P, Boufnichel M, Ranson P (2009) In situ x-ray photoelectron spectroscopy analysis of SiOxFy passivation layer obtained in a SF6/O2 cryoetching process. Appl Phys Lett 94:071501

33. Flamm DL, Donnelly VM, Mucha JA (1981) The reaction of fluorine atoms with silicon. J Appl Phys 52(5):3633

34. Lieberman MA, Lichtenberg AJ (2004) Principles of plasma discharges and materials processing, 2nd ed., p.587

35. Kusuda Y, Nonaka T, Motoyama S (2013) TSV process using DRIE and cathode coupled PECVD. ECS Trans 50(32):3–9

36. Kusuda Y, Minaguchi T, Miyashita T, Motoyama S (2009) Sidewall insulator film deposition for the TSV process using cathode coupled PECVD. The 9th international workshop on microelectronics assembling and packaging, p 41, Fukuoka, Japan

37. Hiramoto M, Minaguchi T, Motoyama S (2007) Deposition of SiO2 film with excellent step coverage using PECVD. Mater Stage 7(5):16–20 (in Japanese)

38. SAMCO Inc. (2004) PECVD systems for optical devices—ST series. Opto devices technology outlook. Electr J 28:287–289 (in Japanese)

39. Laemer FD, Schilp A (1994) A method for anisotropic etching of silicon, German Patent No. DE4241045 C1, May 26

40. Nonaka T, Oda H, Noda Y, Kuratomi N, Nakano H (2012) A study of via hole etching for TSV process. The 11th APCPST abstract. Kyoto University, Kyoto, Japan, p.286

41. Andoricacos PC, Uzoh C et al (1998) IBM J Res Devel 42:567–572

42. Moffat TP, Wheeler D et al (2001) Electrochem Solid-State Lett 4:C26–C29

43. West AC, Mayer S et al (2001) Electrochem Solid-State Lett 4:C50–C53

44. Tantavishet N, Pritzker M et al (2003) J Electrochem Soc 150:C665–C669

45. Kondo K, Matsumoto T et al (2004) J Electrochem Soc 151:C250-C256

46. White JR (1987) J Appl Electrochem 17:977-1003

47. Nagy Z, Blaudeau JP (1995) J Electrochem Soc 142:L87-L92

48. Kondo K, Hamazaki K (2014) ECS Electrochem Lett 3(4):D3-D5

49. Kondo K, Nakamura T (2009) J Appl Electrochem 39:1789-1794

50. Kondo K, Yonezawa T et al (2005) J Electrochem Soc 152(11):H173-H177

51. Sun J-J, Kondo K et al (2003) J Electrochem Soc 150(6):G355-G358

52. Kondo K, Suzuki Y et al (2010) Electrochem S-S Lett. 13(5):D26-D28

53. Hayashi T, Kondo K et al (2011) J Electrochem Soc 158(12):D715-D718

54. Akolkar R (2013) ECS Electrochem Lett 2(2):D5-D9

55. Hayashi T, Kondo K (2013) J Electrochem Soc 160(6):D256-D259

56. Luhn O, Radisic A et al (2009) Electrochem & S-S Lett 12(5):D39-D41

57. Luhn O, Van Hoof C et al (2009) Electrochim Acta 54:2504-2508

58. Radisic A, Luhn O et al. (2011) Microelectronic Eng 88:701-704

59. Kadota H et al. (2010) JIEP 13(3):213-219 (in Japanese)

60. Moffat TP, Josell D (2012) J Electrochem Soc 159(4):D208-D216

61. Beica R, Sharbono C (2008) Through silicon via copper electrodeposition for 3D integration. Proceedings of ECTC conference

62. Baskaran R, McHugh P (2011) Characterization of the organic components in a commercial TSV filling chemistry. Paper presented at the 220th meeting of the Electrochemical Society, Oct 2011

63. Flugel A, Amold M (2011) Tailored design of suppressor ensembles for damascene and 3D-TSV copper plating. Paper presented at the 220th meeting of the electrochemical society, Oct 2011

64. Arnold M, Emnet C (2010) New concept for advanced 3D TSV copper plating additives. Paper presented at the 218th meeting of the electrochemical society, Oct 2011

65. Adolf JD, Landau U (2009) Scaling analysis of bottom up fill with application to through silicon via. Paper presented at the 216th meeting of the electrochemical society, Oct 2009

66. Landau U (2010) Electroplating of interconnects—scaling from nanoscale dual-damascene to micron-scale through silicon vias. Paper presented at the 218th meeting of the electrochemical society, Oct 2010

67. Adolf JD, Landau U (2010) Additive adsorption and transport effects on the voidfree metallization of through silicon vias. Paper presented at the 218th meeting of the electrochemical society, Oct 2010

68. Adolf JD, Landau U (2011) Leveler effects on filling of through silicon vias. Paper presented at the 220th meeting of the electrochemical society, Oct 2011

69. Che FX, Putra W et al (2011) Numerical and experimental study on Cu protrusion of Cufilled through-silicon vias (TSV). In : Proceedings of 3DIC 2011, 2011

70. Kumar N et al (2011) Advanced reliability study of TSV interposers and interconnects for the 28 nm technology FPGA. Proceedings of ECTC 2011

71. Huyghebaerta C, Coenena J et al (2011) Microelectr Eng 88:745–748 (5th May) 72. Croesa K, Varela O et al (2011) Microelectronics reliability 51 (9–11):1856–1859

73. Garrou P (2010) Cu protrusion, keep-out zones highlight 3D talks at IEDM. In : Solid state technology. Bruker corporation. http://www.electroiq.com/articles/ap/2010/12/cuprotrusion-keep-out.html. Accessed 22 Feb 2014

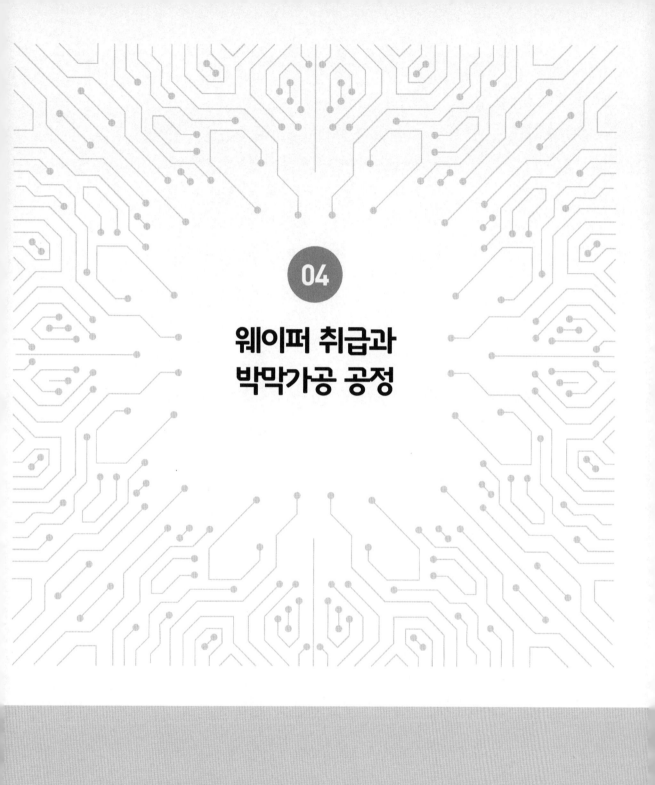

04

웨이퍼 취급과
박막가공 공정

CHAPTER 04 웨이퍼 취급과 박막가공 공정

4.1 실리콘관통비아용 웨이퍼 박막화 기법

4.1.1 서언

웨이퍼 초박막가공기술은 실리콘관통비아(TSV)를 사용하여 3차원 집적회로를 만들기 위해서 사용되는 중요한 기술로서, 구리 소재의 비아성형 공정의 기술적 문제와 비용문제 등을 야기한다. 그런데 실리콘관통비아 디바이스의 경우, 후속공정의 공정시간을 줄여서 비용을 절감하기 위해서는 기존의 2차원 디바이스에 비해서 총두께편차(TTV)가 작아야 하며, 높은 웨이퍼 청결도가 필요하다. 이 장에서는 일반적인 박막가공 기술들과 특히 실리콘관통비아에 적합한 고분해능 박막가공 공정에 대해서 살펴보기로 한다.

4.1.2 일반적인 박막가공

박막가공공정은 **뒷면연삭**(BG)이라고도 알려져 있는 연삭과 폴리싱이 있다. 전형적인 전자동 연삭기는 **그림 4.1**에 도시되어 있는 것처럼, 턴테이블 위에 세 개의 스핀들과 네 개의 척 테이블이 배치되어 있다. Z1축은 **황삭용** 스핀들이며, Z2축은 **정삭용** 스핀들, Z3축은 **폴리싱용** 스핀들이다. 일반적으로 연삭은 두 개의 단계로 이루어진다. 생산성을 향상시키기 위해서 입도가 거친(#320) 다이아몬드가루로 만들어진 휠을 사용하는 황삭공정을 통해서 총 연삭가공량의 대부분을 고속으로 제거한다. 손상이 작고 매끄러운 표면을 생성하기 위해서 미세한(#2,000) 다이아몬드가루로 만들어진 휠을 사용하는 정삭공정에서는 황삭공정에서 생성된 손상들을 저속으로 제거한다.

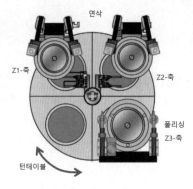

그림 4.1 전형적인 전자동 연삭기

　　그림 4.2에서는 웨이퍼연삭의 개략도를 보여주고 있다. 디바이스층이 척 테이블과 직접 접촉하는 것을 방지하기 위해서, 연삭을 수행하기 전에 웨이퍼의 디바이스 쪽에 **표면보호테이프(BG 테이프라고 부른다)**를 부착한다. 진공을 사용하여 웨이퍼를 척 테이블에 부착한다. 척 테이블과 연삭휠은 각자 자신의 축을 중심으로 회전하며, 회전휠이 접근하면 웨이퍼가 연삭된다. 자기연삭을 통해서 척 테이블을 볼록 프로파일을 갖도록 연삭하면, **그림 4.2**에 도시되어 있는 것처럼, 웨이퍼의 절반만이 연삭휠과 접촉하게 된다.

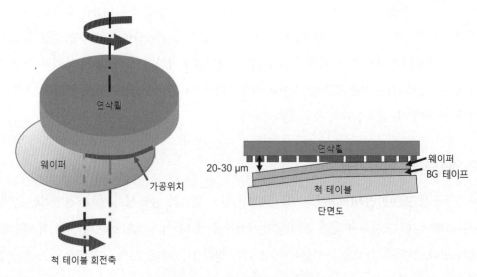

그림 4.2 웨이퍼 연삭의 개략도

　　연삭된 웨이퍼의 필요한 최종두께가 100[μm] 미만인 경우에는, **건식연마(DP)**나 **화학적 기계연**

마(CMP)와 같은 응력제거 가공공정이 필요하다. 폴리싱 공정은 정삭가공에 의해서 유발되는 표면하부 손상을 제거하여 다이강도를 증가시키며 웨이퍼 휨을 줄여준다.

4.1.3 실리콘관통비아용 웨이퍼 박막가공

앞서 설명했던 것처럼, 구리 소재 비아성형 공정의 기술적 문제와 비용문제로 인하여 실리콘관통비아 디바이스용 웨이퍼에 대한 초박막가공이 필요하다. 웨이퍼 두께편차는 박막성형, 에칭 및 도금 등과 같은 후처리공정의 공정비용을 증가시키기 때문에 웨이퍼의 박막가공을 위해서는 총두께편차(TTV)의 조절이 더 중요해진다.[1]

더욱이 연삭된 웨이퍼에 대해서는 전단공정장비에서 사용되는 탈이온(DI)수를 사용하는 기존의 세척방법 대신에 고품질 세척이 필요하다.

화학적 기계연마 유닛을 습식 폴리싱 공정에 결합시키며, 오존수와 희석된 불화수소(HF)산을 연삭기 속으로 반복적으로 투입하는 특수한 세척공정 유닛을 사용하여 연삭된 웨이퍼로부터 오염입자들을 제거하며 높은 웨이퍼 청결도를 구현한다.[2]

다음 절에서는 총두께편차(TTV) 조절과 총두께편차의 자동조절에 대해서 살펴보기로 한다.

4.1.4 총두께편차 관리

일반적으로, 웨이퍼 초박막가공에서는 정확한 **총두께편차**(TTV) 조절이 중요하지만 기존의 총두께편차 조절[3]은 수동으로 수행된다. 연삭된 웨이퍼의 형상은 연삭기 외부에서 측정하며 척 테이블의 경사는 유지보수 과정에서 조절한다. 수동조절은 장비의 정지시간을 초래하며, 작업자의 능력에 따라서 조절이 충분히 않을 수도 있다. 연속공정을 진행하면서 균일한 웨이퍼 두께를 구현하고 일정한 총두께편차를 유지하기 위해서 총두께편차의 자동조절기능이 개발되었다. 이 기능은 Z2축 연삭이 끝난 다음에 비접촉게이지를 사용하여 실리콘 두께를 측정하며, 작동 중에 완전자동 방식으로 척 테이블의 경사를 조절한다(그림 4.3).

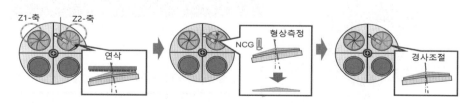

그림 4.3 총두께편차의 자동조절 시퀀스

비접촉 게이지는 **그림 4.4**에서와 같이 웨이퍼가 표면보호 테이프에 부착되어 있다고 하더라도 벌크 실리콘의 두께만을 측정할 수 있는 반면에, 기존의 접촉식 게이지는 모든 소재들의 총두께를 측정한다. 그러므로 여타 소재들의 두께편차로 인한 영향을 받지 않으면서 벌크 실리콘의 두께만을 기반으로 하여 총두께편차 자동조절을 수행할 수 있으며 초박막 웨이퍼의 손상 위험을 줄일 수 있다.

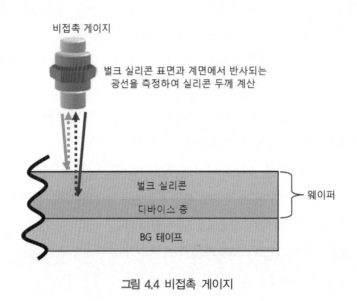

그림 4.4 비접촉 게이지

그림 4.5에서는 조절 메커니즘과 지지된 웨이퍼의 형상을 보여주고 있다. 척 테이블은 3개의 축들로 구성되는데, 이들 중 하나는 고정되어 있으며, 나머지 두 개는 조절이 가능하다. 비접촉게 이지를 사용하여 측정한 실리콘 두께에 기초하여, S-축과 D-축의 조절량을 계산한 다음에 이들 두 축을 자동적으로 조절한다.

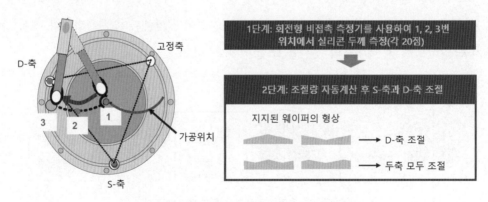

그림 4.5 조절 메커니즘과 지지된 웨이퍼의 형상

그림 4.6에서는 박막가공된 웨이퍼의 총두께편차 측정결과를 비교하여 보여주고 있다. 표면보호테이프를 사용하지 않은 실리콘 웨이퍼에서조차도 자동조절을 수행하기 전에는 총두께편차가 1.5[μm] 이상 발생하였다. 그런데 총두께편차 자동조절을 적용한 다음에는 박막가공된 웨이퍼의 총두께편차를 0.5[μm] 이하로 줄일 수 있었다.

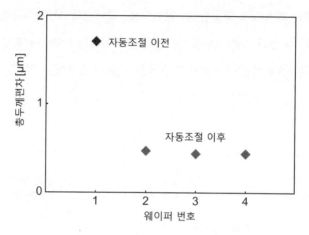

그림 4.6 박막가공된 웨이퍼의 총두께편차 측정결과

실리콘관통비아 디바이스용 웨이퍼들은 **그림 4.7**에 도시되어 있는 것처럼, 실리콘이나 유리소재 기판으로 만들어진 캐리어에 접착제를 사용하여 일시적으로 접착시켜 놓는다. 접착제의 두께편차로 인하여, 접착된 웨이퍼의 총두께편차가 증가하는 경향이 있다. 이런 문제를 해결하기 위해서, 벌크 실리콘의 두께만을 선별적으로 측정할 수 있는 비접촉게이지의 성능이 더 향상되었다. 이를 통해서 접착제의 두께편차에 영향을 받지 않으면서 총두께편차를 줄일 수 있게 되었다.

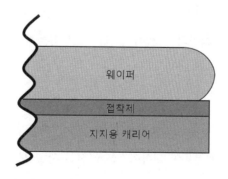

그림 4.7 접착된 웨이퍼

만일 접착제의 두께가 각 웨이퍼들마다 서로 다르다면 재연삭을 통한 **총두께편차 자동조절** (R‑Auto TTV) 방법이 더 효과적이다. 총두께편차 자동조절 기구는 다음번 웨이퍼에 적용하기 위한 총두께편차 조절값을 송출해준다. 반면에, 재연삭을 통한 총두께편차 자동조절 방법의 경우에는 연삭을 일시적으로 중단하고 비접촉게이지를 사용하여 실리콘의 두께를 측정한다. Z2 축에 대한 척 테이블 경사조절을 수행한 다음에, 연삭을 다시 시작한다. 이를 통해서, 측정된 총두께편차 조절값을 가공 중인 웨이퍼에 적용할 수 있으므로, 웨이퍼들 사이에 두께편차가 존재한다고 하더라도 이를 보상할 수 있다. **그림 4.8**에서는 접착된 웨이퍼들의 총두께편차 측정결과를 보여주고 있다. 재연삭을 통한 총두께편차 자동조절 방법을 적용한 경우에는 접착된 웨이퍼의 총두께편차를 줄일 수 있으며, 균일한 웨이퍼두께를 구현할 수 있었다.

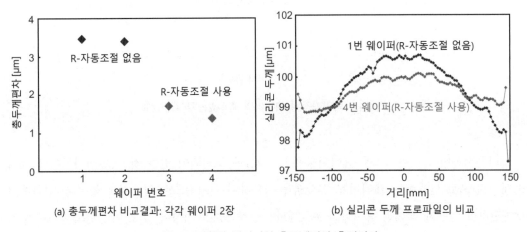

(a) 총두께편차 비교결과: 각각 웨이퍼 2장   (b) 실리콘 두께 프로파일의 비교

그림 4.8 접착된 웨이퍼의 총두께편차 측정결과

더욱이 3차원 다중적층 방식의 웨이퍼 온 웨이퍼(WoW)의 사례에서는 두께가 4[μm]에 불과한 초박막 웨이퍼를 가공하였다.[4] 박막가공 이후의 총두께편차는 300[mm] 웨이퍼의 경우에 대략적으로 1[μm] 내외이므로, 총두께편차 조절이 실제적으로 유효함이 증명되었다.

4.1.5 요약

실리콘관통비아 디바이스를 갖춘 초박형 웨이퍼에 대한 정확한 총두께편차 조절과 고순도 세척이 실현되었다. 그런데 실리콘관통비아 디바이스는 여전히 대량생산에 있어서 비용문제를 가지고 있다. 비용절감을 위해서는 웨이퍼 박막가공공정을 지속적으로 개선 및 최적화하여야만 한다.

4.2 Si/Cu 연삭과 화학적 기계연마를 이용한 새로운 중간비아공정 실리콘관통비아 박막가공 기술

4.2.1 서언

반도체 시장은 지속적으로 형상계수의 감소, 고속, 다기능 및 저전력을 필요로 하기 때문에, 실리콘관통비아를 사용하는 고성능 3차원 패키징 기술의 미래수요가 크게 증가할 것으로 예상된다.[5-10] 이 기술은 CMOS 영상센서용 후방조사(BSI)와 고성능 필드 프로그래머블 게이트어레이(FPGA) 등에 실제로 사용되고 있다.[11, 12] 새로운 기술들이 이 미래의 실리콘관통비아공정에 의존하게 될 것이기 때문에, 기준비용을 낮추면서 활용범위를 넓히기 위해서는 높은 수율이 매우 중요하다.

실리콘관통비아 제조공정은 다음과 같이 네 가지 유형으로 구분할 수 있다.[13]

1. **전 비아공정** : 전공정(FEOL)을 수행하기 전에 실리콘관통비아 제작
2. **중간 비아공정** : 전공정과 후공정(BEOL) 사이에 실리콘관통비아 제작
3. **후 비아공정** : 후공정 이후에 실리콘관통비아 제작. 앞면에는 전방형 비아를 제작하며 뒷면에는 후방형 비아를 제작
4. **접착 후 비아공정** : 웨이퍼(칩) 적층을 수행한 다음에 실리콘관통비아를 제작

위의 네 가지 공정 중에서 중간 비아공정이 여러 가지 용도에 대해서 가장 쉬운 공정이다. (트랜지스터와 같은) 전공정과 (다중층 상호연결과 같은) 후공정 사이에서 실리콘관통비아를 제작하는, 이 공정은 기존의 반도체 장비들과 공정들을 활용할 수 있다.

마지막으로, 웨이퍼 박막가공을 수행하기 전에 실리콘관통비아의 제작을 수행하는 중간비아공정의 경우에는 캐리어기판을 사용할 필요가 없다. 따라서 스페이서용 절연체 증착과 같은 고온 공정을 수행할 수 있다.

그림 4.9에 도시되어 있는 공정순서는, 전 세계의 디바이스 제조업체들뿐만 아니라 **반도체 조립 및 시험 외주업체(OSAT)**업체라고 부르는 기본 공정을 연구 개발하는 반도체 조립 및 시험 계약제조업체들 대부분에게 영향을 미치는 실리콘관통비아의 공정개선에 도움이 될 것이다.

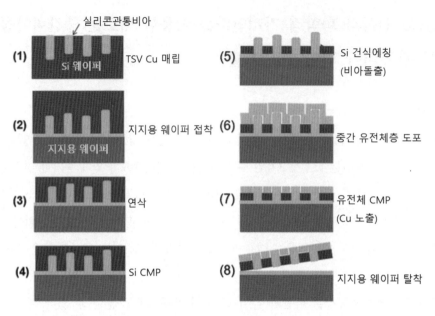

실리콘관통비아

(1) Si 웨이퍼   TSV Cu 매립

(2) 지지용 웨이퍼   지지용 웨이퍼 접착

(3) 연삭

(4) Si CMP

(5) Si 건식에칭 (비아돌출)

(6) 중간 유전체층 도포

(7) 유전체 CMP (Cu 노출)

(8) 지지용 웨이퍼 탈착

그림 4.9 전통적인 중간 비아방식에서 실리콘관통비아 노출공정 (컬러 도판 p.474 참조)

Si/Cu 접촉에 의해서 유발되는 오염문제 때문에 중간 비아공정 내에서 실리콘을 가공하는 연삭 및 화학적 기계연마 공정과 같은 디바이스웨이퍼 처리공정에서는 실리콘관통비아를 직접 노출시키지 않는다. 수지접착형 연삭휠을 사용한 실리콘 연삭과정에서 실리콘관통비아가 노출되면 연삭휠의 표면이 Cu로 메워져서 (Cu 표면의 돌출들이 연삭휠로 빨려 들어가는) **Cu 흡착**과 (Cu가 산화되어 갈색으로 변하는) **Cu 열화** 등이 발생한다고 보고되었다.[14] 따라서 Cu를 노출시키기 위해서는 선택적인 (건식 또는 습식)실리콘에칭과 유전체층 제거공정이 필요하다. 이를 위한 에칭공정은 매우 복잡하며 비용을 증가시킨다. 또한 실리콘관통비아 생성길이의 편차는 **그림 4.9** **(5)**에서와 같이 실리콘관통비아 노출높이의 편차에 직접적인 영향을 미치기 때문에, **그림 4.9** **(7)**에서와 같이 유전체 화학적 기계연마 공정에서 실리콘관통비아가 노출된 부품의 파손이 발생하거나 비아가 노출되지 않을 수도 있다.[15]

이런 문제를 해결하기 위해서, 저자는 **비트리파이드 결합제**(유리상 결합제)를 사용하는 연삭휠을 사용하는 Si/Cu 동시연삭방법을 개발하였다. 이를 통해서 **그림 4.10**에 도시되어 있는 것처럼, 중간비아 방식에서 실리콘관통비아 형성공정을 크게 단순화시킬 수 있었다.[16] 이 방법의 경우, 웨이퍼 표면에 실리콘관통비아를 생성한 다음에, 이 웨이퍼를 캐리어 기판에 접착시킨다. **그림 4.10 (3)**에 도시되어 있는 것처럼, Si/Cu 동시연삭을 사용하여 Cu 비아를 노출시킨다. 후속적인 화학적 기계연마공정이 **그림 4.10 (4), (5)**에 도시되어 있다. 이 공정은 두 번의 **화학적 기계연마**

공정으로 이루어진다.

1. 1차 화학적 기계연마공정 : Si/Cu 표면을 평탄화시키며 연삭손상부위 제거
2. 2차 화학적 기계연마공정 : 실리콘관통비아의 바닥 노출

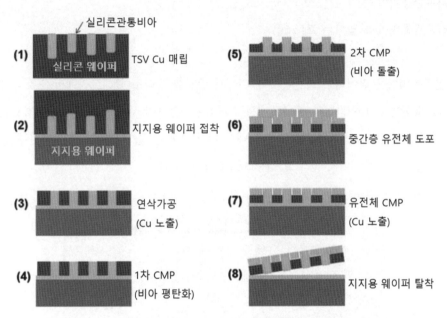

그림 4.10 중간 비아방식에서 Si/Cu 연삭과 화학적 기계연마를 사용하는 실리콘관통비아 노출공정 (컬러 도판 p.475 참조)

실리콘관통비아의 밀도가 낮은(1%) 경우에 대해서 **그림 4.12**에 도시되어 있는 Si/Cu 동시연삭을 사용하여 Cu 흡착과 Cu 열화를 유발하지 않고 성공적으로 실리콘관통비아 가공을 수행하였다. 이 연구를 통해서 실리콘관통비아의 밀도가 높은(10~30%) 경우에도, Si/Cu 동시연삭 방법을 사용하여 Cu 흡착이나 Cu 열화를 유발하지 않으면서 실리콘관통비아를 가공할 수 있을 것으로 기대하고 있다. 또한 1차 화학적 기계연마공정과 실리콘관통비아를 노출시키는 2차 화학적 기계 연마공정을 거치면서도 실리콘 표면과 Cu 비아표면 사이의 편평도를 유지할 수 있다. Si/Cu 동시연 삭과정에서 발생하는 Cu 오염깊이는 $0.13[\mu m]$에 불과할 정도로 비교적 얕으며, Cu 표면에 Ni-B 도금을 수행한 다음에 Si 습식에칭 공정을 거치면 이 Cu 오염을 제거할 수 있다.[17]

결론적으로, 우리가 제안한 방법을 중간비아 방식에서 실리콘관통비아가 내장된 웨이퍼의 박막화 가공을 위한 표준기술로 사용할 수 있을 것이다.

4.2.2 실험방법

그림 4.11에서는 공정개발을 위해서 실리콘관통비아 웨이퍼의 단면구조를 보여주고 있다.

- 실리콘관통비아의 직경은 $10 \sim 100[\mu m]$
- 실리콘관통비아의 피치는 $20 \sim 500[\mu m]$
- 실리콘관통비아의 깊이는 $20[\mu m]$

실리콘관통비아용 라이너 산화물은 $350[^\circ C]$에서 증착된 플라스마 테트라에틸 오소실리케이트 $(p-TEOS)$ SiO_2이다. TiN 차단막은 상온에서 스퍼터링되었으며 두께는 $0.05[\mu m]$이다. Cu 박막도 차단막 위에 스퍼터링되었다. 전기증착을 통해서 비아 속에 Cu를 충진한다. 실리콘관통비아 웨이퍼 내에서 실리콘관통비아의 영역밀도는 20%로 선정되었다.

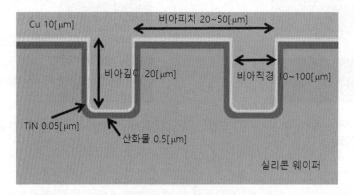

그림 4.11 실리콘관통비아가 설치된 개발용 웨이퍼의 구조

위의 조건들을 사용하여 실리콘관통비아가 설치된 웨이퍼에 대해서 Si/Cu 동시연삭과 1차 화학적 기계연마 및 2차 화학적 기계연마공정을 수행하였다.

표면 프로파일과 거칠기 측정을 위해서 레이저현미경(올림푸스 OLM-3100)이 사용되었다. 근적외선의 반사 스펙트럼을 사용하는 F50-XT(필름메트릭스社)를 사용하여 실리콘관통비아가 설치된 (기판이 없는) 웨이퍼의 상부 두께분포, 총두께편차, 폴리싱 비율 등을 측정하였다.

4.2.3 결과와 논의

4.2.3.1 실리콘관통비아의 밀도가 낮은 웨이퍼의 Si/Cu 동시연삭

메모리 디바이스에 사용되는 실리콘관통비아의 밀도는 약 1%이다. 따라서 실리콘관통비아의 밀도가 낮은 경우의 Si/Cu 동시연삭 결과에 대해서 우선적으로 살펴보기로 한다. 입도가 #2,000인 수지접착형 연삭휠을 사용하여 가공한 **그림 4.12 (a)**의 경우에는 Cu 흡착과 열화(Cu 표면의 산화)가 발생하였으며, 연삭가공의 결과가 좋지 않음을 알 수 있다. 이 경우 연삭과정에서 잔류 Cu가 연삭휠 표면의 다이아몬드 입자에 부착 및 코팅되어 흡착과 열화가 초래되었다. **그림 4.12 (b)**의 경우에는 입도가 #2,000인 비트리파이드 결합제를 사용한 연삭휠의 가공결과를 보여주고 있다. 비트리파이드 결합제를 사용한 연삭휠의 경우에는 다이아몬드 입자의 밀도, 공극률, 결합제와 입자 사이의 균형을 적절히 조절하여 양호한 가공결과를 도출하였다.

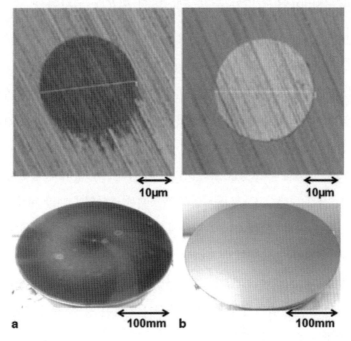

그림 4.12 Si/Cu 연삭에 의해서 노출된 실리콘관통비아의 광학현미경사진. (a) 수지 접착형 연삭휠(#2,000), (b) 비트리파이드 결합제 연삭휠(#2,000) (컬러 도판 p.475 참조)

표 4.1에서는 이 가공시편의 Si 및 Cu 표면에 대한 거칠기(Ra) 측정결과를 보여주고 있다. 측정결과에 따르면 연삭 후의 표면 거칠기는 Cu 표면은 31[nm], Si 표면은 23[nm]이다. 이는 비교적

큰 값이다. 따라서 이 표면은 화학적 기상증착이나 반응성이온에칭과 같은 후속공정에 적합지 않다. 화학적 기계연마가 끝나고 나면, 표면 거칠기는 2~4[nm]로 개선되며, 이는 앞서 언급한 후속공정에 적합하다.

표 4.1 연삭(#2,000)과 화학적 기계연마 이후의 표면 거칠기

| 공정 | 측정표면 | 표면 거칠기(Ra)[nm] | | | | | | 평균 |
| | | 1번 웨이퍼 | | 2번 웨이퍼 | | 3번 웨이퍼 | | |
		중앙	테두리	중앙	테두리	중앙	테두리	
연삭	Cu	34	27	32	31	29	33	31
	Si	36	20	16	17	28	22	23.2
폴리싱	Cu	2	3	3	2	4	3	2.8
	Si	2	2	2	2	2	2	2

4.2.3.2 실리콘관통비아의 밀도가 높은 웨이퍼의 Si/Cu 동시연삭

고밀도 실리콘관통비아가 저밀도 실리콘관통비아에 비해서 Si/Cu 동시연삭을 수행하기가 더 어렵다. 우리는 Cu 흡착과 열화 및 긁힘 등이 발생하는 원인들을 검토하였다. 우리는 (결합제의 유형, 공극률, 경도, 연삭휠의 다이아몬드 입자 균일성 등을 조절하여) 고밀도 실리콘관통비아에 대한 Si/Cu 동시연삭을 시도하였으나 좋은 결과를 얻지 못하였다. 또한 Cu 흡착과 긁힘의 발생비율은 Si/Cu 동시연삭의 가공시간에 의존한다는 것을 발견하였다. 그러므로 Cu의 흡착과 긁힘은 연삭휠의 표면에 Cu가 메움과 코팅을 유발하기 때문이라고 추정하게 되었다.

이런 문제를 해결하기 위해서, Cu/Si 동시연삭 과정에서 연삭휠에 대한 현장세척방법에 대해서 고찰하게 되었다. **그림 4.13**과 **그림 4.14**에 도시되어 있듯이, **고압마이크로제트법**(HPMJ, 아사히 써낙社, 고압의 물을 연삭휠의 표면에 분사하는 방법), **드라이아이스 스노우법**(CO_2를 대기중으로 분사하면 생성되는 마이크로 아이스 입자들을 연삭휠의 표면에 분사하는 방법), **드레스보드법**(연 삭휠을 또 다른 휠의 표면과 접촉시켜서 기계적으로 문지르는 방법) 등에 대해서 평가를 수행하 였다. 전체적인 결과는 **표 4.2**에 제시되어 있다.

드레스보드법의 경우, 연삭휠의 표면에 부착되어 있는 Cu를 제거할 수 있지만, 연삭휠의 마모가 너무 심하기 때문에 현실성이 없다. 드라이아이스 스노우법의 경우, 연삭휠의 마모는 최소화 되지만($0.5[\mu m]$ 미만), 소량의 Cu가 여전히 연삭휠의 표면에 남아 있다. 반면에, 고압마이크로제 트법에서는 연삭휠의 마모를 비교적 작은 수준($1[\mu m]$ 미만)으로 유지하면서 연삭휠 표면의 Cu를

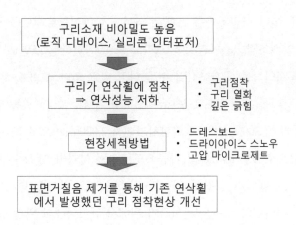

구리소재 비아밀도 높음
(로직 디바이스, 실리콘 인터포저)

구리가 연삭휠에 점착
⇒ 연삭성능 저하

- 구리점착
- 구리 열화
- 깊은 긁힘

현장세척방법

- 드레스보드
- 드라이아이스 스노우
- 고압 마이크로제트

표면거칠음 제거를 통해 기존 연삭휠
에서 발생했던 구리 점착현상 개선

그림 4.13 실리콘관통비아의 밀도가 높은 경우에 Si/Cu 동시연삭을 위한 연삭휠 세척방법

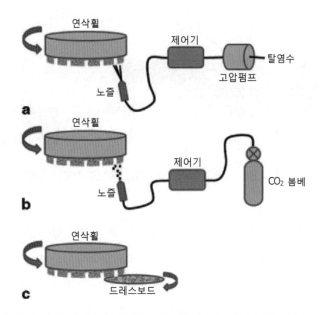

그림 4.14 연삭휠의 현장세척방법. (a) 고압마이크로제트법, (b) 드라이아이스 스노우법, (c) 드레스보드법

표 4.2 연삭휠의 세척을 위한 다양한 방법들의 특징

세척방법	특징과 조건	결과
고압마이크로제트	2[L/min]의 유량으로 1~17[MPa]의 고압 탈이온수를 공급하여 증착물질 제거	휠 마모율이 작고 완벽한 Cu 세척(잔류물 없음) 조건 조절 가능
드라이아이스 스노우	0.1~0.5[MPa]의 압력으로 CO_2를 대기 중에 분사하여 생성된 100[μm] 이하 크기의 아이스로 세척 수행	휠마모는 작지만 점상으로 Cu 잔류물 발생
드레스보드	연삭휠과 맞닿은 드레스보드가 회전하면서 증착물질을 완벽하게 제거	휠 마모율이 높음 (10[μm/wafer])

완전히 제거할 수 있다. 이런 시험결과를 토대로 하여 고압마이크로제트를 사용하기로 결정하였다. 이 방법의 경우에 압력조절, 노즐 열림폭 그리고 노즐과 연삭휠 표면 사이의 거리 등에 대한 조절을 통하여 Si/Cu 동시연삭을 최적화시킬 수 있다고 믿고 있다. **그림 4.15**에서는 고압마이크로제트를 사용하는 연삭장비를 개략적으로 보여주고 있다. 우선, 실리콘관통비아가 설치된 웨이퍼를 진공척에 고정시킨 후에 300[rpm]으로 회전시키면서 2,000[rmp]으로 회전하는 연삭휠을 웨이퍼와 접촉시켜서 z방향으로 20[μm/min]의 가공속도로 이송시키며, 냉각수는 연속적으로 공급한다. 연삭휠은 대략적으로 웨이퍼 직경의 절반과 접촉하므로, 연삭휠 면적의 1/6만이 웨이퍼에 대한 연삭을 수행한다. 연삭휠의 표면을 세척하기 위해서 웨이퍼에서 위를 향하는 방향으로 스프레이 노즐을 설치한다.

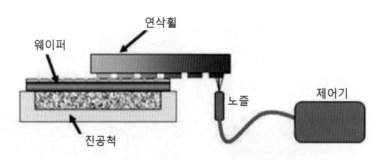

그림 4.15 연삭기에 고압마이크로제트 세척을 적용한 개략도

그림 4.16에서는 고압마이크로제트의 압력과 휠 마모율 사이의 상관관계를 보여주고 있다. 이 평가에서는 입도가 #2,000~#8,000인 비트리파이드 결합제 연삭휠을 사용하였다. 실험결과에 따르면, 수압이 높을수록 연삭휠의 마모가 지수함수적으로 증가함을 알 수 있다. 연삭휠의 입도에 따라서 휠 마모율이 크게 달라진다는 것을 확인할 수 있다. 메쉬값이 큰(입도가 작은) 휠이 메쉬값이 작은(입도가 큰) 휠보다 빠르게 마모된다. 이를 통하여 연삭휠들의 입도에 따른 적절한 수압을 다음과 같이 결정하였다.

- 비트리파이드 #2,000 : 17[MPa]
- 비트리파이드 #4,000 : 12[MPa]
- 비트리파이드 #8,000 : 5[MPa]

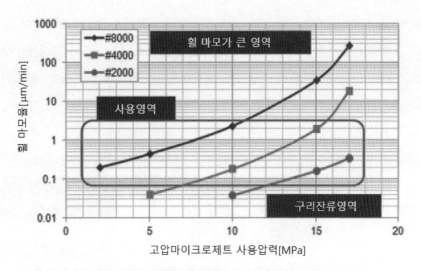

그림 4.16 고압마이크로제트의 압력과 휠 마모율 사이의 상관관계

그림 4.17에서는 비트리파이드 연삭휠(#8,000)을 사용하여 세척을 수행하면서 Si/Cu 연삭을 시행한 경우와 세척을 수행하지 않으면서 Si/Cu 연삭을 시행한 경우의 현미경 사진을 비교하여 보여주고 있다. 고압마이크로제트 세척을 수행하지 않은 경우에는 Cu 메움과 산화현상이 발생함을 확인할 수 있었다. 고압마이크로제트를 사용한 연삭휠 표면의 현장세척을 사용하면 연삭휠의 표면을 초기 연삭휠 표면조건과 동일하게 유지할 수 있었다.

조건	연삭휠 표면	연삭휠 표면 확대	연삭휠 표면 확대
a) 비트리파이드 #3,000 HPMJ 사용 안 함	휠 표면에 Cu 점착 및 산화 발생		
b) 비트리파이드 #8,000 HPMJ 사용	 휠 표면에 Cu 점착이 발생하지 않음		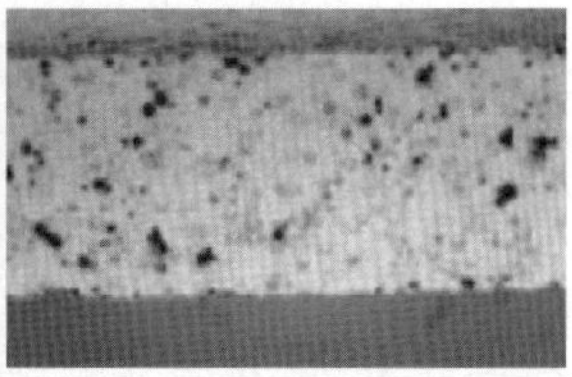

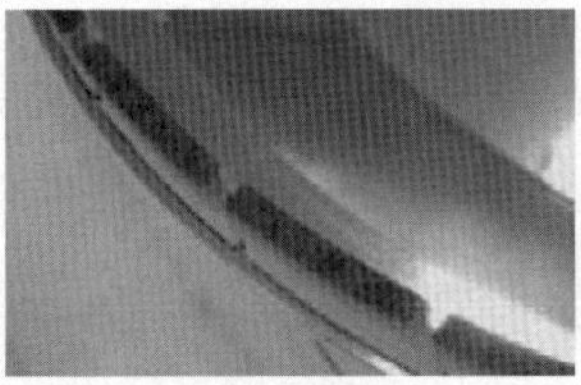

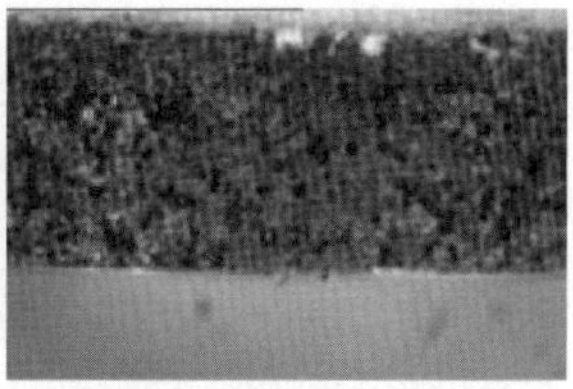

그림 4.17 비트리파이드 결합제 연삭휠(#8,000)을 사용하여 Si/Cu 연삭을 수행한 후의 사진. (a) 세척을 수행하지 않은 경우, (b) 세척을 수행한 경우

그림 4.18에서는 Si/Cu 동시연삭이 끝난 후에 노출된 실리콘관통비아의 광학현미경 사진을 통해서 표면조건과 긁힘깊이를 보여주고 있다. 연삭휠과 세척조건은 다음과 같다. (a) #2,000 휠에 고압마이크로제트 세척을 수행하지 않음, (b) #8,000 휠에 고압마이크로제트 세척을 수행하지 않음, (c) #8,000 휠에 고압마이크로제트 세척을 수행한다.

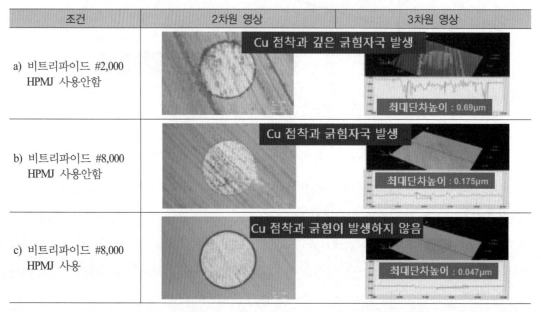

조건	2차원 영상	3차원 영상
a) 비트리파이드 #2,000 HPMJ 사용안함	Cu 점착과 깊은 긁힘자국 발생	최대단차높이 : 0.69μm
b) 비트리파이드 #8,000 HPMJ 사용안함	Cu 점착과 긁힘자국 발생	최대단차높이 : 0.175μm
c) 비트리파이드 #8,000 HPMJ 사용	Cu 점착과 긁힘이 발생하지 않음	최대단차높이 : 0.047μm

그림 4.18 비트리파이드 결합제 연삭휠을 사용하여 Si/Cu 연삭을 수행한 이후에 노출된 실리콘관통비아의 광학 현미경 사진. (a) 세척을 수행하지 않은 경우(#2,000), (b) 세척을 수행하지 않은 경우(#8,000), (c) 고압마이크로제트를 사용하여 세척을 수행한 경우(#8,000) (컬러 도판 p.476 참조)

#2,000 휠에 고압마이크로제트 세척을 수행하지 않은 경우에는 Cu 표면에 열화가 발생하였으며, 깊이 0.69[μm]의 긁힘자국이 관찰되었다. #8,000 휠에 고압마이크로제트 세척을 수행하지 않은 경우에는 #2,000 휠을 사용하는 경우에 비해서는 표면조건이 개선되었으나, Si 표면에 Cu 흡착이 발생하였다. 긁힘의 경우에도 깊이가 0.175[μm]로 개선되었다. #8,000 휠에 고압마이크로제트 세척을 수행하는 경우에는 매우 양호한 표면상태를 나타내었다. Cu 흡착이 관찰되지 않았으며, 긁힘의 경우에도 깊이가 0.0475[μm]에 불과하였다.

그림 4.19에서는 #8,000의 비트리파이드 결합제 연삭휠을 사용하여 Si/Cu 동시연삭을 수행한 경우의 Si와 Cu 표면의 조도를 보여주고 있다. 고압 마이크로세척을 수행하지 않은 경우에 Cu 표면의 조도(Ra)는 22[nm]이며 Si 표면의 조도는 12[nm]였다. 하지만 고압마이크로제트 세척을 수행하면 Cu 표면의 거칠기는 5[nm], Si 표면의 거칠기는 3[nm]로 향상되었다.

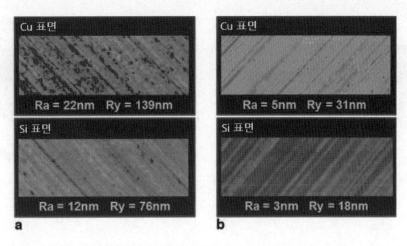

그림 4.19 비트리파이드 결합제 연삭휠(#8,000)을 사용하여 Si/Cu 연삭을 수행한 이후에 Si와 Cu 표면의 거칠기 (a) 세척을 수행하지 않은 경우, (b) 세척을 수행한 경우 (컬러 도판 p.476 참조)

표면 거칠기는 고압마이크로제트 세척을 수행하지 않은 경우에 비해서 1/4로 줄어들었으며, 실리콘관통비아가 없는 실리콘웨이퍼의 연삭표면 거칠기와 거의 유사한 결과를 보였다. 이런 결과에 기초하여, 고압마이크로제트 세척과 입도값이 큰 연삭휠을 사용하면 표면을 항상 드레싱 직후의 초기상태로 유지할 수 있기 때문에, 실리콘관통비아를 갖춘 웨이퍼의 경우에도 양호한 표면연삭조건을 유지할 수 있다고 결론지을 수 있다.

4.2.3.3 Si/Cu 제거율이 동일한 화학적 기계연마(1차 가공): 비선택성 화학적 기계연마

이 절에서는 Cu 비아에 대한 1차 화학적 기계연마에 대해서 살펴보기로 한다. 1차 화학적 기계연마의 목적은 Si 연삭공정에서 발생한 손상을 제거하는 것이다. 실리콘 표면의 제거량은 2~3[μm]이다.

시험에 사용된 폴리싱 헤드가 **그림 4.20**에 도시되어 있다. 웨이퍼 두께 프로파일과 가공량의 균일성이 **그림 4.21**에 도시되어 있다. 고무질의 폴리싱 헤드 구조는 웨이퍼 크기보다 넓은 면적에 대해서 균일한 하중을 부가할 수 있다. 제거량이 5~10[μm]까지 증가하여도 균일성은 변하지 않는다. 연삭 후의 웨이퍼 총두께편차는 일반적으로 1[μm] 미만이다. 1차 화학적 기계연마 이후에도 이 균일성이 유지된다.

1차 화학적 기계연마의 또 다른 중요한 목적은 Cu, Si 및 TEOS-SiO$_2$를 동일한 비율로 폴리싱 가공하는 것이다. 이를 통해서 Cu, Si 및 실리콘관통비아 라이너 사이의 스텝 편차가 발생하는 것을 방지한다.

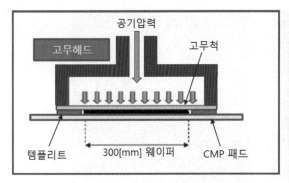

그림 4.20 고무헤드의 구조와 실물사진

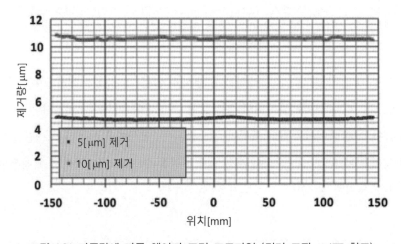

그림 4.21 가공량에 따른 웨이퍼 표면 프로파일 (컬러 도판 p.477 참조)

화학적 기계연마의 제거율은 폴리싱용 슬러리 내의 산화제(H_2O_2) 농도를 사용하여 조절할 수 있다. 산화제의 농도가 높으면 Cu의 화학적 기계연마 가공률이 높아지며, 농도가 낮아지면 Cu의 가공률이 저하된다. Si의 화학적 기계연마 제거율은 산화제의 농도에 영향을 받지 않는다. 따라서 산화제의 농도를 조절함으로써 Cu와 Si를 동일한 폴리싱 속도로 가공할 수 있다.

표 4.3에서는 동일한 제거비율로 Cu/Si 동시가공을 수행하기 위한 1차 화학적 기계연마의 최적 조건을 보여주고 있다.

그림 4.22에서는 최적조건하에서 폴리싱을 수행한 실리콘관통비아 표면의 3차원 영상을 보여 주고 있다. Si 표면 위로 노출되어 있는 Cu 비아의 표면은 매우 평평하며 돌출량은 30[nm] 미만이 다. 앞서 설명했듯이, 메모리 디바이스의 실리콘관통비아 밀도는 약 1% 내외이다. 따라서 실리콘 관통비아는 웨이퍼의 전체면적에 분포하지 않으며, 웨이퍼상에는 실리콘관통비아가 조밀한 영역

과 실리콘관통비아가 없는 영역이 존재하게 된다.

표 4.3 화학적 기계연마를 사용하여 Cu/Si 동시가공(동일한 제거비율)을 수행하기 위한 1차 화학적 기계연마의 최적조건

항목	조건
슬러리	RDS0902(H_2O_2 산화제 5%) 후지미 SFR 200[mL/min]
패드	IC1400(XY 트렌치) 닛타하스社
웨이퍼 회전속도	41[rpm]
테이블 회전속도	40[rpm]
부하	25[kPa]

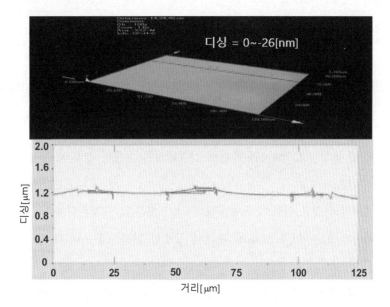

그림 4.22 1차 화학적 기계연마 이후의 실리콘관통비아의 표면형상

실리콘관통비아가 조밀한 영역과, 실리콘관통비아로부터 100[μm] 떨어져 있는, 실리콘관통비아가 없는 영역에 대해서 스텝 높이를 측정하였으며, **그림 4.23**에서는 측정결과를 보여주고 있다. **그림 4.23 (a)**에서는 연질패드를 사용하여 폴리싱 가공한 표면과 **(b)**에서는 경질패드를 사용하여 폴리싱 가공한 표면을 비교하여 보여주고 있다.

이 실험에서는 연질패드로, 경도가 61(Asker‐C)이며 두께가 1.27[mm]인 직물소재 SUBA #400을 압축률 80%로 압착하여 사용하였다. 경질패드로는 경도가 57(Shore‐D)이며 두께가 1.27[mm]인 IC1400 폴리우레탄을 압축률 2%로 압착하여 사용하였다. 그림에서 알 수 있듯이, 연질패드를

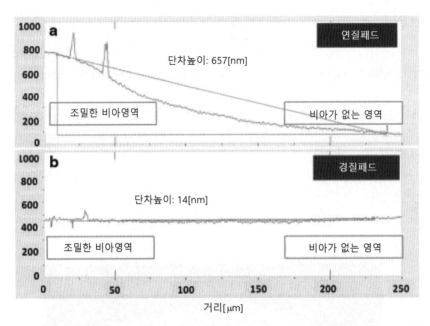

그림 4.23 실리콘관통비아가 조밀한 영역과 실리콘관통비아가 없는 영역의 표면윤곽. (a) 연질패드를 사용한 화학적 기계연마, (b) 경질패드를 사용한 화학적 기계연마

사용한 경우의 스텝 높이는 657[nm]인 반면에 경질패드를 사용한 경우의 스텝 높이는 14[nm]에 불과함을 알 수 있다.

경질패드는 기계적 성질로 인하여 표면변형이 작기 때문에, 실리콘관통비아가 조밀한 영역이나 실리콘관통비아가 없는 영역 모두에 대해서 양호한 편평도를 구현할 수 있었다.

4.2.3.4 실리콘관통비아가 돌출되는 화학적 기계연마(2차 가공): 선택성 화학적 기계연마

2차 화학적 기계연마는 화학적 기계연마를 통해서 실리콘관통비아를 돌출시키는 공정이다. 이 공정에서는 실리콘관통비아의 형상을 보존하면서 실리콘만을 폴리싱해야 한다. 이를 구현하기 위해서는 폴리싱 패드가 가능한 한 부드러워야 하며, 슬러리는 Cu와 Si에 대해서 높은 선택도를 가지고 있어야 한다.

우리는 높은 선택도를 가지고 있는 **슬러리**와 스웨이드[1] 소재의 연질패드를 사용하였다. 실리콘의 폴리싱 비율은 0.7[μm/min]인 반면에 Cu의 폴리싱 비율은 0.006[μm/min]이므로, 100 이상의 선택도가 구현되었다.

---

1 suede: 벨벳같이 부드러운 가죽. 네이버사전

그림 4.24와 그림 4.25에서는 각각, 2차 화학적 기계연마 이후의 실리콘관통비아 돌출형상과 돌출높이 분포를 보여주고 있다. 표 4.4에서는 2차 화학적 기계연마의 공정 조건을 보여주고 있다. 수용할 만한 수준의 실리콘관통비아 돌출형상과 분포가 구현되었다.

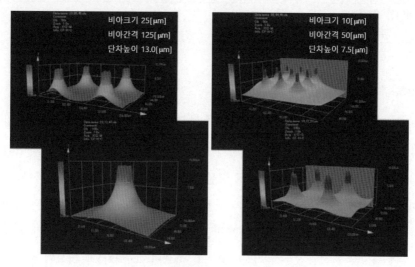

그림 4.24 2차 화학적 기계연마 이후에 돌출된 실리콘관통비아의 형상 (a) 비아크기 25[μm], (b) 비아크기 10[μm] (컬러 도판 p.477 참조)

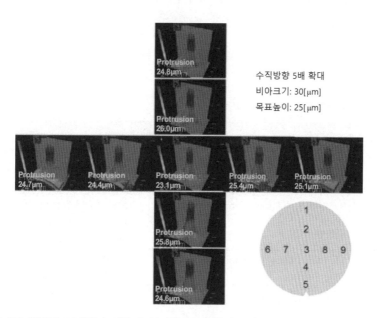

그림 4.25 2차 화학적 기계연마 이후에 실리콘관통비아의 돌출높이 편차 (컬러 도판 p.478 참조)

표 4.4 실리콘관통비아 돌출을 위한 2차 화학적 기계연마의 공정조건

항목	조건
슬러리	RDS10906 후지미 SFR 200[mL/min]
패드	RN-H 스웨이드(XY 트렌치) 닛타하스社
웨이퍼 회전속도	21[rpm]
테이블 회전속도	20[rpm]
부하	20[kPa]

4.2.3.5 2차 화학적 기계연마 후 세척

실리콘관통비아를 돌출시키기 위한 2차 화학적 기계연마 이후의 후속공정은 Cu 오염에 의한 반도체 디바이스의 전기적 특성변화를 피하기 위한 중요한 기법이다. 실리콘 웨이퍼상의 금속 오염물질을 제거하기 위해서는 전형적으로 **염산 과산화물 혼합체(HPM)**를 사용한다. 그런데 실리콘관통비아가 노출되어 있는 웨이퍼상의 Cu 농도는 매우 높다. 따라서 실리콘관통비아가 노출되어 있는 웨이퍼에서 Cu를 제거하기 위한 화학물질은 매우 세심하게 선정해야만 한다. 광범위한 고찰을 통하여 세척용 화학물질로 유기산(TSV-1, 미쓰비시화학社)과 희석된 불산을 선정하게 되었다.

세척조건은 **표 4.5**에 제시되어 있다. Run#1에서는 브러시를 사용한 표면 문지름을 사용하지 않으며, Run#2에서는 폴리비닐 알코올(PVA) 브러시를 사용하여 표면을 문지른다. 실리콘 웨이퍼 표면에 잔류하는 중금속들을 **2차 이온 비행시간 질량분석법(TOF-SIMS)**을 사용하여 측정하였다.

표 4.5 2차 화학적 기계연마공정 이후의 세척조건

세척단계	조건	
	Run#1	Run#2
① 1번 화학물질	TSV-1(미쓰비시화학社, 40배 희석) 100[rpm], 2[min]	TSV-1(미쓰비시화학社, 40배 희석)/PVA 브러시, 100[rpm], 2[min]
② 2번 화학물질	0.5% DHF, 100[rpm], 1[min]	0.5% DHF, 100[rpm], 1[min]
③ 3번 화학물질	사용하지 않음	TSV-1(미쓰비시화학社, 40배 희석) 100[rpm], 2[min]
④ 탈이온수 세척	MS/DIW 100[rpm], 1[min] DIW 100[rpm], 1[min]	MS/DIW 100[rpm], 1[min] DIW 100[rpm], 1[min]
⑤ 스핀건조	2,000[rpm], 1[min]	2,000[rpm], 1[min]

웨이퍼의 중앙과 웨이퍼의 테두리 위치에 대한 측정이 수행되었다. 직경이 50[μm]이며 피치는 150[μm]인 두 개의 실리콘관통비아 사이에 위치하는 점들을 측정위치로 선정하였다. 측정점의 크기는 직경이 20[μm]인 원이었다. **표 4.6**에서는 잔류 중금속 오염물질의 측정결과를 보여주고 있다. Run#2를 수행한 다음의 Cu 오염 정도는 Run#1보다 약간 더 높았으며, 이는 폴리비닐알코올(PVA) 브러시를 사용한 문지름 과정에서 교차오염이 발생했다는 것을 의미한다. 여하튼, 실리콘 표면에 잔류하는 Cu 오염물질은 3.3×10^{11}~4.5×10^{11}[atoms/cm^2] 수준이었다. 이는 사용자의 요구 수준인 5×10^{10}[atoms/cm^2]에 크게 미치지 못하기 때문에 앞으로도 지속적인 개선이 필요하다. 여타 중금속의 오염농도는 허용할 만한 수준이었다.

표 4.6 TOF-SIMS를 사용하여 세척한 이후의 금속오염 분석결과

금속 유형	금속오염도($\times10^{10}$[atoms/cm^2])			
	Run#1		Run#2	
	웨이퍼 중심	웨이퍼 테두리	웨이퍼 중심	웨이퍼 테두리
티타늄(Ti)	<3.2	<2.9	<2.3	<2.4
바나듐(V)	<0.2	<0.19	<0.15	<0.15
크롬(Cr)	<0.24	<0.23	0.17	<1.18
망간(Mn)	<0.23	<0.32	<0.16	<0.17
철(Fe)	<0.43	<0.40	<0.31	<0.32
니켈(Ni)	<0.86	<0.79	<0.61	<0.63
코발트(Co)	<0.54	<0.50	<0.38	<0.40
구리(Cu)	36	33	42	45
아연(Zn)	<3.5	<3.2	<2.5	<2.6
주석(Sn)	<1.5	<1.4	<1.1	<1.1

4.2.4 결론

Si/Cu 동시연삭을 사용한 새로운 중간 비아공정에서의 실리콘관통비아 박막화기술을 개발하였으며, 동일한 Si/Cu 제거율을 가지고 있는 화학적 기계연마(1차 화학적 기계연마)와 Cu 비아를 돌출시키는 화학적 기계연마(2차 화학적 기계연마) 공정을 개발하였다.

Si/Cu 동시연삭의 경우, 고압마이크로제트를 사용한 연삭휠 현장세척을 적용한 새로운 연삭방법을 개발하여, Cu 열화나 흡착을 유발하지 않으면서 고밀도 실리콘관통비아를 갖춘 웨이퍼를 연삭할 수 있게 되었다.

연삭공정 이후에 수행되는 (Si/Cu 제거비율이 동일한) 1차 화학적 기계연마의 경우, 경질패드

를 사용하면서 산화제의 비율을 최적화하여 표면 균일성을 유지하면서 성공적으로 웨이퍼 손상을 제거할 수 있었다.

(실리콘관통비아를 돌출시키는) 2차 화학적 기계연마의 경우, 초연질 스웨이드 패드와 선택성이 매우 높은 슬러리를 사용하여 양호한 비아 돌출형상을 구현할 수 있었다.

2차 화학적 기계연마 이후에 수행되는 세척 후의 Cu 오염도는 10^{11}[atoms/cm^2] 이상이었지만, 실리콘관통비아의 Cu 표면에 무전해 Ni-5%B 도금을 통한 100[nm] 두께의 보호피막을 도포한 다음에 알칼리에칭을 통하여 오염물질을 제거할 수 있었다.[17] 이를 통해서 오염이 없는 중간비아 공정을 구현할 수 있었다.

위의 결과에 기초하여, 습식 공정을 사용하는 저가의 중간 비아공정을 사용할 수 있게 되었다. 이 공정을 생산에 적용하기 위해서, 연삭, 화학적 기계연마, 연마 후 세척 등을 하나의 장비에서 수행할 수 있는 다기능장비를 개발하였다. 또한 시장수요에 맞추어 이 장비의 기능을 업데이트하고 있다.

4.3 임시접착

4.3.1 배경

반도체업계에서는 다수의 업체들이 다양한 유형의 임시접착용 접착제와 시스템을 공급하고 있다. **임시접착**이라는 단어가 의미하듯이, 접착제의 역할이 끝나고 나면 이를 탈착할 필요가 있다. 접착제는 뒷면연삭공정을 수행하는 동안 능동 집적회로 디바이스 웨이퍼를 지지하는 것에서 시작하여 실리콘관통비아의 형성을 위한 뒷면공정이 끝날 때까지 사용된다. 뒷면연삭을 수행하는 동안, 접착층에는 기계적인 힘이 가해지므로, 이를 견딜 수 있는 접착력이 필요하다. 게다가 접착층은 적절한 경도와 강도를 가지고 있어야 한다. 실리콘관통비아 형성을 위한 공정의 요구조건은 이보다 더 엄중하다. 열 및 화학적 내구성도 이런 요구조건들에 포함된다. 실리콘관통비아 공정이 끝나고 나면, 접착제를 탈착하기 위한 어떤 수단이 필요하다.

과거 수십 년간 전통적으로 소위 **왁스**를 임시접착에 사용해왔다. 이런 유형의 접착제들을 **핫멜트형 접착제**라고 부르며, 박막가공을 수행하는 연마업계에서는 일반적으로 사용하고 있다. 3차원 실리콘관통비아 분야에서도 개발의 초기단계에서는 이런 유형의 접착제들의 사용이 시도되었다. 뒷면연삭 테이프나 절단 테이프와 같은 반도체용 테이프들도 임시접착용 소재들로 고려되었다. 이런 테이프들은 각 공정단계에서 임시지지를 위해서 사용된다. 특히, 액정디스플레이(LCD) 업계에서는 유리 박막가공과 같은 공정에서 임시접착을 위해서 **양면접착테이프**가 사용되고 있다. 이런 접착테이프들은 플라스틱 필름 위에 습성 접착제층을 도포한 형태이다. 일반적으로 습성 접착층은 높은 열 저항을 가지고 있다. 표면형상에 대한 순응성도 또 다른 이슈이다. 따라서 3차원 실리콘관통비아공정을 위한 임시접착제로는 이런 테이프들을 사용하지 않는다.

현재로는 3차원 실리콘관통비아공정에서 임시접착에 액상 접착제를 일반적으로 사용하고 있다. 하지만 지금도 여전히 접착제의 서로 다른 경화 메커니즘에 따라서 몇 가지 서로 다른 시스템들이 제안되어 있다. 게다가, 다양한 탈착방법이 제안되어 있기 때문에, 전체적으로는 선택의 폭이 아주 넓다.

4.3.2 3M™ 임시접착소재

3M™ 임시접착소재는 기본적으로 **자외선 경화형 접착제**이며, 캐리어 탈착을 위해서 특별한 레이저 흡수형 잉크를 사용한다. 자외선 경화형 접착제는 실리콘 웨이퍼 표면에 스핀코팅으로 도표하며, 진공 중에서 웨이퍼를 유리소재의 캐리어에 접착시킨다. 그런 다음, 유리를 통과하여 자외선을 조사하여 접착제를 경화시킨다. 레이저흡수 잉크는 코팅액체이며 자외선 경화형 접착제를 사용하여 실리콘 웨이퍼를 접착하기 전에 유리 캐리어 위에 스핀코팅으로 이 잉크를 도포한다. 잉크의 역할은 폼 레이저 흡수층으로서, **이트륨 알루미늄 가넷(YAG)** 레이저를 조사하면 박막가공 및 공정처리가 끝난 웨이퍼를 유리 캐리어로부터 분리시켜준다. 이 레이저 흡수층을 **광열변환(LTHC)층**이라고 부른다.

그림 4.26에서는 임시접착 시스템의 전체 공정흐름도를 보여주고 있다. 전형적인 임시접착공정은 다음의 세 가지 공정으로 구성되어 있다.

접착공정
• 스핀코팅을 사용하여 접착제를 웨이퍼 위에 코팅한다.
• 진공챔버 속에서 접착제가 코팅되어 있는 웨이퍼를 레이저 흡수층이 코팅되어 있는 유리 캐리어에 접착한다.
• 대기압하에서 유리 캐리어를 통하여 자외선을 조사한다. 이것이 접착공정의 마지막이다.

탈착공정

- 유리 캐리어를 통하여 YAG 레이저를 스캔 조사하여 광열변환(LTHC)층을 열분해시킨다.
- 진공흡착 컵을 사용하여 접착층으로부터 유리 캐리어를 탈착한다.
- 제거용 테이프를 사용하여 웨이퍼 표면에서 접착층을 벗겨낸다. 이것이 탈착공정의 마지막이다.

유리 재활용공정

- 5% 수산화암모늄을 사용하여 광열변환 잔류물을 긁어낸다.
- 세척한 유리 캐리어 위에 광열변환 잉크를 코팅한다. 이것이 유리 재활용공정의 마지막이다.

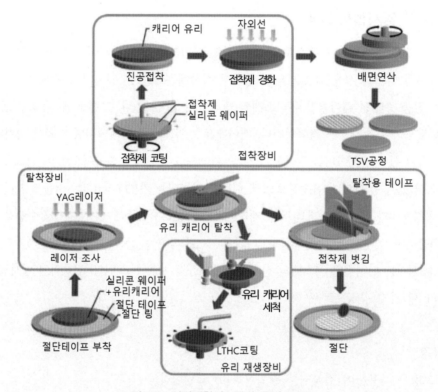

그림 4.26 임시접착시스템의 공정 흐름도

그림 4.27에서는 각 공정단계에서 접착된 적층의 단면을 보여주고 있다. 유리 캐리어의 직경은 실리콘 웨이퍼의 직경보다 1[mm]만큼 더 크게 만들 것을 추천하고 있다. 뒷면연삭을 수행하고 난 다음에는, 접착제를 사용하여 웨이퍼 테두리를 지지한다. 박막가공과 실리콘관통비아 처리공

정이 끝난 웨이퍼에 절단 테이프를 부착하고, 평평한 진공척에 이를 설치한 다음에는 YAG 레이저를 조사한다.

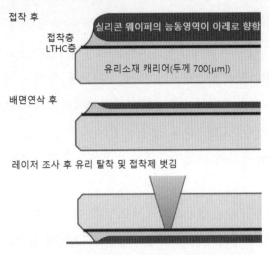

그림 4.27 각 공정단계마다 접착된 적층의 단면 형상

그림 4.28에서는 대량생산용 제조장비의 사례를 보여주고 있다. 이것은 12인치 웨이퍼용 본더 장비이다. 전형적인 제조장비의 경우, 시간당 25장 이상의 웨이퍼를 접착할 수 있다.

그림 4.28 임시접착 전용 제조장비의 사례

4.3.3 3M™ 임시접착제

한 번에 스핀코팅으로 임시접착용 접착층을 만들 수 있는 접착제가 설계되었다. 웨이퍼 표면 형상을 유지하기에 충분한 접착제층 두께가 필요하다. 실리콘 웨이퍼 위에는 돌기와 기둥이 성형되어 있을 수도 있다. 접착제는 이런 표면형상을 채워 덮을 수 있어야 한다. 각 돌기나 기둥의 상부면이 유리소재의 캐리어 표면과 물리적으로 접착해서는 안 된다.

접착제는 솔벤트나 희석제를 함유하고 있지 않기 때문에, 코팅 후에 건조공정이 필요 없다. 스핀코팅이 끝나자마자, 진공 중에서 접착제가 코팅된 웨이퍼를 유리소재의 캐리어에 접착한다. 소위 로터리펌프 레벨의 진공도만으로도 공동이 없는 접착을 구현할 수 있다. 접착에 필요한 실제 진공도는 40~60[Pa] 정도이다. 접착이 끝난 다음에는 진공을 해지하고 자외선을 조사하여 접착제를 경화시킨다.

자외선 경화형 접착제는 수많은 장점들을 가지고 있다. 이 접착제는 상온경화가 가능하며 경화에 단지 수십 분의 1초 만에 경화가 끝난다. 게다가 접착과정에서 압착할 필요도 없다. 이런 특징들 덕분에 전용 접착장비의 복잡성이 줄어들었다.

열 저항과 화학 저항은 **임시접착제**의 전형적인 요구조건이며, 일단 접착이 끝나고 나면, 접착제를 경화시킨다. 접착이 끝나고 나면, 뒷면 박막가공과 실리콘관통비아공정이 뒤따르게 된다. 실리콘관통비아공정에는 온도가 200[°C]까지 상승하거나, 에칭, 세척, 도금 등을 위해서 다양한 화학물질들이 사용되는 다양한 공정들이 포함된다.

접착제 공급업체에서는 이런 요구조건들의 수준에 따라서 임시접착용 접착제의 제품군들을 보유하고 있다. **그림 4.29**에서는 열과 화학저항성의 측면에서 각 접착제들이 놓인 위치를 보여주고 있다. LC-3200은 열 저항에 대한 요구조건이 실리콘관통비아의 형성공정만큼 높지 않은 전력용 집적회로 제조과정에서 널리 사용되고 있는 접착제이다. LC-5300은 열 저항과 화학 저항 모두에 대해서 적합한 접착제이다.

표 4.7에서는 임시접착용 접착제의 시험데이터를 보여주고 있다. 파단 시 연신율값은 경화된 접착필름이 얼마나 유연한가를 나타낸다. 공정이 끝난 다음에 실리콘 웨이퍼 표면에서 필름을 벗겨내기 위해서는 경화된 접착필름이 적절히 부드럽고 인장에 대해서 유연해야 한다. 이런 특성들은 돌기나 기둥과 같은 울퉁불퉁한 표면윤곽을 가지고 있는 웨이퍼의 경우에 특히 중요하다.

이 모듈러스값에 따르면, 뒷면연삭 과정에서 웨이퍼가 설계된 두께만큼 얇아질 때까지 실리콘 웨이퍼를 지지하기에 충분할 정도로 접착제층이 충분히 단단하다는 것을 알 수 있다. 압축력과 전단력이 가해지는 뒷면연삭 과정에서 특히 이 모듈러스값이 적절한 범위 내로 유지되어야 할

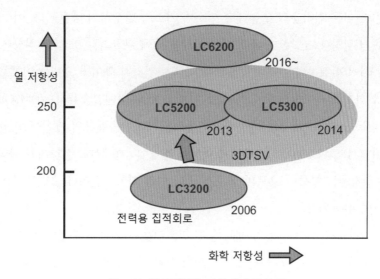

그림 4.29 임시접착용 접착제의 종류들

표 4.7 임시접착제의 시험 데이터

웨이퍼지지시스템	LC-3200	LC-5200	LC-5300
파단 시 연신율[%]	20	60	40
25[°C]에서의 모듈러스[MPa]	297	1,233	650
250[°C] 1[hr]에서의 열중량분석 질량손실[%]	5.1	1.4	1.2
Tg[°C]	50	45	50
5[%] KOH/디메틸술폭시드[wt gain %]	12.5	37	1.6
60[°C]에서의 N-메틸 피롤리돈[wt gain %]	32.3	59.8	6.6
점도[cps]	3,000	1,970	2,800

필요가 있다. 100[μm] 이하로 뒷면연삭을 시행하는 경우, 기존에 사용하던 뒷면연삭용 테이프에 비해서 임시접착 시스템의 성능에 따라서 뒷면연삭 속도를 증가시킬 수 있다. 이는 경화된 접착제의 강도에 의존하며 웨이퍼를 더 견고하게 지지할 수 있다.

열중량분석(TGA)을 사용하여 열 저항을 시험한다. 이를 통해서 열분해 정도를 판별할 수 있다. 50[μm] 두께로 경화된 접착필름이 시험용 시편으로 준비되었다. 이 시편은 질소대기하에서 보관하면서 250[°C]까지 온도를 상승시킨다. 이 온도에서는 접착 필름을 구성하는 유기성분의 열분해로 인하여 시편의 질량이 감소한다. 질량 감소율이 작다는 것은 열 저항이 크다는 것을 의미한다. LC5300은 LC3200보다 질량 감소율이 훨씬 작다는 것을 알 수 있다.

공정온도가 접착제의 열 저항을 넘어서게 되면, 접착된 웨이퍼가 열에 노출되면서 공정도중에 탈착이 발생한다. 이는 접착층의 열분해로 인하여 가스가 발생하기 때문이다. 이 가스는 접착층의 양쪽 모두에서 탈착을 유발한다. 온도가 초과했을 때에 관찰되는 또 다른 현상은 접착제 층과 웨이퍼 표면층 사이의 접착이 벗겨내기에 너무 강해져 버려서 웨이퍼 표면에 잔류물이 생성된다.

표 4.7에는 화학저항 데이터도 포함되어 있다. 5[%] KOH/디메틸술폭시드(DMSO) 용액이 팽창에 의한 질량이득과 60[°C]에서의 N-메틸 피롤리돈(NMP) 솔벤트의 팽창에 의한 질량이득을 측정하였다. 여기서도, LC5300은 LC3200에 비해서 질량이득이 작다. 접착제의 화학저항이 충분치 않은 경우, 접착제는 부풀어 오르며 접착제 층이 이런 화학물질이나 솔벤트에 노출된 테두리 부위에서 탈착이 유발된다.

임시접착제는 비교적 점성이 높기 때문에, 스핀코팅을 시행하면 충분히 두꺼운 코팅을 만들 수 있다. 점도 데이터는 표 4.7의 하단에 제시되어 있다. 일단, 접착제를 100[μm] 이하의 두께로 코팅한다면 유리소재의 캐리어와 실리콘 웨이퍼 사이의 간극 내로 잘 흘러들어가지 않으려는 경향이 있기 때문에 비교적 점성계수가 큰 접착제를 사용하면, 캐리어와 실리콘 웨이퍼가 어느 정도 휘더라도, 총두께편차를 잘 유지할 수 있다.

임시접착제의 또 다른 중요한 특징은 공정이 끝난 다음에 웨이퍼 표면에서 이를 벗겨낼 수 있어야 한다는 것이다. 접착강도는 필름상태로 벗겨낼 수 있도록 조절되며, 의도한 탈착공정 이전의 여타공정을 수행하는 동안에는 의도치 않은 탈착이 발생하지 않는다. 접착제를 웨이퍼 표면에서 벗겨낼 때에, 접착층이 여전히 부드러워서 접착층이 작은 반경을 가지고 굽혀질 수 있어야 한다.

4.3.4 레이저 흡수층

레이저 흡수 잉크를 스핀코팅하여 유리소재 캐리어 위에 **레이저 흡수층**을 생성한다. 이 잉크는 카본블랙과 결합제를 솔벤트와 혼합한 것이다. 용액을 스핀코팅한 다음에 건조시켜서 레이저 흡수층을 생성한다. 전형적인 코팅층 두께는 1[μm]이다. 이 층에 YAG 레이저를 스캐닝조사하면 레이저 에너지를 효율적으로 흡수하여 생성될 열이 코팅층 내부의 유기결합의 분해를 유발한다. **그림 4.30**에서는 적층 내의 다양한 위치에 대해서 이론적으로 얼마나 높은 온도가 유발되는지를 보여주고 있다. 이 그래프는 단순계산을 통해서 흡수에너지 대비 적층의 열특성에 대해 구한 결과이다. 여기서 중요한 점은 웨이퍼 표면과 유리소재 캐리어에 아무런 열손상을 유발하지 않는 다는 점으로, 이에 대해서는 이미 규명되었다.

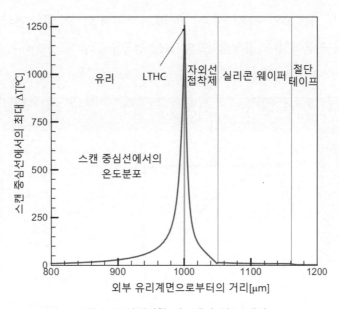

그림 4.30 임시접착 시스템의 열 모델링

이 공정에서 사용된 YAG 레이저는 산업체에서는 이미 익숙한 유형이다. 기저파장인 1,064[nm]도 유용하며, 2차 조화파장인 528[nm]도 역시 사용할 수 있다. 연속파장과 펄스모드 레이저를 모두 사용할 수 있다. 스캐닝 광학계를 사용하여 웨이퍼 표면 전체에 균일한 레이저를 조사하면 **무응력 분리**를 구현할 수 있다. 초점위치에서 레이저의 전형적인 스팟 크기는 직경이 0.3[mm] 정도이다. 스캔 속도는 전형적으로 8.0[m/s]를 사용한다. 이런 조건으로 300[mm] 웨이퍼를 스캔하는 데에는 약 90[s]가 소요된다. 레이저 출력은 유리소재 캐리어를 매끄럽게 분리할 수 있는 최소한의 값으로 설정된다. 출력값은 스캔속도와 피치와 같은 여타의 인자들에 의존하며, 20~50[W]의 범위를 갖는다. 과도한 출력은 레이저 흡수층을 태워서 입자를 생성하므로 바람직하지 않다.

레이저 흡수층의 전형적인 두께는 1[μm]이다. **그림 4.31**에서는 파장별 투과율 곡선을 보여주고 있다. 일반적인 레이저 흡수층(LTHC I)은 1,604[nm] 파장의 YAG 레이저에 대해서 20%의 투과율을 가지고 있으며, 이는 80%의 레이저 에너지가 이 층에 흡수된다는 것을 의미한다. 반면에, 가시광선 파장의 경우에는 90%의 광선이 차단된다. 따라서 유리소재 캐리어와 흡수층을 통과하여 웨이퍼 패턴을 볼 수는 없다. 이는 기존 레이저 흡수층의 단점이다. 새로 개발된 레이저 흡수층 (LTHC II)의 경우에는 이런 단점이 개선되었다. LTHC III의 경우에는 YAG 레이저의 누출을 훨씬 더 감소시킨 소재이다.

유리 캐리어를 탈착한 후에는 제거용 테이프를 사용하여 접착층을 벗겨낸다. 이 테이프는 이 목적으로 개발된 또 다른 3M™ 제품이다. 이 테이프는 레이저 탈착이 끝난 후의 임시접착층 표면과 잘 접착하도록 만들어졌다. 접착테이프와 붙은 접착층을 함께 벗겨낸다.

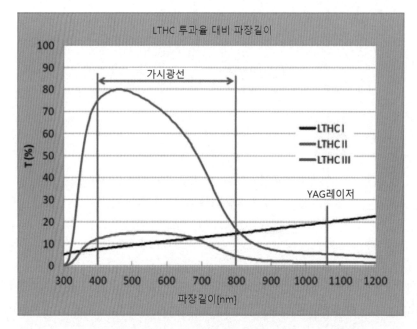

그림 4.31 광열변환층의 광선투과율 (컬러 도판 p.478 참조)

　3M™ 임시접착제의 가장 중요한 장점들 중 하나는 접착층을 웨이퍼 표면에서 벗겨낼 수 있다는 것이다. 올바른 접착제를 선정하여 제대로 사용했다면, 접착층을 벗겨낸 다음에 시각적인 잔류물이 남아 있지 않다. 그런데 엑스레이 광전자분광기(XPS)를 사용하여 접착제를 벗겨낸 웨이퍼 표면을 분석해보면, 분자크기 수준의 오염이 검출될 수 있다. 이것은 **뒷면연삭** 테이프나 절단테이프와 같이 활성 웨이퍼 표면에 직접 접착하는 반도체용 테이프에서 유사하게 관찰되는 현상이다. 오염도가 허용수준을 넘어서는 경우에는 간단한 세척방법을 적용할 수 있다. 5% 수산화암모늄(NH_4OH)을 사용한 표면세척을 통해서 이런 오염물질을 깨끗하게 제거할 수 있다. 자외선 오존 세척도 또 다른 효과적인 세척방법이다. **표 4.8**에서는 이런 세척방법들의 효과를 보여주고 있다. 이 분석의 경우에는 스퍼터링으로 생성한 Au 표면이 사용되었다. 공정 전과 후를 비교해보면, 임시접착층과의 접촉으로 인하여 탄소의 원자농도가 증가하였다. 자외선 오존이나 5% 수산화암모늄을 사용한 세척을 수행한 다음에, 이런 분자크기의 오염물질들은 세척된 것으로 판단된다.

표 4.8 도금된 Au 표면에 대한 엑스레이 광전자분광 데이터(원자 %)

	C	O	Si	Au	C/Au
공정 전	38	26	3	33	1.15
공정 후	53	23	2	23	2.30
자외선 오존 세척 후	30	38	4	28	1.07
5% 수산화암모늄 세척 후	47	15	1	38	1.24

3M 시스템의 경우에는 캐리어를 관통하여 접착제 경화를 위해 자외선을 조사하고 캐리어 탈착을 위해 레이저를 조사해야 하기 때문에, 캐리어 소재로 유리만 사용할 수 있다. 전형적으로, 0.7[mm] 두께의 유리소재 캐리어를 사용한다. 이 캐리어는 웨이퍼보다 1[mm] 더 크게 만들 것을 추천하고 있다. 유리의 총두께편차는 이 유리소재 캐리어가 얼마나 양호한 상태인지를 판별하는 중요한 지표이다. 이 지표가 유리소재 캐리어의 제조공정에 큰 영향을 미친다. 유리소재 캐리어의 전형적인 총두께편차 사양은 2.0[μm]이다. 그런데 대부분의 유리소재 캐리어들은 총두께편차 값을 1.0[μm] 미만으로 관리하고 있다.

유리소재 캐리어의 또 다른 중요한 지표는 편평도이다. 편평도는 일반적으로 표면윤곽을 사용하여 측정한다. 그런데 유리소재 캐리어를 수평으로 놓아두면 중력으로 인하여 실제보다 더 평평해진다. 중력의 영향을 상쇄하는 몇 가지 방법들이 있다. 유리소재 캐리어의 표면형상을 관리하는 가장 간단한 방법은 이들을 수직으로 보관하는 것이다.

그림 4.32에서는 유리소재 캐리어의 편평도 측정사례들을 보여주고 있다. 이는 중력효과를 상쇄하지 않은 결과들이다. 임의로 선정한 10장의 유리소재 캐리어들을 편평도 측정용 스테이지 위에 설치한 다음에 측정을 수행하였다. 측정결과에 따르면, 각 유리소재 캐리어들은 약 100[μm]의 산과 골 사이의 편차가 발생하였으며, 이를 편평도라고 부른다. 이런 유리소재 캐리어들은 유리 제조업체에서 부유방식으로 제조한 유리판을 절단하여 제작한다. 이런 유리판은 앞면과 뒷면상태가 서로 다르다. 10장의 유리소재 캐리어 모두에서 위쪽으로 휘어진 상태를 확인할 수 있다. 유리소재 캐리어 위에 스핀코팅으로 접착층을 도포한 다음에 진공 중에서 유리소재 캐리어를 실리콘 웨이퍼에 접착한다.

실리콘 웨이퍼와 유리소재 캐리어를 접착한 이후의 총두께편차는 거의 항상 5[μm] 이하로 유지한다. 따라서 100[μm]에 달하는 유리소재 캐리어의 편평도 오차는 실리콘 웨이퍼와의 접착을 통해서 보정되거나 평탄화된다는 것을 의미한다. 그런데 만일 이런 굴곡이 유리소재 캐리어 표면의 비교적 좁은 영역에 국한하여 존재한다면, 접착 이후의 총두께편차에 부정적인 영향을 미친다.

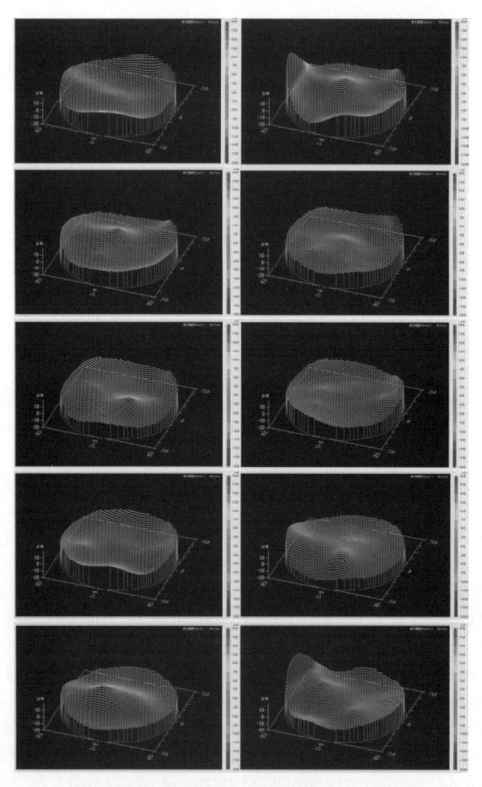

그림 4.32 유리소재 캐리어의 표면형상 측정결과 (컬러 도판 p.479 참조)

접착 이후의 총두께편차는 박막가공 이후의 웨이퍼 총두께편차에 직접적인 영향을 미치기 때문에, 입시접착 시스템의 성능을 평가하는 매우 중요한 지표이다. 접착 이후의 총두께편차는 실리콘 웨이퍼, 접착층, 유리소재 캐리어의 적층에 의해서 결정된다. 접착 이후의 총두께편차를 개선하기 위해서는 각각의 총두께편차를 최소화할 필요가 있다. 접착층은 원래 액상이며 경화를 통해서 고체막으로 변환되기 때문에, 접착제의 코팅두께 균일성은 양호하다. 이는 액상 접착제가 뉴턴유체의 특성을 가지고 있기 때문이다.

4.3.5 향후 전망

임시접착기술은 향후에도 소재와 공정기술의 분야에서 더 발전하게 될 것이다. 접착제의 열 및 화학저항성도 훨씬 더 개선될 것이다. 실리콘관통비아 기술의 발전과정에서 코팅문제가 관심을 받아왔으며, 비용절감을 위한 노력도 수행되고 있다. 임시접착층을 손쉽게 벗겨낼 수 있는 다양한 탈착기술들이 머지않아 도입될 것이다. 소위 기계식 탈착방법이 대안들 중 하나가 될 수 있으며, 이를 통하여 소유비용(COO)을 현저히 줄일 수 있을 것이다.

4.4 실리콘관통비아공정을 위한 임시접착과 탈착

4.4.1 서언

반도체업계에서는 소형화를 통해서 성능, 신뢰성, 생산성을 향상시켜왔다. 무어의 법칙을 유지하기 위해서, 실리콘관통비아를 사용하여 소자의 크기를 축소하는 대신에 디바이스 칩들의 적층을 통한 3차원 패키징을 구현하였으며,[18] 최근에는 성능의 제약으로 인하여 기하학적인 크기축소가 어려운 동적 임의접근 메모리(DRAM) 제품을 필두로 하여 실리콘관통비아를 사용한 3차원 적층제품들이 출시되었다.

실리콘관통비아를 사용하여 3차원 적층 디바이스를 제작하기 위해서는 박막가공된 디바이스 웨이퍼를 사용하여 공정이 진행되어야만 한다. 얇은 디바이스 웨이퍼를 사용하게 되면, 박막 웨이퍼의 강도가 저하되므로, 박막가공 시 생성된 응력으로 인하여 취급과정에서 웨이퍼가 휘어지거나 갈라지거나 깨어져버릴 우려가 있다. 그러므로 웨이퍼를 취급하기 위해서는 공정 중에 디바이스 웨이퍼를 지지해야만 한다. 일반적으로 이를 박막 웨이퍼 취급, 또는 **웨이퍼 지지기구**(WSS)라고 부르며, 지지용 웨이퍼를 디바이스 웨이퍼에 임시로 접착하여 사용한 다음에 공정이 끝나고 나면, 패키징 공정으로 넘어가기 전에 지지 웨이퍼를 떼어낸다. 이 장에서는 임시접착과 탈착의 세부기술사항들에 대해서 살펴보기로 한다.

4.4.2 임시접착과 탈착공정

비아를 제작하는 순서에 따라서 실리콘관통비아공정은 일반적으로 중간비아공정과 후 비아공정이라고 부르는 두 가지 비아형성공정을 사용한다(그림 4.33). 각각의 기법들은 장점과 단점을 가지고 있다. 하지만 두 공정 모두, 임시접착 이후에 웨이퍼공정을 수행해야 한다. 임시접착 이후에 수행되는 주 공정들에는 웨이퍼 박막가공, 화학기상증착, 노광, 에칭, 범핑공정 등이다. 이런 공정들이 모두 끝나고 나면, 지지용 웨이퍼를 떼어낸 다음에 절단 공정으로 웨이퍼를 넘겨준다. 박막 웨이퍼 취급과정에서는 접착에서 탈착에 이르는 모든 공정기간 동안 박막 디바이스 웨이퍼를 지지해야만 한다.

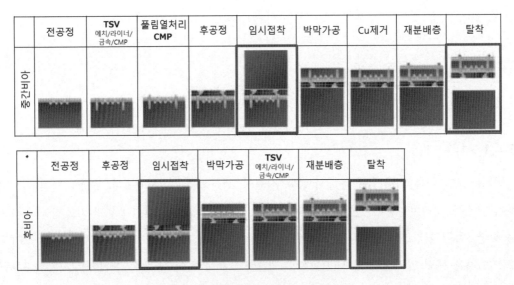

그림 4.33 실리콘관통비아의 공정흐름도

표 4.9에서는 박막 웨이퍼를 취급하기 위한 성능 요구조건들이 제시되어 있다. 웨이퍼 임시접착 시 요구되는 성능조건에는 무공동, 총두께편차, 접착정렬정확도, 웨이퍼 테두리 접착제 함침 그리고 웨이퍼 휨 등이 포함된다. 만일 공동이 발생하면, 박막가공 과정에서 구멍이 나타나며, 화학기상증착 과정에서 부풀어 오르게 되어서, 에칭과정에서 형상결함이 발생한다. 총두께편차가 크다면 노광공정에서 초점조절이 필요하며, 에칭공정에서 경사절단이 초래된다.

표 4.9 박막 웨이퍼를 취급하는 핵심 공정들과 요구성능

핵심공정 / 핵심성능		접착	박막가공	CVD	노광	에칭	탈착
접착	공동 발생	✓	구멍	부풀어 오름		형상오차	
	총두께편차	✓			초점조절	기울기	
	접착정밀도	✓	치핑		노치탐색		
	테두리 포함	✓	치핑				
	휨	✓			취급	취급	
접착제	접착능력		탈착	탈착			
	열 저항성			탈착			
	화학 저항성				화학 저항성		
	탈착능력						탈착능력
	세척능력						세척능력
탈착	탈착능력						✓
	세척능력						✓

접착 정확도가 부정확하면 박막가공 과정에서 테두리 파손이 일어나며 노광공정의 정렬과정에서 노치탐색을 실패하게 된다. 웨이퍼의 과도한 휨은 웨이퍼 취급을 어렵게 만든다. 또한 웨이퍼 휨, 접착강도, 열 저항, 화학 저항, 탈착성능, 세척성능 등을 포함하여 접착제에 대한 광범위한 성능요구조건을 충족시켜야 한다. 이들 중 대부분은 접착공정에 대한 것들이지만, 접착제의 성능이 웨이퍼 휨에 중요한 영향을 미친다. 또한 만일 접착강도가 충분치 못하다면, 박막가공공정이나 화학기상증착공정을 수행하는 동안 디바이스 웨이퍼에 가해지는 응력으로 인하여 분리가 일어나게 된다. 화학저항성은 노광공정에 영향을 미치기 때문에, 공정이 종료되고 나면 탈착을 수행하고 잔류물이 없도록 접착제를 세척해야 한다. 탈착공정에서는 디바이스 웨이퍼의 갈라짐이나 파손 없이 지지용 웨이퍼를 분리해야 하며, 지지 웨이퍼를 제거한 이후에 접착제 잔류물이 남지 않아야 한다.

4.4.3 탈착기법

접착제를 사용한 웨이퍼 임시접착 및 탈착공정의 경우에 다양한 **탈착방법**이 제안되었다. 이들 중 하나는 지지용 웨이퍼로 유리소재 웨이퍼를 사용하는 것으로, 접착강도를 없애고 탈착을 수행하

기 위해서 레이저를 사용한다. 또 다른 탈착방법의 경우에는 지지용 웨이퍼로 실리콘 웨이퍼를 사용하며, 열을 가한 후에 캐리어 웨이퍼를 옆으로 미끄러뜨려서 분리하거나 기계적으로 분리한다.

미세전자기계시스템(MEMS)이나 2.5D(실리콘 인터포저)의 생산에서는 유리 웨이퍼를 사용하는 레이저 제거기법이 일반적으로 사용되고 있다. 이 방법의 핵심 특징은 레이저를 사용하여 접착강도를 없애기 때문에 지지용 웨이퍼를 손쉽게 제거할 수 있으며 생산속도가 빠르다는 것이다. 그런데 이 기법은 레이저에 의해서 엄청난 양의 열이 발생하기 때문에 열 저항성이 없는 디바이스에는 이 방법을 적용하기가 어렵다. 또한 웨이퍼를 지지하기 위해서 유리 웨이퍼가 사용되기 때문에, 임시접착 이후에 진공챔버 내에서 공정수행 시 정전적 흡착을 사용하기 위해 필요한 도전성 피막, 유리 웨이퍼와 실리콘 웨이퍼의 열팽창계수(CTE) 차이로 인한 웨이퍼의 휨 문제, 위의 문제들을 해결하기 위해서 유리에 이물질을 부착하여 발생하는 금속오염으로 인한 디바이스 오염문제 그리고 높은 총두께편차 정밀도와 여타의 추가적인 기능들로 인하여 유리 웨이퍼 가격의 급격한 상승 등과 같은 특정한 이슈들이 존재한다.

지지용 웨이퍼로 실리콘 웨이퍼를 사용하면 정전척 흡착, 열팽창계수 불일치로 인한 웨이퍼 휨, 금속오염 등과 같은 유리 웨이퍼 사용 시에 발생하는 문제들을 해결할 수 있으며, 기존의 디바이스에 손쉽게 적용할 수 있다. 또한 등가의 디바이스 웨이퍼에 대해서 비교적 낮은 가격으로 총두께편차를 관리할 수 있다. 반면에, 탈착에 레이저를 사용할 수 없기 때문에, 레이저를 사용하지 않는 탈착방법의 개발이 필요하다.

실리콘 캐리어를 사용하는 탈착방법은 크게 열 슬라이드 방법과 기계적인 탈착방법과 같이 두 가지로 분류할 수 있다. **열 슬라이드 방법**의 경우에는 가열챔버 내에서 연화되는 열가소성 접착제를 사용하며, 슬라이딩 방식으로 지지용 웨이퍼를 제거한다. 비록 이 방법은 비교적 제거가 용이하지만 열가소성 접착제를 연화시키기 위해서 가열이 필요하기 때문에 탈착과정에서 가열이 필요하며, 임시접착 이후에는 고온공정을 사용할 수 없다는 단점을 가지고 있다.

기계적인 탈착방법의 경우, 접착공정에서 사용하는 접착제에는 임시접착공정 이후에 저항성을 제공해주는 접착층과 제거층이 포함되어 있다. 탈착과정이 기계적으로 수행되기 때문에, 열 저항성 접착제를 사용해도 무방하므로, 접착 이후에도 고온공정을 사용할 수 있다. 그런데 탈착공정을 수행하기 전까지의 접착 이후의 공정에서 지지 웨이퍼와 디바이스 웨이퍼가 분리되지 않도록 접착강도를 유지하여야만 하기 때문에, 접착제의 접착강도 조절이 매우 중요하다.

표 4.10에서는 앞서 설명한 기법들을 요약하여 제시하고 있다. 임시접착공정에 대한 연구를 수행하는 초기에는 레이저 탈착법과 열 슬라이드법을 사용하였지만, 디바이스와 접착소재의 개

선을 통해서 현재는 상온탈착공정이 확립되었다. 따라서 현재는 실리콘관통비아공정에서 **상온탈**
착이 가장 일반적으로 사용되고 있다.

표 4.10 탈착기법들의 상호비교

탈착방법	모식도	특징
레이저/자외선법		주로 2.5D에 사용
		캐리어 웨이퍼를 분리하기 쉬움
		총두께편차가 좋은 고가의 유리웨이퍼 사용
		웨이퍼 휨 문제
열 슬라이드법		주로 3D 용도에 사용
		실리콘 캐리어 사용
		열가소성 접착제의 열 저항 문제
기계적 탈착법		주로 3D 용도에 사용
		실리콘 캐리어 사용
		웨이퍼 휨 특성 양호 <100[μm]

4.4.4 임시접착 디바이스의 기능과 성능 요구조건

임시접착공정의 사례가 **그림 4.34**에 도시되어 있다. 서로 다른 유형의 접착제들과 탈착방법에
따라서 서로 다른 모듈들이 필요하지만 임시접착공정의 경우에 기본적으로 주요 공정들은 접착
제를 웨이퍼에 도포하는 공정, 솔벤트를 증발시키기 위한 베이킹 공정, 웨이퍼와 접착시키기 위
한 접착공정 등으로 이루어진다.

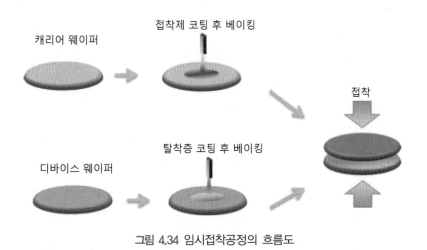

그림 4.34 임시접착공정의 흐름도

접착제 도포공정의 경우에, 디바이스 웨이퍼상의 (범프와 Cu 기둥 사이의) 높이 차이를 접착제가 완전히 덮어야만 하므로, 접착제는 30~100[μm]의 두께를 가져야만 한다. 그러므로 점도가 3,000[mPa·s] 이상인 접착제가 사용되어야만 하며, 코터는 고점도 접착제 송출능력, 접착제 도포 후 평면 내 균일성, 스핀코팅과정에서 웨이퍼의 측면과 뒷면으로 접착제가 흘러들어가지 않는 방지기능, 흘러들어간 접착제를 세척하는 기능 그리고 접착과정에서 접착제 돌출량을 조절하는 테두리절단 정확도 등의 기능들이 필요하다. 또한 필요한 접착제 기능의 측면에서는 높이 차이를 가지고 있는 디바이스 웨이퍼에 접착제를 사용하며, 접착제 도포 이후에 막두께 균일성을 유지해야 하기 때문에, 기포발생이 방지되어야만 한다.

접착제를 코팅한 다음에는 **베이킹 공정**이 수행된다. 이 공정에서는 핫플레이트를 사용하여 가열하여 접착제에 함유되어 있는 솔벤트를 기화시킨다. 그런데 만일 일시적으로 가열온도가 솔벤트의 비등온도를 넘어서게 되면, 웨이퍼 표면에 범핑에 의한 버블이 발생하며, 접착에 실패한다. 따라서 급작스러운 비등을 방지하기 위해서, 일반적으로 베이킹은 2단계로 진행된다. 또한 산소 대기하에서는 산화가 발생하므로, 접착제의 종류에 따라서는 질소대기하에서 베이킹을 진행해야만 하는 경우도 있다. 이런 경우에는 모듈 내의 산소 농도를 수[ppm] 이내로 유지하여야 한다.

접착제는 다량의 휘발성 화학물질들을 함유하고 있기 때문에, 배기용량이 큰 핫플레이트를 사용하거나, 공기유동의 측면에서 기화성분들이 공기유동에 큰 영향을 미치지 않도록 핫플레이트를 설계해야 한다.

접착제를 도포한 후에 베이킹이 완료된 웨이퍼는 **접착공정**으로 넘어간다. 접착공정에서는 접착제가 도포된 웨이퍼를 지지용 웨이퍼와 접착한다. 이 단계에서 디바이스의 성능 요구조건들은 무공동, 접착정렬 정확도, 접착제 테두리 함침, 총두께편차 등이다. 공동이 없이 웨이퍼를 접착하기 위해서는 접착제가 도포된 웨이퍼의 평면 내 균일성이 잘 유지되어야만 하며, 공기를 함유한 공동이 생성되는 것을 방지하기 위해서, 진공도가 10[Pa] 미만으로 유지되는 진공환경을 갖춘 본더 장비를 사용하여 접착이 수행되어야 한다.

접착공정에서 문제가 일어나지 않도록 만들기 위해서는 디바이스 웨이퍼와 지지 웨이퍼 접착의 정렬 정확도를 확보해야 한다. 웨이퍼 정렬에는 **기계식 정렬**과 **광학식 정렬**의 두 가지 방법이 있지만, 기계식 정렬방식에서는 접착제가 기계부위에 점착될 위험성이 있기 때문에, 대량생산과 유지보수의 관점에서는 비접촉 광학식 정렬이 선호된다.

코팅 이후에 접착제로 테두리를 덮기 위해서 솔벤트로 웨이퍼 테두리 접착제를 용해시킨다.

그림 4.35에서는 웨이퍼 테두리 접착제를 절단한 결과를 보여주고 있다. 접착과정에서 사용된 접착제의 점도에 따라서, 접착력을 조절하여 테두리 함침을 조절할 수 있다. 바람직한 웨이퍼 테두리 함침이 **그림 4.36**에 도시되어 있다. 만일 함침이 불충분하다면, 박막가공 공정에서 디바이스 웨이퍼가 분리되어버린다. 반대로, 함침량이 너무 많으면, 접착용 챔버가 접착제로 오염될 위험이 있으므로 접착제 주입량을 정교하게 조절해야만 한다.

각도 [deg]	현미경 사진	절단폭 [μm]	각도 [deg]	현미경 사진	절단폭 [μm]
노치		2,962.0	180		2,989.8
45		2,968.8	225		2,975.1
90		3,010.8	270		2,973.3
135		3,005.5	315		2,976.7
				평균	2,982.8
				편차	48.8

* 절단폭: 3,000[μm]±100[μm]

그림 4.35 웨이퍼 테두리 처리를 수행한 다음의 평면도

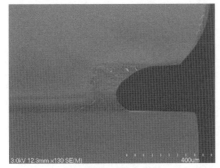

(a) 최적 접착제 함침

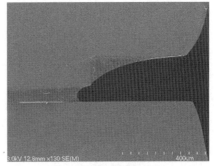

(b) 접착제 함침량 부족

그림 4.36 테두리 접착제의 함침 정도

앞서 설명한 접착제의 성능들 중에서 **총두께편차**가 가장 중요하다. 총두께편차는 후속공정의 디바이스 수율에 직접적인 영향을 미친다. 특히, 후 비아방식의 경우, 생산공정의 총두께편차에 의해서 에칭공정의 난이도가 영향을 받는다. 접착 시 적합한 총두께편차를 구현하기 위해서는 코팅 시 평면 내 균일성을 유지해야 하며, 접착소재들과 매칭되는 온도와 압력하에서 접착이 이루어져야 한다. **그림 4.37**에서는 잘못된 조건으로 웨이퍼에 접착제를 도포한 이후에 웨이퍼의 평면 내 균일성과 동일한 웨이퍼를 최적화된 조건으로 접착 및 탈착한 이후의 접착제에 대한 평면 내 균일성을 비교하여 보여주고 있다. 접착조건을 최적화하면 평면 내 균일성을 1/5만큼 개선할 수 있다. **그림 4.38**에서는 코팅 후 접착제의 평면 내 균일성과 접착 후 총두께편차 사이의 상관관계를 보여주고 있다. 접착제의 평면 내 균일성과 총두께편차 사이의 상관관계로 인하여 적절한 총두께편차를 유지하기 위해서는 코팅 후에 접착제의 평면 내 균일성을 보정해야만 한다.

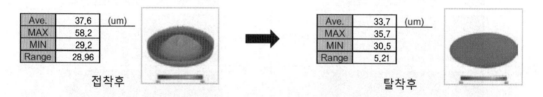

그림 4.37 코팅 후와 탈착 후 사이의 웨이퍼 접착제 두께 균일성

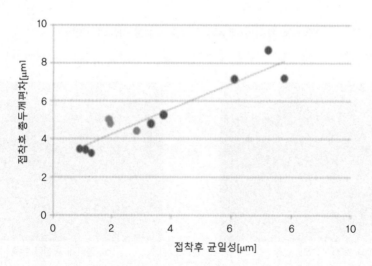

그림 4.38 접착 후 총두께편차와 코팅 후 두께균일성의 상관관계 (컬러 도판 p.480 참조)

4.4.5 탈착 디바이스의 능력과 성능 요구조건

이 절에서는 상온탈착법에서 사용되는 탈착공정이 필요로 하는 능력과 성능에 대해서 살펴보기로 한다. 그림 4.39에서는 상온탈착공정의 흐름도를 보여주고 있다. 상온탈착공정의 경우, 지지용 웨이퍼로부터 박막가공된 디바이스 웨이퍼를 분리한 다음에 이를 운반하기 위해서, 접착된 웨이퍼를 탈착장비에 투입하기 전에 절단용 테이프를 부착한다. 이 상태로 웨이퍼를 탈착장비에 투입하고 나면 탈착공정이 수행된다. 지지용 웨이퍼로부터 탈착이 끝나고 나면, 절단 테이프 위에 붙어 있는 디바이스 웨이퍼를 세척하여 디바이스들을 떼어내기 전에 잔류 접착제를 제거한다.

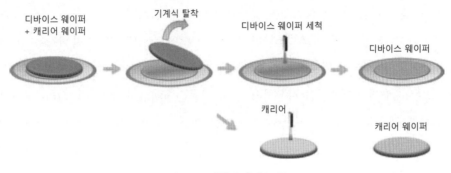

그림 4.39 탈착공정의 흐름도

탈착모듈 내에서 지지용 웨이퍼에 부착되어 있는 디바이스 웨이퍼에 절단 테이프를 부착한 다음에, 지지용 웨이퍼를 탈착하기 위해서 기계적인 힘을 가하여 지지용 웨이퍼를 떼어낸다. 탈착공정에서 디바이스 웨이퍼의 균열이 문제가 된다. 만일 지지용 웨이퍼를 떼어낼 때에 디바이스 웨이퍼에 응력이 부가되면, 디바이스 웨이퍼의 파손이 유발될 수 있다. 그러므로 탈착모듈의 경우에는 디바이스 웨이퍼에 응력을 부가하지 않으면서 지지용 웨이퍼를 제거하는 능력이 요구된다.

실리콘관통비아공정에서 탈착모듈에서 발생하는 균열발생 문제와 더불어서, 박막가공된 디바이스 웨이퍼는 작은 힘에도 손상받기 쉽기 때문에, 실리콘관통비아공정 중에 디바이스 웨이퍼가 균열을 일으키기 쉽다. 만일 디바이스 웨이퍼에 균열이 존재하면, 탈착과정에서 균열이 더 증가하게 된다. 그러므로 실리콘관통비아공정을 수행하는 동안에는 디바이스 웨이퍼의 균열에 대해서 각별한 주의가 필요하다.

탈착장비 내의 세척모듈에서는 절단 테이프에 부착되어 있는 디바이스 웨이퍼에서 지지용 웨이퍼를 떼어낸 다음에 디바이스 웨이퍼에 잔류하는 접착제를 제거하기 위해서 솔벤트를 사용한 세척이 수행하며, 디바이스 웨이퍼에서 잔류 접착제가 없는 깨끗한 디바이스들을 추출한다. 세척

모듈에서 필요한 기능은 디바이스 웨이퍼의 세척성능과 무결함 절단 테이프 접착이다. 탈착된 디바이스 웨이퍼의 표면에 존재하는 범프와 금속 패드들에도 불구하고, 표면에 접착제가 조금이라도 잔류한다면, 후속공정에서 결함을 유발할 수 있다. 그러므로 세척공정에서는 표면상에 접착제가 잔류하지 않도록 철저한 세척이 필요하다. 또한 절단 테이프에 부착된 채로 디바이스 웨이퍼를 세척하기 때문에, 절단 테이프는 솔벤트에 대한 화학적 내성을 갖추고 있어야만 한다.

4.4.6 TEL社의 임시접착 및 탈착 디바이스의 개념과 라인업

도쿄전자社(TEL社)는 실리콘관통비아의 대량생산용 공정장비로서 임시접착 시스템인 시냅스™ V와 탈착시스템인 시냅스™ Z 플러스를 공급하고 있다. 시냅스™ V는 접착제 코팅, 베이킹 및 지지용 웨이퍼 접착 등의 기능들이 통합된 시스템장비이다. 시냅스™ Z 플러스는 상온탈착과 디바이스 웨이퍼 및 캐리어 웨이퍼의 세척기능을 갖춘 시스템 장비이다. 이 장비들은 TEL社가 보유하고 있는 대량생산 기술들을 사용하고 있다. 이들은 300[mm] 웨이퍼용 실리콘관통비아 대량생산 설비를 공급하고 있으며, 시장에서 탁월한 성능과 대량생산능력을 인정받고 있다.

이 장비들과 더불어서, TEL社는 실리콘관통비아의 개발과 소량생산에 적합한 개발용 설비인 접착제 본더, 접착제 코터/베이커 그리고 탈착 및 세척장비들을 공급하고 있다(**그림 4.40**).

그림 4.40 TEL社의 임시접착 및 탈착장비 제품군

4.4.7 향후 전망

공정상의 다양한 문제들이 해결되었으며, DRAM 3차원 적층공정에 임시접착 및 탈착공정이 적용되기 시작하였다. 머지않아서 생산비용 절감을 위하여 디바이스 박막가공, 화학용제 사용량 저감, 생산성 향상 등에서 발전이 이루어질 것으로 예상된다.

참고문헌

1. Kim YS (2013) Advanced wafer thinning technology and feasibility test for 3D integration. Microelectron Eng 107:65-71

2. Hattori T, Osaka T, Okamoto A, Saga K, Kuniyasu H (1998) Contamination removal by single wafer spin cleaning with repetitive use of ozonized water and dilute HF. J Electrochem Soc 145:3278-3284

3. Sun WP (2004) Fine grinding of silicon wafers : a mathematical model for the wafer shape. Int J Mach Tool Manuf 44:707-716

4. Kim YS, Kodama S, Mizushima Y, Maeda N, Kitada H, Fujimoto K, Nakamura T, Suzuki D, Kawai A, Arai K, Ohba T (2014) Ultra thinning down to 4-μm using 300-mm wafer proven by 40-nm node 2 Gb DRAM for 3D multiStack WOW applications. Symposia on VLSI Technology. Dig 26-27

5. Koyanagi M, Nakagawa Y, Lee KW, Nakamura T, Yamada Y, Inamura K, Park KT, Kurino H (2001) Neuromorphic vision chip fabricated using three-dimensional integration technology. ISSCC digital technical papers, pp.270-271

6. Kameyama K, Okayama Y, Umemoto M, Suzuki A, Terao H, Hoshino M, Takahashi K (2004) Application of high reliable silicon thru-via to image sensor CSP. Extended abstracts of international conference on solid state devices and materials, pp.276-277

7. Morrow P, Black B, Kobrinsky MJ, Muthukumar S, Nelson D, Park CM, Webb C (2007) Design and fabrication of 3D microprocessors. Mater Res Symp Proc 970:0970-Y03-02

8. Patti RS (2006) Three-dimensional integrated circuits and the future of system-on-chip designs. Proc IEEE 94:1214-1224

9. Kim DH, Athikulwongse K, Healy M, Hossain M, Jung M, Khorosh I, Kumar G, Lee YJ, Lewis D, Lin TW, Liu C, Panth S, Pathak M, Ren M, Shen G, Song T, Woo DH, Zhao X, Kim J, Choi H, Loh G, Lee HH, Lim SK (2012) 3D-MAPS : 3D massively parallel processor with stacked memory. ISSCC digital technical papers, pp.188-189

10. SadakaM, Radu I, Cioccio LD (2010) 3D integration : advantages, enabling technologies & applications. In : proceedings of IEEE ICICDT, pp.106-109

11. Santarini M (2011) Stacked & loaded : Xilinx SSI, 28-Gbps I/O yield amazing FPGAs. Xcell J 74:8-13

12. Sukegawa S, Umebayashi T, Nakajima T, Kawanobe H, Koseki K, Hirota I, Haruta T, Kasai M, Fukumoto K, Wakano T, Inoue K, Takahashi H, Nagano T, Nitta Y, Hirayama T, Fukushima N (2013) A 1/4-inch 8Mpixel back-illuminated stacked CMOS image sensor. ISSCC Digital Technical papers, pp.484-485

13. Yole development (2010) 3D-IC & TSV Interconnects

14. Takahashi K, Terao H, Tomita Y, Yamaji Y, Hoshino M, Sato T, Morifuji T, Sunohara M, Bonkohara M (2001) Current status of research and development for three-dimensional chip stack technology. Jpn J Appl Phys 40:3032-3037

15. Olson S, Hummler K (2011) TSV reveal etch for 3D integration. In : proceedings of 3D systems integration conference (3DIC), pp.1-15

16. Yamamoto E (2011) TSV Wafer Thinning Technology. SEMATECH Symposium Japan

17. Watanabe N, Aoyagi M, Katagawa D, Bandoh T, Yamamoto E (2014) A novel TSV exposure process comprising Si/Cu grinding, electroless Ni-B plating, and wet etching of Si. Jpn J Appl Phys 53:05GE02

18. The International Technology Roadmap for Semiconductors (2011) Executive summary. http://www.itrs.net/Links/2011ITRS/2011Chapters/2011ExecSum.pdf. Accessed 25 Jun 2014

05

웨이퍼와 다이
접착공정

CHAPTER **05**

웨이퍼와 다이 접착공정

5.1 웨이퍼 영구접착

5.1.1 서언

영구적인 웨이퍼 접착은 접착제를 사용하지 않고 실리콘과 여타의 웨이퍼 기판을 직접 접착하는 기법이라고 정의되어 있다. 이 기법은 **실리콘 온 인슐레이터**(SOI) 웨이퍼의 생산을 주요 목표로 하여 개발되었다. 실리콘 온 인슐레이터 웨이퍼는 중앙처리장치 유닛과 여타의 고성능 반도체에서 이미 사용되고 있다. 실리콘 온 인슐레이터 웨이퍼 공정에서는 1,000[℃] 이상의 고온 열처리 공정이 사용된다. 만일 이 고온공정을 미세전자기계시스템(MEMS), 영상센서, 반도체 집적회로 등에 적용한다면 열로 인해서 디바이스에 손상이 가해질 위험성이 있다. 그러므로 저온이나 상온접착공정이 필요하다. 비실리콘 소재를 사용하는 다양한 통신용 디바이스의 고성능 기판 생산에 저온 또는 상온에 근접한 온도에서 직접접착을 수행하는 공정이 적용되었다. 또한 초미세 구조를 가지고 있는 웨이퍼들의 접착과 미세전자기계시스템의 패키지 조립 등에도 이런 공정이 적용되었다. 최근 들어서는 300[mm] 크기의 대면적 기판의 접착과 후방조사 CMOS 영상센서의 생산공정에도 적용되고 있다. 머지않아서 메모리 적층과 논리/메모리 적층 등과 같은 반도체 집적회로의 생산에도 이 기술이 적용될 것으로 예상된다.

이 장에서는 저온이나 상온에서 수행되는 웨이퍼 기판의 직접접착공정에 대해서 살펴보기로 한다.

5.1.2 저온 또는 상온 웨이퍼 직접접착기법과 적용사례

이 절에서는 저온이나 상온에서 수행되는 **웨이퍼 직접접착**의 방법과 적용에 대해서 살펴보기로 한다. **용융접합, 표면활성화접합, 양극접합** 그리고 구리간 산화물 **하이브리드 접합** 등을 포함하는 저온 또는 상온에서의 웨이퍼 직접접착방법들이 현재 다양한 디바이스에 적용되고 있거나 적용이 고려되고 있다. 각각의 접착방법에 대해서는 다음에서 간략하게 설명되어 있다.

5.1.2.1 용융접합

상온에서의 실리콘 웨이퍼 접착에 대한 최초의 연구는 1986년 IBM社[1]와 도시바社[2]에 의해서 각각 수행되었다. 이 기술에서는 웨이퍼나 산화규소 박막의 표면을 원자수준으로 폴리싱한 이후에 표면에 **히드록실기**를 생성하기 위한 **친수성 표면처리**를 수행하고 나서 두 표면을 서로 접합하면, 표면들이 서로 접착된다. 이 방법의 핵심 특징은 상온 저하중하에서 접착이 이루어진다는 점이다. 접착 후의 후처리 공정으로 200[℃] 또는 그 이상의 온도에서 열처리를 수행하면 **그림 5.1**에 도시되어 있는 것처럼 접착된 웨이퍼의 접착강도가 증가한다.[1]

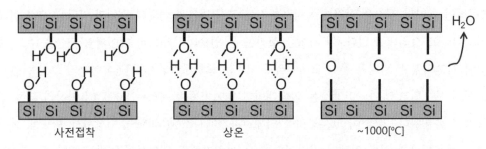

그림 5.1 수소결합을 이용한 웨이퍼 접착방법

5.1.2.2 표면활성화 접합

웨이퍼나 산화규소 박막 같은 두 박막의 표면을 접착하기 위해서 천연 산화물 박막에 불활성가스 빔을 사용하여 **스퍼터 에칭**을 수행하면 표면을 덮고 있는 접착에 방해가 되는 가스들이 제거된다. 이런 불필요한 천연 산화막과 흡수된 가스들을 이 기법으로 제거하면 접착할 표면의 원자들이 노출되며 서로 접착할 수 있다. 이 방법의 가장 중요한 특징은 노출된 원자를 직접 접착하면 **그림 5.2**에 도시되어 있는 것처럼 상온에서 강한 접합을 만들 수 있다는 점이다.[1]

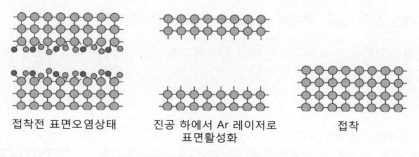

접착전 표면오염상태   진공 하에서 Ar 레이저로   접착
표면활성화

그림 5.2 웨이퍼 표면활성화를 이용한 상온접합

5.1.2.3 양극접합

접착하려고 하는 유리기판과 실리콘기판 웨이퍼들의 폴리싱된 표면을 가열하면서, 유리기판
에는 음전압을 가하면 **정전 흡착력**으로 인하여 유리기판과 실리콘기판의 표면들 사이에 **공유결**
합이 일어난다. **그림 5.3**에서는 이 접착기법의 개략도를 보여주고 있다. 이 기법의 중요한 특징은
용융접합에서 필요로 하는 원자수준의 기판 표면 거칠기를 필요로 하지 않는다는 점이다. 이
접착방법의 단점은 사용할 수 있는 기판 소재의 종류가 유리소재로 제한된다는 것이다.

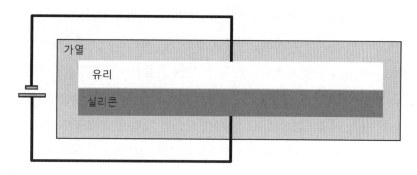

그림 5.3 실리콘과 유리기판의 양극접합

5.1.2.4 Cu$_2$Cu/산화물 하이브리드접합

이 기술은 한쪽 접착표면에는 절연막이 입혀져 있으며 다른 쪽은 Cu 전극이 증착된 두 개의
웨이퍼를 접착하는 기술이다. 이 기법에는 두 가지 중요한 문제가 있다. 첫 번째는 두 웨이퍼
간의 정렬 정확도이며, 두 번째는 구리간 접착 이후의 배선저항으로 인한 **접착수율**이다.

5.1.2.5 저온 또는 상온 웨이퍼 직접접합기법과 적용사례에 대한 결론

앞서 살펴보았던 네 가지 저온 또는 상온 웨이퍼 직접접합 방법들에 대해서 표 5.1에서는 상호 비교가 수행되었다.

표 5.1 상온 영구접합방법들의 상호비교

저온/상온 영구접합법	SOI	MEMS	LED		진보된 패키징	
			캐리어	HB-LED	CIS(BSI)	TSV적층
용융접합						
원자 간 접합						
양극접합						
Cu_2Cu/산화물 하이브리드접합						

생산　　　　연구개발

5.1.2.6 저온 또는 상온 웨이퍼 직접접합기법의 적용에 대한 향후전망

웨이퍼 기판의 크기가 200[mm] 이하인 경우와 300[mm] 이상인 경우로 구분하여 저온 또는 상온 웨이퍼 직접접착방법을 사용한 접착기법의 전망에 대해서 살펴보기로 한다.

우선, 웨이퍼 기판의 크기가 200[mm] 이하인 경우에는 저온 또는 상온 웨이퍼 직접접합법을 사용하는 새로운 두 가지의 적용사례가 있다. 첫 번째 적용사례는 태양전지이다. 저가, 고효율 및 재료절감을 실현한 태양전지 개발을 연구목표로 하여, 실리콘/질화물 하이브리드 반도체 다중접합 텐덤 태양전지를 개발하였으며, 태양광발전시스템 개발에 큰 도약을 이루었다.[2]

두 번째 적용사례는 SiC 기판의 생산비용절감을 목표로 시작되었다. 저가의 지지용 기판 위에 고품질 단결정 박막을 부착하여 SiC 단결정의 품질을 저하시키지 않으면서 생산비용을 낮추는 방법에 대한 연구가 수행되었다.[3]

다음으로, 300[mm] 이상의 크기를 가지고 있는 웨이퍼 기판용 Cu_2Cu/산화물 하이브리드 접착 방법의 두 가지 적용사례에 대해서 살펴보기로 한다. 이는 연구개발의 진보적인 영역에 해당한다. 첫 번째는 후방조사이다. 이 적용사례는 광 검출기에서 검출한 데이터의 전송속도를 증가시키는 것이 목적이다. 이 방법에서는 Cu_2Cu/산화물 하이브리드 접착법을 사용하여 영상센서 내의 Cu와 논리회로의 Cu를 서로 접합하며, 이를 통하여 데이터 전송속도를 높일 수 있다. 이를 통하여 생산공정이 완전히 서로 다른 아날로그 영상센서와 디지털 논리회로 공정 웨이퍼를 따로 분리하여 생산할 수 있게 되었다. 서로 다른 공정들을 거친 웨이퍼를 접착하여, 칩이 차지하는 면적을 줄일 수 있었다.

두 번째 적용사례는 반도체 집적회로이다. 개별 회사들은 여전히 반도체 집적회로에 적용 가능성을 연구하고 있다. 웨이퍼 간 직접접착을 위한 Cu_2Cu/산화물 하이브리드 접착법과 웨이퍼들과 칩들을 사용한 적층방법 사이의 기술적 비교가 여전히 진행 중이다. 생산비뿐만 아니라 타당성 연구를 포함하는 비교는 당분간 지속될 것으로 생각된다. 하지만 후방조사의 경우에 설명했듯이, 디바이스 제조업체들은 전송속도를 증가시키면서도 칩의 점유면적을 줄이기 위해서 항상 연구개발을 수행하고 있다.

5.1.3 저온 또는 상온 웨이퍼 직접접합기법을 위한 장비제조업에 대한 요구사항들과 제안

이 절에서는 기판크기가 300[mm]인 반도체 집적회로와 후방조사 등을 위한 접착공정과 관련된 디바이스 제조업체들의 요구와 이를 수용하기 위한 장비 제조업체들의 계획에 대해서 살펴볼 예정이다.

이 접착공정에서 접착할 기판은 디바이스 생산공정의 전공정에서 접착된 디바이스 기판이다. 그러므로 이 공정은 후공정으로 인식되는 경향이 있다. 그런데 접착공정을 실현하기 위해서는 전공정 기술과 전공정에 대한 사양들에 대한 요구조건이 있다. 특히 공정기술의 관점에서는, 각각의 업체들이 접착표면에 사용하는 절연막의 유형 및 구조와 매칭되는 공정의 개발이 요구된다. 그러므로 전공정에 대한 공정개발과정에서, 장비제조업체의 **최고지식법(BKM)**을 간단하게 적용할 수 없다. 디바이스 기판에 대한 공정사양의 경우, 입자접착, 오염, 또는 플라스마 처리 등의 측면에서 디바이스 기판에 대한 전기적 손상이나 래밍 손상에 대한 요구조건들은 전공정에 대한 요구조건들과 동일하다.

이 절에서는 접착공정을 완성하기 위해서 디바이스 제조업체에서 장비 제조업체에 요구하는 공정 요구조건 항목들에 대해서 살펴보기로 한다. 접착에서 우선적으로 요구되는 조건들에는 디바이스 기판에 대한 입자, 오염, 및 손상 등이 포함된다. 접착공정과 관련되어서는 접착 후 정렬 정확도(post BAA), 스케일링, 왜곡, 접착강도 그리고 공동 등이 요구조건에 포함된다. 이 절에서는 접착공정의 요구조건들에 대해서 살펴보기로 한다.

5.1.3.1 접착 후 정렬 정확도

접착 후 정렬 정확도는 서로 접착된 두 개의 웨이퍼 기판들 사이의 정렬 정확도를 의미한다.

접착 후 정렬 정확도에 대해서 필요한 사양은 접착되는 디바이스 기판의 유형에 따라서 서로 다르다. 패턴 정렬이 필요 없는 접착공정의 경우에는 정확도가 수십[μm]에 달한다. 하지만 패턴 정렬이 필요한 접착공정의 경우에는, 패턴크기에 따라서 고도로 정밀한 정렬 정확도가 필요하다. 이런 요구조건은 접착을 위한 비아의 과도변위와 관련되어 있다. 예를 들어, 비아직경이 약 3[μm]라면 정렬 정확도는 1[μm]이다. 앞으로는 패턴크기가 줄어들면서 필요한 정렬 정확도 사양값이 0.4[μm] 미만으로 줄어들 것이다.

디바이스 제조업체가 필요로 하는 사양과 접착 후 정렬 정확도의 향상을 충족시키기 위해서, 장비 제조업체들은 예를 들어, 정렬 시퀀스, 정렬유닛에 고강성 소재 사용, 외부진동의 저감 그리고 온도 및 습도조절유닛의 채용 등과 같이 장비의 개선을 위해서 노력하고 있다.

5.1.3.2 스케일링

스케일링은 접착할 기판이 접착력에 의해서 접착과정에서 늘어나는 현상을 말한다. 접착공정을 수행하는 동안, 웨이퍼의 한쪽은 고정판에 부착하는 반면에 다른 쪽은 고정판에서 풀어준다. 이로 인하여 고정되지 않은 쪽의 웨이퍼가 고정판에 고정되어 있는 웨이퍼로부터 잡아당겨진다 (**그림 5.4**). 스케일링에 대해서 요구되는 사양은 1[ppm] 미만이다. 스케일링 사양이 필요한 이유는, 만일 과도한 스케일링이 발생하게 되면, 후속 노광공정에서 스케일링 비율만큼의 정렬이 필요하기 때문이다. 또한 만일 스케일링 양이 재현성을 가지고 있다면, 디바이스 제조업체에서는 노광 시 이를 조절할 수 있다.

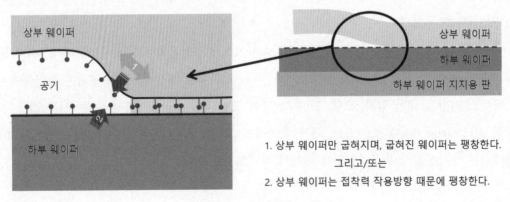

1. 상부 웨이퍼만 굽혀지며, 굽혀진 웨이퍼는 팽창한다.
그리고/또는
2. 상부 웨이퍼는 접착력 작용방향 때문에 팽창한다.

그림 5.4 스케일링 메커니즘

스케일링을 보상하기 위해서, 장비 제조업체에서는 접착공정에서 발생하는 물리적인 현상을 사용한 해결책을 탐색하여 개선방안을 도출하고 있다.

5.1.3.3 왜곡

왜곡은 접착 시 응력에 의해서 유발되는 디바이스 기판의 휨으로 인하여 접착 후 패턴에 발생하는 틀어짐 현상이다. **그림 5.5**에 도시되어 있는 이상적인 형상과 왜곡된 형상 사이의 허용편차 사양은 10[nm] 미만이다. 사양이 이토록 엄밀한 이유는 후속 노광공정에서 왜곡에 대한 패턴 정렬을 수행할 수 없기 때문이다. 왜곡은 웨이퍼 고정판의 편평도와 웨이퍼 기판과 고정판 사이의 입자에 의해서 유발되기 때문에(**그림 5.6**), 장비 제조업체들은 왜곡을 관리하기 위해서 웨이퍼 고정방법 등을 개선하려고 노력하고 있다.

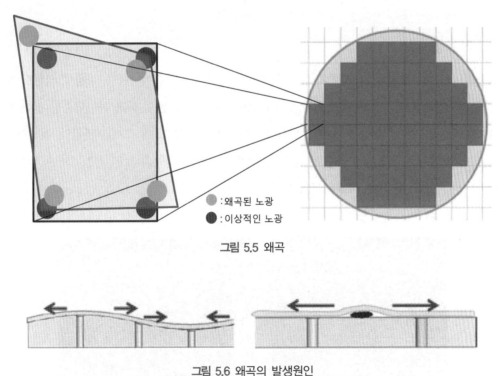

● : 왜곡된 노광
● : 이상적인 노광

그림 5.5 왜곡

그림 5.6 왜곡의 발생원인

5.1.3.4 접착강도

접착강도는 접착공정이 끝난 이후에 디바이스 기판과 지지기판 사이의 접착강도이다. **그림 5.7**

에서 보여주듯이, 접착된 웨이퍼들 사이에 블레이드를 삽입하여 측정을 수행한다.[4, 5] 요구되는 접착강도 사양값은 1.0[J/m^2] 이상이다.

장비 제조업체들은 접착공정조건의 개선 및 최적화를 위해서 노력하고 있다.

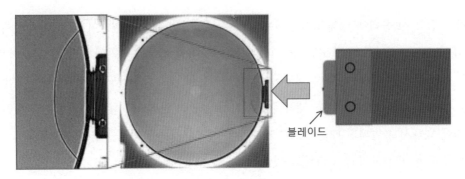

그림 5.7 접착강도 측정방법

블레이드

5.1.3.5 공동

공동이란 접착공정이 끝난 이후에 접착된 계면에 형성된 공기주머니이다. 공동에 의해서 유발되는 문제들에는 화학적 기계연마공정 이후에 웨이퍼에 발생하는 손상과 와이어본딩 결함 등이 있다. 공동은 세 가지 원인에 의해서 발생한다. 첫 번째로, **그림 5.8**에 도시된 것처럼, 접착공정의 전과 후에 웨이퍼의 외곽부에 공동이 발생한다. 이는 웨이퍼 박막의 표면 거칠기와 편평도뿐만 아니라 접착공정의 조건에 의해서 유발된다.

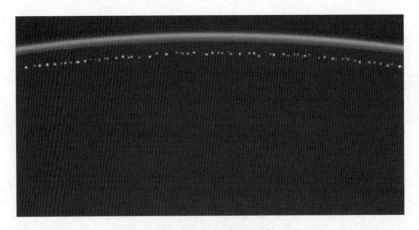

그림 5.8 웨이퍼 외곽부에 발생한 공동

두 번째는 **그림 5.9**에서와 같이 디바이스 기판에 발생하는 공동이다. 이 공동은 화학적 기계연마 이후의 표면 거칠기 때문에 발생한다. 세 번째는 입자에 의해서 발생하는 공동이다.

그림 5.9 디바이스 웨이퍼에 의존하는 공동

공동에 대해서 요구되는 사양은 공동이 전혀 없는 접착이다. 공동의 발생을 조절하기 위해서는 장비 제조업체들이 접착 전 공정과 접착 후 공정을 개발해야 한다. 하지만 디바이스 기판(박막 표면의 거칠기/편평도)도 공동을 유발한다고 생각되기 때문에, 디바이스 제조업체측에서의 공정 개발도 이 사양을 충족시키기 위해서는 중요한 인자라고 간주되고 있다.

5.1.4 TEL社의 제안

도쿄전자社(TEL社)는 **그림 5.10**에 도시되어 있는 것과 같이 웨이퍼 접착장비인 시냅스™ S[1]를 출시하였다.

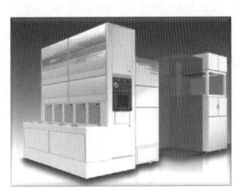

그림 5.10 시냅스™ S

---

1   시냅스(Synapse)는 도쿄전자社가 일본 및 여러 국가에 등록한 상표 명칭이다.

이 제품의 주요 특징으로는 대량생산 공장에서 95% 이상의 가동률을 구현하는 TEL社의 여타 대량생산용 제품들과 동일한 모듈 유닛의 구조를 채택하고 있으며, 시간당 15장 이상의 처리율을 가지고 있다.

5.1.5 결론

지금까지 살펴보았듯이, 저온 또는 상온에서의 직접접착 방법을 사용하여 디바이스 웨이퍼와 지지용 웨이퍼를 접착하는 방법의 산업계 활용이 늘어날 것으로 예상되며, 이를 통해서 인간의 삶과 자연환경이 크게 변할 것이다. 이를 실현하기 위해서는 다양한 기술적 문제들을 해결해야만 한다. 디바이스 제조업체들과 장비 제조업체들이 함께 이 문제의 해결을 위해서 노력한다면 사회에 큰 기여를 할 수 있는 기술의 개발이 실현될 것이다.

5.2 충진소재

5.2.1 3차원 집적회로 패키지와 충진재료의 기술동향

최근 몇 년간은 전자 디바이스의 고기능화 경향과 더불어 배선방법, 범프피치 그리고 높이 등의 소형화를 통해서 반도체의 처리속도와 용량을 향상시켜왔다. 표 5.2에 제시되어 있는 것처럼, 2013년 이후로 지금까지 피치 $130\sim150[\mu m]$/범프높이 $30\sim40[\mu m]$의 플립칩(FC)연결 설계원칙이 사용되어왔으며, 머지않아서 피치 $60\sim80[\mu m]$/범프높이 $20\sim30[\mu m]$의 좁은 피치에 대한 개발이 진행될 예정이다. **범프소재**는 솔더 브릿지 문제를 해결하기 위해서 **무연공융혼합물**에서 **구리 범프**로 전환되고 있다.[8] 패키지 구조는 **그림 5.11**에 도시되어 있는 것처럼, 기존의 베어다이[2] 구조에서 몰딩내장형 패키지(MEP), 2.5D, 3차원 구조 등으로 전환되고 있다.

---

2 bare die: 가공되지 않은 원상태의 다이.

표 5.2 범프기술과 설계원칙의 경향

연도 항목	2013	2014	2015	2016	2017
범프소재	무연공융혼합물 또는 Cu	Cu			
범프피치[μm]	130~150	80~130		60~80	
범프높이[μm]	30~40		20~30		

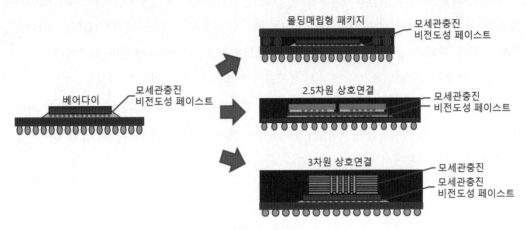

그림 5.11 칩 패키지의 발전경향

충진소재로는 **모세관충진소재(CUF)**와 **비전도 페이스트(NCP)**의 두 가지 유형이 사용되고 있다. 모세관충진소재는 액상의 충진소재로, 다양한 피치와 간극을 가지고 있는 많은 패키지들에서 사용되고 있다.[10] 모세관 현상은 잘 알려진 것처럼 표면장력에 의해서 액체가 좁은 간극 속으로 흘러들어가는 현상이다. **그림 5.12**에서는 전형적인 모세관충진방식의 밀봉공정을 보여주고 있다. 우선, 가열상태에서 모세관충진소재를 주입한다. 모세관유동이 끝나고 나면, 고온에서 모세관충진소재를 경화시킨다.

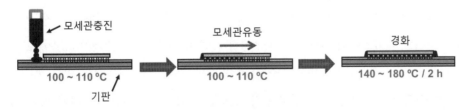

그림 5.12 모세관충진소재를 사용한 플립칩 공정

이 공정에서는 두 가지 문제가 발생할 가능성이 있다. 우선, 공동발생 우려가 있다. 피치와 간극이 좁은 경우(피치 80[μm]/간극 30[μm] 미만)에는 공동이 쉽게 나타난다. 두 번째 문제는 휨이다. 패키지에서 발생하는 휨은 칩 - 기판 구조와 2.5D 적층칩 그리고 3차원 패키지 등의 사이에서 상호연결 실패를 유발한다. 또한 칩이 얇아질수록 휨 문제는 더 심해지게 된다. 진보된 고집적 패키지를 실현하기 위해서는 공동과 휨 문제를 해결해야만 한다.

비전도 페이스트는 모세관충진기법을 적용하기 어려운 피치 60~80[μm]/간극 20~30[μm]의 좁은 피치와 간극에 적합한 패키지이다. 비전도 페이스트의 주요 특징은 **열압착본딩(TCB)공정**을 통해서 간극 사이의 범프 연결과 비전도 페이스트밀봉을 동시에 수행한다는 것이다.

게다가, 열압착본딩기법에서는 플럭스 세척공정이 필요 없다. 그러므로 비전도 페이스트 기법은 자체적인 Cu 유기땜납보존재(OSP) 세척능력을 필요로 한다. **그림 5.13**에서는 전형적인 비전도 페이스트 공정을 보여주고 있다. 우선 가열하에서 비전도 페이스트를 주입한다. 열압착본딩 공정이 끝나고 나면, 고온에서 이를 경화시킨다.

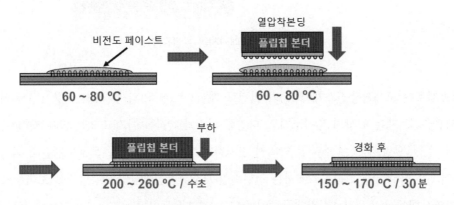

그림 5.13 비전도 페이스트를 사용한 플립칩 공정

비전도 페이스트 공정도 공동발생과 솔더 연결의 신뢰성이라는 두 가지 문제를 가지고 있다. 좁은 간극과 피치 그리고 많은 숫자의 범프 등과 같은 설계경향으로 인하여 충진에 어려움이 발생하며, 비전도 페이스트 내부에 공동이 초래된다. 페이스트 주입을 수행한 다음에 열압착본딩 공정이 수행되므로, 솔더와 Cu 범프 사이에 충진재가 남아 있을 가능성이 있다. 이로 인하여 결과적으로 솔더범프의 연결실패가 초래된다. 진보된 고집적 패키지를 구현하기 위해서는 비전도 페이스트가 가지고 있는 이런 문제들을 해결해야만 한다.

5.2.2 충진재료의 요구조건

5.2.2.1 모세관충진 요구조건과 소재기술동향

모세관충진소재를 사용한 2.5차원과 3차원 패키지에서는 공동이 없고, 휨이 작아야 한다. 이런 패키지에서 피치와 간극이 좁아지는 경향으로 인하여 심각한 **공동포획문제**와 같은 **충진방해현상**이 자주 발생한다. 공동포획은 모세관충진소재의 불균일한 유동에 의해서 발생한다. **그림 5.14**에서는 불균일한 유동과 그에 따라서 포획된 공동을 보여주고 있다.

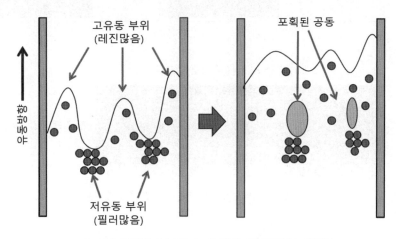

그림 5.14 불균일 유동과 그에 따른 공동포획의 개념도

표 5.3에서 알 수 있듯이 이 문제를 해결하기 위해서, 평균직경이 1.0[μm] 이하인 실리콘 소재의 충진용 입자들을 사용하면 효과적이라는 것이 판명되었다. 표에 따르면, 25[μm] 간극에 대해서 평균직경이 1.0[μm] 이상인 실리콘 충진재를 사용한 CUF-1의 경우에는 공동이 발생하였다. 반면에 평균직경이 1.0[μm] 미만인 실리콘 충진재를 사용한 CUF-2의 경우에는 공동이 관찰되지 않았다.

2.5차원과 3차원 패키지에서 칩-기판 구조의 휨을 줄일 필요가 있다. 적층된 칩에서 실리콘관통비아가 칩-기판 사이를 연결하고 있으므로, 칩-기판의 휨은 적층된 칩의 연결파손을 초래할 수 있다(**그림 5.15**).

표 5.3 CUF-1과 CUF-2의 공동발생 실험결과

항목	단위	CUF-1	CUF-2
평균 충진재 크기	μm	>1.0	<1.0
충진간극 : 25	μm		

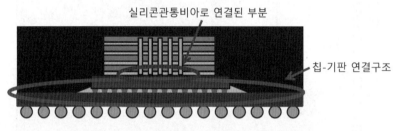

그림 5.15 적층된 칩의 칩-기판 간 연결의 모식도

다양한 인자들이 패키지의 휨을 유발한다. 휨 조절을 위한 목표값을 선정하기 위해서는 유한요소해석 시뮬레이션이 유용하다. 휨이 작은 모세관충진기법을 개발하기 위해서 시뮬레이션모델이 개발되었다. **그림 5.16**과 **그림 5.17**에서는 시뮬레이션 모델과 그에 따른 모세관충진특성의 변화양상을 각각 보여주고 있다.

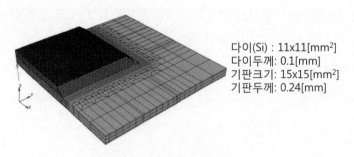

다이(Si) : 11x11[mm²]
다이두께: 0.1[mm]
기판크기: 15x15[mm²]
기판두께: 0.24[mm]

그림 5.16 시뮬레이션 모델

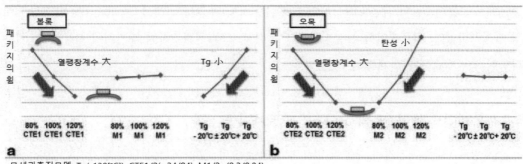

모세관충진모델: Tg(-130[℃]), CTE1/2(=34/94), M1/2=(8.3/0.04)
Tg: 유리전이온도
CTE1: 열팽창계수(<Tg), CTE2: 열팽창계수(>Tg)
M1: 25[℃]에서의 탄성계수, M2: 260[℃]에서의 탄성계수

그림 5.17 모세관충진소재의 특성 시뮬레이션 결과. (a) 25[℃], (b) 260[℃]

시뮬레이션에 따르면, 열팽창계수(CTE)와 유리전이온도(Tg)의 조절은 25[℃]에서 패키지의 휨을 효과적으로 저감시켜준다. 반면에, 열팽창계수와 모듈러스의 조절은 260[℃]에서 패키지의 휨을 효과적으로 저감시켜준다. 패키지의 휨을 저감하는 방법은 온도에 따라서 서로 다르다. 시뮬레이션 결과에 따르면, 서로 다른 계수값을 가지고 있는 소재들을 휨의 저감에 사용할 수 있으며, 실험 결과는 **표 5.4**에 제시되어 있다. 이 실험결과는 해석결과와 동일한 경향을 가지고 있다.

표 5.4 모세관충진소재의 성질과 휨 발생량

항목		단위	Control-1	CUF-3 Tg 낮음	CUF-4 CTE 높음	CUF-5 모듈러스 낮음	CUF-6
특성	유리전이온도	[℃]	111	89	110	110	101
	열팽창계수비율	[ppm/℃]	28/88	28/90	32/95	27/93	28/90
	모듈러스 (25[℃]/260[℃])	[GPa]	8.7/0.10	8.5/0.10	8.5/0.12	8.7/0.06	8.9/0.05
휨(25[℃]/260[℃])		[μm]	167/−163	151/−160	160/−159	165/−155	157/−157

• 휨 측정방법 : 그림자 모아레
• 다이 크기 : 9.2 × 9.2[mm^2]
• 다이두께 : 0.1[mm]
• 기판크기 : 15 × 15[mm^2]
• 기판두께 : 0.3[mm]
• 25[℃]에서 패키지의 휨 : 오목형상(스마일)
• 260[℃]에서 패키지의 휨 : 볼록형상(크라이)

유리전이온도가 낮은 CUF-3은 25[℃]에서의 Control-1에 비해서 휨이 작게 발생하였다. 열팽창계수가 큰 CUF-4는 25[℃]와 260[℃]에서 휨 저감효과가 작은 것으로 나타났다. 고온에서 모듈러스값이 작은 CUF-5의 경우에는 260[℃]에서 휨이 작게 발생하였다. 유리전이온도가 낮고 고온에서 모듈러스값이 작은 CUF‑6의 경우에는 25[℃]와 260[℃]에서 Control‑1에 비해서 휨이 작게 발생하였다. 시뮬레이션과 실험결과를 통해서, 2.5차원과 3차원 패키지에 사용할 수 있는 다양한 충진재료들을 설계할 수 있었다.

5.2.2.2 비전도 페이스트의 요구조건과 소재기술 동향

2.5차원과 3차원 패키지는 공동이 없으며 뛰어난 솔더‑범프 연결신뢰성을 가지고 있다. 간극과 피치를 더 줄이면 충진이 심각하게 어려워지며 비전도 페이스트 공정을 사용한다고 하더라도 공동의 발생이 초래된다. 저점도성 비전도 페이스트는 기판과 범프에 대한 함침성이 더 좋기 때문에 공동발생 문제에 효과적으로 대응할 수 있다. 비전도 페이스트를 미리 도포한 다음에 열압착본딩 기법을 사용하여 접착을 시도하면 가끔씩 솔더와 Cu 범프 사이에 충진재가 갇혀버릴 수 있다. 저점도성 비전도 페이스트는 이런 문제를 효과적으로 줄여준다. 반면에, 저점도성 비전도 페이스트는 사전도포를 시행한 이후에 기판 전체로 흘러버릴 우려가 있다. 그러므로 이런 문제의 발생을 방지하기 위해서 저점도성 비전도 페이스트는 **요변성[3]** 성질을 가져야 한다.

표 5.5에서 볼 수 있듯이, 고점도 소재인 Control‑2에서는 공동이 발생하였으며, 연결성이 나빴다. 저점성 요변성 소재인 NCP‑1의 경우에는 공동이 줄었으며, 범프 성형성이 양호하였다.

표 5.5 NCP-1의 조립성능 (컬러 도판 p.480 참조)

	항목	단위	Control-1	NCP-1
조성	필러 함량	wt%	55	55
	점도	Pa·s	18	6
	요변성 계수	–	4.0	4.2
	젤 유지시간(200[℃])	s	2	2
특성	신뢰성(C‑SAM)	–		
	솔더범프연결	–		

- 솔더범프 연결 측정방법 : 광학식 현미경
- 다이크기 : $7.3 \times 7.3[mm^2]$
- 범프피치 : $80[\mu m]$(주변부)$+300[\mu m]$(어레이 전체)
- 범프간극 : $40[\mu m]$

....

3 thixotropic: 정지해 있으면 유동성이 없지만 진동시키면 유동성을 갖는 성질. 토양비료용어사전

5.2.3 적층된 칩들 사이에 모세관충진 적용

3차원 패키지가 새로운 차세대 고집적 기법으로 주목받고 있으며, 이에 대한 연구개발이 활발하게 진행되고 있다. 3차원 패키지는 칩-기판 구조와 적층된 칩 구조로 조립된다. 칩-기판 패키지에 사용되는 모세관충진소재의 바람직한 성질들에 대해서는 5.2.2절에서 논의한 바 있다. 이 절에서는 적층된 칩 구조에 모세관충진소재를 사용하는 방안과 필요한 성질들에 대해서 살펴보기로 한다.

그림 5.18에 도시되어 있는 것처럼, 칩 적층공정은 **칩-칩(C2C), 칩-웨이퍼(C2W), 웨이퍼-웨이퍼(W2W)**의 세 가지 유형으로 분류할 수 있다.[9, 11, 12] 칩을 하나씩 쌓아올리거나 칩을 웨이퍼 위에 쌓기 위해서 칩-칩과 칩-웨이퍼 기법이 사용된다. 웨이퍼-웨이퍼 기법은 하나의 웨이퍼를 다른 웨이퍼 위에 적층하는 경우에 사용된다. 만일 웨이퍼 내에서 칩의 크기가 다른 웨이퍼 내의 칩과 동일하다면, 웨이퍼-웨이퍼 방식의 칩 적층이 효과적이며, 칩-칩 방식이나 칩-웨이퍼 방식에 비해서 적층 효율이 극대화된다. 웨이퍼-웨이퍼 방식은 효율과 비용의 측면에서 가장 이상적인 생산방식이다.

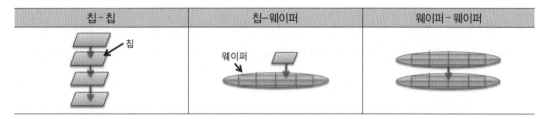

그림 5.18 칩-칩, 칩-웨이퍼 및 웨이퍼-웨이퍼 방식의 조립기법

칩들을 적층하고 나면, **그림 5.19**에서와 같이 3차원 패키징이 수행된다. 충진이 3차원 패키지의 열 및 기계적 특성을 향상시키는 핵심 기술이다. 3차원 패키징의 첫 번째 단계에서는 적층된 칩들 사이를 한꺼번에 모세관충진소재로 채워 넣는다.[13] 적층된 칩들의 밀봉이 끝나고 나면, 칩-기판 사이의 조립이 수행된다.

모세관충진기법을 사용하여 다수의 적층된 칩들 사이의 간극을 동시에 충진할 수 있기 때문에, 모세관충진 공정은 칩-칩 구조에 대해서 장점을 가지고 있다. 적층된 칩들 사이의 모세관충진에서 가장 중요한 요구조건은 공동이 없어야 한다는 것이다. 3차원 패키징에서 이를 구현하기 위한 핵심 기술은 점도, 표면장력, 모세관충진 표면의 접촉각 그리고 균일한 다중층 충진을 위한 칩 표면상태 등과 같은 모세관충진 특성들을 조절하는 것이다.

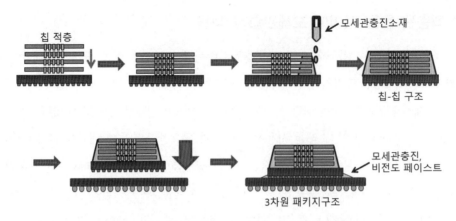

그림 5.19 모세관충진기법을 사용한 3차원 패키징 공정

5.3 비전도성 필름

5.3.1 서언

반도체 패키지업계에서는 다이 간이나 다이 기판 간에 상호연결을 유지하기 위한 접착에 접착제 레진이 20년 이상 사용되어왔다. 이런 접착성 레진에는 두 가지 유형이 있다. 하나는 액체이며 다른 하나는 박막형태이다. 이 절에서는 박막형태의 레진에 대해서 살펴보기로 한다. 액체형태의 경우에는 조립 전과 조립 후에 모두 사용할 수 있지만, 높은 유동성이 필요한 반면에, 박막형 접착제는 다이 조립을 위해서 조립 전에 도포하는 방식으로만 사용할 수 있다. **그림 5.20**에서는 세 가지 유형의 충진 소재에 대한 사용법과 공정을 설명하고 있다. 플립칩 조립을 위한 사전도포 방식 접착성 박막을 일반적으로 **비전도성 필름**(NCF)이라고 부른다.

비전도성 필름은 도전성 입자를 함유하여 압착된 위치와 방향에 대해서만 전기적인 전도성을 가지고 있는 **이방성 도체필름**(ACF)과는 반대의 성질을 갖는다. 비전도성 필름은 그 이름이 의미하는 것처럼 절연소재이다. 열압착본딩(TCB)에서는 미리 도포한 접착제를 일반적으로 사용한다. 이 공정은 미세피치 범프를 가지고 있는 다이본딩에 장점을 가지고 있다. 이 박막형 충진재는 얇은 다이의 조립에 유용하다. 일반적으로 충진소재는 다이 테두리에서 필렛을 형성하면서 다이를 덮는다. 예를 들어 3차원 집적회로용 다이에서 일반적으로 사용하는 두께가 $50[\mu m]$ 이하인 얇은 다이의 경우, 과도한 액상 충진재가 다이 뒷면까지 넘칠 수도 있다. 하지만 이를 완벽하게 방지하는 것은 어려운 일이다. 박막형태의 충진재를 사용한다면, 소재의 양과 유동특성을 조절하

공정	질량유동	열압착본딩	
	모세관충진	비전도성 페이스트	비전도성 필름
기판에 접착제를 도포하는 공정흐름도 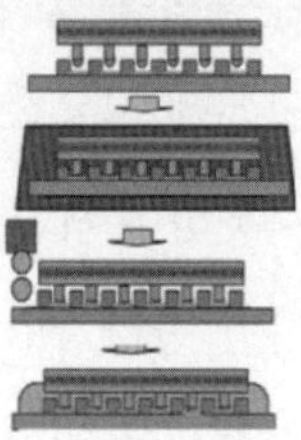 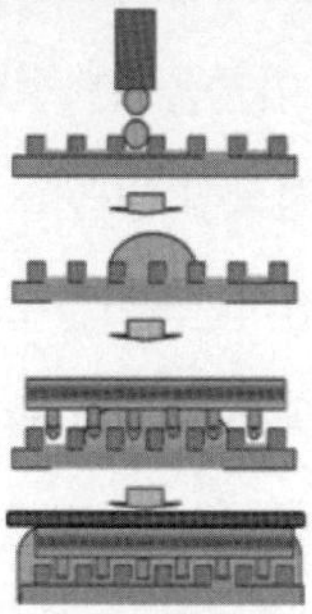 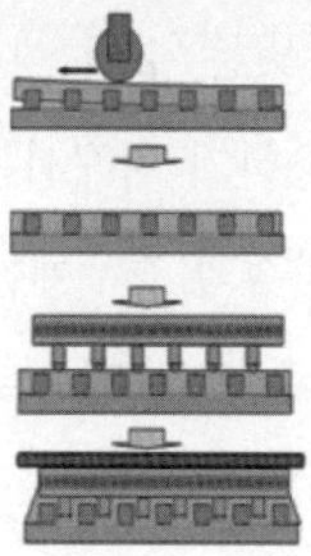 			
도포방식	사후 액체 주입	사전 액체 주입	사전 필름 도포
레진 가열 저항성	불필요	필요	필요
웨이퍼레벨 공정호환	불가	불가	가능

그림 5.20 플립칩의 조립과 충진을 위한 다양한 공정들

기가 매우 용이하므로 이런 문제가 발생하는 것을 방지할 수 있다. 이 공정의 경우, 접착스테이지 상에서 슈[μm] 수준의 정확도로 상호 연결할 다이 간 또는 다이와 기판 간의 기계적인 상호정렬을 수행한다. 다이 중 하나는 일반적으로 위치가 능동제어되는 접착용 히터헤드에 고정되며 다른 쪽 다이는 고정 또는 수동방식으로 레벨이 조절되는 히터스테이지에 고정된다. 비전도성 필름은 일반적으로 한쪽 다이의 한쪽 면에만 미리 도포된다. 두 번째로, 다이들을 빠르게 가열한 다음에 압착하여 상호연결을 형성한다. 이와 동시에 비전도성 필름을 경화시킨다. 냉각공정이 수행되는 동안에, 패키지 내에서 사용되는 소재들 사이의 열 수축률 차이가 내부응력을 초래한다. 다이면적 전체를 덮고 있는 경화된 비전도성 필름은 범프의 뿌리부에 응력집중이 발생하는 것을 방지해준다.

5.3.2 접착공정을 위한 소재 특성

두 가지 방법을 사용하여 비전도성 필름을 사전에 도포할 수 있다. 하나는 절단 공정을 수행하기 전에 웨이퍼 전체에 비전도성 필름을 도포하는 방식[14]이며, 다른 하나는 열압착 스테이지에 고정되어 있는 다이 또는 기판의 상부면에 단일 다이크기와 동일하거나 유사한 크기를 갖고 있는 비전도성 필름을 도포하는 것이다. 비전도성 필름과 다이 또는 기판 사이의 계면에 기포가 발생하는 것을 방지하기 위해서 비전도성 필름을 사용하는 방식에서는 진공적층공정이 사용된다. 다이 또는 기판은 표면이 특정한 형상구조를 가지고 있으며, 이로 인하여 대면적 증착이나 상압 공정의 경우에 비전도성 필름 도포 과정에서 기포가 포획될 가능성이 있다. 비전도성 필름은

적층공정에서 다이나 기판상의 범프 구조를 충진시킬 수 있도록 특정한 유동성을 가져야 한다.

충진 소재로 비전도성 필름을 사용하는 경우의 장점은 웨이퍼레벨 공정과의 호환성[14]으로서, 웨이퍼상에 제작되어 있는 수백 개의 다이들을 한 번의 단순공정을 통해서 도포할 수 있다는 점이다. 이 공정을 사용하기 위해서는 비전도성 필름을 절단공정에 사용할 수 있어야 한다. 일반 적인 블레이드 절단 공정의 경우에는 회전하는 블레이드를 사용하여 테두리 부위에서의 변형을 최소화하면서 절단할 수 있을 정도로 소재가 충분히 단단해야만 한다. 이 가공법은 일종의 연삭 가공이기 때문에, 실리콘과 비전도성 필름에서 일정한 양의 입자형 먼지가 생성된다. 세척 후 공정에서 오염발생을 최소화하기 위해서는 절단 공정을 수행하는 동안 이런 먼지들을 비전도성 필름 표면에서 씻어내야만 한다. 이런 목적을 위해서는 비전도성 필름 표면이 점착성을 가지고 있지 않아야 한다. 블레이드 정렬과 정밀한 다이절단을 위해서는 비전도성 필름으로 덮여있는 웨이퍼 표면상의 위치표식을 검출해야 한다. 플립칩 접착을 위해서도 위치표식의 검출이 필요하 다. 따라서 비전도성 필름은 투명해야만 한다. **그림 5.21**에서는 웨이퍼상에 비전도성 필름이 도포 되어 있는 경우의 절단 공정을 설명하고 있다.[15]

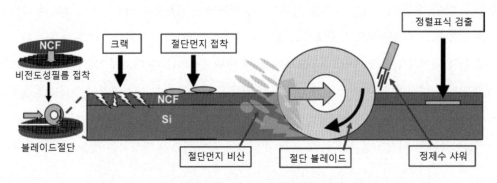

그림 5.21 비전도성 필름이 도포된 웨이퍼의 블레이드 절단 공정

그림 5.22와 **그림 5.23**에서는 절단 후의 경화되지 않은 비전도성 필름의 광학현미경 영상과 주사전자현미경 영상을 보여주고 있다.

그림 5.22 블레이드 절단 이후에 웨이퍼 위에 적층되어 있는 비전도성 필름의 광학현미경 영상

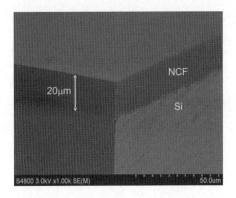

그림 5.23 블레이드 절단 이후에 웨이퍼 위에 적층되어 있는 비전도성 필름의 주사전자현미경 영상

테두리에서의 탈착이나 변형 없이 비전도성 필름을 절단할 수 있으며, 표면에 먼지가 존재하지 않는다는 것을 확인할 수 있다. **그림 5.24**에서 볼 수 있듯이, 비전도성 필름 하부의 웨이퍼 표면상에 설치되어 있는 위치표식들을 명확하게 관찰할 수 있다.[14] 그림을 통해서 범프들도 명확하게 확인할 수 있다.

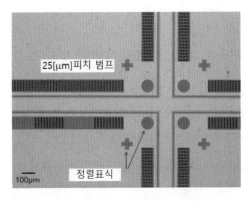

그림 5.24 비전도성 필름 적층다이의 광학현미경 영상

비전도성 필름을 사용하는 열압착본딩 공정에서는 접착용 다이를 흡착하여 정렬을 맞춘 후에, 장비의 스테이지에 놓여 있는 반대쪽 다이 또는 기판 위로 압착한다. 비전도성 필름 소재가 시편의 형상표면을 충진시키며 흘러들어간다. 이 소재는 열압착 공정을 통해서 상호 연결될 범프와 패드 사이에서 흘러나온다.

범프가 성형되어 있는 표면을 공동 없이 접합하고, 웨이퍼상의 비전도성 필름을 변형 없이 절단하며, 다이 간 또는 다이와 기판 간 접착을 통하여 범프들 사이의 접합을 생성하는 등의 공정요구조건들을 충족시키기 위해서는 비전도성 필름소재가 특정한 점도를 갖도록 설계해야만 한다. 절단 공정을 수행하는 상온에서 소재의 점도는 매우 높아야 한다. 반면에 표면에 형상이 성형되어 있는 다이나 기판 위에 공동이 없는 적층을 구현하기 위해서는 높은 유동성이 필요하다. 다이본딩 공정은 초기단계에서 비전도성 필름 내에 공동을 없애기 위해서 이런 높은 유동성이 필요하며, 후속공정에서의 응력해지를 위해서 가열에 의한 급속경화가 필요하다. 이런 요구조건들을 충족시키도록 비전도성 필름 점도의 온도 의존성을 설계할 수 있다. 이에 대한 전형적인 사례가 **그림 5.25**에 도시되어 있다.[14] 상온에서 점도는 $2 \times 10^6 [MPa \cdot s]$에 이를 정도로 매우 높지만, 온도를 $100[°C]$까지 높이면 점도는 $1 \times 10^3 [MPa \cdot s]$에 이를 정도로 크게 감소하며, $105[°C]$를 넘어서면 점도는 다시 급격하게 증가한다.

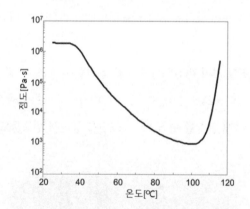

그림 5.25 비전도성 필름의 전형적인 온도의존 특성

무연솔더는 3차원 다이적층에 사용되는 주요 상호연결용 소재이다. 조인트를 형성하기 위해서는 $230 \sim 260[°C]$의 고온하에서 수행되는 열압착본딩공정 도중에 솔더가 용융된 후에 패드에 용접되어야 한다. 다이사이 또는 다이와 기판 사이에 삽입되어 있는 비전도성 필름도 이와 동일한 온도로 가열되기 때문에, 소재의 분해나 과도한 변성 없이 이런 고온을 견뎌야만 한다. 이런 열저항 특성은 사전도포방식의 충진 소재가 가져야만 하는 특수한 요구조건이다. 사후주입 공정은 솔더 용융온도보다 훨씬 낮은 60~120[℃]의 온도범위에서 이루어진다. 사전도포 충진과정의 장점은 범프와 패드 사이의 솔더용접에 의하여 연결이 생성된 이후의 냉각단계에서 상호연결 범프의 기저부 응력해지 기능이 있다는 점이다. 이 단계에서는 충진 소재의 탄성계수가 커져야만 한다. 열압착공정의 생산성을 높이기 위해서, 짧은 공정시간도 요구된다. 따라서 소재는 매우 빠른 속도로 경화되어야 하며, 높은 탄성계수를 갖는 상태로 변해야 한다. **그림 5.25**에서는 이런 특성을 보여주고 있다. 제품의 관점에서는 플로어 수명이 길수록 좋다. 상온에서 비전도성 필름의 경화반응은 매우 느리게 진행되며 고온에서는 매우 빠른 것이 바람직하다.

충진 소재로 자주 사용되는 에폭시 레진의 탄성계수는 수[GPa]로서, 약 1×10^2[GPa]인 실리콘에 비해서 훨씬 작은 값을 가지고 있다. 유기물질보다 훨씬 탄성계수가 큰 무기물질 입자를 레진에 섞는 것이 충진 소재의 탄성계수를 높이는 일반적인 방법이다. 탄성계수가 약 70[GPa]인 SiO_2가 충진용 입자로 일반적으로 사용된다. SiO_2의 굴절계수는 1.45이다. 이는 탄성계수값이 가장 큰 대부분의 레진물질들보다 작은 값이다. 큰 탄성계수와 높은 열 저항 등의 레진성질을 결정하는 주요 인자들 중 하나는 구성원자 충전밀도이며, 일반적으로 이로 인하여 굴절계수값도 커지게 된다. 따라서 충진용 레진성분과 SiO_2 입자들 사이에는 굴절계수값의 차이가 있다. 이 차이로 인하여 반사광의 확산이 발생하며, 소재의 투명도가 저하된다. 투명도가 낮으면 절단이나 접착공정을 위해서 필요한 위치표식 검출에 방해가 된다. 레진 속에 다량의 입자를 섞는 경우에는 되도록 작은 SiO_2 입자를 사용하는 것이 투명도 저하를 줄이는 알려진 방법들 중에서 하나이다. 혼합하는 입자의 크기가 비전도성 필름의 투명도에 미치는 영향에 대한 연구가 수행되었다.[15] 1[μm] 이하와 나노미터 크기의 입자들을 동일한 조성의 레진에 50[wt%] 만큼 섞어서 비전도성 필름을 제작하였다. **그림 5.26 (a)와 (b)**에서는 다이 위에 도포되어 있는 20[nm] 두께의 비전도성 필름의 광학현미경사진을 보여주고 있다.

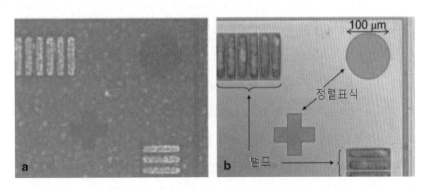

그림 5.26 1[μm] 이하와 나노미터 크기의 입자들을 섞어서 제작한 20[nm] 두께의 비전도성 필름에 대한 현미경사진

5.3.3 비전도성 필름 내의 공동

적용방법이나 소재유형에 무관하게 비전도성 필름 내에서 공동 발생을 억제하는 것이 중요하다. 이런 공동은 일종의 수분트랩으로 작용하며, 이 공동이 서로 다른 전위를 가지고 인접하여 있는 도선, 패드 및 범프들 사이의 간극에 위치하고 있다면, 이들 사이의 전자이동을 유발한다. 이는 또한 비전도성 필름의 박리를 유발한다. 공동이 발생하는 원인은 다양하다. 비전도성 필름 구성성분들 사이의 화학반응이나 분해, 또는 흡수된 수분의 방출로 인해서 필름 내에서 가스가 유출될 수 있다. 비전도성 필름에 기인하지 않은 공동도 존재한다. 다이 표면의 오염이나 유기물질 기판도 비전도성 필름에 가스를 배출할 수 있다. 비전도성 필름 적층 과정에서 비전도성 필름과 다이 또는 기판 사이의 계면에 포획된 공기가 비전도성 필름 내에 잔류할 수 있다. 일반적으로 대기압 환경에서 진행되는 열압착본딩 공정에서 포획된 공기가 비전도성 필름 쪽으로 이동할 수도 있다. 일반적으로, 레진은 특정한 양의 가스를 흡수할 수 있다. 만일 비전도성 필름과 다이 또는 기판 사이 계면의 접착강도가 충분히 강하지 않다면, 응력이나 열 등의 외적인 요인에 의해서 흡수된 가스가 방출되면서 계면에 모여서 공동으로 성장하게 된다. 비전도성 필름의 또 다른 성질이 공동발생에 영향을 미친다. 비전도성 필름의 결합강도가 약해지면, 흡수된 가스가 모이면서 공동의 발생이 쉬워진다. 비전도성 필름의 물질특성이 공동발생을 억제할 수도 있다.

조립공정도 공동 문제에 큰 영향을 미친다. 열압착본딩을 수행하기 전에 모든 구성요소들을 건조하게 관리하는 것이 공동 생성을 억제하는 좋은 방법이다. 공동을 발생시키지 않으면서 비전도성 필름을 적층하는 것도 매우 중요한 사안이다. 열압착본딩조건도 큰 영향을 미치며, 이 공정이 공동발생을 억제할 마지막 기회이다. 압착이 끝나고 나면, 비전도성 필름은 거의 경화되어버린다. 경화된 소재로부터 공동을 제거하는 것은 매우 어려운 일이다. 능동조절되는 열압착본딩공정이 수행되는 동안 온도와 압력은 일반적으로 크게 변화한다. 본딩장비와 접착된 시편의 열과 기계적 성질들이 열압착본딩으로 생산된 제품에 큰 영향을 미친다. 열압착본딩공정은 일반적으로 다단계로 수행되며, 각 단계마다 주기와 조건이 다르다. 또한 스테이지 온도, 헤드온도, 작용력, 스테이지와 헤드 사이의 제어간격 등도 제품에 영향을 미친다.

열압착본딩장비는 일반적으로 매우 빠른 속도로 400[℃] 이상의 온도까지 가열할 수 있는 고성능 접착용 헤드를 갖추고 있다. 이렇게 역동적인 온도제어 성능이 비전도성 필름 열압착본딩공정의 중요한 인자이다. 비전도성 필름의 소재 특성과 다이 및 기판의 사양을 충족시키도록 앞서 설명된 열압착본딩조건들을 조절하여 공동발생을 억제할 수 있다.

충진재를 사전에 도포한 후에 다이접착공정을 수행하는 것이 사후에 주입하는 것보다 작업이

용이하다. 충진재 사후주입 공정의 경우, 접점을 생성하기 위해서 솔더가 사용되었다면, 일반적으로 플럭스 소재를 패드에 주입한 다음에 접착 전과 접착 후에 각각 세척을 수행하여야 한다. 반면에 충진재를 사전에 도포하는 방식에서는 이런 단계가 필요 없다. 금속 표면의 산화층을 화학적으로 제거하는 플럭스의 기능은 솔더가 묻어 있는 접점의 접착성을 향상시켜준다. 범프와 패드가 특정한 사양을 가지고 있는 경우에는 플럭스 공정이 필요하다. 이런 경우에는 비전도성 필름이 이런 기능을 갖춰야만 한다. 플럭스 기능을 갖춘 비전도성 필름을 열압착본딩으로 압착하여, 솔더캡 범프와 Cu 패드, 유기땜납보존제(OSP)로 성형한 Cu 기둥 조인트의 단면에 대한 광학현미경 단면사진이 **그림 5.27**에 도시되어 있다.[16] 사진에 따르면 범프의 솔더가 Cu 패드와 잘 붙어 있는 것을 확인할 수 있다. Cu 기둥의 크기는 $38 \times 38[\mu m^2]$이며 높이는 $15[\mu m]$이고, 솔더캡의 높이는 $15[\mu m]$이다.

그림 5.27 플럭스 기능을 갖춘 비전도성 필름을 열압착본딩하여 형성한 솔더캡 범프를 갖춘 Cu 기둥 조인트의 단면 현미경 영상 (컬러 도판 p.481 참조)

충진재를 사전에 도포하는 방식의 경우에는 접점위치에 충진재가 존재하기 때문에 접착공정에서 접점위치에 충진재가 포획되는 것을 방지할 수 있도록 공정이 설계되어야만 한다. 소재의 성질과 접착조건을 최적화하면 이를 통제할 수 있다. 이 주제에 대한 연구가 수행되었다. 접착을 수행하기 전에 비전도성 필름이 적층된 다이의 표면을 절단 또는 연삭하여 범프의 상부를 덮고 있는 비전도성 필름소재를 완전히 제거하였다. **그림 5.28 (a)와 (b)**는 절단장비를 사용하여 비전도성 필름이 적층된 다이 표면을 가공한 이후의 주사전자현미경 영상이다.[17] 범프는 Cu 기둥과 SnAg 솔더캡으로 구성되어 있다. 이 솔더캡의 상부를 이를 덮고 있는 비전도성 필름과 함께 가공하여 평평한 SnAg 표면을 준비한다. 이 다이를 Au/Ni/Cu 패드가 성형되어 있는 또 다른 다이와 접착한다. 연결부위의 주사전자현미경 단면영상이 **그림 5.29 (a)** 및 (b)에 도시되어 있으며, 절연소재의 포획은 관찰되지 않았다. 접착 전에 표면가공 공정을 추가하는 것은 접점위치에 절연소재가 포획되는 것을 방지하기 위한 타당성 있는 방법들 중 하나이다.[17]

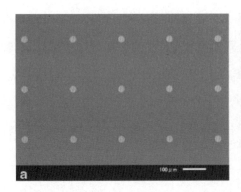
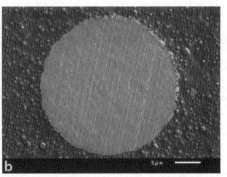

그림 5.28 비전도성 필름이 적층된 다이 표면을 절단장비로 가공한 이후에 촬영한 주사전자현미경 영상

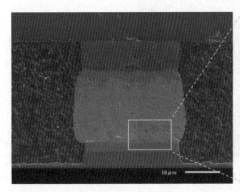
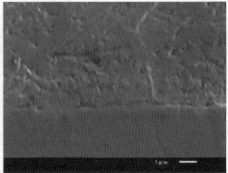

그림 5.29 비전도성 필름 표면과 범프를 동시가공 방식으로 제작한 조인트의 단면에 대한 주사전자현미경 영상

5.3.4 비전도성 필름의 고속 열압착본딩

비전도성 필름은 접착이 끝난 후에 패키지의 신뢰성을 기계적으로 지지해준다. 경화상태의 안정적인 기계적 특성과 더불어서, 비전도성 필름의 절연 안정성도 사용목적상 매우 중요하다. 3차원 적층용 다이는 일반적으로 범프 사이의 간극이 수~수십[μm]에 이를 정도로 매우 좁다. 범프나 패드를 이루는 금속 소재의 부식과 상대전극의 정전흡인으로 인하여 전도성 경로가 생성되면서 합선이 발생할 수도 있다. 화학적 활성성분들과 이온성 불순물들이 부식반응을 촉진시키는 물질들로 알려져 있다. 비전도성 필름의 제작 시에 이런 성분들의 함량을 최소화시켜야 한다.

예를 들어, 4층 이상의 다이를 쌓아 올리는 다중 메모리 다이 적층이 가장 유력한 3차원 집적회로 적용사례로 예상된다. 이 경우에, 다이를 하나씩 쌓아 올리는 것이 가장 확실한 실행방법이다. 하지만 조립비용 절감을 통해서 3차원 집적회로의 시장을 확장시키기 위해서는 더 효율적인 적층공정이 필요하다. 다능한 방법들 중 하나는 접착 전, 주 접착, **일조접착⁴** 공정으로 구성된다. **그림 5.30 (a)**에 도시되어 있는 기존의 비전도성 필름 열압착본딩공정과 비교하기 위해서 이 개념은 **그림 5.30 (b)**에 도시되어 있다.[18] 열압착본딩의 가장 시간소모가 많은 공정은 헤드냉각이다.

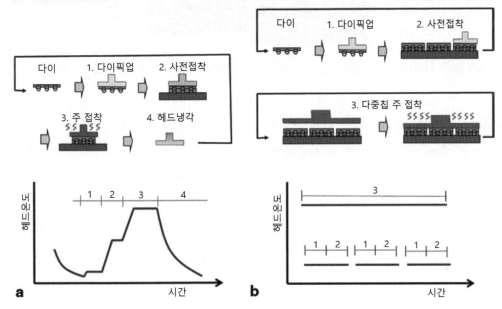

그림 5.30 (a) 기존의 비전도성 필름 열압착본딩공정 (b) 접착 전–주 접착–일조접착으로 이루어진 신공정

접착 전 공정에서는 다이정렬과 배치가 수행된다. 주 접착 공정에서는 접점이 형성되고 비전도성 필름이 경화된다. 각각의 공정에 대해서 접착헤드의 온도를 일정하게 유지할 수 있다. 이들 두 공정은 동시에 수행하여도 무방하다. 이를 통해서 헤드냉각 공정을 삭제할 수 있다. 주 접착은 일반적으로 접착 전 공정보다 오랜 시간이 소요된다. 주 접착 공정은 가열과 압착이라는 매우 단순한 공정으로 이루어진다. 만일 주 접착이 접착 전 공정보다 15배의 시간이 더 소요된다면 총 공정의 평형을 맞추기 위해서는 15개의 다이들을 한꺼번에 접착하는 것이 타당하다. **그림 5.31**에서는 이 개념을 실제로 구현한 사례를 보여주고 있다.[18] 비전도성 필름을 기판 위에 사전에

4　gang bonding

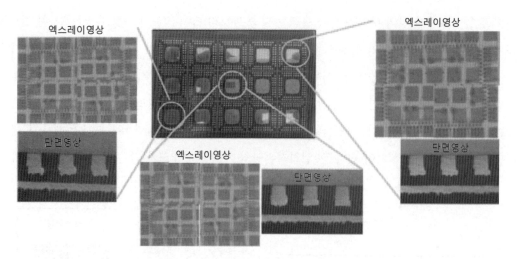

엑스레이영상

엑스레이영상

단면영상

엑스레이영상

단면영상

단면영상

그림 5.31 접착 전 공정과 일조접착 공정의 수행결과. 일조접착에서는 15개의 다이들을 동시에 접착하였다.

도포한다. 헤드 온도를 80[°C]로 일정하게 유지하면서 15개의 다이들에 대해서 하나씩 접착 전 공정을 수행한다. 그런 다음, 주 접착 공정에서는 헤드 온도를 240[°C]로 유지하면서 사전접착된 모든 다이들을 동시에 압착한다. 각각의 다이 크기는 $7.3 \times 7.3[mm^2]$이다. 일반적으로 다이 시프트는 관찰되지 않았다. SnAg 솔더캡이 부착되어 있는 Cu 기둥들과 Cu/유기땜납보존제 패드 사이의 접착은 잘 형성되었다. Cu 기둥은 $38 \times 38[\mu m^2]$이며 높이는 $15[\mu m]$, 솔더캡의 높이는 $15[\mu m]$이다. 그림 5.32에 도시되어 있는 균일깊이모드 초음파 주사전자현미경(C-SAM)을 사용한 측정에서 공동은 검출되지 않았다.[18] 동일평면상에 놓여있는 다수의 다이들에 대한 일조접착이 수행되

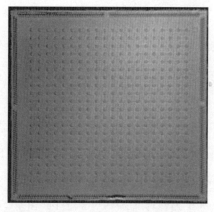

그림 5.32 15개의 다이들을 일조접착한 시편에 대한 전형적인 균일깊이모드 초음파 주사전자현미경사진

었다. 다수의 다이들을 동시에 접착하는 또 다른 개념적인 방법들이 존재한다. 접착 전 공정에서는 다수의 다이들을 직각방향으로 정렬 및 적층한 다음에 한 번의 가열과 압착을 통해서 각 다이들 사이의 결합을 생성한다. 웨이퍼 단위의 적층이 더 효율적이다. 새로운 요구조건을 충족시켜주는 비전도성 필름소재가 계속 개발될 것이며, 3차원 집적회로를 시장에 출시하기 위해서 더 생산성 높은 공정들이 도입될 것이다.

참고문헌

1. Lasky JB (1986) Wafer bonding for silicon-on-insulator technologies. Appl Phys Lett 48:78

2. Shimbo M, Furukawa K, Fukuda K, Tanzawa K (1986) Silicon-to-silicon direct bonding method. J Appl Phys 60(8):2987

3. Takagi H (1999) Silicon wafer bonding by using surface activation method. Ph.D Thesis, The University of Tokyo. Aug. (hdl.handle.net/2261/54743)

4. Shigekawa N, Morimoto M, Nishida S, Liang J (2014) Surface-activated-bonding-based InGaP-on-Si double-junction cells. Jpn J Appl Phys. doi:10.7567/JJAP.53.04ER05. (53 : Art. No. 04ER05)

5. Suda J, Okuda T, Uchida H, Minami A, Hatta N, Sakata T, Kawahara T, Yagi K, Kurashima Y, Takagi H (2013) Characterization of 4H-SiC homoepitaxial layers grown on 100-mmdiameter 4H-SiC/poly-SiC bonded substrates. The International Conference on Silicon Carbide and Related Materials. Sep

6. Maszara WP, Goetz G, Caviglia A, McKitterick JB (1988) Bonding of silicon wafers for silicon-on-insulator. J Appl Phys 64:4943–4950

7. Masteikaa V, Kowal J, Braithwaite NSJ, Rogers T (2014) A review of hydrophilic silicon wafer bonding. ECS J Solid State Sci Technol 3:Q42–Q54

8. Japan Electronics & Information Technology Industries Association (JEITA) (2013) Japan Jisso Technology Roadmap 2013 (in Japanese)

9. Knickerbocker JU et al (2008) Three-dimensional silicon integration. IBM J Res Dev 52(6):553–569, (November). http://citeseerx.ist.psu.edu/viewdoc/download?doi=10.1.1.41.1736&rep=rep1&type=pdf. Accessed 13 Jan 2015

10. Zhuqing Zhang Wong CP (2004) Recent advances in flip-chip underfill materials, process, and reliability. IEEE Transact Adv Packag 27(3):515–524. http://smartech.gatech.edu/bitstream/handle/1853/11437/CPWongIEEE30.pdf. Accessed 3 Jan 2015

11. Okuno A et al (2009) Material thechology that supports 3D mounting underfill. J Jpn Inst Electron Packag 12(2):114–119 (in Japanese). http://www.jstage.jst.go.jp/article/jiep/12/2/12_2_114/_pdf. Accessed 10 Nov 2014

12. Maeda N, Kitada H et al (2012) Development of Ultra-Thin Chip-on-Wafer Process using Bumpless Interconnects for Three-Dimensional Memory/Logic Applications. VLSI Technology (VLSIT), 2012 Symposium on, pp.171–172. http://sogo.t.u-tokyo.ac.jp/ohba/news/VLSI1206.pdf. Accessed 3 Jan 2015

13. Denda S (2011) Stacking technologies of silicon chips with through silicon via electrodes. J Jpn Inst Electron Packag 14(7):571–577 (in Japanese). http://www.jstage.jst.go.jp/article/jiep/14/7/14_

7_571/_pdf. Accessed 30 Jan 2015

14. Nonaka T et al (2008) Development of wafer level NCF (Non Conductive Film). Proceedings of 58th Electronic Components and Technology Conference, pp.1550–1555, May

15. Nonaka T et al (2010) Wafer and/or chip bonding adhesives for 3D package. Proceedings of IEEE CPMtn3838T Symposium Japan, 10–14, Aug.

16. Kobayshi Y et al (2014) Flip chip assembly with wafer level NCF. Proceedings of International Conference on Electronics Packaging, Proceedings pp.122–125, April

17. Nonaka T et al (2012) Low temperature touch down and suppressing filler trapping bonding process with wafer level pre applied underfilling film adhesive. Proceedings of 62th Electronic Components and Technology Conference, pp.444–449, May

18. Nonaka T et al (2014) High throughput thermal compression NCF bonding. Proceedings of 64th Electronic Components and Technology Conference, pp.913–918, May

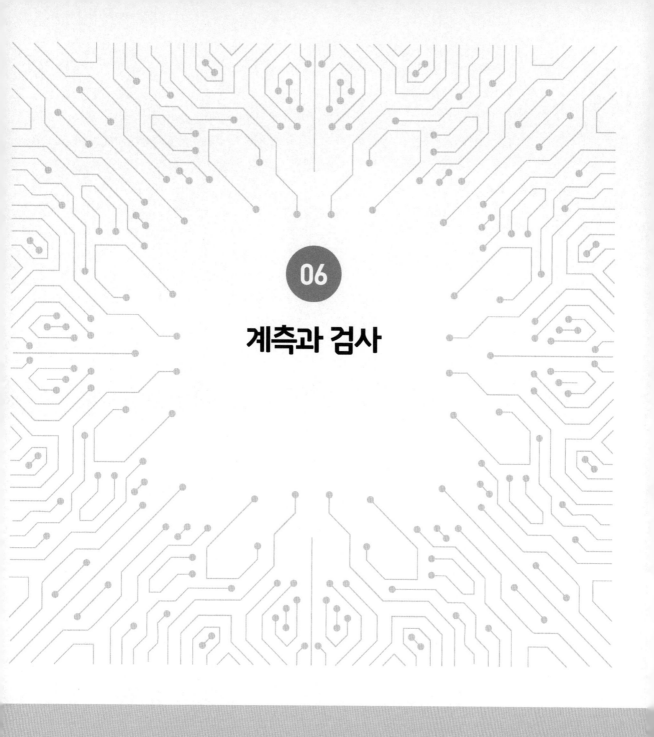

06

계측과 검사

CHAPTER 06

계측과 검사

6.1 분광분석 반사계의 원리

6.1.1 서언

분광분석 반사계는 차세대 패키징 제조에 사용되는 박막층의 소재특성을 분석하기 위해서 널리 사용되는 비파괴적 측정기법이다. 이 기법은 매질 속으로 전파되는 파동에 기초하고 있다. 만일 파동이 불연속을 만나게 되면, 잘 알려진 반사법칙에 따라서 파동에너지 중 일부는 주사위치로 반사된다. 반사된 신호에는 특히 박막층의 두께와 같이 시스템에 대한 유용한 정보를 포함하고 있다.

시간도메인 반사계(TDR)와 **주파수도메인 반사계(FDR)**의 두 가지 유형의 반사기법이 사용된다. 시간도메인 반사계의 경우, 매질 속으로 전파되는 펄스를 분석하며, 에코를 관찰할 수 있다. 이 기법은 전선 내의 결함을 검출하기 위해서 널리 사용되고 있다. 주파수도메인 반사계의 경우, 매질 내의 정재파를 분석한다. 이 기법은 반도체 산업분야에서 사용된다. 일반적인 구조는 광대역 파장을 포함하는 반사광선의 강도를 측정한다. 대부분의 구조에서는 수직입사되는 비편광이 사용된다. 소재에 따라서 전자기장 스펙트럼의 범위는 엑스레이에서 적외선에 이른다.

두께가 10[nm]~50[μm]인 표준박막의 경우, 스펙트럼 대역은 **그림 6.1**에 도시되어 있는 것처럼, 일반적으로 300[nm]에서 1.7[μm]의 범위를 가지고 있으며, 도핑되지 않은 실리콘처럼 관찰하려는 층이 가시광선을 흡수한다면 파장길이는 2[μm]까지 확대된다.

분광분석 반사계의 가장 큰 장점은 단순성과 가격이다.

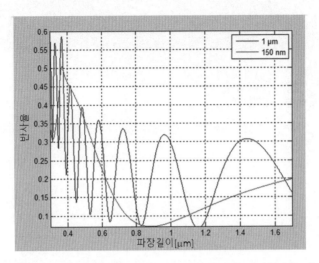

그림 6.1 실리콘기판 위의 1[μm] 및 150[nm] 두께의 SiO_2 박막에 대한 반사율 비교 (컬러 도판 p.481 참조)

6.1.2 측정

측정은 두 단계로 이루어진다. 첫 번째 단계에서는 순수한 실리콘 웨이퍼와 같이 반사율 $R_{ref}(\lambda)$가 알려진 시편을 사용하여 신호를 교정한다. 이 측정을 통해서 교정시편에서 반사되는 신호인 $I_{ref}(\lambda)$를 측정한다.

두 번째 단계에서는 측정 대상 시편으로부터의 반사강도 $I_{sample}(\lambda)$를 측정한다.

마지막으로, 다음의 공식을 사용하여 미지의 시편에 대한 파장에 따른 절대반사율을 계산한다.

$$R_{sample}(\lambda) = \frac{R_{ref}(\lambda)I_{sample}(\lambda)}{I_{ref}(\lambda)}$$

6.1.3 셋업

일반적으로 사용되는 광원으로는 텅스텐 할로겐램프(가시광선 및 적외선 대역), 또는 듀테륨-할로겐램프(심자외선과 가시광선 대역)이 있다. 방사광선들을 광파이버 묶음으로 포집하여 분석대상 시편에 조사한다. 패턴이 성형된 웨이퍼상의 작은 영역과 같이 작은 반점이 필요하다면, 표면상의 수[μm] 영역에 빔의 초점을 맞추기 위해서 현미경 대물렌즈가 사용된다. 파이버 묶음의 중앙 파이버를 사용하여 반사광선을 포집하며, 이를 300~1,100[nm]의 스펙트럼 대역을 검출할 수 있는 전하결합소자(CCD) 또는 1,000~2,000[nm]의 스펙트럼 대역을 검출할 수 있는 InGaAs

어레이 검출기가 장착된 스펙트럼분석기로 송출한다. 신호 대 노이즈 비율(SNR) 요구조건에 따라서 광선 스펙트럼의 분석은 수[ms] 이내에 수행된다.

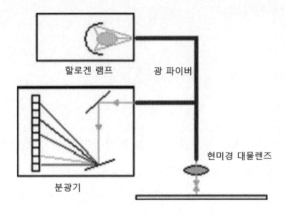

그림 6.2 반사계의 전형적인 셋업 (컬러 도판 p.482 참조)

6.1.4 분석

측정할 층이 두껍다면, 즉 반사 스펙트럼이 파장대역에 대해서 다중진동 스펙트럼을 가지고 있다면, 일반적으로 이 신호에 대한 푸리에 변환을 적용하여, 각 층의 광학두께에 대한 주파수들을 재빨리 추출한다. 굴절률을 알고 있다면, 이들 통해서 각 층들의 물리적인 두께를 산출할 수 있다. 이 방법은 매우 견실하며, 반사광선의 진폭에 둔감하므로, 강도가 일정하지 않은 광원을 직접 사용하여도 무방하다.

예를 들어 **그림 6.1**에 도시되어 있는 것처럼, SiO_2 소재의 경우에 두께가 150[nm] 미만인 박막이 아니라면, 더 이상 푸리에 변환을 적용할 수 없으며, 다중층 적층 기법을 사용할 필요가 있다. 이런 경우에는 측정된 반사율 곡선을 이론적인 반사율 곡선과 비교하여 다중적층모델을 만들어 낸다. 여기에서는 각 층의 두께와 같은 모델의 물리적인 변수들을 자동적으로 변화시켜가면서 두 곡선들 사이의 차이를 최소화시켜가는 곡선근사과정이 사용된다.

더 정확히 말해서, 필요하다면 기판 위에 하나 또는 다수의 층들이 적층되어 있는 시편모델을 사용한다. 각 층들에 대해서 굴절률 n과 흡광률 k를 도입하여 두께를 산출하여야 한다. 소재를 정확히 알고 있다면 두 계수값들은 테이블에서 구할 수 있다. 여타의 경우, 파장에 따른 n 및 k값 변화를 나타내는 수학 방정식을 가용하여 구할 수 있으며, 이런 수학공식들은 문헌을 통해서 매우 쉽게 찾을 수 있다. 예를 들어, **코시법칙**과 같은 **분산법칙**에 따르면,

$$n(\lambda) = A + \frac{B}{\lambda^2} + \frac{C}{\lambda^4}$$

또는 **셀마이어 법칙**에 따르면,

$$n^2(\lambda) = 1 + \sum_j \frac{B_j\lambda^2}{\lambda^2 - C_j}$$

등이 유전체에 대해서 일반적으로 사용된다. 만일 박막층이 약간의 흡수특성을 가지고 있다면, **드루드-로렌츠 모델**이 잘 맞는다. 만일 박막층이 다공질 실리카(공동이 포함된 실리카)처럼 둘 또는 그 이상의 소재들이 물리적으로 혼합되어 있는 것으로 간주할 수 있다면, **브루그만 모델** 같은 **유효매질근사법칙**이 일반적으로 사용된다. 이런 정보들로부터, 적층의 각 계면에서 발생하는 프레넬 계수값들을 산출할 수 있다. 두 개의 계면 사이에서는 파동의 다중반사와 투과를 진폭에 합산하여 고려해야만 한다. 예를 들어, 기판 위에 하나의 층이 증착되어 있다면 진폭에 대한 **글로벌 반사계수**는 다음과 같이 주어진다.

$$r = \frac{r_{0l} + r_{ls}\exp(-2i\delta)}{1 + r_{0l}r_{ls}\exp(-2i\delta)}$$

여기서 r_{0l}과 r_{ls}는 각각 공기층/박막과 박막/기판 계면에서의 **프레넬 반사계수**이며, δ는 다음과 같이 주어진다.

$$\delta = 2\pi\frac{t}{\lambda}\sqrt{N^2 - N_0^2\sin^2\varphi_0}$$

여기서 t는 박막의 두께, N은 박막의 굴절계수, φ_0는 입사각도로서, 일반적인 반사계 셋업에서는 0이다. 결과적으로, 시편을 모사하기 위해서 제안된 모델의 파장길이에 따른 이론적인 글로벌 반사율을 계산할 수 있다.

$$R = |r|^2$$

일반적으로 최소화방법인 **레벤버그-마콰드 알고리즘**을 적용하여 두께와 모델에서 고려한 굴절률 법칙의 계수값들에 대한 평가를 통한 물리적 변수들의 조절을 위한 최적화된 값을 구한다. 최소화의 품질은 0(정합도가 나쁨)에서 1(완벽하게 정합됨) 사이의 값을 갖는 **적합도(GOF)**라는 이름의 계수로 나타낸다.

6.1.5 결론

비파괴, 비침습이면서도 사용하기 편리한 측정기법인 반사법은 적층의 각 층들에 대한 물리적 변수들을 산출하기 위한 박막층에 대한 모델을 필요로 한다. 이 기법의 성공은 수치모델이 얼마나 실제현상을 잘 모사하느냐에 달려 있다.

6.2 3차원 집적회로 실리콘관통비아의 저밀착성 간섭계

6.2.1 형상과 두께의 광학식 측정

6.2.1.1 3차원 집적회로 실리콘관통비아의 형상측정 필요성

제3의 차원을 공략하기 위해서 실리콘관통비아를 사용하게 되면서, 매우 작은 형상계수값을 유지하면서 두 개보다 훨씬 더 많은 수의 다이를 적층할 수 있는 길이 열렸다. 그런데 **그림 6.3**에 도시되어 있는 것처럼 더 많은 숫자의 층들을 적층하면서, 두께와 형상관리에 대한 요구조건이 점점 더 엄격해지게 되었다. 따라서 실리콘관통비아를 기반으로 하는 3차원 집적회로 계측분야에서 가장 큰 이슈는 매우 넓은 범위에 대해서 다수의 층들이 중첩되어 있는 경우에 두께와 형상을 비파괴적으로 측정하는 것이다. 적층된 전체의 높이는 수[mm]에 달하는 반면에, 일부 관심층의 두께는 수[μm]에 불과하다. 시편을 관통하는 파장을 조사하고 반사파를 관찰하는 단층촬영기법이 이런 측정에 매우 유용하다. 다양한 파장들을 사용할 수 있으며, 이 책에서는 엑스레이, 초음파, 음파 및 근적외선 등을 사용하는 방안에 대해서 논의할 예정이다. 특정한 관심층에 대한 광학식 측정방법은 적당한 비용으로 고분해능과 고속 측정을 구현할 수 있다. 그런데 검출이론이 간단하지 않으며, 이 장에서 의도하는 바는 중요한 인자들을 파악하고 다양한 측정개념과 실제적용 사이의 차이를 이해하기 위한 충분한 정보를 제공해주는 것이다.

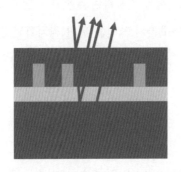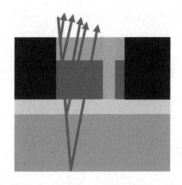

그림 6.3 다양한 다중층 구조의 광학반사에 대한 개념도 (컬러 도판 p.482 참조)

6.2.1.2 저간섭성 간섭계를 이용한 형상측정

미세전자 디바이스들에 사용되는 많은 소재들은 근적외선에 대해서 투명하므로 다이의 한쪽에서 광선을 조사하여 박막층을 투과시킬 수 있다. 두 가지 소재들 사이의 각 계면이 서로 다른 굴절률을 가지고 있으면 광선 중 일부가 반사된다. 만일 펄스형 조명을 사용하며 광검출기로 반사된 펄스의 도착시간을 기록한다면, 표면들 사이의 광학거리를 계산할 수 있다. 그런데 1[μm]의 거리를 광선이 이동하는 시간은 3×10^{-15}[s]에 불과하기 때문에, **크로노미터**를 사용해서는 이 정밀도를 구현할 수 없으므로, 이런 기법을 구현하기 위해서는 펨토초 레이저와 복잡한 검출기법이 필요하다.

이에 대한 대안으로는 간섭의 **통문효과**[1]를 사용하는 방법이 있다. 광선이 간섭계를 통과하면, 두 개의 팔들 사이에 존재하는 광학경로 차이에 의해서 출력이 변조된다. 이런 **변조효과**는 **간섭길이**라고 부르는 거의 광학경로 길이차이가 없는 거리 주변에 대해서만 발생한다. 저간섭성 광원을 사용하는 경우에는 간섭길이가 수 마이크로미터에 불과할 정도로 작으며, 변조효과 발생이 계면의 위치를 정밀하게 나타내준다. 비행시간 측정개념과 연결하여 강조하기 위해서 펄스가 측정용 광선경로와 기준광선경로로 나누어진다고 생각할 수 있으며, 검출기에 동시에 도달하는 프린지 버스트를 포함하는 두 에코신호를 정밀하게 검출할 수 있다. 그런 다음, 기준광선경로를 따라 거리를 스캐닝하는 것은 완벽한 크로노미터가 측정한 시간곡선을 천천히 재구성하는 것과 마찬가지이다. 따라서 다양한 셋업하에서 저간섭성 간섭계를 사용하여 광학 단층촬영을 수행할 수 있으므로, 용도에 따라서 비용, 정확도 그리고 속도 사이의 절충이 가능하다. 이제부터는 이

----

1   gating effect

기법의 성능을 지배하는 주요 인자들에 초점을 맞추어 관련 이론에 대해서 더 자세히 살펴보기로 한다.

6.2.2 광간섭성 단층촬영기의 원리

6.2.2.1 기본원리

그림 6.4에서는 저간섭성 광원, 한쪽 광선경로가 샘플로 향하는 진폭분할간섭계, 검출기 등을 포함하는 일반적인 **광간섭성 단층촬영기(OCT)** 셋업을 보여주고 있다. $k = \dfrac{2\pi}{\lambda}$ 는 파장의 개수이며 ω 는 파동일 때에, 입사광선은 전기장 $E_i = s(k, \omega)e^{i,(kz - \omega t)}$ 로 나타낼 수 있다. 단순화를 위해서, 평형이 맞춰진 빔 분할기를 가정한다. 따라서 기준광선경로로부터 반사된 전기장은 $E_R = \dfrac{E_i}{\sqrt{2}} R_R e^{i2k_{z_R}}$ 이다. 여기서 R_R 은 복소 반사계수이며 Z_R 은 빔분할기에서 기준반사경까지의 광학경로길이이다. 마찬가지로, 각 스텝 인덱스로부터 반사되어 검출기 쪽으로 전파되는 전기장은 $E_S = \dfrac{E_i}{\sqrt{2}} r_s e^{i2k_{z_S}}$ 로 나타낼 수 있다. 반사광선의 강도는 스텝 인덱스에 의존한다. 표면에 수직 입사되는 광선의 경우 반사계수 $R_{S_n} = \left(\dfrac{n_{S_{n-1}} - n_{S_n}}{n_{S_{n-1}} + n_{S_n}} \right)^2$ 이다. 그 결과 공기와 실리콘 사이의 반사계수 차이는 매우 큰 반면에 유리와 접착제 사이의 반사계수 차이는 약 30%에 불과하다.

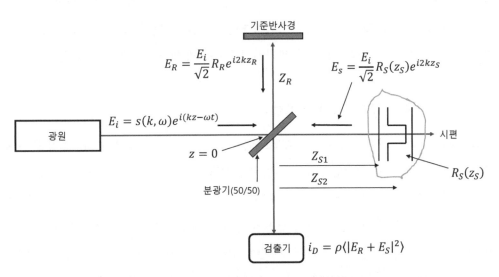

그림 6.4 광간섭성 단층촬영기에 일반적으로 사용되는 마이컬슨 간섭계

광선은 빔분할기를 통하여 되돌아오며, 검출기에서 합해져서 $I_D(k, z_R) = \dfrac{\rho(k)}{2} \langle |E_R + E_S|^2 \rangle$ 의 전류가 생성되며, 여기서 ρ는 검출기의 스펙트럼 응답이다.

궁극적으로 파장길이와 광학경로 차이에 따라서 측정된 전류강도는 다음과 같이 나타낼 수 있다.

$$
\begin{aligned}
I_D(k, z_R) = {} & \frac{\rho(k)}{4}\left[S(k)(R_R + R_{S1} + R_{S2} + \cdots)\right] \\
& + \frac{\rho(k)}{2}\left[S(k)\sum_{n=1}^{N}\sqrt{R_R R_{Sn}}\cos\{2k(z_R - z_{Sn})\}\right] \\
& + \frac{\rho(k)}{4}\left[S(k)\sum_{n \neq m=1}^{N}\sqrt{R_{Sn}R_{Sm}}\cos\{2k(z_{Sn} - z_{Sm})\}\right]
\end{aligned}
$$

위 식에서 거리는 변수 z로 나타내고 있다. 하지만 이 거리는 기하학적 거리와 굴절률의 곱을 합산한 값이라는 점을 명심해야 한다.

이 식은 3개의 항들로 이루어진다. 첫 번째 항은 광학경로 길이차이와는 무관하며 완전 비간섭성 광선의 반사에 해당한다. 이 항은 프린지 변조를 지원하는 연속성분이다. 일반적으로 **상호상관항**이라고 부르는 두 번째 항은 광학경로차이에 직접적으로 의존한다. 이 항은 기준반사경에 대한 시편 표면의 위치에 대한 정보를 포함하고 있다. **자기상관항**이라고 부르는 세 번째 항은 시편의 서로 다른 두께들에 대한 정보를 포함하고 있다. 또한 전류는 k 및 z_R에 대해서 주기적인 특성을 나타낸다. 결과적으로 인터페로그램을 기록하는 데에는 광학경로차이나 파장을 스캐닝하는 두 가지 방법이 있다. 첫 번째 방법을 **시간도메인 광간섭성 단층촬영기**(TD-OCT)라고 부르는 반면에 두 번째 방법을 **푸리에 도메인 광간섭성 단층촬영기**(FD-OCT)라고 부른다.

6.2.2.2 시간도메인 광간섭성 단층촬영기

단일파장에 의해서 얻어진 원래의 신호강도에는 기준반사경으로부터의 거리정보가 층의 두께 정보와 함께 섞여 있으며, 코사인 함수는 주기적인 성질을 가지고 있기 때문에, 이를 해석하기가 어렵다. 광학경로 차이가 증가하게 되면 프린지들의 번짐이 발생하기 때문에 광대역 스펙트럼을 사용하여야 해석이 훨씬 쉬워진다. 만일 광원의 간섭 길이가 층 두께보다 작다면, 자기상관항이 소거된다. 이런 현상을 설명하기 위해서, 광원이 가우시안 스펙트럼을 가지고 있으며, 검출기는 일정한 민감도를 가지고 있는 경우에 대해서 전류밀도를 나타내 보기로 한다. 파장갯수에 대해서 전류를 적분하면 다음 식을 얻을 수 있다.

$$I_D(z_R) = \frac{\rho}{4} \left[S_0(R_R + R_{S1} + R_{S2} + \cdots) \right]$$
$$+ \frac{\rho}{2} \left[S_0 \sum_{n=1}^{N} \sqrt{R_R R_{Sn}} \, e^{-(z_R - z_{Sn})^2 \Delta k^2} \cos\{2k_0(z_R - z_{Sn})\} \right]$$

여기서 $S_0 = \int_{-\infty}^{+\infty} S(k)dk$는 전체 스펙트럼 대역에 대해서 광원에서 방사된 출력, k_0는 중심 파장의 파수, Δk는 스펙트럼의 반치전폭이다. 이제 전류강도는 첫 번째 항 중에서 비간섭 반사의 경우에 해당하는 상수항과 국부 모듈레이션 항들이 합산된 두 번째 항으로 구성되었다.

이 식으로부터, 기록된 인터페로그램은 $\lambda_0/2$의 주기로 변조되며, 이 변조는 **그림 6.5**에 도시되어 있는 것처럼, 표면의 위치에 대해서 중심을 맞추고 있으며, 폭은 간섭길이와 동일한 **엔빌로프2**에 의해서 변형된다. 신호처리과정은 엔빌로프를 구하기 위한 인터페로그램의 복조와 피크위치 검출로 이루어진다.

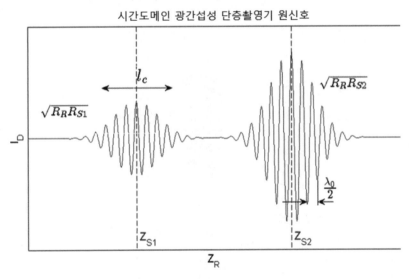

그림 6.5 두 개의 표면으로 이루어진 시편에 대해서 시간도메인 광간섭성 단층촬영기로 측정한 원래의 신호

---

2 envelope: 파형의 끝을 서로 연결하여 파형을 둘러싸듯이 그려진 선. 음악용어사전

그 결과, 축방향 분해능은 간섭길이에 의해서 직접적으로 결정되며, 다음과 같이 나타낼 수 있다.

$$\delta z = l_c = \frac{2\ln(2)}{\pi}\frac{\lambda_0^2}{\Delta\lambda}$$

축방향으로의 측정범위는 물체의 **공초점 피사계심도(DOF)**나 기준반사경의 스캐닝범위 중에서 작은 값에 의해서 제한된다. 대부분의 실제적인 경우, 측정대상물체의 전체 범위를 포함할 수 있도록 광학지연선이 설계된다. 그러면, 공초점 현미경의 피사계심도와 측면방향 분해능이 동일하며, 파장길이와 광선의 유효 개구수에 의해서만 결정된다.

$$DOF = \frac{0.56\lambda}{\sin^2\left\{\dfrac{\arcsin(NA)}{2}\right\}} \quad , \qquad \delta x = 0.37\frac{\lambda_0}{NA}$$

그림 6.6에서는 이러한 세 가지 특성값들에 대해서 설명하고 있다.

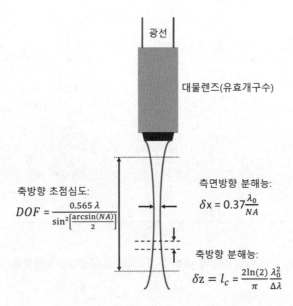

그림 6.6 광학간섭 단층촬영의 특성값 요약

이제는 **신호 대 잡음비(SNR)**에 대해서 살펴보기로 한다. I_D 신호를 구성하는 유용한 항들은 프린지 진폭이며 그 최댓값은 $Z_R = Z_S$일 때에 대해서 구한다.

$$Signal = I_D^2 = \frac{\rho^2 S_0^2 R_R R_S}{8}$$

많은 노이즈들이 측정신호에 유입되지만, 기본적인 한계는 **산탄노이즈**에 의해서 지배된다.

$$noise = \sigma_{shotnoise}^2 = \frac{e\rho S_0 \Delta f(R_R + R_S)}{2}$$

여기서 e는 전자의 전하량이며 Δf는 전자대역폭이다. 따라서 신호 대 잡음비는 다음과 같이 주어진다.

$$SNR = \frac{\rho S_0}{4e\Delta f} \frac{R_R R_S}{R_R + R_S}$$

실용적 기반에서 시스템을 비교하기 위해서는, $\Delta f \approx \frac{f_m M}{2}$ 라 할 때, 신호 대 잡음비를 측정주파수 f_m과 분해능 요소의 숫자 $M = \frac{\Delta Z}{\delta z} = \frac{\Delta Z}{l_c}$에 대해서 나타내는 것이 편리하다.

$$SNR = \frac{\rho S_0}{2ef_m M} \frac{R_R R_S}{R_R + R_S}$$

비가우시안 광원과 스펙트럼 민감도가 균일하지 않은 검출기를 사용하는 더 일반적인 경우에는 위 식과 매우 유사한 거동을 나타낸다. 가장 큰 차이는 소재 굴절계수의 파장의존성에 의해서 유발된다. 그 결과, 모든 파장길이들에 대해서 동시에 0의 광학경로차이를 얻는 것이 불가능하므로, 스펙트럼이 너무 넓으면 진폭이 감소하는 큰 엔빌로프가 만들어진다. 실제적으로는, 이 현상이 큰 두께를 측정할 때에 사용할 수 있는 최소간섭길이에 한계를 생성한다.

6.2.2.3 푸리에 도메인 광간섭성 단층촬영기

푸리에 도메인 광간섭성 단층촬영기에서는 기준반사경이 움직일 필요가 없으며, $I_D(k)$ 신호는 직접 기록된다. 이를 구현하기 위한 방법도 광선을 간섭계 전이나 후에 분해하는 두 가지 방법이 주로 사용된다. 간섭계 전에 광선을 분해하는 방법은 분광기가 필요하며 **스펙트럼 도메인 광간섭성 단층촬영기(SD-OCT)**라고 부른다. 간섭계 후단에서 광선을 분해하는 방법은 빠르고 정확하게 파장길이를 변화시킬 수 있는 효과적인 간섭성 광원을 기다려야 했으며 현재는 이를 **스윕광원 광간섭성 단층촬영기(SS-OCT)**라고 부른다. 이 경우 파장스윕이 이루어지며, 특수한 검출기가 시간에 따른 광선강도를 기록한다. 두 경우 모두 광선강도 스펙트럼이 만들어지며, 동일한 방식으로 이를 나타낼 수 있다.

그림 6.7에서는 표면이 하나인 경우와 두 개인 경우에 기록된 스펙트럼을 보여주고 있다. 좌측 그림의 경우, $I_D(k)$의 방사스펙트럼에 대한 중심값으로부터 가우시안 형상을 구분할 수 있다. 기준광선경로와 시편광선경로로부터 반사된 빔들 사이의 간섭으로 인하여 이 중심선이 $\dfrac{\pi}{Z_R - Z_S}$ 의 주기로 변조된다. 우측 그림의 경우, 두 번째 평면이 추가되면서 복잡성이 증가하였다. 여기에는 최소한 세 가지 변조가 섞여 있다. 이들 중 두 개는 기준 반사경과 각 표면들 사이에서 발생하는 것이며, 나머지 하나는 두 평면들 사이에서 발생하는 것이다. 반도체 분야에서 자주 발생하는 것처럼, 만일 스텝 인덱스가 크다면, 두 배 또는 세 배의 주파수로 추가적인 변조가 발생할 정도로 다중반사가 강하게 발생한다.

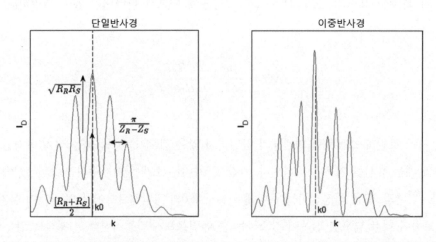

그림 6.7 표면이 하나인 경우(좌측)와 두 개인 경우(우측)에 푸리에영역 광간섭 단층촬영을 사용하여 측정한 원래 신호

신호처리과정에서는 일반적으로 파장 스펙트럼을 파수로 재매핑한 다음에 푸리에 변환을 수행한다. 다음에서는 가우시안 스펙트럼과 일정한 민감도를 가지고 있는 검출기가 사용되는 경우의 해석적인 공식들을 살펴보기로 한다.

$\gamma(z) = e^{-z^2 \Delta k^2}$는 스펙트럼 $S(k) = \dfrac{1}{\Delta k \sqrt{\pi}} e^{-\left(\frac{k-k_0}{\Delta k}\right)^2}$의 푸리에 변환이며, δ는 다이렉함수 그리고 $\otimes$는 콘볼루션[3]이라고 할 때에 다음 식을 얻을 수 있다.

$$I_D(z) = \frac{\rho}{8}\{\gamma(z)(R_R + R_{S1} + R_{S2} + \cdots)\} + \frac{\rho}{4}\left[r(z) \otimes \sum_{n=1}^{N} \sqrt{R_R R_{Sn}} \, \delta\{z \pm 2(z_R - z_{Sn})\}\right]$$
$$+ \frac{\rho}{8}\left[\gamma(z) \otimes \sum_{n \neq m = 1}^{N} \sqrt{R_{Sn} R_{Sm}} \, \delta\{z \pm 2(z_{Sn} - z_{Sm})\}\right]$$

첫 번째 항은 반사출력에 비례하는 상수값이다. 두 번째 항은 기준 반사경과 표면 사이의 광학경로차이에 해당하는 위치에서의 피크를 나타낸다. 피크의 폭 $\gamma(z)$는 광원의 스펙트럼 간섭길이와 직접 연관되어 있다. 이 피크는 광학경로차이가 0인 위치 주변에 대칭적으로 위치한다는 점에 주의해야 한다. 추가적인 정보가 없다면, 기준 반사경으로부터의 거리에 대한 부호를 결정할 수 없다. 실제의 경우, 모든 표면들은 기준반사경과 같은 쪽에 배치되어 있으므로, I_D의 절반만이 사용된다. 마지막 항은 시편 표면의 광학두께에 대한 피크값을 나타낸다. 만일 두께측정에만 관심이 있다면, 기준반사경을 제거한 다음에 자기상관 피크만을 측정하면 되며, 이는 주파수도메인 반사계 셋업과 동일하다. 푸리에 도메인 광간섭성 단층촬영기의 신호처리방법에 대한 개략도가 **그림 6.8**에 도시되어 있다.

시간도메인 광간섭성 단층촬영기에서와 마찬가지로, 축방향 분해능은 간섭길이에 의해서 제한된다. 축방향 피사계심도의 한계에 의해서 제한되는 최대 측정범위는 스펙트럼 분해능 $\delta\lambda$에 의해서 다음과 같이 결정된다.

$$Z_{mzx} = \frac{\lambda_0^2}{4\delta\lambda} \simeq \frac{N}{2}l_c$$

---

3 convolution: 중첩적분

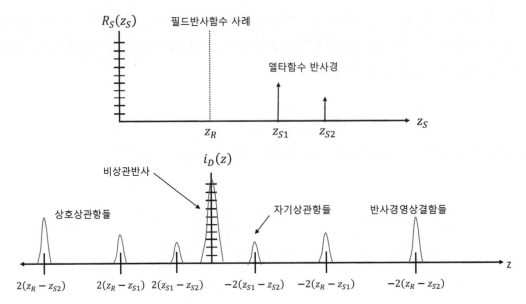

그림 6.8 시편 측 광선경로에 두 개의 표면이 존재하는 경우에 푸리에 도메인 광간섭성 단층촬영기에서 처리된 신호의 개략도

여기서 $N = \dfrac{\Delta\lambda}{\delta\lambda}$ 는 분리된 스펙트럼 채널의 숫자이다. 측면방향 분해능은 여전히 물체 측 개구수에 의해서 결정된다.

신호 대 노이즈 비율을 구하기 위해서는 최대 피크에서 구한 신호를 나타낼 수 있어야 한다.

$$Signal = I_D^2(z = z_s) = \frac{\rho^2 S_0^2 R_R R_s}{16}$$

각 스펙트럼 채널에서는 산탄노이즈가 발생한다. 이 값들은 각 채널 사이에 상호연관성이 존재하지 않으며, 푸리에 변환 이후에 노이즈를 평가하기 위해서 이 값들을 합한다.

$$noise = \sigma^2 = \frac{e\rho S_0 \Delta f(R_R + R_S)}{2}$$

따라서 신호 대 노이즈비율은 다음과 같이 구해진다.

$$SNR = \frac{\rho S_0}{8e \Delta f} \frac{R_R R_S}{R_R + R_S} \simeq \frac{\rho S_0}{8e f_m} \frac{R_R R_S}{R_R + R_S}$$

지금까지 광간섭성 단층촬영기의 기초원리에 대해서 살펴보았다. 지금부터는 이를 실제로 적용한 결과에 대해서 논의하기로 한다.

6.2.2.4 실제적 고려사항

광간섭성 단층촬영은 중첩된 층들의 거리와 두께를 측정하는 기법이다. 따라서 주요 관심인자들은 축방향 및 측면방향 분해능, 축방향 측정범위, 측정의 반복률 그리고 저반사 계면 또는 거칠고 소재들이 섞인 계면을 검출하는 능력 등이다.

대부분의 광간섭성 단층촬영기 셋업은 주 광학보드에서 시편으로 광선을 안내하기 위해서 광파이버를 사용하므로, 측면방향 분해능과 축방향 공초점 게이팅 같은 **공초점 현미경**이 가지고 있는 일부 특성들을 공유한다. 그런데 개구수에는 의존하지 않으며 스펙트럼 폭에만 의존하는 부분간섭효과를 사용하므로 축방향 분해능을 향상시킬 수 있다. 스펙트럼이 80[nm] 이상이며, 1, 1.3 또는 1.5[μm] 파장의 빛을 방사하는 **초발광다이오드**(SLD)를 사용할 수 있게 되면서, 공기 중에서 10[μm] 미만의 간섭길이를 구현할 수 있다. 가정용 텅스텐 전구와 같은 열원도 사용된다. 이 전구의 넓은 스펙트럼은 센서의 스펙트럼 민감도대역 전체를 포함하므로, 광원의 밝기가 초발광다이오드에 비해서 수백 배 떨어지기 때문에 신호 대 잡음비가 나빠지지만, 가장 얇은 두께를 측정할 수 있다.

이런 특징들을 고려하면 시간도메인 광간섭성 단층촬영기(TD-OCT)와 스펙트럼 도메인 광간섭성 단층촬영기(SD-OCT)는 동일한 성능을 가지고 있다. 가장 큰 차이점은 신호 대 노이즈 비율 분석에 있으며, **획득률** f_m이 동일한 경우에 이들의 표현식은 다음과 같이 주어진다.

$$SNR_{TD-OCT} \simeq \frac{\rho S_0}{2e f_m M} \frac{R_R R_S}{R_R + R_S}$$
$$SNR_{SD-OCT} \simeq \frac{\rho S_0}{8e f_m} \frac{R_R R_S}{R_R + R_S}$$

스펙트럼 도메인 광간섭성 단층촬영기는 M/4만큼의 이득을 가지고 있다는 것을 알 수 있다. 여기서 M은 축방향 스캔 범위와 간섭길이 사이의 비율이다. 이 값은 전형적으로 100 정도로 매우 큰 값이기 때문에, 스펙트럼 도메인 광간섭성 단층촬영기는 거칠은 표면의 측정, 매우 약한 반사를 일으키는 스텝 인덱스가 매우 작은 계면의 측정, 또는 신호 대 잡음비는 일정하게 유지하면서 획득률을 높이려 하는 경우에 가장 좋은 선택이다. 1[kHz] 이상의 획득률은 일반적으로 구현할 수 있다. 스펙트럼 도메인 광간섭성 단층촬영기는 또한 각 파장길이들을 독립적으로 검출할 수 있다는 장점을 가지고 있어서, 굴절률의 스펙트럼 편차를 고려할 수 있으며 신호처리 과정에서의 분산을 보상할 수 있다. 그런데 신호를 올바르게 사용하기가 더 어렵다. 즉, 신호의 자기상관항들로부터 상호상관항들을 분리해야만 한다. 반사경을 표면으로부터 먼 위치에 배치하여 두께와 매우 다른 범위에서 작동하도록 만들어서 혼란을 피해야 한다. 그런데 이로 인하여 유효 축방향 측정범위가 크게 감소하게 된다. 이에 대한 대안은 하나의 위치에 대해서 기준 반사경을 움직여 가면서 신호를 여러 번 측정하는 것이다. 상호상관 피크들만이 이에 영향을 받기 때문에, 이들을 안전하게 구분할 수 있다.

스펙트럼 도메인 광간섭성 단층촬영기의 또 다른 문제는, 만일 두 층들이 유사한 두께를 가지고 있다면, 일부 피크들이 중첩된다는 것이다. 더욱이 굴절률이 큰 반도체 소재들을 다룰 때에는 반사율이 증가하므로 다중반사도 함께 검출된다. 이로 인하여 실제 두께의 두 배와 세 배에서도 진폭은 감소하지만 피크가 나타난다. 이런 다중반사와 자기상관항들의 존재로 인하여, 접착제 층을 사용하여 베어 웨이퍼 두 장을 접착한 단순한 적층의 경우에도 일반적으로 십여 개의 피크들이 발생하며, 이로 인하여 자동측정이 어려워진다.

반면에, 시간도메인 광간섭성 단층촬영기는 모든 피크들을 직접 저장하며 계면의 숫자보다 많지 않기 때문에 해석 과정에서 혼란이 발생하지 않는다. 물체에 대한 제약과는 별개로, 시간도메인 광간섭성 단층촬영기의 스캐닝 범위를 확대하기 위해서는 지연선 확장만이 필요한 반면에, 스펙트럼 도메인 광간섭성 단층촬영기의 경우에는 축방향 범위가 근적외선 분광기 또는 스윕광원 기술에 의해서 제한되며 더디게 발전하고 있다. 지금까지는 시간도메인 광간섭성 단층촬영기가 적층의 측정에 좋은 수단으로 사용되고 있는 반면에, 스펙트럼 도메인광간섭성 단층촬영기는 작은 두께, 고속 또는 거칠은 표면이나 작은 굴절계수 대비로 인하여 에코가 약한 경우의 측정에 잘 사용되고 있다.

광간섭성 단층촬영기의 가장 큰 제약은 기본적으로 광학적 특성에 기인한다. 우선, 광선은 투명한 적층만을 통과하며, 금속층이나 흡수성 레지스트의 뒤쪽을 측정할 수 없다. 그럼에도 불구하고, 일부의 경우에는 적층의 양쪽을 측정하여 이런 한계를 극복하였다. 두 번째로, 이 기법은 광학경로를 측정하기 때문에 절대적인 기하학적 거리를 측정하기 위해서는 **군굴절률**[4]을 알아야만 한다. 3차원 집적회로용 실리콘관통비아에서 사용되는 대부분의 소재들에 대한 특성분석은 이미 완료되었지만, 정확한 제조공정에 따라서 굴절률이 약간씩 변화한다. 일반적으로, 대부분의 경우에는 모니터링 공정에 적용하기 때문에, 이것은 실제적인 제약이 되지 못하지만 서로 다른 기법을 사용하는 장비 간의 매칭을 수행할 때에는 이를 고려해야만 한다. 주요 3차원 집적공정 단계들 중에서, 실리콘관통비아 에칭, 웨이퍼/캐리어 접착, 박막가공 그리고 실리콘관통비아 노출용 에칭 등과 같은 일부 공정들은 웨이퍼에 강한 불균일을 생성한다. 이러한 3차원 공정들은 실제적으로 특정한 불균일 신호를 생성하여 최종적인 웨이퍼에서 누적분산을 초래한다. 이는 공정의 실행과 공정의 모니터링 모두의 측면에서 정확하고 반복성 있는 계측을 활용하기 위해서 매우 중요한 사항이다.

에칭공정에서 실리콘관통비아의 깊이를 분석하기 위해서 간섭계 기법을 활용할 수 있다. 한 가지 방법은 비아(또는 여러 개의 비아들)에 조명을 조사하고 표면과 실리콘관통비아의 바닥에서 반사되는 광선을 분석하는 것이다. 인터페로그램 사이의 거리는 조명이 조사된 비아의 깊이와 직접적인 관계를 가지고 있다.[1] 또 다른 방법은 바닥에서 웨이퍼에 조명을 조사하고 웨이퍼의 실리콘 두께와 웨이퍼 뒷면과 실리콘관통비아 바닥 사이의 두께를 측정하는 것이다. 실리콘관통비아의 임계치수는 백색광 또는 근적외선을 사용하여 현미경으로 측정할 수 있다.

웨이퍼를 임시 캐리어에 부착하여 박막가공을 수행한다. 웨이퍼를 실리콘이나 유리소재의 캐리어에 접착한 다음에 최종 두께로 박막가공을 수행하여 뒷면 쪽의 실리콘관통비아를 노출시킨다.

이런 방법을 수행하기 위해서는 총적층두께뿐만 아니라 각 층(웨이퍼, 접착제 및 캐리어)의 개별적인 두께에 대한 측정이 필요하다. 적외선 간섭계는 이런 공정관리를 위한 측정기법이다. 웨이퍼 뒷면과 실리콘관통비아의 바닥 사이에 존재하는 **실리콘잔류두께**(RST)도 측정해야 한다. 적외선 간섭계를 사용하여 이 측정을 수행할 수 있다. 전역필드 간섭계를 사용하여 실리콘관통비아 노출공정이 종료된 다음에 돌출높이 균일성과 동일평면성을 측정할 수 있다. 중간비아공정의 경우, 웨이퍼 표면 전체에 걸쳐서 돌출높이 균일성은 실리콘관통비아 에칭, 임시접착 및 박막가공 등을 포함하는 이전의 모든 공정단계들의 공정 균일성에 의존한다.[2]

그림 6.9에 도시되어 있는 하나의 계측장비를 사용하여 모든 공정단계들을 관리할 수 있다.

---

4   group index

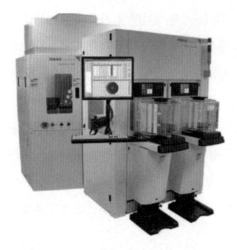

그림 6.9 FOGALE 나노텍社의 T-MAP DUAL 3D

6.2.3 결론

광학간섭 단층촬영기법들은 깊이 매립되어 있는 경우에조차도 현미경 분해능을 가지고 고속, 비침습적으로 수 [μm]에서 수 [mm]에 이르는 두께를 측정할 수 있기 때문에 3차원 집적회로 실리콘관통비아의 측정에 매우 잘 적용되고 있다.

6.3 연삭을 위한 실리콘과 접착제 두께측정

6.3.1 서언

칩들 사이의 전기연결에 실리콘관통비아를 사용하면 배선 길이를 크게 줄일 수 있고, 고속, 저전력 소모, 작은 치수, 더 많은 신호선 연결 등의 이점을 가지고 있기 때문에, 기존 배선방법에 비해서 큰 장점을 가지고 있다. 실리콘관통비아를 사용하면 아날로그/디지털 집적회로와 메모리/로직 집적회로들을 포함하는 서로 다른 유형의 칩들을 적층하여 고기능성 반도체를 제조할 수 있을 것으로 기대된다. 이런 장점들 때문에, 많은 업체들이 실리콘관통비아를 상업적으로 적용하기 위한 노력을 경주하고 있다. 그런데 실리콘관통비아를 반도체 제조에 널리 사용하기 전에 극복해야만 하는 기술적 도전요인들이 존재한다.

이런 도전요인들 중 하나가 생산비용을 낮추고 수율을 높게 유지하면서 실리콘관통비아가 성형되어 있는 웨이퍼의 뒷면을 연삭하는 최적의 조건을 찾아내는 것이다. 레이저텍社에서는 이를 위하여 뒷면연삭공정 측정 시스템인 BGM300을 출시하였다.

6.3.2 실리콘관통비아 웨이퍼 제조방법과 연삭문제

반도체 칩 위에 실리콘관통비아를 생성하는 방법은 여러 가지가 있다. 이들 중에서 반도체 제조에 가장 일반적으로 적용되는 방법은 아마도 중간비아라고 부르는 방법일 것이다.

전형적인 중간비아방법의 경우, 다음의 순서로 웨이퍼를 제작한다(**그림 6.10**에 각 단계별 단면도가 도시되어 있다).

1. 트랜지스터 성형, 비아구멍의 심부에칭, 도전성 소재로 비아구멍 충진, 배선층 생성
2. 접착제를 사용하여 실리콘관통비아 웨이퍼의 표면에 지지용 웨이퍼 접착
3. 실리콘관통비아 웨이퍼의 뒷면을 연삭가공하여 웨이퍼를 얇게 만든다. 만일 연삭가공이 지나치면, 구리가 갈려나가면서 구리오염이 발생한다.
4. 구리오염을 방지하기 위해서는 비아 바닥이 노출되기 직전에 연삭가공을 중지해야 한다. 그런 다음 에칭가공을 통해서 비아 바닥으로 노출시킨다. 만일 연삭 후의 실리콘잔류두께가 너무 두껍다면, 후속 에칭공정에 너무 많은 비용과 시간이 소요된다. 반면에 너무 많이 연삭하면, 구리오염이 발생한다.

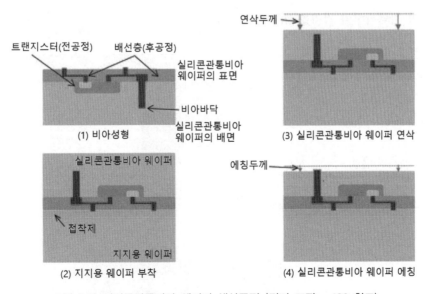

그림 6.10 실리콘관통비아 웨이퍼 생산공정 (컬러 도판 p.483 참조)

정확한 양의 실리콘잔류두께만을 남기도록 멈춤위치를 미리 설정하여 정밀한 연삭을 수행하기 위해서는 지지용 웨이퍼의 뒷면에서 각 비아 바닥까지의 거리를 알아야만 한다. 이 거리는 지지용 웨이퍼의 두께, 접착선 두께 그리고 비아깊이의 합과 같다. 접착선의 두께와 비아깊이는 웨이퍼상의 위치마다 변하는 경향이 있다. 특히 접착선 두께의 편차는 수[μm]에 달할 정도로 매우 크다. 따라서 지지용 웨이퍼의 전체 면적에 대해서 뒷면에서 연삭의 끝점까지의 거리분포를 측정하여 비정상적인 접착선 두께나 비아깊이 등을 검출하는 것이 중요하다. 레이저텍社에서 개발한 BGM300은 이런 요구조건들을 충족시킬 수 있는 정밀한 측정을 구현할 수 있다.

6.3.3 BGM300의 특징

BGM300은 두 가지 광학기술을 채용하고 있다. 실리콘관통비아 웨이퍼의 뒷면에서 비아 바닥과 같은 웨이퍼 내부의 반사물체까지의 거리를 측정하기 위해서 적외선 간섭계가 사용되며 접착된 웨이퍼의 총두께를 측정하기 위해서 센서가 사용된다.

BGM300 적외선 간섭 광학계는 위상시프트 측정기와 새로 개발된 적외선 광학계를 갖춘 간섭계이다(그림 6.11). 대물렌즈를 통과하여 조사되는 적외선 중 일부는 실리콘관통비아 웨이퍼의 뒷면에 의해서 반사되며, 나머지 광선은 웨이퍼를 통과하여 비아의 바닥에서 반사된다. 두 가지 반사광선이 간섭계 끝에 설치되어 있는 적외선 카메라에 도달하게 된다. 광선강도의 변화로부터 두 광선들 사이의 위상 시프트를 측정한다. 이런 원리에 기초하여, 실리콘관통비아 웨이퍼의 뒷면에서 비아 바닥까지의 거리를 정확하게 측정할 수 있다.

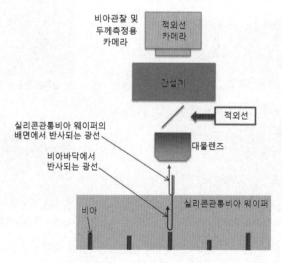

그림 6.11 적외선 간섭계의 광학계 구성

접착된 웨이퍼의 총두께(**그림 6.12**의 B)로부터 적외선 간섭계를 사용하여 측정한 웨이퍼 뒷면과 비아 바닥 사이의 거리(**그림 6.12**의 A)를 차감하여 지지용 웨이퍼의 뒷면에서 비아 바닥까지의 거리(**그림 6.12**의 C)를 정확하게 계산할 수 있다.

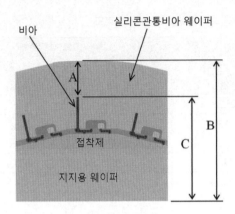

그림 6.12 비아 바닥 높이 C의 측정 (컬러 도판 p.483 참조)

적외선의 통과를 차단하는 프린트된 패턴들이 표면에 배치되어 있지 않은 영역에서는 적외선 카메라가 접착제의 상부면과 하부면에서 반사되는 광선파장들의 간섭을 포착할 수 있다. 광선강도를 사용하여, 접착제의 두께를 측정할 수 있다. BGM300은 이들 두 표면에서 반사되는 광선의 위상 시프트에 기초하여 두 표면 사이의 거리를 직접 측정하며, 비아의 형상이나 웨이퍼의 레이아웃에 영향을 받지 않으면서 신뢰성 높은 측정이 가능하다.

더욱이 BGM300은 적외선으로 웨이퍼의 내부를 관찰할 수 있는 현미경을 갖추고 있을 뿐만 아니라, 포착된 영상에서 자동적으로 패턴을 인식할 수 있는 기능도 갖추고 있다. 이런 기능들을 사용하여, 특정한 위치를 지정하여 작은 직경의 비아까지의 거리를 정확히 측정할 수 있으며, 웨이퍼 전체에서 거리분포를 자동적으로 측정할 수 있다.

6.3.4 BGM300 측정결과의 검증

BGM300의 측정을 정확히 검증하기 위해서, 제3자로부터 구입한 두께 데이터가 구비된(불확실도 $\pm0.05[\mu\text{m}]$) 다섯 가지 서로 다른 실리콘 판을 사용하여 시험을 수행하였다. BGM300이 구비하고 있는 두 가지 측정기능인 적외선 간섭계와 총두께게이지를 사용하여 실리콘 판의 두께를 10회에 걸쳐서 측정하였다. 그런 다음 10회 측정결과의 평균과 반복도(3σ)를 계산하였으며, 결과는

표 6.1에 제시되어 있다. 세 가지 독립적인 측정결과는 서로 매우 유사하였다. (100[μm] 미만의 두께를 갖는 시편은 스테이지 위에 설치할 수 없기 때문에, 총두께게이지의 측정 결과가 제시되지 않았다.)

표 6.1 표준 실리콘 판재에 대한 측정결과와 측정의 반복도

표준 실리콘 기판의 두께 (±0.05[μm])	BGM300의 측정결과			
	적외선간섭계 측정결과		총두께게이지 측정결과	
	평균값[μm]	3σ	평균값[μm]	3σ
25.28	25.25	0.02	–	–
50.39	50.36	0.10	–	–
99.46	99.35	0.06	–	–
674.57	674.63	0.05	674.42	0.02
774.96	774.94	0.02	774.86	0.01

6.3.5 연삭 후 측정

BGM300의 적외선 간섭계는 775[μm]에서 수[μm]에 이르는 넓은 두께범위의 실리콘 베어웨이퍼 두께를 직접 측정할 수 있다. 새로운 공정이나 조건이 도입되면, 목표한 깊이대로 연삭이 정밀하게 수행되었는지를 확인할 필요가 있다. 이런 경우 BGM300은 실리콘잔류두께를 정밀하게 측정할 수 있으며, 이 두께는 비아 바닥으로부터 수[μm]에 불과하다. **그림 6.13**에 도시되어 있는 것처럼 측정점들을 선정하고 센서에 의해서 측정된 두 개의 값들과 비교하여, 여타의 다양한 두께와 거리를 정확히 측정할 수 있다.

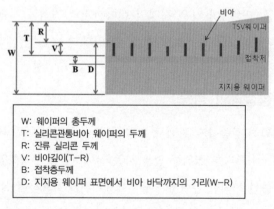

그림 6.13 BGM300을 사용한 측정 (컬러 도판 p.484 참조)

6.3.6 BGM300의 비아 높이정보에 기초한 최적화된 웨이퍼연삭

실리콘관통비아가 성형되어 있는 웨이퍼의 박막가공 과정에서 구리오염을 방지하기 위해서는 웨이퍼의 뒷면에서 비아 바닥에 도달하기 직전의 가장 가까운 위치에서 연삭을 중단해야만 한다. 후속 에칭 공정에서는 모든 비아 바닥들이 노출되어야 한다(**그림 6.13** 참조). 만일 웨이퍼 전체에 대해서 접착선 두께와 비아깊이의 편차가 크게 발생한다면, 웨이퍼 뒷면에서 비아 바닥까지의 거리가 크게 변할 것이다. 이로 인하여 에칭시간이 길어지고 그에 따른 비용상승이 초래된다. 이는 또한 에칭 후의 비아노출높이의 큰 불균일을 초래하게 된다.

실리콘관통비아가 성형된 웨이퍼를 가공하기 위한 최신의 연삭기들 중 일부는 웨이퍼 박막가공 과정에서 연삭깊이를 변화시킬 수 있다. BGM300을 사용하여 측정한 웨이퍼에서 비아 바닥까지의 거리분포를 기반으로 하여 이 연삭기를 매우 효과적으로 활용할 수 있으며, 에칭 시 발생하는 문제를 완화시킬 수 있다.

BGM300과 연계한 새로운 연삭기의 연삭깊이 조절이 얼마나 효과적인가에 대한 검증을 수행하였다. 연삭을 수행하기 전에, 웨이퍼 전체에 대해서 웨이퍼의 두께(**그림 6.13**의 W), 실리콘잔류 두께(**그림 6.13**의 R), 지지용 웨이퍼에서 비아 바닥까지의 거리(**그림 6.13**의 D) 등을 측정하였다. BGM300에서 측정된 정보에 기초하여 최적화된 가변연삭깊이를 사용하여 실리콘관통비아가 성형된 웨이퍼에 대한 박막가공이 수행되었다. **그림 6.14**에서는 BGM300을 사용하여 연삭가공 전후의 두께를 측정한 결과가 도시되어 있다. 그림에서 알 수 있듯이, BGM300과 새로운 연삭기를 함께 사용하면, 구리오염을 유발하지 않으면서 접착두께와 비아깊이가 균일하게 분포되어 있지 않은 실리콘관통비아가 성형된 웨이퍼를 효과적으로 연삭가공할 수 있다. 이를 통해서 에칭효율을 높일 수 있으며, 실리콘관통비아가 성형된 웨이퍼에 대해서 비아노출의 균일성을 향상시킬 수 있다.

이 시험에 사용된 웨이퍼는 연삭전의 지지용 웨이퍼에서 비아 바닥까지의 거리(**그림 6.14**의 A)는 중앙부가 테두리부에 비해서 얇은 상태이다. 연삭을 수행하기 전에, 지지용 웨이퍼 표면에서 비아 바닥까지의 거리는 $710.8 \sim 715.9[\mu m]$의 범위를 가지고 있어서 총두께편차(TTV)는 $5.1[\mu m]$이었으며, 중심부에서 가장 큰 두께가 측정되었다(**그림 6.14**의 B). 이런 측정결과를 기반으로 하여, 실리콘잔류두께의 분포를 균일하게 만들기 위해서 웨이퍼의 중앙부위를 더 깊이 연삭하도록 세팅을 조절하였다. 연삭을 수행한 다음에 총두께편차는 $8.6 \sim 10.4[\mu m]$이 되어서 실리콘잔류두께의 변화폭은 $1.8[\mu m]$으로 감소하였다(**그림 6.14**의 C). 에칭을 수행한 다음에 비아의 노출량은 약 $1.8[\mu m]$으로서, 실리콘을 균일하게 제거하는 것으로 예측되었다.

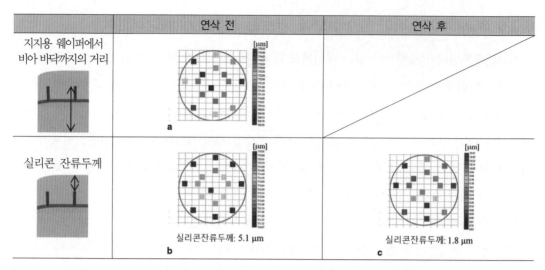

	연삭 전	연삭 후
지지용 웨이퍼에서 비아 바닥까지의 거리	a	
실리콘 잔류두께	실리콘잔류두께: 5.1 μm b	실리콘잔류두께: 1.8 μm c

그림 6.14 BGM300을 사용하여 연삭공정 전후를 측정한 사례 (컬러 도판 p.484 참조)

6.3.7 결론

그림 6.15에서는 BGM300의 외형을 보여주고 있다. BGM300은 실리콘관통비아가 성형되어 있는 웨이퍼에 대한 박막가공 공정의 생산성과 수율을 높여주면서도 생산비용을 절감시켜주는 효과적인 장비이다. 고정밀 XY 스테이지와 자동패턴인식장치를 갖춘 BGM300은 실리콘관통비아를 포함하는 패턴이 성형된 웨이퍼를 대상으로 하여, 775[μm]에 이르는 넓은 거리범위에 대해서 고정밀 측정을 수행할 수 있다. 시험결과에 따르면, 연삭기는 BGM300으로부터 측정된 높이정보

그림 6.15 BGM300의 외형

를 사용하여 구리오염을 방지하면서 최적화된 연삭을 수행할 수 있다. 실리콘관통비아를 상업적으로 적용하기 위해서 많은 업체들이 노력하는 과정에서 추가적인 검사와 측정에 대한 수요가 발생할 수 있다. BGM300을 웨이퍼 박막가공 공정에 활용하는 한편으로, 레이저텍社는 실리콘관통비아 디바이스의 조기실현을 위한 새로운 도전을 수행할 준비가 되어 있다.

6.4 실리콘관통비아의 비파괴검사를 위한 3차원 엑스레이 현미경기술

6.4.1 서언

반도체 업계에서 3차원 집적회로 패키징과 2.5차원 인터포저 기술에 대한 적용이 늘어나면서, 공정개발과 기능검사가 더 어려워졌다. 좁은 회로영역에 실리콘관통비아가 더 조밀하게 밀집되고 있으며, 구조는 더 소형화되고 있다. 임피던스나 정전용량과 같은 실리콘관통비아의 전기적 거동은 실리콘관통비아의 크기, 형상 그리고 결함 등에 강하게 의존하기 때문에, 실리콘관통비아 구조분석을 위한 실현 가능한 기법이 회로 기능성과 신뢰성의 측면에서 중요성을 갖는다. 표면에 노출되어 있는 실리콘관통비아와 연결된 범프들의 계측에 적외선 간섭계와 가시광선 간섭계를 사용할 수 있지만, 실리콘관통비아의 미묘한 구조적 결함을 발견할 정도로 표면하부에 대한 충분히 상세한 정보를 제공해주지는 못한다. 따라서 디바이스들이 수직방향으로 적층됨에 따라서, 관심구조물이 깊이 묻혀버리게 되며, 대부분의 내부연결 소재들이 광학적으로 불투명한 소재들로 만들어지기 때문에, 이 측정기법의 유용성이 떨어지게 되었다.

엑스레이의 투과능력을 통하여, 내부의 실리콘관통비아 구조들을 마이크로미터 이하의 분해능을 가지고 가시화시킬 수 있기 때문에, 콤팩트한 3차원 집적회로의 구조분석과 고장분석을 위한 비파괴적 측정방법으로 **3차원 엑스레이 현미경(XRM)**이 제안되었다. 분석대상 시편은 개별 패키지에서 300[mm] 웨이퍼에 이르기까지 다양하다. 이 절에서는 서로 다른 계측방법들이 사용하는 메커니즘의 흡수, 대비 및 공간분해능 등의 측면에서 비파괴방식 엑스레이 영상화기법에 대해서 살펴보기로 한다. 300[mm] 웨이퍼와 단일 패키지의 실리콘관통비아 측정과 분석에 대한 사례도 살펴보기로 한다.

6.4.2 엑스레이 현미경의 기초

6.4.2.1 엑스레이 영상의 물리학

광학현미경이나 전자현미경과 더불어서 엑스레이 현미경이 표준 현미경 분석기법으로 자리 잡게 되었다. 엑스레이의 짧은 파장과 투과능력으로 인하여 광학적으로 불투명하거나 투명한 시편의 내부구조를 가시화하거나 정량화할 수 있다. 가장 단순한 셋업의 경우, 광원에서 엑스레이가 발생하며, 시편을 통과한 엑스레인 광자가 영상 검출기에 그림자 영상을 만들어낸다. 시편을 분석하기 위해서 포집된 영상이나 방사선투과사진을 사용한다. 기존의 물리적인 단면촬영기법에 비해서, 엑스레이 영상화 기법은 시편을 절단 및 가공할 필요가 없다.

엑스레이 영상화 시스템의 대비생성을 위한 핵심 메커니즘은 흡수대비로서, 서로 다른 소재들의 엑스레이 흡수차이를 활용한다. 그림 6.16에서는 엑스레이 에너지의 함수로 (반도체 실리콘관통비아의 두 가지 핵심소재인) 실리콘과 구리의 일반적인 흡수거동(흡수길이 1/e)을 보여주고 있다. 엑스레이 에너지가 작은 경우, 흡수길이는 **광전흡수효과**에 의해서 지배되며, 소재의 개별 전자에너지레벨에 해당하는 특성흡수단으로부터 떨어져 있는 엑스레이 에너지의 3승에 비례하여 증가한다. 에너지가 큰 경우에는 비탄성 **콤프턴 산란**이 지배한다. 화학정보를 연구하기 위해서 광전효과와 콤프턴 산란을 모두 사용하는 **이중에너지 기법**에 대한 연구가 수행되고는 있지만,

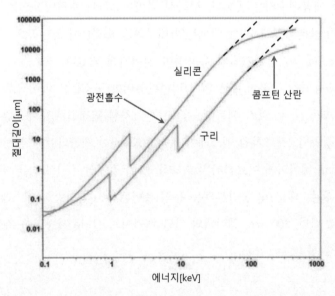

그림 6.16 엑스레이 에너지에 따른 구리와 실리콘 소재의 엑스레이 흡수특성, 저에너지의 경우에는 광전흡수에 의해서 거동이 지배된다. 고에너지의 경우에는 콤프턴 산란에 의해서 지배된다. 엑스레이 영상의 경우에는 광전흡수가 가장 많이 사용된다.

흡수대비에 의해서 발현된 광전효과가 엑스레이 영상화에는 가장 많이 사용된다. **그림 6.16**에는 도시되어 있는 것처럼, 엑스레이 현미경에 공급되는 엑스레이 에너지가 10~100[keV] 사이인 경우에 실리콘관통비아를 둘러싸고 있는 실리콘보다 구리 충진재가 훨씬 더 많은 광선을 흡수한다는 것을 알 수 있다. 그 결과, 2차원 또는 3차원 엑스레이 영상에서 구리 소재는 실리콘과 다른 강도를 나타낸다.

6.4.2.2 3차원 엑스레이 현미경

투사엑스레이 현미경이라고도 부르는 **엑스레이 현미경**은 단순한 그림자투사 기하학을 사용한다. 광원에서 방사된 엑스레이는 시편을 지나며, 검출기에 의해서 투사영상이 포착된다. 시편을 180°나 360° 회전시키면 물체의 다양한 각도에 대한 투사영상을 얻을 수 있다. 각각의 투사영상들은 시편에 대한 흡수정보를 포함하고 있기 때문에, 이 투사영상들을 수학적으로 재구성하면 3차원 체적영상을 얻을 수 있다. 현대전자공학 산업분야에서는 실리콘관통비아의 크기가 지속적으로 축소되고 있으므로, 공간분해능이 1[μm] 이하인 엑스레이 영상이 핵심 요구조건이다. 분해능 구현가능성은 엑스레이광원의 스팟크기(S_{FWHM}), 검출기 분해능(D_{FWHM}) 그리고 광원에서 시편까지의 거리 s_{ss}와 시편에서 검출기까지의 거리 s_{sd}에 의해서 주어지는 투사광학계 배치 등에 의해서 결정된다. 광원의 스팟이 단순한 가우시안 분포를 가지고 있으며, 검출기 분해능은 **반치전폭(FWHM)**으로 주어진다면, 분해능은 다음과 같이 나타낼 수 있다.

$$\text{Img}_{\text{FWHM}} = \frac{1}{M} \sqrt{\left(S_{FWHM} \frac{d_{sd}}{d_{ss}}\right)^2 + D_{FWHM}{}^2}$$

여기서 M은 $1 + d_{sd}/d_{ss}$로 주어지는 엑스레이 현미경의 기하학적 배율이다. 시편에 엑스레이가 투사되어 검출된 시편영상의 **가우시안 번짐(Img_FWHM)**은 광원의 크기에 의해서 유발되는 가우시안 번짐과 검출기 분해능에 의해서 유발되는 가우시안 번짐이 뒤섞인 시편영상이다. 일반적으로, 엑스레이 현미경의 공간분해능은 반음영 번짐의 스팟크기(S_{FWHM})와 검출기 분해능(D_{FWHM})에 의해서 제한된다.

엑스레이 현미경의 공간분해능을 향상시키는 방법은 고분해능 검출기를 사용하는 방법과 기하학적인 배율을 높이고 엑스레이 광원의 스팟 크기를 줄이는 등 두 가지 방법이 있다.

그림 6.17 (a)에서는 광원의 크기가 작으며, 고분해능 검출기를 사용하는 이상적인 엑스레이

현미경의 경우를 보여주고 있다. 광원과 검출기의 반치전폭이 모두 1[μm]이라면, $d_{ss}=d_{sd}$일 때에 광원이나 검출기의 반치전폭이 $\sqrt{2}$를 초과하는 시스템 분해능을 구현할 수 있다. 이런 유형의 시스템에서는 작업거리가 문제가 되지 않으며, 300[mm] 웨이퍼 홀더와 같이 매우 큰 시편 매니퓰레이터를 수용하면서 실리콘관통비아를 사용하는 경우에 대해서 최적화시킬 수 있다. 그림 6.17 (b)에서는 스팟 크기가 더 작은 광원과 저분해능 검출기(평판형 파이버결합 CCD)를 사용하는 전통적인 구조의 특성을 보여주고 있다. 이 경우에는 작업거리와 그에 따른 고분해능 영상의 최대시편크기가 심각하게 제한된다. 이런 유형의 엑스레이 현미경의 가장 큰 단점은 작업거리가 증가할수록 시스템 분해능이 급격하게 악화된다는 점이다. 전형적인 전자 패키지나 실리콘관통비아 패키지의 크기가 10[mm] 이상이므로, 높은 분해능을 구현하기 위해서 고배율에 의존하는 엑스레이 현미경은 이 경우에 적합하지 않다. 따라서 대형 패키지나 웨이퍼 원판에 설치되어 있는 실리콘관통비아의 마이크로구조 분석을 수행하는 경우에는 **그림 6.17 (a)**에 도시되어 있는 구조가 적합하다. 다음에서 논의할 사례연구에서는 이 구조가 사용되었다.

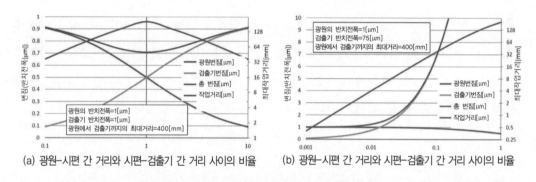

(a) 광원-시편 간 거리와 시편-검출기 간 거리 사이의 비율   (b) 광원-시편 간 거리와 시편-검출기 간 거리 사이의 비율

그림 6.17 광원/검출기 배치의 변화에 따른 총 시스템 분해능의 변화양상. (a) 고분해능 검출기와 작은 스팟크기를 사용한 경우의 엑스레이 현미경 시스템의 반치전폭. 최고 분해능(최소번짐)은 기하학적 대칭($d_{ss}=d_{sd}$)일 때에 얻어진다. 이 경우에는 시편의 크기나 작동거리가 클 때에도 높은 분해능을 얻을 수 있다. (b) 고 분해능 검출기를 사용하는 엑스레이 현미경 시스템의 경우 시편의 크기가 매우 작은(작동거리가 짧은) 경우에만 높은 분해능이 구현된다. (컬러 도판 p.485 참조)

6.4.3 실리콘관통비아공정의 개발에 3차원 엑스레이 현미경 활용

공정개발 과정에서 새로운 공정이나 수정된 공정을 사용하여 제조된 실리콘관통비아 구조에 대해서는 다음 공정으로 넘어가기 전에 검증을 수행하여야 한다. 특정한 주요 구조들에 대한 3차원 엑스레이 현미경 영상이 공정엔지니어들에게 분석을 위한 물리적인 직접증거로 사용되며, 공정이슈의 해결을 도와준다. 동일한 웨이퍼에 대해서 다수의 공정단계들마다 구조적인 분석을

수행할 수 있기 때문에, 공정조절을 수행하면서 그 효용성을 검증하기 위해서 엑스레이 현미경을 사용할 수 있다.

고분해능 검출기를 갖춘 엑스레이 현미경은 광원과 시편사이의 거리가 증가해도 높은 시스템 분해능을 유지할 수 있으므로(**그림 6.17 (a)**), 300[mm] 웨이퍼 내에 설치되어 있는 실리콘관통비아의 영상을 촬영하기 위해서 이런 유형의 엑스레이 현미경을 사용하였다. **그림 6.18**에서는, 고분해능 검출기를 장착한 자이스社의 Xradia 520 Versa 엑스레이 현미경에 300[mm] 웨이퍼 홀더를 로딩한 그림을 보여주고 있다. 단층촬영을 수행하는 동안, 고정장치에 가볍게 고정되어 있는 웨이퍼는 360°로 회전할 수 있다. 1[μm] 이상의 **복셀[5] 분해능**으로 웨이퍼상의 임의의 관심영역에 대한 영상촬영이 가능하다.

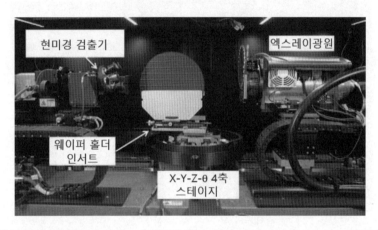

그림 6.18 엑스레이 현미경의 셋업과 300[mm] 웨이퍼 홀더. 화살표들은 이송용 노브와 관심영역의 위치를 표시하기 위한 기준표식을 나타내고 있다. 고분해능 검출기를 사용하면, 웨이퍼상의 임의위치를 1[μm] 이상의 복셀 분해능으로 영상화할 수 있다.

이 사례연구에서는 300[mm] 웨이퍼상의 칩들 위에 30×150[μm] 크기의 비아 어레이를 패터닝한 다음에 구리로 충진하였다. 웨이퍼의 휨에 따른 실리콘관통비아의 구조적 차이를 시험하기 위해서, 웨이퍼의 중앙부 구조를 테두리 위치에서의 구조와 비교하기 위해서 복셀당 0.8 및 1.35[μm]의 분해능으로 두 개의 단층사진을 촬영하였다(**그림 6.19 (a)**). 시험용 웨이퍼의 중앙부와 테두리 모두에서 공동이 발견되었으며, 실리콘관통비아 단면영상의 중앙부위에 나타나는 공동을 검은색 영역으로 처리하였다(**그림 6.19 (b)**). 웨이퍼 중앙부의 경우, 공동의 크기는 깊이 6.2[μm], 폭

---

5 voxel: 3차원 공간상의 한 점을 정의한 일단의 그래픽정보. IT용어사전

2.2[μm]이었다. 웨이퍼 테두리 쪽으로 관심영역을 이동시켜도 공동의 크기는 비슷하였다. 실리콘
관통비아의 벽면 경사도는 전기적 활성도에 영향을 미치기 때문에 이를 가시화하여 측정하는
것은 유용한 일이다. **그림 6.19 (c)**에서 알 수 있듯이, 웨이퍼 중앙영역에서의 실리콘관통비아는
테두리 부위에 위치한 실리콘관통비아에 비해서 더 경사져 있다. 엑스레이 현미경은 미묘한 구조
적 차이를 영상화시킬 수 있기 때문에, 실제적인 3차원 구조를 사용하여 만든 전기적 모델을
평가하는 데에 도움이 된다.

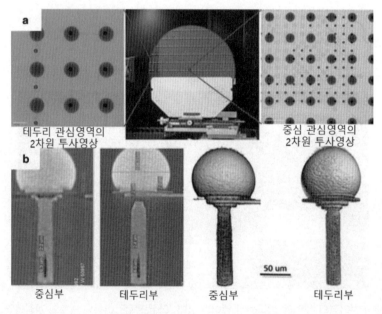

그림 6.19 300[mm] 웨이퍼상의 실리콘관통비아에 대한 구조분석. (a) 테두리 관심영역(좌측)과 중심부 관심영역
(우측)에서의 2차원 투사영상. 중앙부 사진에서는 관심영역의 상대적인 위치를 보여주고 있다. (b)
중앙부와 테두리 부위에서의 단면도를 재구성하여 실리콘관통비아의 형상과 공동을 보여주고 있다.
(c) 중앙부와 테두리 부위에서의 실리콘관통비아 구조에 대한 3차원 컬러영상

엑스레이 현미경이 3개의 기하학적 방향 모두에 대해서 가장 좋은 체적데이터를 제공해주지
만, 처리율이 높은 **자동엑스레이검사(AXI)** 장비의 개발을 통해서 실시간 검사기술이 빠르게 발전
하고 있다.[3] 실리콘관통비아를 위한 계측 솔루션으로 자동 웨이퍼 취급용 로봇을 탑재한 이런
형태의 장비가 사용된다. 웨이퍼에 대한 수직 또는 원주방향 2차원 엑스레이 영상을 사용하여
관심구조를 고속 및 자동적으로 측정 및 분석할 수 있다. 이런 기법은 (시편평면에 대해서) z방향
으로의 훌륭한 재현성을 가지고 있지만, 이 방법이 제공해줄 수 있는 원래의 2차원 영상으로부터
활용할 수 있는 정보가 부족하기 때문에, 엑스레이 현미경에 비해서 x 및 y 방향으로의 결과가

좋지 못하다. 실리콘관통비아공정의 개발을 지원하기 위해서, 결함영역을 검출하기 위해서 실시간으로는 자동엑스레이검사를 사용하며, 결함구조를 자세히 검사하여 실리콘관통비아공정을 개선하기 위해서는 고분해능 엑스레이 현미경을 사용하는 교차 플랫폼 작업흐름을 개발할 수도 있다.

6.4.4 실리콘관통비아의 파괴분석에 3차원 엑스레이 현미경 활용

엑스레이 현미경 기법은 시편을 손상시키지 않으면서 미심쩍은 결함위치에 대해서 3차원 영상을 제공해주기 때문에 패키지 결함분석에 효과적으로 사용되어왔다.[4, 5] 엑스레이 현미경 영상화 기법을 사용하면, 결함의 원래 마이크로구조가 보존된다. 이는 결함의 유형과 원인을 분석하는 데에 있어서 매우 중요한 장점이다. 기존의 파괴적인 단면검사 기법은 단면을 절단하는 과정에서 새로운 결함을 생성할 수도 있다. 더욱이 원래의 시편이 파손되었기 때문에, 추가적인 분석이 불가능하다.

마지막 사례에서는 실리콘관통비아가 성형되어 있는 10×10[mm] 크기의 패키지에 대해서 비파괴엑스레이 현미경이 사용되었다. 초기 전기적 시험을 통해서 **그림 6.20 (a)**에 강조된 영역에서 핀 커넥터의 개방결함을 발견하였다. 이 결함이 있는 패키지에 대해서 즉시 복셀 분해능이 0.57[μm]이며 스캔에 1시간이 소요되는 엑스레이 현미경을 사용하여 영상을 촬영하였다. **그림 6.20 (b)**에서는 스캔결과를 재구성한 가상단면 영상을 보여주고 있으며, 전기적 결함을 유발한 실리콘관통

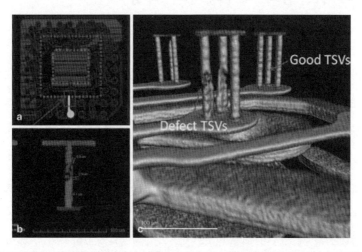

그림 6.20 결함이 존재하는 실리콘관통비아에 대한 비파괴 엑스레이 현미경 영상. (a) 전기적 시험을 통해서 결함이 존재하는 범프/실리콘관통비아 조립체를 구분해냄 (b) 실리콘관통비아 결함의 가상적인 단면 영상의 사례 (c) 양호한 실리콘관통비아와 결함이 있는 비아에 대한 3차원 컬러 랜더링영상

비아의 명확한 증거를 확인할 수 있다. 그림에서는 1[μm] 이하 크기의 공동도 발견할 수 있다. **그림 6.20 (c)**에 도시되어 있는 3차원 컬러 랜더링 영상을 통해서 결함이 존재하는 비아와 인접위치의 양호한 실리콘관통비아를 확인할 수 있다. 이 사례를 통해서 엑스레이 현미경이 비파괴 고분해능 영상을 제공해주며, 이를 통해서 실리콘관통비아의 결함분석 효율을 크게 높여줄 수 있다는 것을 알 수 있다.

6.4.5 요약

엑스레이 현미경(XRM)을 사용한 비파괴영상이 실리콘관통비아공정의 연구개발과 결함분석에 효과적이라는 것이 밝혀졌다. 게다가, 자동엑스레이검사(AXI)를 통해서 고속 실시간 계측이 가능해졌다. 엑스레이 현미경의 공간분해능을 향상시키기 위한 대비메커니즘과 다양한 기법들에 대해서 상세히 논의하였다. 커다란 시편의 영상화를 위해서는 고분해능 검출기를 사용하는 엑스레이 현미경이 고배율 시스템에 비해서 큰 장점을 가지고 있다. 엑스레이 현미경의 가장 큰 장점은 300[mm] 웨이퍼 전체 또는 단일패키지 전체에 대해서 실리콘관통비아의 영상을 취득할 수 있는 비파괴적 기법이라는 점이다. 엑스레이 현미경을 사용하여 미묘한 구조적 특징이나 실리콘관통비아의 결함을 가시화시켜주며, 이를 측정할 수 있다.

6.5 웨이퍼의 뒤틀림과 국부왜곡의 측정

6.5.1 서언

실리콘관통비아 디바이스의 제조과정에서는 비아성형을 위한 종횡비가 큰 구멍의 에칭, 지지용 웨이퍼 접착, 웨이퍼 연삭 등과 같이 웨이퍼에 응력을 부가하는 다양한 공정들이 사용된다. 이러한 응력은 웨이퍼의 국부변형이나 표면전체의 변형을 초래할 수 있다. 만일 변형된 웨이퍼를 사용하여 반도체 칩을 제조하면, 과도한 휨이나 불균일하게 분포된 범프높이 등이 초래된다. 이런 칩들을 적층하면 층들 사이에 불안정한 연결이 초래되어, 최종제품의 신뢰성이 저하되거나 심지어는 결함이 발행하게 된다. 따라서 웨이퍼의 왜곡상태를 이해하면서 실리콘관통비아 디바이스를 제조하며, 왜곡의 영향을 가능한 한 최소화하기 위해서 공정을 조절하는 것이 매우 중요하다.

6.5.2 WDM300의 기본기능

레이저텍社에서는 고밀도데이터에 기초하여 웨이퍼의 휨과 국부적인 변형을 정밀하게 측정하는 WDM300을 출시하였다. **그림 6.21**에서는 이 장비의 외형을 보여주고 있다. WDM300은 스테이지에 원주방향으로 설치되어 있는 3개의 고정용 팔을 사용하여 웨이퍼를 고정하며, 광학센서를 사용하여 $1 \times 1[\mu m]$ 간격으로 높이를 측정한다. 300[mm] 웨이퍼를 $1[\mu m]$ 간격으로 측정하면, 측정된 데이터의 숫자는 70,000개에 달하게 된다. 높이측정의 분해능은 30[nm]이며, 10회 측정의 반복도(σ)는 $1[\mu m]$ 이하이다. WDM300은 패턴이 성형된 웨이퍼나 패턴이 성형되지 않은 웨이퍼 모두에 사용할 수 있다.

그림 6.21 WDM300의 외형

WDM300은 **그림 6.22**에 도시되어 있는 것처럼, 사용자가 임의로 선정한 단면에 대한 높이분포지도와 프로파일 데이터를 사용하여 웨이퍼의 글로벌 왜곡이나 휨을 가시화시켜준다. 정확한 프로파일 데이터를 얻기 위해서는 중력의 영향을 소거해야 한다. 대부분의 경우, 사용자는 자동중력상쇄모드에서 WDM300을 사용한다. 이 경우 한 번은 웨이퍼의 앞면을 측정하며, 두 번째에서는 웨이퍼를 뒤집은 다음에 뒷면을 측정하는 2회 측정방식으로 수행된다. WDM300에서는 두 면의 데이터를 비교하여 양쪽 면에서 측정된 왜곡 데이터에 포함되어 있는 중력의 영향을 상쇄한 이후의 실제 웨이퍼 왜곡을 산출한다. **그림 6.23**에서는 실세왜곡의 계산결과를 보여주고 있다.

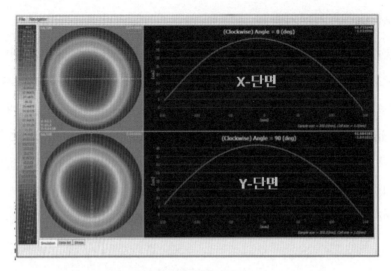

그림 6.22 웨이퍼의 휨 프로파일 (컬러 도판 p.485 참조)

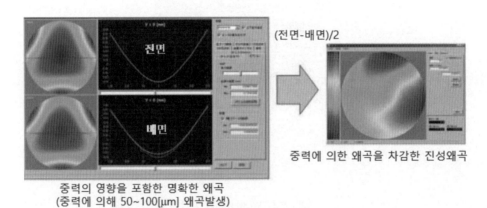

중력의 영향을 포함한 명확한 왜곡
(중력에 의해 50~100[μm] 왜곡발생)

(전면-배면)/2

중력에 의한 왜곡을 차감한 진성왜곡

그림 6.23 중력의 영향 상쇄결과 (컬러 도판 p.485 참조)

WDM300을 사용하여 웨이퍼의 양쪽 면들을 1[μm] 피치로 측정하기 위해서는 13분이 소요된다. 3[μm] 피치 측정도 가능하며, 이 경우에는 전체 측정에 6분이 소요된다. 또한 중력효과 상쇄 모드를 생략할 수도 있으며, 이런 경우에는 측정시간이 절반으로 줄어든다. 반면에, 연구개발 목적의 사용자들을 위해서 0.3[μm] 피치의 측정기능도 제공되고 있다.

6.5.3 국부변형의 측정과 분석

앞서 설명한 것처럼, WDM300은 일반모드에서 70,000개의 점들을 측정하므로, 웨이퍼 휨과 같은 대면적 정보를 제공해줄 뿐만 아니라 국부변형, 기울기 및 곡률과 같은 좁은 면적에 대한 정보도 얻을 수 있다. 이를 통해서 비아밀도가 낮은 영역과 비아밀도가 높은 영역 사이의 왜곡레벨 차이를 측정할 수 있다.

그림 6.24에 도시되어 있는 사례의 경우, 각 측정점들의 곡률들을 화살표를 사용하여 표시하고 있다. 각 화살표들의 방향은 곡률의 방향을 나타내는 반면에 화살표들의 길이는 곡률의 각도를 나타낸다. 만일 곡률이 뒷면을 향한다면(오목한 웨이퍼), 화살표가 적색으로 표시된다. 만일 곡률이 앞면을 향한다면(볼록한 웨이퍼), 화살표는 청색으로 표시된다.

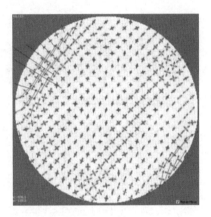

그림 6.24 국부곡률지도 (컬러 도판 p.486 참조)

국부변형을 계산하기 위해서, WDM300은 국부측정데이터를 기반으로 하여, 웨이퍼 전체에 대한 이차근사곡선과 고차원근사곡선을 모두 산출할 수 있다. **그림 6.25**에 도시된 것처럼, 고차근사에서 이차근사값을 차감하여 글로벌 휨 경향으로부터의 편차(즉, 국부변형)를 추출할 수 있다. WDM300을 사용하면 국부변형을 최소화하는 최적의 세팅을 빠르게 찾아낼 수 있다.

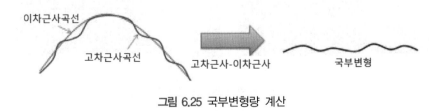

이차근사곡선
고차근사곡선
고차근사-이차근사
국부변형

그림 6.25 국부변형량 계산

6.5.4 적용

300[mm] 베어 웨이퍼 위에 다양한 디바이스 요소들과 와이어 연결로 이루어진 다수의 층들을 생성하여 반도체 디바이스를 제조하고 있다. 제조공정 중에 어떤 층이 다른 층 위에 배치된다면, 상부층을 하부층과 정확하게 정렬하는 것이 매우 중요하다. 설계치수가 축소됨에 따라서, 층들 사이의 중첩오차에 대한 허용공차가 극단적으로 줄어들고 있다. 최근의 국제반도체기술(ITRS) 로드맵에 따르면, 몇 년 이내로 허용 공차값이 5[nm](3σ)이하로 줄어들 것으로 예상하고 있다.

새로운 설계노드, 새로운 소재, 새로운 기법들이 도입되면, 반도체 디바이스 제조업체들은 각 층의 생성단계마다 더 엄격한 품질관리를 수행하여야만 한다. 제품의 수율을 높이기 위해서는 층의 생성과정에서 발생하는 웨이퍼의 왜곡을 극복하는 것이 매우 중요하다.

그림 6.26에 제시된 사례의 경우, 웨이퍼 전체에 대해서 웨이퍼 A와 웨이퍼 B는 서로 유사한 휨 경향(좌측)을 나타내고 있다. 하지만 이들의 국부변형 분포경향(우측)은 서로 완전히 다르다는 것을 알 수 있다. WDM300이 제공한 정보를 사용하여 사용자는 스캐너의 진공척으로 웨이퍼를 고정하는 경우조차도 평탄화시킬 수 없는 임의의 국부변형이 존재하는지를 확인할 수 있다. 진공 척 상에서 발생하는 이런 잔류국부변형이 고도로 축소화된 반도체 디바이스의 제조공정에서 어떠한 대가를 치르더라도 피해야만 하는 중첩오차와 강한 상관관계를 가지고 있다고 생각하고 있다.

WDM300은 웨이퍼의 휨 정도를 나타내는 **위치형상경사범위(SSSR)**를 측정할 수 있다. 이 위치형상경사범위는 웨이퍼상의 각각의 칩 크기에 대한 수직벡터의 기울기를 나타낸다. 칩에 해당하는 웨이퍼상의 특정한 범위에 대하여 이 위치형상경사범위값(예를 들어 200[nm/mm])을 사용가능 여부를 판단하는 문턱값으로 설정할 수 있다. 이런 방식으로 위치형상경사범위 측정값을 품질관리에 활용할 수 있다.

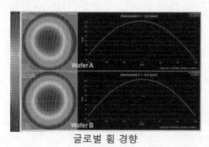

| 글로벌 휨 경향 | 국부변형 |

그림 6.26 글로벌 휨 (컬러 도판 p.486 참조)

6.5.5 요약

WDM300은 웨이퍼 왜곡을 계산하여 왜곡에 대한 주요 지표들을 제공해주며, 이들을 보기 쉬운 스크린 포맷으로 변형시켜준다. WDM300을 사용하여 웨이퍼의 왜곡조건에 대해서 자세히 확인하여 문제를 구분하고 공정의 세팅을 개선할 수 있다. WDM300은 반도체 제조공정의 최적화를 위한 효과적인 도구로서, 장비 활용도를 높이고 수율을 개선시켜준다.

참고문헌

1. Courteville A (2005) Method and device for measuring heights of patterns. US Patent 7,782,468B2
2. Le Cunff D, Tardif M, Piel JP, Fresquet G, Hotellier N, Le Chao K, Chapelon LL, Bar P, Eynard S (2014) Use of optical metrology techniques for uniformity control of 3D stacked IC's. In : Advanced semiconductor manufacturing conference, SEMI, Saratoga springs, New York, USA, May 2014
3. Bernard D, Golubovic D, Krastev E (2012) 3D board level X-ray inspection via limited angle computer tomography. In : Proceedings of SMTA International Conference, FL
4. Fahey K, Estrada R, Mirkarimi L, Katkar R, Buckminster D, Huynh M (2011) Applications of 3d X-ray microscopy for advanced package development. 44th International Symposium Microelectronics, Long Beach, CA
5. Sylvester Y, Johnson B, Estrada R, Hunter L, Fahey K, Chou T, Kuo YL (2013) 3D X-ray microscopy : a non destructive high resolution imaging technology that replaces physical crosssectioning for 3DIC packaging. In : 2013 24th Annual SEMI advanced semiconductor manufacturing conference (ASMC), pp.249–255, Saratoga Springs, NY

07

실리콘관통비아의
특성과 신뢰성

3차원 집적회로 공정이
디바이스의 신뢰성에 미치는 영향

CHAPTER 07

실리콘관통비아의 특성과 신뢰성
3차원 집적회로 공정이 디바이스의 신뢰성에 미치는 영향

7.1 서 언

실리콘관통비아와 금속범프를 사용하는 3차원 집적회로의 대량생산을 시작하기 위해서는 많은 기술적 도전과제들을 해결해야만 한다. 가장 심각한 문제는 응력/변형과 금속오염이 3차원 적층된 칩의 디바이스 신뢰성에 미치는 영향이다. 3차원 집적을 위해서 웨이퍼를 박막가공하는 과정에서 기계적인 응력과 변형이 부가된다. 구리 소재의 실리콘관통비아와 금속 범프들은 박막가공된 실리콘 웨이퍼에 현저한 응력과 변형을 유발한다. 3차원 집적회로 내의 박막가공된 활성영역들은 금속 불순불의 오염에 쉽게 영향을 받는다. 집적회로 공정 중에 금속의 오염을 제거하기 위한 **외부게터링**[1] 영역이 웨이퍼 박막가공 과정에서 제거되기 때문에, 실리콘관통비아와 구리 사이의 차단층의 차단성능이 충분치 못하다면, 구리 소재의 실리콘관통비아에서 구리원자가 확산된다. 이런 구리원자들은 후공정을 수행하는 동안에 전해질과 실리콘기판의 활성영역 모두로 확산되어 성능저하와 디바이스의 조기파손을 유발한다. 이 장에서는 실리콘 박막가공과 금속범프 결합에 의해서 유발되는 금속의 응력/변형효과와 구리 소재의 실리콘관통비아와 연삭된 표면으로부터 유입되는 구리 불순물이 박막형 집적회로 칩 디바이스의 신뢰성에 미치는 영향에 대해서 살펴보기로 한다. DRAM은 3차원 집적화 공정에서 사용되는 다양한 인자들에 민감한 영향을 받는다. 신뢰성 있는 3차원 DRAM에 대해서, 박막가공된 DRAM 칩에서 3차원 집적공정이 메모

---

1 gettering: 반도체나 산화막 중에 함유되어 있는 중금속이나 알칼리금속 등의 오염물질을 없애는 것. IT용어사전

리의 기억특성에 미치는 영향에 대해서 살펴보기로 한다.

7.2 박막가공된 3차원 집적회로 칩의 디바이스 신뢰성에 구리 오염이 미치는 영향

3차원 집적회로를 제조하기 위해서는, 기계적인 연삭가공과 응력해지 폴리싱 공정을 사용하여 완전한 집적회로들이 성형된 웨이퍼를 10~50[μm] 두께로 박막가공하여야 한다. 그런데 웨이퍼 박막가공 과정에서 금속 오염물질을 제거하기 위한 외부게터링 영역이 제거되기 때문에, 3차원 집적회로의 활성영역이 구리와 같은 금속성 불순물에 의하여 더 쉽게 오염되므로, 이로 인하여 디바이스의 신뢰성에 심각한 손상이 발생할 수 있다. 웨이퍼의 뒷면에 들러붙은 구리원자들은 세척공정을 수행하여도 완벽하게 제거할 수 없다. 구리원자들은 또한 구리 소재 차단층의 차단성 증이 충분치 못한 경우에는 **그림 7.1**에 도시된 것처럼, 구리 소재의 실리콘관통비아로부터 확산된다. 이런 구리원자들은 저온 후공정에서조차도 전해질영역 및 실리콘기판의 활성영역으로 확산되어 성능저하와 디바이스의 조기파손을 유발할 수 있다.[1, 2]

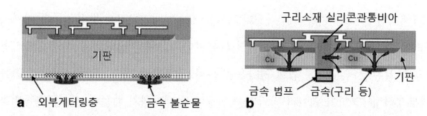

그림 7.1 (a) 웨이퍼 박막가공 이전의 집적회로 웨이퍼의 개념적 구조, (b) 구리 소재 실리콘관통비아와 금속소재 범프 등이 생성된 3차원 집적회로를 갖춘 웨이퍼의 박막가공 이후 (컬러 도판 p.486 참조)

3차원 집적회로에서 구리의 오염이 관심을 받게 된 것은 비교적 최근의 일이다. 호자와 등에 따르면, 박막가공된 웨이퍼의 두께가 줄어들수록 구리의 확산이 미치는 영향이 증가한다.[3] **2차 이온 질량분석(SIMS)**이 금속의 확산거동을 평가하기 위한 일반적인 방법이다. **그림 7.2**에서는 50[μm] 두께로 가공한 다음에, 다양한 시간 간격 동안 300[℃]의 온도로 풀림열처리를 수행한 웨이퍼를 2차 이온 질량분석법을 사용하여 뒷면과 앞면에서 측정한 구리농도의 프로파일을 보여주고 있다.[4] 300[℃]에서 60[min] 동안 풀림열처리를 수행하고 나면, 거의 대부분의 구리원자들이 뒷면에서 400[nm] 깊이 속까지 확산되어버린다. 뒷면과 앞면에서 400[nm] 이상의 깊이까지 구리농도를 측정한 경과는 1×10^{17}[atoms/cm³]이며, 이는 2차 이온 질량분석법으로 측정할 수 있는 분해능 한계에 해당한다. 따라서 분해능 한계로 인하여 2차 이온 질량분석법으로는 구리 불순물을 정확하게 검출할 수 없을지도 모른다. **엑스레이반사형광(TRXF) 분석법**은 구리의 확산거동에 대해서 높은 민감도를 가지고 있으므로, 관심을 받게 되었다.[3, 4] 그런데 엑스레이반사형광 분석법은 구리의 확산이 제조된 디바이스 웨이퍼에 대해서 디바이스의 신뢰성에 미치는 영향을 직접 분석할 수는 없다.

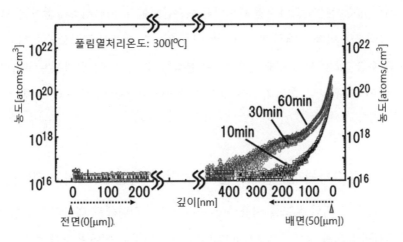

그림 7.2 50[μm] 두께로 가공 후 300[°C]의 온도로 다양한 시간 동안 풀림열처리를 수행한 실리콘 웨이퍼의 앞면과 뒷면에서 이차이온질량분석기법으로 측정한 구리농도 프로파일 (컬러 도판 p.487 참조)

 구리의 오염이 3차원 집적회로 디바이스의 신뢰성에 미치는 영향을 민감하게 측정하기 위해서, 전기적인 평가방법 중 하나로서, **정전용량－시간(C－t)분석**이라고 부르는 **과도용량측정방법**이 제안되었다.[4] 이 방법은 에너지대 내의 중간간극에서 구리 불순물이 깊은 준위를 생성하며 전자와 정공의 **생성－재결합** 확률을 증가시키는, 공핍층 내에서 **소수 나르개**의 생성수명을 정량적으로 정의할 수 있다.[5, 6] C－t 분석의 경우 **그림 7.3**에 도시되어 있는 게이트 전극에 스텝 전압을 부가한 다음에 금속산화물반도체(MOS) 커패시터의 정전용량 변화를 측정하였다. 스텝전압을 부가한 직후에, 금속산화물반도체 커패시터는 극심한 **공핍조건**을 겪으므로, 정전용량값이 작게 나타난다. 시간이 경과함에 따라서 정전용량값은 증가하여 최종적으로는 C_f에 도달하게 되며 공핍층 내에서 소수 나르개들이 생성된다. C가 C_f에 도달했을 때의 **과도시간** t_f는 초기의 극심한 공핍상태에서 반전상태에 도달하기 위해서 필요한 시간이며, C－t 분석에서 중요한 역할을 한다.

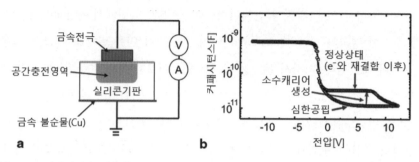

그림 7.3 (a) MOS 커패시터를 사용한 C-t 분석장치의 구성, (b) 소수 나르개 측정을 통해 얻은 C-V 선도

소수 나르개의 생성시간이 짧아지면 과도시간 t_t는 감소한다. 따라서 t_t가 짧아질수록 금속오염이 증가한다. 그러므로 이를 통해서 제조된 디바이스 웨이퍼 내에서 구리오염에 의해서 유발되는 소수 나르개의 수명감소를 민감하게 전기적으로 분석할 수 있다. 이 절에서는 구리의 확산 특성과 구리의 오염이 3차원 집적회로의 디바이스 신뢰성에 미치는 영향을 C-t 분석을 사용하여 살펴보았다.

7.2.1 박막가공된 3차원 집적회로 칩의 뒷면에 확산된 구리가 미치는 영향

그림 7.4에서는 300[℃]의 온도를 사용하여 구리원자를 뒷면에서 의도적으로 확산시킨 후에 **(a)** 무결함영역(DZ)층으로 이루어진 50[μm] 두께로 박막가공된 웨이퍼 내에 형성된 커패시터의 C-t 곡선 측정결과를 보여주고 있으며, **(b)**에서는 C-t 분석을 통해서 측정된 소수 나르개의 **생성수명시간**(τ_g) 대비 구리원자의 표면농도를 보여주고 있다. C-t 곡선을 통해서, 5분에 불과할 정도로 짧은 시간(t_g)의 풀림열처리 이후에도 심각한 퇴화현상이 발생한다는 것을 확인할 수 있다.

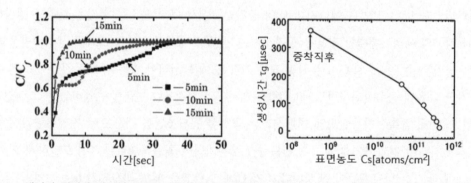

그림 7.4 웨이퍼 뒷면에 의도적으로 구리를 확산시킨 이후에 측정한 (a) C-t 곡선, (b) 구리원자의 표면농도 대비 소수 나르개의 생성수명시간(t_g)

이는 폴리싱된 웨이퍼의 뒷면으로부터 활성영역으로 구리원자가 쉽게 확산된다는 것을 의미하며, 이로 인하여 소수 나르개의 생성수명시간은 현저하게 감소한다. 소수 나르개의 생성수명시간과 구리원자의 표면농도 사이의 정량적인 상관관계는 **그림 7.4 (b)**에 제시되어 있다. 증착 시보다는 풀림열처리 이후에 구리원자의 표면농도로 인하여 생성수명시간이 현저하게 감소된다.[4]

7.2.1.1 내부게터링층의 영향

내부게터링(IG)층은 알곤환경하에서 고온의 풀림열처리에 의해서 생성되는 충분히 높은 밀도의 산소 침적물이 쌓이게 되는 일종의 결함영역이기 때문에, 구리의 확산을 효과적으로 차단할수 있다. 구리확산에 대한 내부게터링층의 차단특성을 C-t 분석을 사용하여 전기적으로 분석하기 위해서, **무결함영역층**과 내부게터링층으로 이루어진 50[μm] 두께의 풀림열처리가 시행된 웨이퍼 위에 MOS 커패시터를 제작하였다. 여기서 내부게터링층은 **그림 7.5**에 도시되어 있는 것처럼, 뒷면에서 20[μm] 두께로 제작되었다.

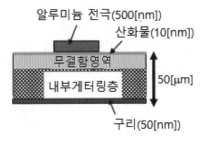

그림 7.5 20[μm] 두께의 내부게터링층을 갖춘 50[μm] 두께의 실리콘기판 위에 제조된 MOS 커패시터의 단면구조

그림 7.6에 따르면, 최장 350분에 이르는 풀림열처리를 시행한 이후에도 MOS 커패시터의 C-t 곡선은 최초 증착 시보다 약간의 변화를 나타낼 뿐이다. 내부게터링 영역의 구리확산의 저지작용으로 인하여 구리원자들이 활성영역으로는 거의 확산되지 않으며, 장시간의 풀림열처리 이후에도 소수 나르개의 생성수명시간은 조금밖에 줄어들지 않았다. 내부게터링층은 충분히 높은 밀도의 산화침전물들이 존재하는 결함영역이기 때문에 구리의 확산을 효과적으로 차단할 수 있다.[4, 7]

그림 7.7에서는 풀림열처리 시간에 따른 소수 나르개의 생성수명시간 t_g가 도시되어 있다. 무결함층으로 이루어진 웨이퍼 표면에 MOS 커패시터가 성형되어 있는 경우에, 소수 나르개의 생성수명시간은 풀림열처리시간이 증가함에 따라서 빠르게 감소한다. 반면에, 무결함층과 내부게터링

층으로 이루어진 웨이퍼의 표면에 MOS 커패시터가 성형되어 있는 경우에는 풀림열처리 시간이 40분에 달하는 경우조차도 소수 나르개의 생성수명시간이 조금밖에 줄어들지 않는다는 것을 확인할 수 있다.[8]

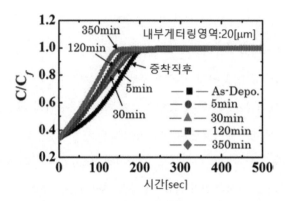

그림 7.6 300[°C]의 온도에서 뒷면에 의도적으로 구리를 확산시킨 후에 내부게터링층을 갖춘 50[μm] 두께의 실리콘기판 위에 제조된 MOS 커패시터에서 측정된 C-t 곡선

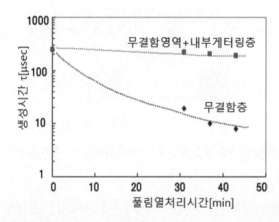

그림 7.7 300[°C]에서의 풀림열처리 시간과 C-t 분석을 통해서 얻은 소수 나르개의 생성수명시간 t_g 사이의 상관관계

7.2.1.2 외부게터링층의 영향

일반적으로, 기계적인 연삭과정을 사용하여 박막가공된 웨이퍼에 존재하는 잔류응력을 저감하기 위해서 응력해지 폴리싱 공정이 필요하다. 폴리싱 공정에 따라서, 박막가공된 웨이퍼의 연삭면에는 두께범위가 0.1~1[μm] 사이인 **결함 밴드영역**이 남아 있게 된다. 이 결함영역은 **고밀도 점결함**과 **전위[2]**를 포함하고 있기 때문에, 구리 확산에 대한 게터링층으로 사용할 수 있다. C-t

분석을 사용하여 다양한 외부게터링층을 갖추고 있는 박막가공된 웨이퍼의 뒷면에서 확산되는 구리를 차단하는 성질을 전기적으로 평가하였다. 외부게터링층의 차단특성을 비교하기 위해서, 기계적 연삭 이후에 화학적 기계연마(CMP), 건식연마(DP), 울트라 폴리그라인드(UPG), 폴리그라인드(PG) 그리고 #2,000 입자를 사용한 연마 등을 시행하여 박막가공된 웨이퍼의 뒷면에 유형의 외부게터링층들을 생성하였다. 결함밴드 영역의 범위는 연삭조건에 의해서 큰 영향을 받는다. 원자작용력 현미경(AFM)을 사용하여 기계적 연삭 이후에 화학적 기계연마, 건식연마, 울트라 폴리그라인드, 폴리그라인드 그리고 #2,000 입자를 사용한 연마 등을 시행하여 박막가공된 웨이퍼의 뒷면에 대한 측정을 시행하였다. **그림 7.8**에서는 박막가공된 웨이퍼의 뒷면에 대한 원자작용력 현미경(AFM) 영상을 보여주고 있으며, 가공방법별 평균 표면조도(RMS)는 각각 8[nm](울트라폴리그라인드), 2[nm](건식연마), 0.30[nm](화학적 기계연마), 15[nm](폴리그라인드) 그리고 22[nm](#2,000) 등이다.

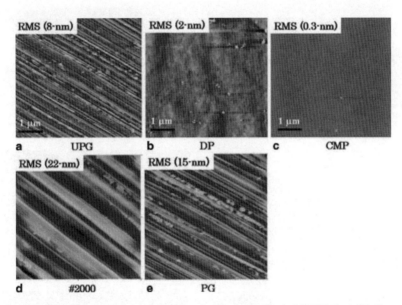

그림 7.8 기계적 연삭 이후에 (a) 울트라 폴리그라인드(UPG), (b) 건식연마(DP), (c) 화학적 기계연마(CMP), (d) #2,000 입자를 사용한 연마, (e) 폴리그라인드(PG)를 시행한 표면에 대한 원자작용력 현미경(AFM) 영상

박막가공된 웨이퍼 뒷면의 결정결함들에 대해서는 투과전자 현미경(TEM)을 사용하여 평가하였다. **그림 7.9**에서는 박막가공된 웨이퍼의 뒷면에 대한 투과전자 현미경 단면영상을 보여주고

---

2 dislocation

있다. 기계적 연삭을 수행한 다음에 결함의 밴드영역은 **그림 7.9 (a)**에 도시되어 있는 것처럼, 대략적으로 표면에서 1[μm] 깊이까지이며 다수의 깊은 마이크로 크랙, 점결함, 전위 등이 발견된다. 응력해지를 위한 폴리싱 공정을 수행한 다음에는 결함 밴드영역이 각각 400[nm](울트라폴리그라인드), 100[nm](건식연마), 50[nm](화학적 기계연마), 300[nm](폴리그라인드), 400[nm](#2,000)까지 감소되었다. 화학적 기계연마를 시행한 웨이퍼는 표면조도와 결정결함 손상영역이 가장 작다. 건식연마를 시행한 웨이퍼의 결정결함 손상영역은 100[nm]의 두께를 가지고 있었다. 하지만 손상영역 내에서 점결함과 전위는 비교적 작게 나타났다. 반면에 울트라폴리그라인드, 폴리그라인드 및 #2,000 입자를 사용한 연마 등은 표면조도가 훨씬 더 거칠었으며, 두꺼운 결함손상영역 내에서는 화학적 기계연마나 건식연마 처리한 웨이퍼에 비해서 심각한 결함들과 마이크로 크랙들이 발견되었다. 특히 #2,000 입자를 사용한 연마의 경우에는 실리콘 결정체의 무질서, 점결함 그리고 전위 등과 수직방향 마이크로 크랙 등의 표면하부 손상들이 생성되었다.

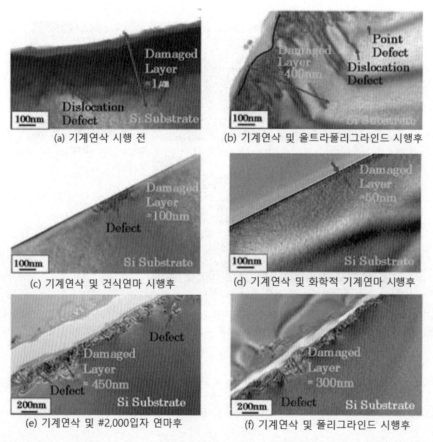

(a) 기계연삭 시행 전

(b) 기계연삭 및 울트라폴리그라인드 시행후

(c) 기계연삭 및 건식연마 시행후

(d) 기계연삭 및 화학적 기계연마 시행후

(e) 기계연삭 및 #2,000입자 연마후

(f) 기계연삭 및 폴리그라인드 시행후

그림 7.9 (a) 기계적 연삭 이후에, (b) 울트라 폴리그라인드(UPG), (c) 건식연마(DP), (d) 화학적 기계연마(CMP), (e) #2,000 입자를 사용한 연마, (f) 폴리그라인드(PG)를 시행한 표면에 대한 투과전자현미경(TEM) 영상

MOS 커패시터가 제작되어 있는 웨이퍼를 기계적 연삭가공을 통해서 100[μm] 두께까지 박막가공을 수행하였으며, 뒤이어서 다양한 응력해지 공정을 시행하였다. 구리확산에 대한 가속시험을 수행하기 위해서 오염원으로 50[nm] 두께의 구리층을 웨이퍼 뒷면에 증착하였다. 의도적으로 활성영역 속으로 구리원자들을 확산시키기 위해서, N_2 환경하에서 다양한 시간 동안 300[℃]의 온도로 웨이퍼에 대한 풀림열처리를 수행하였다.

그림 7.10에서는 MOS 커패시터가 성형되어 있는 박막가공된 웨이퍼에 대해서 다양한 응력해지 공정을 시행한 다음에 측정된 C-t 곡선을 보여주고 있다. MOS 커패시터가 성형되어 있는 박막가공된 웨이퍼에 대해서 화학적 기계연마, 울트라폴리그라인딩, 폴리그라인딩, 건식연마 그

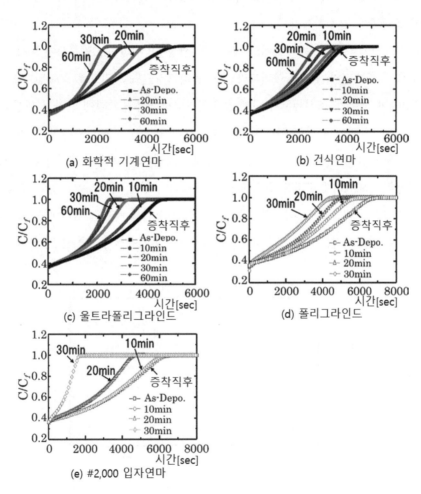

그림 7.10 MOS 커패시터가 성형된 박막가공된 웨이퍼에 (a) 화학적 기계연마(CMP), (b) 건식연마(DP), (c) 울트라폴리그라인드(UPG), (d) 폴리그라인드(PG), (e) #2,000 입자를 사용한 연마 등을 시행한 이후에 측정한 C-t 곡선

리고 #2,000 입자를 사용한 연마 등을 시행한 경우의 C-t 곡선을 살펴보면, 증착 직후보다 20분간의 풀림열처리를 시행한 다음에는 소수 나르개의 생성수명시간이 짧아진다는 것을 확인할 수 있다. 이는 뒷면의 공핍영역 속으로 구리원자가 확산되며, 이로 인하여 생성수명시간이 짧아진다는 것을 의미한다. 풀림열처리 시간을 증가시키면, 더 많은 구리원자들이 빠르게 공핍층 속으로 확산되기 때문에, C-t 곡선이 더 심하게 변형되면서 생성수명시간이 더 짧아진다. 하지만 MOS 커패시터가 성형되어 있는 웨이퍼에 대해서 건식연마를 시행한 경우에는 60분 동안의 풀림열처리를 시행한 다음에도 증착 직후에 비해서 C-t 곡선의 변화가 비교적 작다. 건식연마를 통해서 형성된 외부게터링층에 의해서 구리원자의 확산이 저지되기 때문에 구리원자들이 공핍층 속으로 확산되기가 어려워졌다는 것을 의미하며, 이로 인하여, 풀림열처리 시간이 비교적 길어져도 생성수명시간이 조금밖에 감소하지 않는다.

풀림열처리 시간에 따른 소수 나르개의 정규화된 생성수명시간이 **그림 7.11**에 도시되어 있다.[9] 웨이퍼에 화학적 기계연마, 울트라폴리그라인드, 폴리그라인드 그리고 #2,000 입자를 사용한 연마 등을 시행하면, 폴리싱 조건에 무관하게 풀림열처리시간이 증가함에 따라서 생성수명시간이 빠르게 감소한다. 반면에 건식연마를 시행한 웨이퍼의 경우에는 구리원자의 확산을 차단하는 게터링층의 효율이 높기 때문에 비교적 변화가 작게 나타난다. 화학적 기계연마를 시행한 웨이퍼는 결함손상영역이 50[nm]에 불과할 정도로 얇으며, 결함이 없는 매끄러운 표면이 생성된다. 이는 화학적 기계연마가 응력을 해지하고 결함을 제거한다는 장점을 가지고 있기 때문에, 박막가공된 웨이퍼의 강도를 강화시키는 데에 유용하다. 그런데 화학적 기계연마 가공된 웨이퍼는 얇은 손상

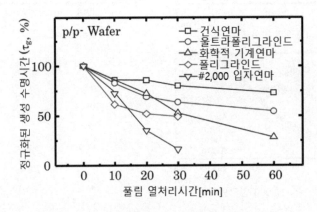

그림 7.11 MOS 커패시터가 성형된 박막가공된 웨이퍼에 건식연마, 울트라폴리그라인드, 화학적 기계연마, 폴리그라인드 그리고 #2,000 입자를 사용한 연마가공을 시행한 다음에, 300[°C]에서의 의도적인 구리확산을 유발하였을 때의 정규화된 생성수명시간 t_g

영역이 구리원자를 차단하기에 충분치 못하기 때문에, 구리 확산에 대한 차단능력이 나쁘다. 반면에, 건식연마 가공된 웨이퍼는 구리확산에 대하여 양호한 차단능력을 가지고 있다. 건식식각 가공에 의해서 연삭된 표면 근처에 형성된 100[nm] 두께의 결정결함 손상영역이 훌륭한 외부게터링층으로 작용하였다는 것을 의미한다. 울트라폴리그라인드, 폴리그라인드 그리고 #2,000 입자를 사용한 연마 등의 가공을 시행한 웨이퍼는 연삭된 표면의 손상영역 근처에 깊은 마이크로 크랙들, 심각한 점상결함, 전위 등이 존재한다. 이러한 심각하게 손상된 영역들은 구리확산에 대해서 비교적 불안정한 저지능력을 가지고 있다. 따라서 풀림열처리를 수행하는 동안 구리원자들이 이런 심각한 결함을 통과하여 공핍층으로 쉽게 확산되어버린다. 그런데 건식연마 가공된 웨이퍼 조차도, **그림 7.12**에 도시되어 있는 것처럼, 풀림열처리 시간이 길어지고, 온도가 높아지면, 손상영역이 완벽하게 균일하지 않기 때문에, 구리확산의 저지능력이 상대적으로 불안정해진다.[8]

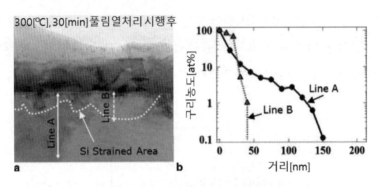

그림 7.12 (a) 뒷면 폴리그라인드를 시행한 웨이퍼에 30분간 300[℃]에서 구리확산을 유발시킨 후에 촬영한 투과전자 현미경 영상, (b) 2차 이온 질량분석법을 사용하여 측정한 구리농도 프로파일

손상영역의 두께가 50[nm]인 선분 A의 경우 실리콘기판 속으로 확산된 구리원자들은 비교적 얇은 손상영역을 통과하였다. 반면에 손상영역의 두께가 100[nm]인 선분 B의 경우에는 구리원자들이 손상영역에 의해서 차단되어서, 실리콘기판 속으로 확산되지 않았다. 이를 통해서 구리확산을 차단하기 위한 외부게터링층으로 작용하기 위해서는 약 100[nm] 두께의 결정결함 손상영역이 필요하다는 것을 알 수 있다. 그런데 일반적인 폴리싱 기법을 사용하여 100[nm] 두께의 손상영역을 균일하게 생성하는 것은 또 다른 기술적 도전요인이다.

7.2.2 구리비아에서 확산되는 구리의 영향

실리콘관통비아는 3차원 집적회로의 성능을 결정하는 중요한 인자이기 때문에, 실리콘관통비아는 3차원 집적회로 제조의 핵심기술이다. 구리 소재는 저항이 작기 때문에 저항-정전용량(RC) 지연을 현저히 줄일 수 있으며, 충진속도가 매우 빨라서 생산속도를 높일 수 있기 때문에, 최근 들어서, 구리 소재의 실리콘관통비아가 관심을 받고 있다. 구리 소재 실리콘관통비아는 심부 실리콘 에칭, 유전층 라이닝 그리고 차단층과 시드층을 갖춘 스퍼터링 등을 통해서 일반적으로 제조되며, 마지막으로 구리 전기도금이 시행된다. 그런데 구리확산에 대한 차단층의 저지성능이 충분치 않다면, 구리원자는 실리콘관통비아로부터 활성영역으로 쉽게 확산되어 인접한 디바이스를 오염시키며, 디바이스 특성의 저하를 유발한다. 종횡비가 큰 비아를 생성하기 위해서는 보쉬 공정이 일반적으로 사용된다. 그런데 주기적인 에칭과 부동태화 과정이 반복되는 보쉬공정을 사용한 에칭으로 인하여 **스캘럽**이라고 부르는 측벽거칠기가 초래된다. 만일 스캘럽 거칠기가 크다면, 유전체 라이너와 차단층의 등각증착은 기술적 도전요인이다. 특히 차단층의 덮임성질이 나쁘다면, 폴림열처리 이후의 공정을 수행하는 동안 구리 소재의 실리콘관통비아로부터의 구리 확산을 유발할 수 있다. **그림 7.13**에 도시되어 있는 Cu/Ta 게이트 전극과 구리 소재 실리콘관통비아로 이루어진 도랑형상 MOS 커패시터를 사용한 C-t 분석을 통하여, 구리 소재 실리콘관통비아로부터의 구리확산에 따른 영향을 전기적으로 분석할 수 있다.[10]

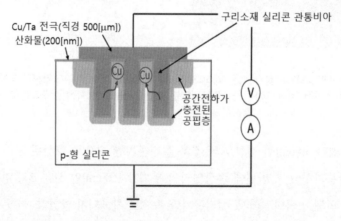

그림 7.13 Cu/Ta 게이트 전극과 구리 소재 실리콘관통비아로 이루어진 도랑형상 MOS 커패시터의 개념적 구조

7.2.2.1 차단층 두께와 스캘럽 거칠기의 영향

실리콘 스캘럽 거칠기의 영향을 비교하기 위해서, 보쉬공정의 SF_6 에칭과 C_4F_8 부동태화 스텝의 사이클 주기를 변화시켜서 **그림 7.14**에서와 같이, 평균 거칠기가 30[nm] 및 200[nm]인 두 가지 유형의 측벽 스캘럽을 제작하였다.

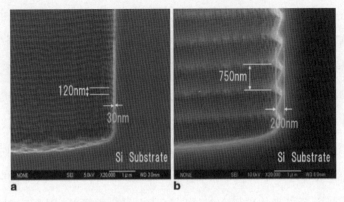

그림 7.14 서로 다른 측벽 스캘럽 거칠기를 가지고 있는 실리콘 도랑의 주사전자현미경 단면영상

단차피복의 영향을 비교하기 위해서, 비아구멍 속에 100[nm] 두께의 산화물 라이너를 형성한 다음에, 비아구멍의 표면에 10[nm] 및 100[nm] 두께의 **탄탈럼(Ta)** 차단층을 증착하였으며, 도랑 측벽의 탄탈럼 차단층 최소두께는 약 3[nm] 및 20[nm]이었다. **그림 7.15**에서는 스캘럽 거칠기가 200[nm]인 도랑형 비아에 약 30[nm] 두께의 최소두께 탄탈럼층이 형성되어 있는 경우의 스캘럽 부위에 대한 주사전자현미경 단면영상을 보여주고 있다. 시드층 증착을 수행한 다음에, 전기도금 을 사용하여 게이트전극과 구리비아 도전체로 작용하는 구리층을 생성한다. 50×50 비아 어레이 를 포함하는 도랑형 MOS 커패시터를 생성하기 위해서 구리와 탄탈럼층으로 이루어진 금속 게이 트전극을 패터닝하였다.

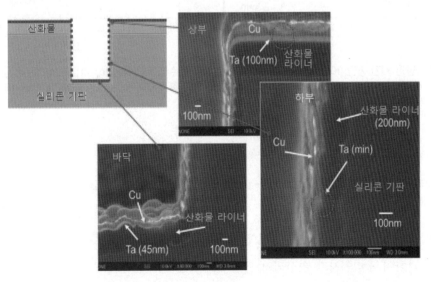

그림 7.15 서로 다른 측벽 스캘럽 거칠기를 가지고 있는 실리콘 도랑의 주사전자현미경 단면영상

구리전극으로부터 기판 속으로 구리원자들을 의도적으로 확산시키기 위해서, 웨이퍼에 다양한 시간 동안 300[℃]의 온도로 풀림열처리를 시행하였다. **그림 7.16 (a)와 (b)**에서는 10[nm] 두께의 탄탈럼층을 갖춘 도랑형 커패시터에 대해서 풀림열처리를 시행한 다음에 측정한 C-t 곡선을 보여주고 있다. **그림 7.16 (a)**에 도시되어 있는 것처럼, 스캘럽 거칠기가 30[nm]인 도랑형 커패시터의 C-t 곡선에 따르면 5분 동안의 초기 어닐링을 수행한 다음에 생성수명시간의 단축과 더불어 심각한 퇴화가 발생한다는 것을 알 수 있다. 이는 비아 내부의 극도로 얇은 탄탈럼층으로 덮여 있는 스캘럽을 통과하여 구리전극에서 활성영역으로 구리원자가 확산되었다는 것을 의미한다. 풀림열처리 시간을 증가시키면, 활성영역으로의 더 심각한 구리확산으로 인하여 생성수명시간 감소와 더불어서 C-t 곡선은 더 심각한 퇴화를 나타낸다. **그림 7.16 (b)**에 따르면, 스캘럽 거칠기가 200[nm]인 도랑형 커패시터는 스캘럽 거칠기가 30[nm]인 경우에 비해서, 훨씬 더 짧은 생성수명시간과 더불어서, C-t 곡선은 훨씬 더 심각한 퇴화를 나타낸다. 이는 스캘럽 거칠기가 큰 경우에는 탄탈럼층의 증착품질이 나쁘기 때문에, 구리원자가 구리전극으로부터 활성영역 속으로 더 빠르게 확산된다는 것을 의미한다.

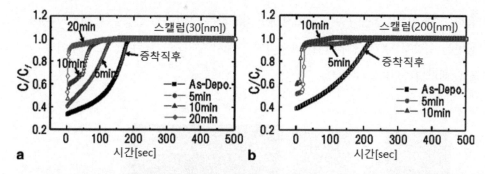

그림 7.16 다양한 시간 동안 300[℃] 온도에서의 풀림열처리를 수행한 다음에 (a) 거칠기가 30[nm]인 스캘럽과 (b) 거칠기가 200[nm]인 스캘럽에 얇은 탄탈럼층이 증착되어 있는 도랑형 MOS 커패시터의 Cu/Ta 게이트에 대해서 측정한 C-t 곡선

그림 7.17 (a)와 (b)에서는 100[nm] 두께의 (표면) 탄탈럼층을 갖춘 도랑형 커패시터에 대해서 풀림열처리를 시행한 다음에 측정된 C-t 곡선을 보여주고 있다. 스캘럽 거칠기와는 무관하게, 60분간의 풀림열처리를 수행한 다음의 C-t 곡선에 따르면, 증착직후의 상태로부터 거의 변화가 나타나지 않았다. 이는 약 30[nm] 두께의 탄탈럼층을 갖춘 스캘럽 부위가 구리전극으로부터 활성영역을 통과하여 구리원자가 확산되기 어렵다는 것을 의미한다.

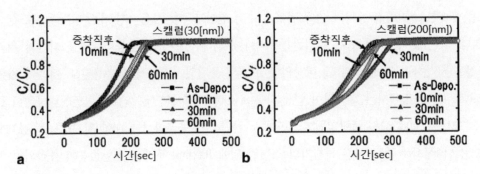

그림 7.17 다양한 시간 동안 300[°C] 온도에서의 풀림열처리를 수행한 다음에 (a) 거칠기가 30[nm]인 스캘럽과 (b) 거칠기가 200[nm]인 스캘럽에 두꺼운 탄탈럼층이 증착되어 있는 도랑형 MOS 커패시터의 Cu/Ta 게이트에 대해서 측정한 C-t 곡선

그림 7.18에서는 풀림열처리시간에 따른 소수 나르개의 생성수명시간을 보여주고 있다. 스캘럽 거칠기가 30[nm]로 매우 작은 경우조차도, 5분간의 풀림열처리를 시행한 다음에 10[nm] 두께의 (표면) 탄탈럼층을 갖춘 도랑형 커패시터 내에서의 생성수명시간은 증착직후의 상태보다 현저하게 감소하였다. 그런데 100[nm] 두께의 (표면) 탄탈럼층을 갖춘 도랑형 커패시터의 경우에는 스캘럽 거칠기가 200[nm]인 경우조차도, 300[°C]의 온도에서 60분간 풀림열처리를 시행한 다음의 생성수명시간이 줄어들지 않는다.

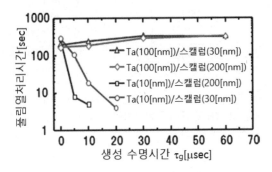

그림 7.18 300[°C]에서의 풀림열처리시간과 C-t 분석으로부터 얻은 소수 나르개의 생성수명시간의 상관관계

7.2.2.2 풀림열처리 온도의 영향

집적회로 위탁생산업체들과 DRAM 판매사들이 대량생산을 성공할 가능성이 매우 높기 때문에, 최근 들어 중간비아 구리 소재 실리콘관통비아가 관심을 받고 있다.[11] 중간비아 구리 소재 실리콘관통비아는 전공정이 끝난 다음에 심부 실리콘에칭, 유전체층 라이닝 그리고 차단층과

시드층에 대한 스퍼터링 공정과 이에 뒤이은 구리 전기도금을 사용하여 가장 일반적으로 생산되고 있다. 최근 들어, 구리 소재 실리콘관통비아에 의해서 유발되는 **응력효과**를 피하기 위해서 후공정을 시작하기 전에, 400[°C] 이상의 온도에서 **풀림열처리**공정이 수행된다. 더욱이 기존의 집적회로 제조공정에서는 후공정이 끝난 다음에 400[°C]에서의 H_2 소결 풀림열처리공정이 필요하다. 그러므로 400[°C]의 풀림열처리 온도에서 차단층의 구리확산에 대한 저지성능을 평가하였다. **그림 7.19**에서는 서로 다른 거칠기의 스캘럽 위에 100[nm] 두께의 탄탈럼층이 증착되어 있는 도랑형 커패시터에 400[°C]의 온도로 풀림열처리를 시행한 다음에 측정한 C-t 곡선을 보여주고 있다. 스캘럽 거칠기가 200[nm]인 도랑형 커패시터는 **그림 7.19 (a)**에 도시되어 있는 것처럼 5분 동안의 풀림열처리를 시행한 다음에 조차도 과도시간이 짧아지면서 심각한 퇴화가 발생하였다. 반면에, 스캘럽 거칠기가 30[nm]인 도랑형 커패시터의 경우에는 **그림 7.19 (b)**에 도시되어 있는 것처럼, 20분 동안의 풀림열처리를 수행하여도 퇴화가 발생하지 않았다. 하지만 30분 동안의 풀림열처리를 시행한 다음에는 퇴화가 시작되었다.

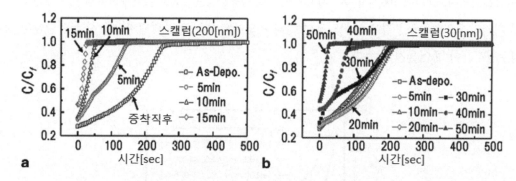

그림 7.19 다양한 시간 동안 400[°C] 온도에서의 풀림열처리를 수행한 다음에 (a) 거칠기가 200[nm]인 스캘럽과 (b) 거칠기가 30[nm]인 스캘럽에 두꺼운 탄탈럼층이 증착되어 있는 도랑형 MOS 커패시터의 Cu/Ta 게이트에 대해서 측정한 C-t 곡선

그림 7.20에서는 400[°C]에서 풀림열처리시간과 C-t 분석으로부터 구한 소수 나르개의 생성수명시간 사이의 상관관계를 보여주고 있다. 스캘럽 거칠기가 30[nm]이며 두꺼운 탄탈럼 차단층을 갖춘 MOS 커패시터에 대해서 400[°C]에서 30분 동안의 풀림열처리를 시행한 다음의 소수 나르개의 생성수명시간은 증착직후의 시간보다 50% 수준으로 감소한다. 이는 400[°C]의 높은 온도에서 여러 번의 풀림열처리공정을 수행한 다음에 중간비아 구리 소재 실리콘관통비아에서는 구리원자들이 활성영역으로 쉽게 확산되며, 이로 인하여 디바이스 성능이 심각하게 저하된다는 것을 의미한다.

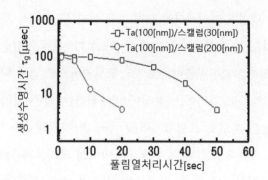

그림 7.20 400[℃]에서의 풀림열처리시간과 C-t 분석으로 구한 소수 나르개의 생성수명시간 사이의 상관관계

7.2.2.3 구리 비아로부터 확산된 구리에 의한 배제영역의 특성

구리확산에 의한 **배제영역(KOZ)**에 대한 분석을 위해서, **그림 7.21**에 도시되어 있는 것처럼, 10~100[μm]의 다양한 거리를 가지고 구리 소재 실리콘관통비아 근처에 위치한 평면형 MOS 커패시터가 사용되었다. 평면형 MOS 커패시터에서 공핍층 속으로 의도적으로 구리원자를 확산시키기 위해서, 스캘럽 거칠기가 200[nm]에 이르는 거친 측벽과 (표면에) 10[nm] 두께의 탄탈럼 차단층을 갖추고 있는 실리콘관통비아가 사용되었다.

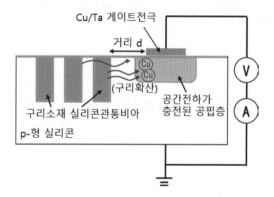

그림 7.21 다수의 구리 소재 실리콘관통비아와 인접하여 배치되어 있는 평면형 MOS 커패시터의 단면구조

그림 7.22에서는 300[℃]에서 5분 및 10분 동안 풀림열처리를 시행한 다음에 MOS 커패시터와 구리 소재 실리콘관통비아 사이의 거리에 따른 소수 나르개의 수명시간 변화를 보여주고 있다. 구리 소재 실리콘관통비아로부터 50[μm] 떨어져 있는 MOS 커패시터의 소수 나르개 수명시간은 5분간의 풀림열처리를 수행하고 나면, 증착직후에 비해서 50%까지 감소한다. 더욱이 10분간의 풀림

열처리를 시행하고 나면, 평면형 커패시터와 구리 소재 실리콘관통비아 사이의 거리가 100[μm]만큼 떨어져 있는 경우조차도, 수명시간이 급격하게 감소한다. 이는 차단층의 성능이 충분치 못하여 구리원자들이 구리 소재 실리콘관통비아로부터 활성영역으로 쉽게 확산되며, 300[℃]에서 풀림열처리를 시행한 경우조차도 디바이스 특성이 저하된다는 것을 의미한다. 중간비아 방식의 공정에서는 400[℃]의 높은 온도로 풀림열처리를 여러 번 시행해야만 하기 때문에, 구리 소재 실리콘관통비아로부터의 구리확산 문제는 중간비아 방식의 실리콘관통비아 기술에서 더 심각한 문제이다. 실제 3차원 집적회로의 두께, 결정구조, 차단층 소재 등을 이용하여 높은 신뢰성을 갖춘 실리콘관통비아를 만드는 것이 가장 중요하다.

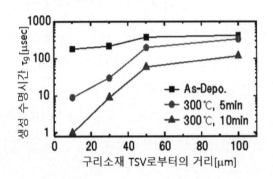

그림 7.22 300[℃]에서 풀림열처리를 시행한 다음에 구리 소재 실리콘관통비아로부터 다양한 거리에서 소수 캐리어의 생성수명시간

7.3 기계적 응력/변형률이 적층된 집적회로 디바이스의 신뢰성에 미치는 영향

3차원 집적은 구리 소재 실리콘관통비아와 금속소재 마이크로범프들을 사용하여 얇은 다이나 웨이퍼를 수직방향 적층하는 것이다. 작은 크기의 3차원 집적회로를 만들기 위해서는, 기능이 완성된 웨이퍼를 10~50[μm] 두께로 박막가공해야만 한다. 그런데 실리콘기판이 매우 얇아지면, 기계적 강도의 저하, 휨, 적층된 다이의 국부적인 변형 등과 같은 몇 가지 문제들이 초래된다.[12, 13] 실리콘 관통비아의 밀도가 높은 박막형 집적회로는 깨지거나 손상받기가 매우 쉽기 때문에, 3차원 집적 과정에서 다이파손을 유발하는 극도로 얇은 다이/웨이퍼 자체의 기계적 강도에 대해서도 고려해야만 한다. 실리콘, 구리, 충진용 유기소재의 열팽창계수 차이가 매우 크기 때문에, 다이두께가

감소함에 따라서 금속소재 마이크로범프를 사용한 결합에 대해서도 심각하게 고려해야 한다. 이 절에서는 실리콘 박막가공과 마이크로범프 결합에 의해서 유발되는 기계적 응력/변형이 박막 가공된 3차원 집적회로의 디바이스 신뢰성에 미치는 영향에 대해서 살펴보기로 한다.

7.3.1 적층된 집적회로의 마이크로범프에 의해서 유발된 국부응력

3차원 집적회로에서 금속소재의 마이크로범프는 **열처리응력(TMS)**과 **국부응력(LMS)**이라는 두 가지 서로 다른 응력을 유발한다. 열처리응력은 **그림 7.23 (a)**에 도시되어 있는 것처럼, 실리콘 소재와 범프금속 소재 사이의 열팽창계수 차이에 의해서 발생한다.[12, 14] 반면에 국부응력은 **그림 7.23 (b)**에 도시되어 있는 것처럼, 범프의 금속소재, 실리콘, 충진용 유기소재들 사이의 열팽창계수 차이로 인하여 박막가공된 다이의 **마이크로범프** 영역 주변에서 발생하는 국부변형이다. 유한 요소해석방법을 사용하여 실리콘관통비아와 마이크로범프에 의해서 유발되는 열처리응력의 크기뿐만 아니라 적층된 다이의 마이크로범프 영역 주변에서 생성되는 국부응력의 크기도 계산할 수 있다.[15] 그러므로 3차원 집적회로 내에서 디바이스의 배제영역을 미리 정확하게 예측할 수 있다. 압전 저항형 응력 센서나 마이크로 라만 분광법을 사용하여 비파괴적으로 적층된 집적회로 내에서 열처리응력과 국부응력을 정량적으로 측정한다.[17]

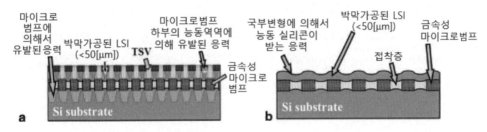

그림 7.23 (a) 고밀도 마이크로범프를 갖춘 3차원 집적회로의 개략도, (b) 3차원 적층된 집적회로의 국부변형

일반적으로, 실리콘 결정체의 전형적인 라만 스펙트럼은 주파수가 521[1/cm]에 위치하는 축퇴성[3] 단일 종광(LO)[4] 피크가 관찰된다. 파장길이가 488[nm] 또는 785[nm]인 여기레이저를 사용하여 **라만 스펙트럼**을 측정한다. 인장응력은 실리콘의 라만 피크를 저주파 대역으로 이동($\Delta\omega < 0$)시

---

3 degenerated: 광도파로 혹은 광공진기에 있어서 둘 이상의 모드가 동일한 전파상수 또는 동일한 공진주파수를 가질 때, 이들의 모드는 축퇴해 있다고 한다. 광용어사전
4 longitudinal optical

키는 반면에, 압축응력은 실리콘의 라만 피크를 고주파 대역으로 이동($\Delta\omega > 0$)시킨다. 소재가 압축 응력이나 인장 변형을 받았을 때에 소재의 격자 주파수가 변하기 때문에, 실리콘 라만 피크의 이동은 소재 내에 존재하는 응력과 직접적인 관련이 있다. 또한 피크 주파수의 이동량으로부터 응력의 크기를 추출할 수 있다. 변형률이 0이 아닌 텐서성분들이 라만 피크의 위치에 영향을 미치기 때문에, 실리콘 소재의 응력/변형과 라만 주파수 사이의 상관관계는 매우 복잡하다는 점에 주의해야 한다. 그런데 대부분의 경우, 선형관계를 가정하여 응력을 산출한다. 여기서는 실리콘 소재의 (1 0 0) 평면에 대한 단일축 응력은 $\sigma[\text{MPa}] = -434 \times \Delta\omega[1/\text{cm}]$이며, 2축응력은 $\sigma_{xx} + \sigma_{yy}[\text{MPa}] = -434 \times \Delta\omega[1/\text{cm}]$라고 가정하였다. 지금부터는 3차원으로 적층된 집적회로 내에서 마이크로범프에 의해서 유발되는 문제에 대해서 살펴보기로 한다. Cu/Sn 마이크로범프는 후공정에 시행되는 저온조립의 경우에는 신뢰성이 없는 상호연결 소재이다. 3차원 집적회로 내에서 상호연결용 금속이 열처리응력을 유발한다는 것을 이미 수십 년간 인식하고 있었지만, 금속소재 마이크로범프에 의해서 유발되는 열처리응력을 다룬 연구는 많지 않았다. 그럼에도 불구하고, 이런 마이크로범프들이 앞면 대 앞면 접착을 이용한 다이/웨이퍼 적층에 광범위하게 사용되고 있다.

5×5, 10×10 및 20×20[μm^2]와 같이 서로 다른 크기를 가지고 있는 Cu/Sn 마이크로범프 어레이(100×10개의 마이크로범프)를 가지고 있는 3차원 집적회로 시편의 단면에 존재하는 2차원 응력분포에 대해서 살펴보기로 한다. 상부와 하부칩의 크기는 각각 5×5와 7×7[mm^2]이며 다이의 두께는 약 280[μm]이다. 전기도금을 통해서 범프하부 금속인 구리를 형성한 다음에 주석 기상증착을 시행하였으며, **그림 7.24 (a)**에 도시되어 있는 것처럼, 접착된 Cu/Sn 마이크로범프에 대한 단면 주사전자현미경 영상에 따르면 계면에 Cu_6Sn_5 및 Cu_3Sn과 같은 금속간화합물(IMC)이 형성되었음이 명확하게 관찰된다.[20] 20×20[μm^2] 크기의 Cu/Sn 범프를 갖추고 있는 3차원 집적회로에 대한 단면 2차원 열처리응력분포가 **그림 7.24 (b)**에 도시되어 있다. 구리 소재 실리콘관통비아와 마찬가지로, 실리콘 소재 내부에 마이크로범프와 인접한 위치에는 큰 압축응력이 존재한다는 것을 알 수 있다. 범프-간극 영역의 경우에는 압축응력이나 인장응력이 상대적으로 작게 발생하였다. 유발된 응력은 풀림열처리 이후에 더 증가하지만 응력분포의 경향은 열처리 이후에도 동일하게 유지된다.[19] 최대응력값은 접착 전에는 125[MPa], 접착 후에는 약 250[MPa] 그리고 열처리 이후에는 350[MPa] 이상인 것으로 측정되었다. 마이크로범프에 의해서 유발되는 압축응력의 크기와 깊이방향 분포는 범프크기의 증가와 더불어, 함께 증가한다. Cu/Sn 범프의 크기가 작으며(5×5[μm^2]) 밀도가 높은 경우에는 두 개의 인접한 마이크로범프들에 의해서 유발되는 압축응력이 범프-간극 영역에서 Cu-Si 계면과 평행한 평면방향에 대해서 서로 중첩된다.

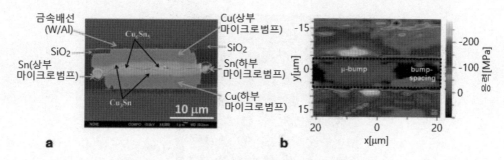

그림 7.24 전기도금-증발 범핑공정을 통해서 생성된 Cu/Sn 마이크로범프의 단면에 대한 (a) 주사전자현미경 영상, (b) 2차원 응력분포 (컬러 도판 p.487 참조)

금속소재 마이크로범프와 활성 실리콘 내의 실리콘관통비아에 의해서 유발되는 열처리응력에 비해서, 충진소재 주입과 경화 이후에 박막가공된 집적회로의 국부변형으로 인해서 유발되는 국부응력은 매우 큰 값을 갖는다. 이로 인하여 고밀도 3차원 집적회로를 실현하는 과정에서 심각한 신뢰성 문제가 야기된다. 국부변형량은 열팽창계수나 충진소재의 모듈러스뿐만 아니라 마이크로범프의 밀도, 피치 및 높이 등과 같은 다양한 인자들에 의존하며, 박막가공 후 응력이 해지된 다이의 표면형상에도 어느 정도 영향을 받는다.

마이크로범프에 의해서 유발되는 국부 굽힘의 크기는 응력해지 기법에 따라서 서로 다르게 나타난다. 그림 7.25에 도시되어 있는 것처럼, 10[μm] 두께의 다이는 플라스마 에칭을 통한 응력해지로 인해서는 최대 약 225[nm]의 굽힘이 발생한 반면에 화학적 기계연마공정을 통해서는 그 절반의 굽힘만이 발생하였다. 응력해지공정 이후에 다이 표면에 잔류하는 연삭홈들이 이런 최대 굽힘의 주요 원인이라는 것이 규명되었다.[15] 이런 국부굽힘은 그림 7.26에 도시되어 있는 것처럼,

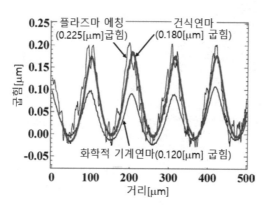

그림 7.25 다양한 응력해지공정에 의해서 3차원 집적회로 내에 생성된 국부변형을 나타내는 프로파일 형상

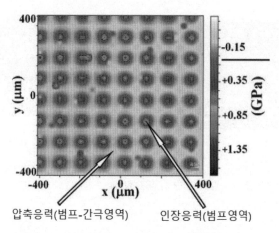

압축응력(범프-간극영역)　　　인장응력(범프영역)

그림 7.26 마이크로범프 어레이를 갖춘 바닥다이 위해 상부다이를 조립하였을 때에 발생하는 2차원 응력분포 영상 (컬러 도판 p.487 참조)

적층된 집적회로의 활성 실리콘에 커다란 국부응력을 유발하며, 마이크로범프영역 주변에서는 +1.8[GPa]의 인장응력, 범프-간극영역에서는 -0.5[GPa] 미만의 압축응력이 발생하였다.

　금속산화물반도체 전계효과트랜지스터(MOSFET)의 특성은 마이크로범프에 의해서 유발되는 기계적 응력에 영향을 받는다. 전자의 이동도와 그에 따른 드레인 전류는 **그림 7.27**에 도시되어 있는 것처럼, 인장응력에 의해서 마이크로범프 주변에서 증가하는 반면에, 범프-간극 영역으로 접근하면 압축응력으로 인하여 감소한다. 고밀도 마이크로범프들을 갖춘 박막가공된 3차원 집적 회로 내에서 기계적인 응력의 영향을 최소화하는 것은 매우 어려운 기술적 도전요인이다.[18]

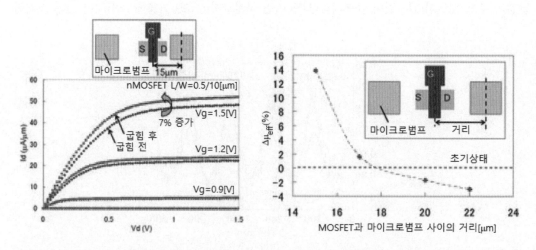

그림 7.27 (a) 30[μm] 두께의 다이 내의 마이크로범프들에 의해서 유발되는 국부 굽힘응력이 I_d-V_d 특성에 미치는 영향. (b) n-MOSFET의 전자 이동도

7.3.2 박막가공에 의한 실리콘의 기계적 강도 저하

박막가공된 실리콘기판의 기계적 성질에 대해서 기본적인 이해를 높이기 위해서, **나노인덴터**기법을 사용하여 실리콘기판의 **영계수(E)**를 측정하였다. 론 등은 크랙길이, 최대부하, 영계수값들 사이에는 $K_\chi = \alpha \sqrt{E/H} \pi / \sqrt{\chi^3}$ 의 관계가 있다는 것을 규명하였다.[19] 여기서 E는 영계수, H는 경도, K_χ는 인덴트 시험소재의 파괴인성이며, α는 인덴터의 유형에 따른 상수이다. 피라미드 형상을 가지고 있는 나노 인덴터의 선단부를 박막가공된 실리콘기판의 표면에 압입한다. 미리 지정된 최댓값에 이를 때까지 압입 부하를 지속적으로 증가시킨다. 부하를 해지하기 전에 소재가 이완되도록 하기 위해서 압입 이후에 인덴터를 해당위치에 고정시켜 놓는다. 부가하중은 24[mN]으로 비교적 작은 값을 사용하여 이 과정을 4회 반복하였으며, 정전용량형 센서를 사용하여 표면상의 인덴터 선단부 위치를 모니터링하였다.

각 기판에 대해서는 기계적 뒷면연삭을 수행한 다음에 화학적 기계연마를 시행하였으며, 기판두께가 100, 50 및 30[μm]인 경우에 대해서 실리콘기판의 영계수를 측정하였다. 실리콘기판의 영계수는 **그림 7.28**에 도시되어 있는 것처럼, 실리콘기판의 두께에 따라서 감소하는 것을 확인할수 있다. 100[μm] 두께를 갖는 실리콘기판의 영계수는 180[GPa]이며, 50[μm] 두께의 경우에는 176[GPa]이었다. 이 값들은 벌크 실리콘의 영계수(188[GPa])와 유사한 값들이다.[20] 그런데 기판두께가 40[μm]으로 줄어들면서 영계수가 감소(167[GPa])하기 시작하여, 30[μm]의 경우에는 50[μm]두께의 실리콘기판이 가지고 있는 계수값[21]에 비해서 약 30% 감소(121[GPa])하며, 20[μm]의 경우에는 약 40% 감소(106[GPa])한다.

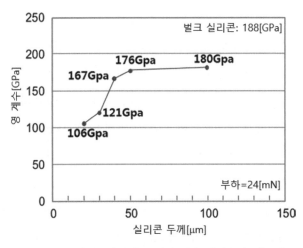

그림 7.28 실리콘기판의 두께에 따른 영계수의 의존성

이는 50[μm] 두께의 실리콘기판이 벌크 실리콘기판에 비해서 기계적 성질이 저하되지 않았기 때문에, 높은 신뢰성을 갖춘 3차원 집적회로를 구현하기에 충분한 기계적 강도를 갖추고 있다는 것을 의미한다. 그런데 두께가 30[μm] 이하로 줄어들게 되면, 기계적 성질이 현저히 저하되기 때문에, 다수의 층들을 적층하면 신뢰성 문제가 유발될 수 있다.

두께가 50[μm] 미만인 웨이퍼/다이에서는 영계수와 경도가 크게 감소한다. 그림 7.29에서는 응력해지방법들에 따른 30[μm] 두께 실리콘기판의 영계수값 변화를 보여주고 있다.[22] 다양한 기법들을 사용하여 응력을 해지한 기판들 중에서 화학적 기계연마를 사용한 기판의 영계수값이 가장 높다는 것을 알 수 있다. 반면에 건식연마나 플라스마 에칭을 시행한 기판의 기계적 성질은 좋지 않다. 화학적 기계연마를 사용한 응력해지는 기판 앞면의 응력에 의해서 유발되는 손상이 미치는 영향을 최소화시킬 수 있으며, 결과적으로 고성능 3차원 집적회로의 신뢰성을 향상시킬 수 있다.

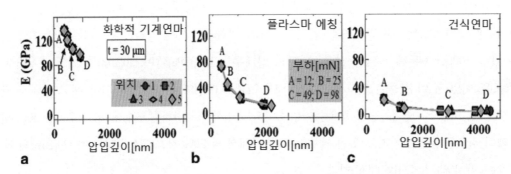

그림 7.29 (a) 화학적 기계연마, (b) 플라스마 에칭, (c) 건식연마를 사용하여 응력을 해지한 30[μm] 두께의 웨이퍼에서 발생하는 영계수의 변화

실리콘 박막가공이 실리콘기판의 기계적 성질저하에 미치는 영향을 이해하기 위해서 실리콘 원자의 격자구조를 살펴보았다.[21] 그림 7.30에서는 마이크로회절기법을 사용하여 측정한 100[μm] 및 30[μm] 두께의 실리콘기판에 대한 상호격자영상을 보여주고 있다. 두께가 100[μm]인 실리콘 기판의 경우, (실리콘 결정격자의 기울기와 밀접한 관계가 있는) q_x방향으로의 산포와 (실리콘 격자의 d-간격과 관계가 있는) q_z방향으로의 산포는 대략적으로 각각 0.25[rad]와 0.02[rad]이다. 30[μm] 두께의 실리콘기판에서는 q_x와 q_z값이 대략적으로 각각 0.15[rad]와 0.08[rad]이다. q_x와 q_y의 산포가 크다는 것은 실리콘 원자의 격자가 더 많이 왜곡되어 있다는 것을 의미한다. 실리콘 기판의 격자구조는 30[μm] 두께의 기판이 100[μm] 두께의 기판에 비해서 더 많이 왜곡되어 있다.

따라서 박막가공된 실리콘기판 내의 격자구조에서 발생하는 큰 왜곡은 영계수의 감소를 초래하여 결과적으로는 30[μm] 두께의 실리콘기판의 기계적 강도를 저하시킨다고 가정할 수 있다.

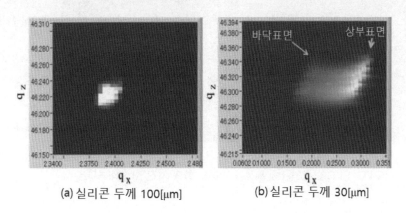

(a) 실리콘 두께 100[μm]　　　　(b) 실리콘 두께 30[μm]

그림 7.30 마이크로회절기법을 사용하여 측정한 실리콘기판 두께에 따른 상호격자영상

7.4 3차원 집적공정이 동적 임의접근 메모리의 기억특성에 미치는 영향

동적 임의접근 메모리(DRAM)는 정보 데이터를 커패시터 내에 전하의 형태로 저장한다. 저장된 전하의 기억시간을 조절하는 것은 DRAM에서 매우 중요한 사안이다. 그런데 DRAM의 기억특성은 3차원 집적공정에서 유발되는 다양한 인자들에 의해서 민감하게 영향을 받는다. 그러므로 저장된 전하의 기억시간 조절은 신뢰성 있는 3차원 DRAM의 실현을 위한 핵심 이슈이다. 따라서 3차원 DRAM을 만들기 위해서 얇은 DRAM 칩들을 수직 방향으로 쌓아올린다고 하여도 갱신간극을 일정하게 유지하여야 한다. 신뢰성 높은 3차원 DRAM을 구현하기 위해서, 가장 중요한 신뢰성 이슈는 저장용 커패시터 내에서 **전자누설**에 의존하는 데이터 **기억특성**이다. 웨이퍼 박막가공, 박막칩 접착 그리고 구리 소재 실리콘관통비아 생성과 같은 3차원 집적공정을 수행하는 동안 사용되는 다양한 메커니즘에 의해서 전자누설이 초래된다. 이 절에서는, 3차원 집적공정이 DRAM 칩의 메모리기억특성에 미치는 영향에 대해서 논의한다. 3차원 집적공정이 메모리 기억특성에 미치는 영향을 평가하기 위해서, **그림 7.31**에 도시되어 있는 것처럼, 90[nm] DRAM 기술을 사용하여 n채널 금속산화물반도체(nMOS) 셀 어레이로 이루어진 DRAM의 **시험요소그룹**(TEG)칩을 제작하였으며, 이 DRAM 칩은 40[μm] 크기를 갖는 38개의 실리콘관통비아 어레이를 구비하고 있다.

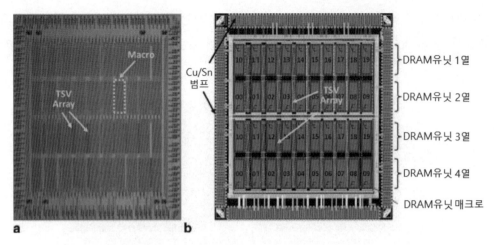

그림 7.31 (a) 제작된 DRAM 칩의 사진, (b) 내부구조

그림 7.32에서는 메모리셀 어레이, 디코더, 센서 증폭기, 버퍼회로 등으로 이루어진 각 매크로의
회로배치와 구조를 보여주고 있다. 3차원 집적공정에서 사용된 다양한 인자들에 의해서 민감하
게 영향을 받기 때문에, DRAM 메모리 셀 구조에 평면형 셀이 사용되었다. 셀 구조의 영향을
비교하기 위해서, 그림 7.33에 도시되어 있는 것처럼, p/p‑Si 기판을 사용하여 이중웰과 삼중웰
구조를 갖춘 메모리칩을 제작하였다.

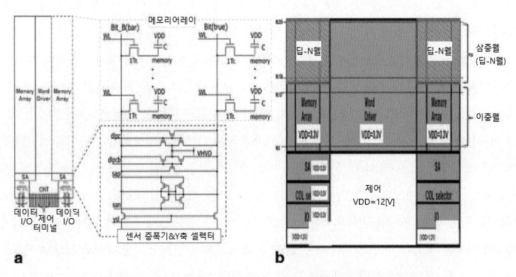

그림 7.32 (a) 제조된 DRAM 메모리의 회로배치, (b) 메모리 매크로

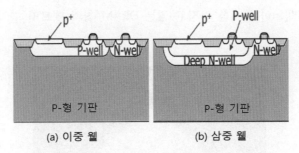

(a) 이중 웰   (b) 삼중 웰

그림 7.33 DRAM 칩에 제작되어 있는 웰 구조의 단면도

7.4.1 기계적 강도가 박형 동적 임의접근 메모리칩의 기억특성에 미치는 영향

그림 7.34에서는 실리콘 박막가공이 DRAM 칩의 메모리 기억특성에 미치는 영향을 전기적으로 분석하였다.

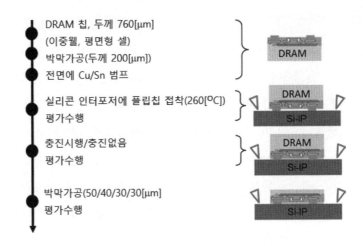

그림 7.34 실리콘 박막가공이 메모리 기억특성에 미치는 영향을 평가하기 위한 공정흐름도

우선 760[μm] 두께의 **기지양품다이(KGD)**[5] 메모리칩을 기계식 연삭가공을 통해서 200[μm] 두께로 가공한다. 다이레벨 내의 주변영역 금속패드상에 Cu/Sn 금속범프를 생성한다. 열압착본딩 기법을 사용하여 메모리칩이 아래로 향하도록 Cu/Sn 범프를 실리콘 인터포저에 접착시킨다. 충 진소재의 효용성을 비교하기 위해서 **그림 7.35**에 도시된 것처럼 시편들 중 하나를 에폭시 소재로 충진한 후에 200[°C]에서 30분간 경화시킨다. 실리콘 인터포저 위에 설치된 평가용 패드를 사용

---

5 known good die: 알고 있는 좋은 품질의 다이라는 뜻. 역자 주

하여 기준이 되는 200[μm] 두께를 가지고 있는 DRAM 칩의 메모리 기억특성을 평가하였다.

그림 7.35 메모리가 아래를 향하도록 접착 후 충진한 시험용 DRAM 칩(두께 200[μm])의 사진

실리콘기판의 두께가 디바이스의 신뢰성에 미치는 영향을 전기적으로 분석하기 위해서, 기계적 연삭가공과 화학적 기계연마 공정을 사용하여 DRAM 칩을 50[μm] 두께까지 가공하였다. DRAM 셀의 기억시간을 측정한 다음에, 기계적으로 유발된 과도한 응력이 박막가공된 칩에 부가되는 것을 피하기 위해서, 플라스마 실리콘 에칭기법을 사용하여 이 DRAM 칩을 40, 30 및 20[μm] 두께까지 가공하였다. 기판두께의 의존성을 분석하기 위해서 각각의 칩 두께에 대한 DRAM 셀의 기억특성을 평가하였다. 금속소재 범프결합에 의해서 발생하는 국부적인 응력/변형효과를 배제하기 위해서, 주변부에 배치되어 있는 Cu/Sn 범프들로부터 2,000[μm] 떨어져 있는 DRAM 셀의 중앙영역을 측정하였다.[14] 저장용 커패시터 전하가 누설되는 또 다른 경로를 차단하기 위해서, 기판 바이어스를 주지 않고 24[°C], V_{DD}=0.8[V]하에서 **기억시간**을 측정하였다. **그림 7.36**에서는 박막가공된 DRAM 칩에 충진을 수행하여 제작한 DRAM 셀 어레이(W/L=3.50/0.30[μm])의 실패 비율을 정적 기억시간의 함수로 보여주고 있다. 충진된 DRAM 칩의 DRAM 셀 어레이(W/L=3.50/0.30[μm])가 가지고 있는 기억특성은 칩 두께의 감소에 따라서 저하된다. 이중웰 구조를 가지고 있는 DRAM 셀 어레이의 경우(a)에는 200, 50, 40, 30 및 20[μm] 두께에 대해서 각각 3,601, 3,253, 2,370, 2,027 및 1,842[msec]만에 50%가 메모리 기억을 실패하였다. 삼중웰 구조를 가지고 있는 DRAM 셀 어레이의 경우(b)에는 200, 50, 40, 30 및 20[μm] 두께에 대해서 각각 3,688, 3,219, 2,580, 1,946 및 1,918[msec]만에 50%가 메모리 기억을 실패하였다. 그림에서 알 수 있듯이, DRAM

셀의 기억특성은 칩 두께가 감소함에 따라서 저하된다. 특히, 칩 두께가 40[μm] 이하인 경우에는 실리콘기판의 웰 구조(2중 또는 3중)에 관계없이, DRAM 셀의 기억특성이 급격하게 저하된다. 20[μm] 두께의 칩 내에 성형된 DRAM 셀의 기억시간은 50[μm] 두께의 칩 내에 성형된 셀에 비해서 기억시간이 약 40% 정도 짧다.

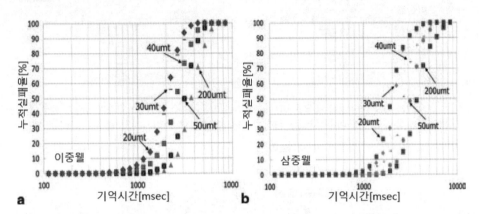

그림 7.36 (a) 이중웰, (b) 삼중웰 형태로 DRAM 셀을 제작한 이후에, 50, 40, 30, 20[μm] 두께로 박막가공한 칩을 충진을 사용하여 (200[μm] 두께의) 접착한 이후에 측정한 기억시간에 따른 DRAM 셀의 메모리 기억 실패율

　　그림 7.37에서는 박막가공된 DRAM 칩에 충진하지 않은 경우에, DRAM 셀 어레이의 실패율을 보여주고 있다. 기판두께가 30[μm]으로 감소할 때까지는 DRAM 셀의 기억특성은 심하게 감소하지 않지만, 20[μm] 이하가 되면 실리콘기판 내의 웰 구조(이중웰 또는 삼중웰)에 관계없이 급격하게 감소한다. 이중웰 구조를 가지고 있는 DRAM 셀 어레이의 경우 (a)에는 200, 50, 40, 30 및 20[μm] 두께에 대해서 각각 3,756, 3,562, 3,485, 3,228 및 1,773[msec]만에 50%가 메모리기억을 실패하였다. 삼중웰 구조를 가지고 있는 DRAM 셀 어레이의 경우 (b)에는 200, 50, 40, 30 및 20[μm] 두께에 대해서 각각 3,807, 3,633, 3,516, 3,368 및 1,796[msec]만에 50%가 메모리기억을 실패하였다. 20[μm] 두께로 칩을 제작한 DRAM 셀의 기억시간은 50[μm] 두께의 칩에 비해서 대략적으로 50%까지 급격하게 감소한다.

　　그림 7.38에서는 실패율이 50%인 DRAM 셀 어레이의 평균기억시간과 칩 두께에 의존하는 실리콘기판의 영계수 사이의 상관관계를 부여주고 있다. 실리콘기판의 영계수는 두께가 30[μm] 이하로 감소하면 갑자기 감소하게 된다. 충진을 시행한 DRAM 칩의 경우 각 두께별 DRAM 셀의 기억시간은 웰 구조에 무관하게, 200[μm] 두께의 칩에 비해서 대략적으로 12%(50[μm]), 33%(40[μm]),

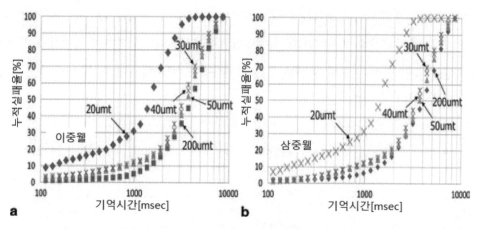

그림 7.37 (a) 이중웰과, (b) 삼중웰로 제작된 DRAM 셀의 실패율을 50, 40, 30 및 20[μm] 두께로 박막가공한 칩을 충진 없이 (200[μm] 두께로) 접착한 다음에 측정한 기억시간의 함수로 나타내었다.

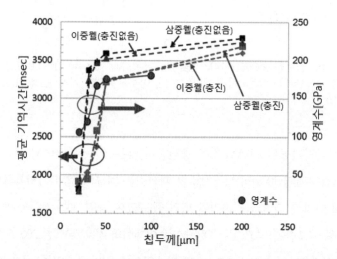

그림 7.38 실패율이 50%인 DRAM 셀 어레이의 평균 기억시간 대비 칩 두께에 의존하는 영계수

46%(30[μm]), 50%(20[μm])까지 감소한다. 반면에, 충진을 시행하지 않은 DRAM 칩의 경우에는 기억시간이 웰 구조에 무관하게, 200[μm] 두께의 칩에 비해서 대략적으로 5%(50[μm]), 7%(40[μm]), 13%(30[μm]), 53%(20[μm])까지 감소한다. 칩 두께가 20[μm] 미만이 되면, 충진공정과는 무관하게 기억특성이 현저하게 감소한다. 수많은 복잡한 인자들이 데이터 기억성질을 저하시키기 때문에, 데이터 기억시간 감소의 이유를 완벽하게 규명하는 것은 어려운 일이다. 이 연구결과에 따르면, 웨이퍼 박막가공과정에서 유발되는 얇은 실리콘기판 내의 격자구조 왜곡이 DRAM 셀 기억특성 저하의 주요 원인들 중 하나이다. 두께가 20[μm] 미만으로 감소하면, 얇은 실리콘기판의 격자

구조는 심하게 왜곡된다. 따라서 영계수나 밴드갭 에너지와 같은 기본적인 성질에 영향을 미치게 된다. 영계수값의 감소는 기계적 강도의 저하를 초래한다. 밴드갭 에너지의 변화는 소수 나르개의 수명시간에 영향을 끼쳐서 DRAM 셀의 기억시간을 단축시킬 수 있다.[23]

그림 7.39에서는 20[μm] 두께까지 박막가공하여 적층한 DRAM 칩의 사진들로서, (a)는 충진을 시행한 경우이며, (b)는 충진을 시행하지 않은 경우이다. 충진을 시행한 경우, 기판두께가 30[μm] 에 이를 때까지는 크랙이 발생하지 않았지만, 20[μm] 두께의 경우에는 테두리영역의 Cu/Sn 범프 결합위치 주변에서 크랙이 발생하여 범프들 사이로 전파되었다. 하지만 충진을 시행하지 않은 경우에는 두께가 20[μm]까지 감소하여도 크랙이 발생하지 않았다. 이는 20[μm] 두께의 박막칩의 기계강도 저하로 인하여 Cu/Sn 범프, 실리콘기판 그리고 에폭시 충진재 등 사이의 열팽창계수 불일치에 의해서 국부적으로 유발되는 기계적인 응력/변형 불일치[13, 14]를 견디지 못하고 범프 결합위치에서 크랙이 발생한 것이라고 가정하였다. 반면에 충진을 시행하지 않은 경우에는 20[μm] 두께의 박막칩의 기계강도가 Cu/Sn 범프와 실리콘기판 사이의 열팽창계수 불일치로 인해서 유발되는 국부적인 응력/변형을 여전히 견딜 수 있으며, 크랙도 생성하지 않았다.

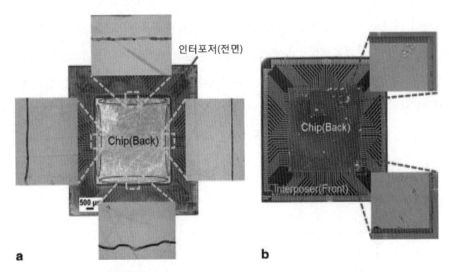

그림 7.39 20[μm] 두께로 박막가공하여 적층한 DRAM 칩의 사진. (a) 충진을 시행한 경우, (b) 충진하지 않은 경우

30[μm] 미만의 두께를 갖는 칩들을 신뢰성 있게 적층하기 위해서는 충진소재와 범프결합 구조의 최적화를 통하여 국부적인 응력/변형효과를 최소화하도록 더 많은 노력을 수행해야 한다.

7.4.2 구리오염이 박형 동적 임의접근 메모리칩의 기억특성에 미치는 영향

전자누설의 중요한 원인들 중 하나는 3차원 집적 공정에서 유입되는 구리와 같은 금속성 불순물이다. 특히, 구리는 실리콘 및 실리콘 산화물 내에서 이동성이 매우 좋다.[23, 24] 구리는 다른 모든 금속소재들 중에서 실리콘 내에서의 확산성이 가장 높다. 활성 디바이스 영역이 존재한다면, 구리 불순물은 누설전류를 증가시키거나 캐리어 재결합률 증가시키며, 기능손실을 유발하는 등 다양한 메커니즘을 통해서 기능적 실패를 유발한다.[25] DRAM 셀과 같이 극도로 민감한 디바이스의 경우에는, 미량의 오염만으로도 기억시간을 단축시킬 수 있다. 다양한 풀림열처리 조건하에서 구리를 의도적으로 확산시킨 다음에, 박막가공된 DRAM 칩의 뒷면에서 발생하는 구리오염이 기억특성에 미치는 영향을 전기적으로 분석할 수 있다.

연삭된 표면의 외부게터 특성(그림 7.11)을 비교하기 위해서, 기계적인 연삭가공을 수행한 다음에 화학적 기계연마나 건식연마를 시행하여 50[μm] 두께까지 DRAM 칩을 얇게 만들었다. 박막가공된 각각의 DRAM 칩들은 아래를 향하도록 뒤집어서 열압착본딩을 사용하여 Cu/Sn 범프로 실리콘 인터포저에 접착시켰다. 오염원으로 사용하기 위해서 50[nm] 두께의 얇은 구리층을 연삭표면에 증착하였다. 그림 7.40에 도시된 것처럼 N_2 대기하에서 200, 250 및 300[℃]의 온도로 30분 동안 가열하여 연삭된 뒷면으로부터 활성영역으로 구리원자들을 의도적으로 확산시켰다. 박막가공된 DRAM 칩(화학적 기계연마) 내에서 DRAM 셀의 기억특성은 그림 7.41에 도시되어 있는 것처럼, 웰 구조에 관계없이 300[℃]에서의 풀림열처리 이후에 현저히 감소한다. 반면에 박막가공된 DRAM 칩(건식연마) 내에서 DRAM 셀의 기억특성은 그림 7.42에 도시되어 있는 것처럼, 웰 구조에 관계없이 300[℃]에서의 풀림열처리 이후에도 감소하지 않았다.

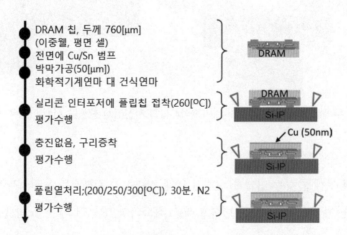

그림 7.40 구리원자의 확산이 메모리 기억특성에 미치는 영향을 평가하기 위한 공정 흐름도

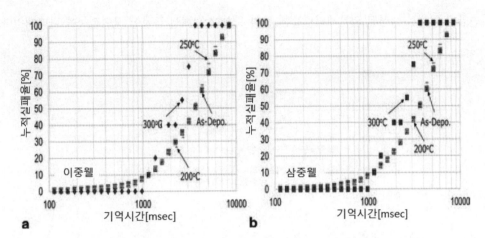

그림 7.41 (a) 이중웰과, (b) 삼중웰 구조로 제작된 DRAM 셀 어레이의 기억실패율과 (화학적 기계연마를 시행한 표면에) 구리를 증착하고 다양한 온도에서 30분 동안 풀림열처리를 시행한 다음에 측정한 기억시간의 관계

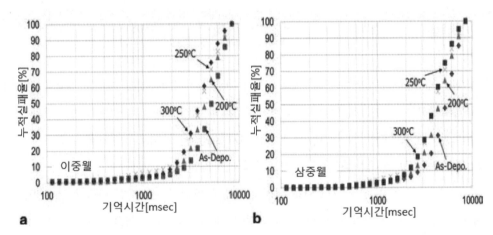

그림 7.42 (a) 이중웰과, (b) 삼중웰 구조로 제작된 DRAM 셀 어레이의 기억실패율과 (건식연마를 시행한 표면에) 구리를 증착하고 다양한 온도에서 30분 동안 풀림열처리를 시행한 다음에 측정한 기억시간의 관계

그림 7.43에서는 풀림열처리 온도와 50%의 DRAM 셀 어레이들이 기억실패를 일으키는 평균기억 시간 사이의 상관관계를 보여주고 있다. 풀림열처리 온도가 250[℃]인 경우에는 웰 구조나 표면처리 방법(화학적 기계연마나 건식연마)에 관계없이, 박막가공된 DRAM 칩 내의 DRAM 셀들의 기억특 성은 크게 저하되지 않았다. 그런데 화학적 기계연마를 시행한 칩의 경우에는 웰 구조에 관계없이, 300[℃]의 온도에서 풀림열처리를 시행한 이후에는 기억시간이 현저히 감소하였다. 건식연마를 시 행한 칩은 화학적 기계연마를 시행한 칩에 비해서 구리확산에 대한 차단특성이 더 좋다. 이는 심부 n형 웰을 갖춘 삼중 웰 구조는 구리의 확산을 보호하기에 충분치 않다는 것을 의미한다. 반면에

건식연마에 의해서 생성된 외부게터링층은 구리 확산에 대해서 훌륭한 차단성능을 나타내었다.[26]

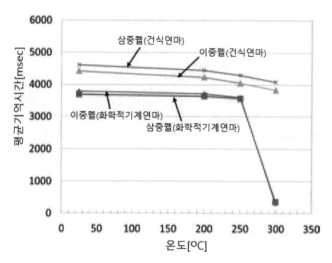

그림 7.43 다양한 풀림열처리 온도와 50%의 DRAM 셀 어레이들이 기억실패를 일으키는 평균기억시간 사이의
상관관계

구리 소재 실리콘관통비아로부터의 구리오염이 메모리의 기억특성에 미치는 영향을 분석하였
다. 그림 7.44에서는 구리 소재 실리콘관통비아로부터의 구리오염이 미치는 영향을 평가하기 위
한 공정 흐름도를 보여주고 있다. 50[μm] 두께의 DRAM 칩을 아래로 향하도록 뒤집어서 열압착
본딩을 사용하여 Cu/Sn 범프를 실리콘 임포저에 접착하였다. 박막가공된 DRAM 칩의 뒷면에
P-테트라에틸 오소실리케이트(TEOS)층 생성과 감광액 패터닝을 수행한 다음에 보쉬공정을 사
용하여 뒷면에 스캘럽 거칠기가 30[nm]이며 직경이 10[μm]인 비아구멍을 생성한다. 비아구멍의
내측에 P-TEOS 라이너를 생성하며, 플라스마 에칭공정을 사용하여 비아구멍 내측의 바닥영역
라이너층을 에칭한다. 50[nm] 두께의 탄탈럼(Ta) 차단층과, 500[nm] 두께의 (표면)구리 시드층을
생성한 다음에, 구리 소재 전기증착을 사용하여 비아구멍을 충진한다. 배선을 위한 감광액 패터
닝을 수행한 다음에는 구리와 탄탈럼층들을 에칭하여 뒷면 실리콘관통비아를 생성한다. 이 실험
에서는 구리원자의 확산효과를 가속시키기 위해서 DRAM 칩의 비아구멍 내부에 비교적 얇은
탄탈럼 차단층을 의도적으로 증착한다.

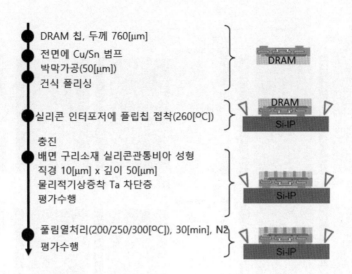

DRAM 칩, 두께 760[μm]
전면에 Cu/Sn 범프
박막가공(50[μm])
건식 폴리싱

실리콘 인터포저에 플립칩 접착(260[ºC])

충진
배면 구리소재 실리콘관통비아 성형
직경 10[μm] x 깊이 50[μm]
물리적기상증착 Ta 차단층
평가수행

풀림열처리(200/250/300[ºC]), 30[min], N₂
평가수행

그림 7.44 구리 소재 실리콘관통비아로부터의 구리오염이 메모리 기억특성에 미치는 영향을 평가하기 위한 공정 흐름도

그림 7.45에서는 (a) 열처리 전, (b) 200[℃], (c) 250[℃], (d) 300[℃]에서 각각 30분간 풀림열처리를 수행한 이후에 각 메모리 매크로를 구성하는 메모리 셀 어레이의 기억특성에 대한 매핑 데이터를 보여주고 있다. 그림에서 알 수 있듯이, 풀림열처리 온도가 250[℃] 이하인 경우에는 두 메모리 매크로를 구성하는 DRAM 셀들의 기억특성이 저하되지 않았다. 하지만 300[℃]의 온도에서 30분 동안 풀림열처리를 수행한 다음에, 각 메모리 매크로의 구리 소재 실리콘관통비아에서 20~50[μm] 떨어져 있는 테두리 영역에 위치하는 일부 메모리 셀들의 기억특성이 저하되기 시작하였다.[27] 풀림열처리 온도가 높아지고 시간이 길어지면, 손상을 받는 메모리 셀 영역이 DRAM 칩의 모든 매크로 영역으로 확산될 것이다. 300[℃] 정도의 비교적 낮은 온도에서 풀림열처리를 시행하여도, 탄탈럼 차단층 덮임성질이 좋지 않은 일부 구리 소재 실리콘관통비아로부터 구리원자가 활성영역으로 쉽게 확산되며, 일부 메모리 셀의 기억특성이 저하된다. 풀림열처리의 시간과 온도가 증가함에 따라서, 구리원자들이 넓은 영역으로 확산되기 때문에, 더 많은 메모리 셀들이 손상받는다. 그러므로 구리 소재 실리콘관통비아에 의해서 유발되는 응력효과를 조절하기 위해서는 400[℃] 이상의 온도에서 여러 번의 풀림열처리를 필요로 하기 때문에, 중간비아 방식의 구리 소재 실리콘관통비아를 생성하는 것은 매우 어려운 기술적 도전이다. 차단층을 생성하기 위해서 현재의 물리적 기상증착 기법을 사용하여 신뢰성을 갖추고 있으며, 직경이 작고 종횡비가 크며, 밀도가 높은 구리 소재 실리콘관통비아를 생성하는 것이 앞으로의 목표이다.

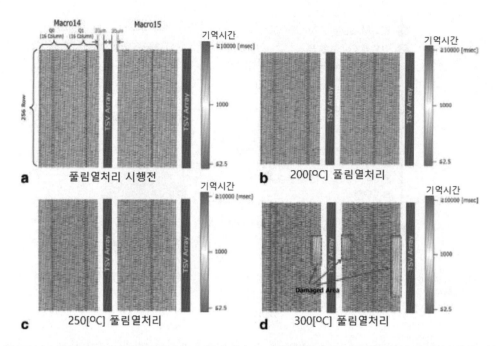

그림 7.45 (a) 열처리 전, (b) 200[°C], (c) 250[°C], (d) 300[°C]에서 각각 30분간 풀림열처리를 수행한 이후에 구리 소재 실리콘관통비아에서 20[μm] 떨어진 위치의 14번 및 15번 매크로를 구성하는 메모리 셀 어레이의 기억특성에 대한 매핑 데이터 (컬러 도판 p.488 참조)

참고문헌

1. Hozawa K et al (2002) True influence of wafer backside copper contamination during the backend process on device characteristics. IEEE IEDM, pp.737‒740, Dec

2. Istratova AA, Weberb ER (2002) Physics of copper in silicon. J Elecrochem Soc 149(1) : G21‒G30

3. Hozawa K et al (2009) Impact of backside Cu contamination in the 3D integration process. IEEE VLSI Symp, pp 172, June

4. Bea J et al (2011) Evaluation of Cu contamination at backside surface of thinned wafer in 3-D integration by transient-capacitance measurement. IEEE Electron Device Lett 32(1):66‒68

5. Heiman FP (1967) On the determination of minor carrier lifetime from the transient response of an MOS capacitor. IEEE Trans Electron Devices 14:781‒784

6. Lee SY et al (1999) Measurement time reduction for generation lifetime. IEEE Trans Electron Devices 46:1016

7. Lee KW et al (2011) Evaluation of Cu diffusion characteristics at backside surface of thinned wafer for reliable three-dimensional circuits. Semicond Sci Tech 26:025007

8. Lee KW et al (2014) Impact of Cu contamination on device reliabilities in 3-D IC integration. IEEE Trans Dev Mater Reliab 14(1):451‒462

9. Lee KW et al (2011) Cu retardation performance of extrinsic gettering layers in thinned wafers evaluated by transient capacitance measurement. J Elecrochem Soc 158(8):H795‒H799

10. Lee KW et al (2012) Impact of Cu diffusion from Cu through-silicon via (TSV) on device reliability in 3-D LSIs evaluated by transient capacitance measurement. IEEE IRPS, pp.2B.4.1

11. Yu CL et al (2011) TSV process optimization for reduced device impact on 28 nm CMOS. IEEE VLSI Symp, p.138

12. Murugesan M et al (2010) Wafer thinning, bonding, and interconnects induced local strain/stress in 3D-LSIs with fine-pitch high-density microbumps and through-Si vias. IEEE IEDM, pp.2.3.1

13. Murugesan M et al (2012) minimizing the local deformation induced around Cu-TSVs and CuSn/InAu micro-bumps in high-density 3D-LSIs. IEEE IEDM, pp.28.6.1

14. Murugesan M et al (2010) Impact of micro-bumps induced stress in thinned 3D-LSIs. IEEE 3D‒IC. doi:10.1109/3DIC.2010.5751432

15. Aditya P et al (2011) Microbump impact on reliability and performance in TSV stacks. MRS proceedings, p.1335

16. Kumar A et al (2011) Residual stress analysis in thin device wafer using piezoresistive stress sensor. IEEE Trans Comp Packag Manuf Technol 1(6):841

17. De WI (1996) Micro-Raman spectroscopy to study local mechanical stress in silicon integrated circuits. Semicond Sci Technol 11:139

18. Kino H et al (2013) Impacts of static and dynamic local bending of thinned Si chip on MOSFET performance in 3-D stacked LSI. IEEE ECTC, p.360

19. Chantkul P et al (1981) A Critical evaluation of indentation techniques for measuring fracture toughness : 11, strength method. J American Ceramic Society 94(9):539–543

20. Matthew A et al (2010) What is the Young's modulus of silicon. J Microelectromechanical Systems 19(2):229–238

21. Lee KW et al (2013) Degradation of memory retention characteristics in DRAM chip by Si thinning for 3-D integration. IEEE Electron Device Lett 34(8):1038–1040

22. Murugesan M et al (2013) Mechanical characteristics of thin dies/wafers in three-dimensional large-scale integrated systems. 24th SEMI-Advanced Semiconductor Manufacturing Conference, pp. 66–69

23. Weber ER (1983) Transition metals in silicon. Appl Phys A 30:1–22

24. Helneder H et al (2001) Comparison of copper damascene and aluminum RIE metallization in BICMOS technology. Microelectron Eng 55:257–268

25. Ramappa DA, Henley WB (1999) Effects of copper contamination in silicon on thin oxide breakdown. J Electrochem Soc 146(6):2258–2260

26. Lee KW et al (2014) Impacts of 3-D integration processes on memory retention characteristics in thinned DRAM chip for high reliable 3-D DRAM. IEEE Trans Electron Devices 61:379–385

27. Lee KW et al (2014) Impacts of Cu contamination in 3D integration process on memory retention characteristics in thinned DRAM Chip. IEEE IRPS, pp.3E.4.1

08

3차원 집적회로
시험기술 동향

CHAPTER 08

3차원 집적회로 시험기술 동향

3차원 집적회로의 제조비용은 기존 적층식 패키지에 비해서 약 2.4배 더 비싸다는 것이 증명되었다. 3차원 집적회로의 경우, 칩 손실과 수율을 감안한 비용은 총생산비의 48%에 달한다고 보고되었다. 그러므로 3차원 집적회로에 대한 시험기술의 개발이 제조비용 절감에 필수적이다. 이장에서는 3차원 집적회로의 시험기술에 대해서 살펴보기로 한다. 8.1절에서는 3차원 집적회로의 시험과정에서 다뤄야만 하는 이슈들에 대해서 논의한다. 8.2절에서 8.4절까지는 지금까지 제안된 3차원 집적회로 시험기술들을 개략적으로 살펴본다. 8.5절에서 8.7절까지는 저자들이 포함된 일본의 연구그룹에서 제안한 3차원 집적회로 시험기술에 대해서 설명한다.

8.1 3차원 집적회로 시험의 주요 이슈와 핵심기술

일반적으로 2차원 집적회로의 시험은 외부로부터의 조작성과 관측성을 증가시키기 위해서 시**험회로(CUT)**에 대한 **전역스캔** 방식을 채택하고 있다. 그런데 3차원 집적회로의 경우에는 외부에서 프로브를 접촉시키는 것이 접착 전 시험을 위한 유일한 방법이다. 게다가 접착 전 시험과정에서 적층의 최상부나 최하부다이만이 외부에서 접근 가능하다.

3차원 집적회로 시험에서 논의되어야 하는 이슈들은 다음과 같다.

1. 3차원 집적회로의 제조과정에서는 시험이 필요한 단계들이 다수가 존재한다. 특히, 적층을

시행하기 전에 수행하는 접착 전 시험, 한 층씩 적층한 다음에 수행하는 접착 중 시험, 모든 적층이 끝난 다음에 수행하는 접착 후 시험 그리고 패키징이 끝난 다음에 수행하는 최종 시험 등은 3차원 집적회로 제조과정에서 반드시 필요하다.

2. 3차원 집적회로 시험의 경우, 3차원 집적회로를 구성하는 내부다이와 실리콘관통비아들에 대한 개별시험이 필요하다. 내부다이의 경우, 크랙에 의해 유발되는 결함과 적층과정에서 발생하는 분리 그리고 비정상적인 디바이스 계수값들에 대해서 검사해야만 한다. 실리콘관통비아의 경우에는 다이상의 모든 실리콘관통비아들에 대한 직접적인 프로브 접촉이 불가능하다는 전제하에서 시험을 수행해야만 한다. 실리콘관통비아 내부에 존재하는 파손, 미세공동 그리고 핀구멍 등의 결함들을 각각 개방결함, 연결결함, 지연결함 등으로 구분해야 한다. 더욱이 실리콘관통비아 결함은 제조공정에서 발생할 뿐만 아니라 노화에 의해서 사용 중에도 발생할 수 있다는 점을 인식해야 한다.

3. 3차원 집적회로의 조작성이나 관측성이 매우 나쁘기 때문에, 적층된 다이들 사이에서 시험 데이터를 전송하기 위해서 사용되는 접근검사메커니즘(TAM)이 필요하다.

다음으로 3차원 집적회로 시험에 필요한 기술들에 대해서 살펴보기로 한다. 3차원 집적회로를 구성하는 실리콘관통비아의 시험은 크게 접착 전 시험과 접착 후 시험의 두 가지 범주로 나눌 수 있다. 3차원 집적회로의 시험을 위해서는 효과적이며 최적화된 접착 전 시험과 접착 후 시험방법이 필요하다. 접착 전 시험의 경우, **내장자체시험(BIST)**기법과 프로브를 사용한 기법이 필요하다. 접착 후 시험의 경우에는 내장자체시험과 스캔 기반의 접근검사메커니즘이 필요하다. 또한 전력손실과 열 등의 측면에서 시험시간, 접근검사메커니즘 그리고 시험제한조건 등을 최적화하기 위한 방법들이 필요하다. 더욱이 실리콘관통비아에 대한 다양한 고장모델을 시험하기 위한 시험용 패턴을 생성하기 위한 방법을 마련하는 것이 필요하다.

8.2 3차원 집적회로의 접착 전 시험 관련 연구동향

기지양품다이(KGD)를 사용하여 3차원으로 적층된 집적회로를 제조하는 과정에서 접착 전 웨이퍼 시험을 통해서 실리콘관통비아들에 대한 시험을 수행해야만 한다. 접착 전 시험에서는 파손, 미세공동 또는 핀구멍 등과 같은 결함을 포함하는 실리콘관통비아를 검출하는 것이 매우 중요하다. 그런데 실리콘관통비아의 피치가 매우 작고, 밀도가 높기 때문에, 접촉식 프로브를 사용하는 현재의 기술로는 개별 실리콘관통비아들을 검사할 수 없다. 더욱이 실리콘관통바아들은 한쪽 단만 노출되어 있다. 즉, 적층을 시행하기 전에 다이 속에 매립되어 있는 실리콘관통비아의 한쪽 끝단은 개회로이거나 접지와 연결되어 있다.

이런 시험환경하에서 접착 전 실리콘관통비아에 대한 시험을 수행하기 위해서 프로브를 사용하거나 사용하지 않는 세련된 방법들이 다양하게 제안되었다. 프로브를 사용하는 방식으로 접착 전 실리콘관통비아를 시험하는 시험 메커니즘이 제안되었다.[1, 2] 참고문헌 [1]의 경우, 저자들은 현재의 프로브 기술을 적용하여 접착 전 실리콘관통비아 시험을 수행할 수 있는 새로운 기법을 발표하였다. 이 기법에서는 다수의 실리콘관통비아와 접촉을 이루기 위해서 다수의 바늘형상 단일프로브들을 사용하였다. 이들은 **시험회로설계**(DFT) 구조와, 저항값과 정전용량을 측정할 수 있을 뿐만 아니라 연속시험과 누설시험을 수행할 수 있는 **프로브카드 기법**을 제안하였으며, 제안된 기법을 실리콘관통비아 네트워크에 적용하였다. 개별 실리콘관동비아들에 **스캔플롭통로**(GSF)를 설치하여 프로브를 사용하여 접착 전 실리콘관통비아 시험을 가능케 만들었다. 더욱이 참고문헌 [2]에서는 접착 전 시험과정에서 프로브 패드를 사용하지 않고 실리콘관통비아들과 접촉을 이루는 스캔 시험방법을 제안하였다. 이들은 실리콘관통비아를 통해서 스캔인과 스캔아웃을 수행할 수 있도록 접착 전 시험을 위한 재구성이 가능한 스캔체인을 활용하는 다이로직 스캔시험에 초점을 맞추었다. 이 기법에서는 스캔플롭통로를 갖춘 경계-스캔 플롭들로 이루어진 **다이덮개 층**[1]을 사용한다. 실리콘관통비아 계면에 설치되어 있는 경계-스캔 레지스터들을 **스캔플롭통로** 라고 부른다.

반면에, 접착 전 시험과정에서 실리콘관통비아와 프로브가 직접 접촉하는 것을 피하기 위해서 다양한 내장자체시험 구조들이 제안되었다. 참고문헌 [3]에서는 접착 전 시험을 통해서 실리콘관통비아를 시험하는 두 가지 방법들이 제시되었다. 첫 번째 방법에서는 DRAM 시험에서 일반적으로 사용되는 **전하공유기법**을 사용하여, 한 쪽 끝단이 하이임피던스 상태인 블라인드 실리콘관통비아를 검사한다. 두 번째 방법에서는 ROM 시험에서 일반적으로 사용되는 **전압분할 기법**을 사용하여, 한쪽 끝단이 기판과 접촉해 있는 오픈슬리브 실리콘관통비아를 검사한다. 참고문헌 [4, 5]에서는 실리콘관통비아의 결함을 분석 및 수리하기 위한 설계방법 및 시험구조를 제안하였다. 제안된 시험구조는 문제가 있는 실리콘관통비아를 검출하기 위한 전압분할 회로와 문제가 있는

----

1 die wrapper

실리콘관통비아를 수리가 가능한 상태로 만들기 위한 보상회로로 구성되어 있다. 참고문헌 [6, 7, 8]에서는 링형 발진회로와 다중전압레벨을 사용하는 접착 전 비침습 실리콘관통비아 시험방법을 제안하였다. 이 방법에서는 실리콘관통비아에 연결되어 있는 도선의 지연시간 변화를 측정하여 저항성 개방과 누설문제를 검출할 수 있다. 이 연구에서는 실리콘관통비아의 개방결함을 이 비아에 연결되어 있는 용량성 부하로 모델링하였다. **링형 발진기**를 사용하여 실리콘관통비아를 통과하는 **전파지연[2]**을 측정하였다. 링 발진기를 사용하여 측정된 주기에 따른 결함크기를 예측하기 위한 **회귀모델** 생성방법을 제시하였다. 참고문헌 [9]에서는 입력 민감도 분석기법에 기초하여, 링 발진기의 클록주기 변화를 측정하여 실리콘관통비아의 정전용량을 평가한다.

접착 전 시험을 위한 내장자체시험 구조에서는 세심한 교정과 조절이 필요하다. 다이간을 연결하는 수만 개에 이르는 실리콘관통비아들의 숫자를 감안한다면, 접착 전 시험을 위한 내장자체시험 구조는 비교적 넓은 다이면적이 필요하다.

최근 들어서 참고문헌 [10]에서는 실리콘관통비아의 시험을 위해서 미세전자기계시스템(MEMS) 기술을 사용하여 스프링형 프로브를 개발하였다. 이 기법의 경우에는, MEMS 프로브들이 좁은 실리콘관통비아들과 직접 접촉하며, 긁힘자국의 발생을 가능한 한 저감하였다.

8.3 3차원 집적회로의 접착 후 시험 관련 연구동향

IEEE 1500과 IEEE 1149.1(경계스캔)을 기반으로 하는 2차원 집적회로 시험용 메커니즘이 다이 시험용 덮개로 표준화되어 있다. 3차원 집적회로의 경우, IEEE P1838 작업그룹이 적층이 끝난 다음에 접착 전 시험을 위한 시험 메커니즘의 표준화 개발을 수행 중에 있다(IEEE P1838 작업그룹의 축약형으로 3차원 SiC가 사용된다).

참고문헌 [11, 12]에서는 3차원 집적회로를 시험하기 위한 시험회로설계(DFT) 구조와 시험방법을 제안하였다. 이 시험회로설계 구조는, 코어, 다이, 적층, 프린트회로기판(PCB), 실리콘관통비아를 기반으로 하는 다이간 상호연결 그리고 외부 입출력 등을 개별 유닛처럼 각각 시험할 수 있는 모듈형 시험을 지원한다. 이 시험회로설계 구조는 코어, 다이 및 생산레벨에서 사용되었던 기존의 시험회로설계 하드웨어를 재사용한다. 제안된 다이레벨 덮개는 **IEEE 1500**을 기반으로

---

2 propagation delay

하고 있다. 모듈시험의 세부 메커니즘에는 다음 사항들이 포함되어 있다.

1. 바닥다이 이외의 다이들을 측정하기 위한 전용 프로브 패드
2. 시험을 제어하고, 적층 이후에 시험신호를 위쪽 및 아래쪽 다이로 전송하기 위하여 하부다이 위에 설치한 시험용 엘리베이터
3. 시험이 필요한 코어에 접근할 수 있는 계층적 덮개제어 레지스터(WIR) 체인

게다가, 주어진 3차원 집적회로의 시험구조에 대해서 **접근검사메커니즘(TAM)**과 실리콘관통비아의 숫자를 최적화하는 방법들이 제안되었다. 더욱이 시험과정에서 전력소모와 열발생에 대한 제한을 고려하여 시험 스케줄을 최적화하는 방법들도 제안되었다. 참고문헌 [13, 14]에서는 전체 시험시간을 최소화하기 위하여 3차원 집적회로의 시험구조 최적화문제를 고찰하였다. 이들은 시험시간을 최소화하면서 다이외부 시험과 다이내부 시험을 수행하는 최적화 기법을 제안하였다. 수학적 방법을 사용하여 3차원 집적회로의 **티어³**들 사이에서 접근검사 메커니즘의 최적숫자를 구할 수 있다. 이들은 하부다이에 설치된 시험용 핀의 숫자와 시험에 사용된 실리콘관통비아의 숫자가 **시험클록**이라고 부르는 시험시간에 미치는 영향을 검증하였다. 참고문헌 [15]에서는 주어진 실리콘관통비아의 숫자와 접근검사메커니즘의 대역폭 조건하에서 3차원 집적회로의 접착 후 시험에 소요되는 시험시간을 최소화하기 위한 방법을 제안하였다. 이 방법에서는 **정수선형프로그램(ILP)**이 사용되었다.

지금까지는 3차원 집적회로의 배선길이 최적화를 위해서는 스캔체인 설계방법만이 제안되었을 뿐이다. 참고문헌 [16]에서는 지연과 전력소모 행렬식에 가중치함수를 도입하여 스캔체인의 재배열 과정에서 지연과 전력 사이의 절충을 최적화하기 위해서 **유전알고리즘(GA)**을 사용하는 방안을 제안하였다. 참고문헌 [17]에서는 웨이퍼 레벨과 패키지 레벨에서의 시험순서에 대해서 상세히 논의하였으며, 시험 콘텐츠, 웨이퍼레벨에서의 프로브 접근 그리고 온칩 시험회로설계를 위한 인프라구조 등에 대해서 고찰하였다. 참고문헌 [18]에서는 다이덮개를 자동적으로 삽입하는 방법을 제안하였다. 제안된 시험구조는 접착 전 시험뿐만 아니라 접착 후 시험과 다이와의 상호연결시험 등이 가능하다. 이 방법에서 사용자는 기존의 전자설계자동화(EDA) 프로그램을 사용하여 IEEE 1500 기반의 3차원 덮개를 자동적으로 삽입할 수 있다. 핀의 숫자를 줄이고 보드레벨

---

3 tier

상호연결 시험을 수행하기 위해서, IEEE 1149.1을 활용하여 다이 바닥을 확장시킬 수 있다. 참고문헌 [19]에서는 실리콘관통비아를 사용하여 3차원 집적회로에 대한 시험구조 최적화를 위한 방법을 제안하였다. 제안된 시험구조는 모든 다이를 순차적으로 시험하는 기존의 방법에 비해서 시험시간을 현저하게 줄일 수 있다. 그런데 병렬로 시험할 수 있는 다이들의 숫자는 주어진 접근검사메커니즘의 폭에 의해서 제한된다. 그러므로 이들은 최적해를 구하기 위한 구조 최적화 문제를 유도하기 위해서 정수선형프로그램(ILP)모델을 활용하였다. 최적시험 스케줄을 사용하여 유도된 최적시험구조를 사용하여 시험시간 최소화를 실현하였다. 실험결과에 따르면, 시험용 핀의 숫자를 증가시키는 것이 시험용 실리콘관통비아의 숫자를 증가시키는 것 보다 더 시험시간 단축의 지배적인 인자라는 것이 밝혀졌다. 또한 다이 크기가 크고 적층 내 티어의 숫자가 작은 것이 시험시간을 줄여준다. 더욱이 시험구조 최적화 문제의 경우, 경질다이, 연질다이, 중질다이와 같이 세 가지 서로 다른 사례들로 구분할 수 있다. **경질다이**의 경우, 2차원 접근검사메커니즘 설계에 대한 제한조건들을 기반으로 하여 최적 솔루션이 이미 도출되어서 적용되고 있다. **연질다이**의 경우에는 2차원 접근검사메커니즘이 유동적이라는 가정하에서 최적 솔루션이 도출되었다. 즉, 적층에 대한 시험구조를 설계하는 과정에서 각 다이에 대한 접근검사메커니즘을 함께 설계할 수 있다. **중질다이**의 경우에는 시험구조가 이미 존재하지만 추가적인 하드웨어가 허용되므로, 직렬/병렬 변환 하드웨어를 다이에 추가하여 고정된 2차원 접근검사메커니즘의 폭에 비해서 소수의 시험 엘리베이터를 사용하는 최적 솔루션을 유도할 수 있다.

3차원 집적회로의 구조 최적화에 대한 선행연구에서는 입력변수들의 불확실성을 고려하지 않은 상태에서 시험비용의 절감에 초점이 맞추어졌었다. 기존의 방법들은 입력변수공간 내에서 단일점 만을 고려하였다. 구조최적화에 사용된 시험전력과 로직 코어의 패턴카운트에 대해서 가정된 값들은 실제값과 다를 수 있으며, 이는 설계단계에서 결정된다. 참고문헌 [20]에서는 시험전력과 가용 비트폭의 측면에서 입력변수들의 불확실성을 고려하여 3차원 집적회로의 시험구조에 대한 최적화방법을 제안하였다. 이들은 최적화문제에 대한 견실한 시험구조를 유도하기 위해서 정수선형프로그램(ILP)모델을 개발하였다. 참고문헌 [21]에서는 3차원 집적회로의 시험비용을 평가하기 위한 비용모델을 제시하였다. 전체적인 시험비용을 최소화하기 위해서, 시험순서를 명확하게 배열하는 **경험해**[4]를 제시하였다. 이들은 시행착오적 과정에 기초하여 행렬식을 분할하여 비용효율이 높은 시험순서를 선정하는 방식으로 문제를 풀어냈다. 참고문헌 [22]에서는 열 문제

---

4   heuristic solution: 시행착오법을 사용하는 계산. 역자주

를 고려하여 3차원 집적회로의 시험 스케줄을 제시하였다. 이 연구에서는, 다수의 코어들로 이루어진 다수의 층들을 사용하여 3차원 집적회로들을 적층한다고 가정하였다. 여기서는 시험과정에서의 온도상승이 허용한계를 넘어서지 않는다는 가정하에서 시험 스케줄이 도출되었다. 시험 스케줄에서는 단일코어 시험방법이 선정되었으며, 인접한 코어의 온도상승을 계산하여 허용 한계값인 P_{max}와 비교하였다. 여기서는 온도상승이 가장 작은 코어부터 시험을 수행하였다.

참고문헌 [23]에서는 특허 받은 코어가 내장된 덮개와 다중타워 적층을 지원하기 위한 목적으로 산업용 전자설계자동화 프로그램을 사용하여 기존의 3차원 시험회로설계 구조를 확장하였다. 참고문헌 [24]에서는 3차원 집적회로에 내장된 실리콘관통비아에 대한 저가형 시험방법을 제안하였다. 접착 전 시험에 사용되는 대부분의 시험용 패턴들이 접착 후 시험에도 사용되기 때문에 시험순서가 단순해지며, 패턴의 숫자도 줄어든다. 참고문헌 [25]에서는 제한된 숫자의 실리콘관통비아들을 사용하는 스캔체인 순서문제를 소개하였다. 스캔체인 순서를 **영업사원방문문제(TSP)**[5]로 공식화하여 스캔 플립플롭의 최종순서를 계산하기 위해서 고속 2단계 알고리즘을 제안하였다. 이 알고리즘은 2단계로 구성되어 있다. 첫 번째 단계에서는 수정된 **욕심쟁이 기법,**[6] 다중조각 **시행착오법, 동적 인접쌍 데이터구조** 등을 사용하여 모든 스캔 플립플롭들을 통과하는 초기의 단순한 경로를 구한다. 두 번째 단계에서는 배선(과 전력)비용을 최소화하며 실리콘관통비아의 사용을 최소화하기 위하여 두 가지 새로운 기법인 **3차원 평면화**와 **3차원 완화기법**을 제안하였다. 이 방법에서는 욕심쟁이 알고리즘과 다중조각 시행착오법을 수정하였으며, 동적 인접쌍 데이터구조와 결합하여 초기해를 유도하였으며, 결과적으로, 배선/전력비용을 줄이고 실리콘관통비아의 숫자를 감소시켰다.

8.4 자동 시험패턴 발생기 관련 연구동향과 3차원 집적회로 실리콘관통비아의 시험 스케줄

이 절에서는 실리콘관통비아들에 대한 시험생성, 고장진단, 인자변화검출 등을 위한 시험회로 설계기술에 대한 현재의 연구동향을 살펴보기로 한다. 집적회로 시험에서는 시험비용이 가장

5 traveling salesman problem: 영업사원이 본사가 있는 도시에서 출발하여 같은 도시를 방문하지 않고 최단거리로 다수의 도시를 방문하고 본사로 돌아오는 경로계산문제. 역자 주
6 greedy algorithm: 나로 눈앞의 최적에만 집중하는 기법. 역자 주

중요한 문제이다. 3차원 집적회로의 경우, 실리콘관통비아 구조의 특성으로 인한 제한조건들 때문에 각 층들의 집적회로를 병렬로 시험하는 것은 불가능하다. 그러므로 3차원 집적회로의 시험생성에 대해서 시험시간과 시험비용을 줄이기 위해서 많은 연구자들이 시험 스케줄 문제에 대한 고찰을 수행하였다.

참고문헌 [26]에서는 회로특성, 설계에 내포된 시험자원, 내장된 코어들 사이의 상호연결 시험패턴 등을 사용하여 상호연결 결함을 진단하는 시험방법을 제안하였다. 칩들을 상호연결하기 전에 시험을 수행하기 때문에 무결함 다이를 통해서 상호연결 결함에 의한 영향을 고찰할 수 있다. 앞서 만들어진 코어의 시험세트들 중에서 상호연결 결함을 검출하기 위한 시험패턴을 선정한다. 그 결과 상호연결 결함에 대한 시험생성문제가 단순해진다. 참고문헌 [27]에서는 3차원 집적회로의 접착 전 시험과 접착 후 시험을 모두 지원하는 천이불량 시험용 인프라구조를 제안하였다. 더욱이 시험패턴을 다시 만들지 않고도 접착 후에 실리콘관통비아를 시험할 수 있는 방법을 제시하였다. 이들은 또한 천이시험과정에서 iR[7]강하문제에 대해서도 논의하였다. 참고문헌 [28]에서는 실리콘관통비아의 제조공정에서 유발되는 열 – 기계응력이 시간거동을 변화시킬 수 있으며, 이로 인하여 지연결함검출이 영향을 받을 수 있다는 점을 지적하였다. 이들은 실리콘관통비아의 응력을 고려하지 않고 생성한 시험패턴의 품질이 현저하게 저하된다는 점을 지적하였다. 레이아웃을 고려하여 실리콘관통비아의 응력이 지연시험에 미치는 영향을 평가하기 위해서, 이들은 실리콘관통비아 응력을 고려한 셀 라이브러리를 사용하는 시험패턴 생성 순서를 제안하였다. 실험결과에 따르면, 실리콘관통비아의 응력을 고려한 시험생성을 사용하여 시험품질을 개선할 수 있음을 확인하였다. 참고문헌 [29]에서는 3차원 집적회로 내에서 목표하는 위치와 층의 최대온도를 검출할 수 있는 기능시험용 패턴을 생성하는 방법을 제안하였다. 적절한 패키지를 선정하고, 생산비용을 최적화하기 위해서는 최고 열점온도에 대한 정보가 필요하다. 이들은 프로그램의 최종단계에서 온도 프로파일을 예측할 수 있는 열 모델을 개발하였다. 프로그램 단계에서 표적위치에서의 최고온도를 산출할 수 있는 정수선형프로그램(ILP)을 활용하였다. 실험결과에 따르면, 기능추적방법을 사용하여 열점에서 훨씬 더 높은 온도가 발생한다는 것을 규명하였다.

참고문헌 [30]에서는 실리콘관통비아를 위한 스캔 기반의 시험용 인터페이스와, 접착 후 시험과정에서 결함 자가진단을 위한 시험순서를 만드는 과정을 제안하였다. 제안된 방법은 3차원 집적회로 내에서 결함이 있는 하나 또는 다수의 실리콘관통비아들을 구분할 수 있다. 이들은

----

7 전류와 저항값의 곱, 즉 전압. 역자 주

점착, 연결, 개발, 지연, **누화**[8] 등의 결함을 고려하였다. 자가진단 시험과정에서는 **1/0 워킹시험방법**이 사용되었다. 1/0 워킹시험에서는 하나의 1과 $n-1$개의 0들로 이루어진 n 비트 길이의 이진수 벡터를 사용하며, 여기서 n은 실리콘관통비아의 숫자이다. 누화와 관련된 지연결함을 구분하기 위해서는 "01010101…"과 같은 체커보드 시험패턴이 사용된다.

참고문헌 [31]에 따르면 결함이 있는 전력용 실리콘관통비아는 과도한 **iR강하**가 발생하며, 이로 인하여 **경로지연결함**이 초래된다. 이들은 이런 경로지연결함을 검출하기 위해서 시험생성방법을 제안하였다. 이들은 전력용 실리콘관통비아의 개방결함이 과도한 iR강하를 초래하지는 않지만, 전력용 실리콘관통비아의 누설결함에 대해서는 시험해야만 한다는 점을 지적하였다. 시험생성방법에서는 iR강하가 주변의 로직게이트들에서 추가적인 게이트 지연으로 변환되도록 결함을 추가하여, iR강하 시뮬레이션을 수행하였다. 정적 타이밍 분석을 사용하여 타이밍 방해경로를 검출하였으며 검출된 경로지연결함에 대해서는 타이밍을 고려한 **자동 시험패턴 생성기**(ATPG)가 적용되었다. 이 방법은 시험회로설계의 하드웨어에 대한 추가적인 요구조건이 없다.

참고문헌 [32]에서는 **출력변수이진화**(VOT)를 통한 시험회로설계기법을 제안하였다. 이 출력변수이진화 기법은 두 개의 실리콘관통비아와 다수의 로직게이트들로 이루어진 링형 발진기 구조를 활용한다. 이들은 실리콘관통비아의 출력을 일반 인버터에서 슈미트트리거 인버터로 동적 스위칭을 수행하면서 링 발진기의 진동주기를 관찰하여, 출력변수이진화 기법이 실리콘관통비아의 인자지연결함을 검출할 수 있음을 규명하였다. 참고문헌 [33]에서는 3차원 집적회로에 내장된 실리콘관통비아들의 전파지연을 분석하기 위한 방법과 구조를 제안하였다. 제안된 구조에서는 모든 실리콘관통비아들이 각각 두 개씩 쌍을 이루어 링 발진기를 구성한다. 또한 링 발진기를 구성하는 개별 실리콘관통비아의 전파지연을 검출하기 위해서 민감도분석기법이 사용되었다.

참고문헌 [34]에서는 실리콘관통비아의 개방과 개방결함을 검출하기 위한 디지털 시험순서 생성방법이 제안되었다. 인접한 실리콘관통비아, 드라이버(인버터) 및 버퍼 등을 고려하여 전기적 레벨에 대해서 실리콘관통비아의 결함이 모델링되었다. 이들은 접압비교만을 사용해서는 결함의 숫자를 검출할 수 없다는 것을 확인하였다. 그러므로 실리콘관통비아의 결함을 검출하기 위해서는 집적회로 **정동작전류**(IDDQ)시험과 다양한 전압을 부가하는 시험이 필요하다.

참고문헌 [35, 36]에서는 추가적인 클록 단계를 피하기 위해서 스캔플롭통로(GSF)에 대한 우회 모드를 적용하는 시험구조를 제안하였다. 또한 이들은 시험회로설계의 삽입으로 인하여 실리콘

---

8 crosstalk

관통비아의 경로에 추가되는 지연을 복구하기 위해서 다이와 적층레벨에서의 타이밍조절을 수행하였다. 점착에 대한 자동 시험패턴 생성기(ATPG) 프로그램을 사용한 실험결과에 따르면 덮개삽입과 타이밍 조절은 패턴계수값에 아무런 영향을 미치지 않았다.

참고문헌 [37]에서는 인터포저 배선의 지연에 대한 시험과 분석방법을 제안하였다. 이 방법에서는 인터포저 배선의 길이변화를 수용하기 위하여 진동시험에 기초한 데이터분석순서가 개발되었다. 참고문헌 [38]에서는 실리콘관통비아의 결함이 신뢰성에 미치는 영향을 감수할 수 있는 가변구조형 필드 내 수리방법을 제안하였다.

참고문헌 [39]에서는 개방결함이 실리콘관통비아에 미치는 영향을 고려하면서 개방결함을 검출할 수 있는 기법을 제안하였다. 이들은 저항성 개방결함뿐만 아니라 여분의 실리콘관통비아들에 의한 경로변경에 의해서도 추가적인 지연이 발생한다고 추정하였다. 이들은 또한 경로변경에 의한 추가적인 지연이 상한을 넘어서지 않도록, 작동하는 실리콘관통비아들에 추가적으로 여분의 경로를 할당하여 정수선형프로그램(ILP) 공식에 기초한 최적화방법을 제안하였다.

시험비용(시험시간 또는 시험길이라고도 부른다)을 관리하기 위해서 3차원 집적회로에 대한 시험 스케줄에 대해서 깊은 고찰이 수행되었다. 이를 통해서 시험 스케줄에 대한 수많은 최적화 솔루션들이 제안되었다.

참고문헌 [40, 41, 42]에서는 3차원 집적회로 시험에서 최대 전력소비와 열에 대한 제한조건을 연구하였다. 이들은 또한 시험시간을 최소화하기 위해서 시험 스케줄을 최적화하는 솔루션을 제안하였다. 참고문헌 [42]에서는 **부분중첩**과 **스케줄변경**이라고 부르는 두 가지 시험 스케줄 선정방법을 제안하였다. 전력제한하에서 점착 전 시험시간과 점착 후 시험시간이 포함된 총 **시험소요시간(TAT)**을 최소화하는 것이 이들의 목표였다. 점착 전 시험에서는 부분중첩법을 사용하여 서로 다른 다이들에 대해서 동시에 시험을 수행하였다. 스케줄변경방법에서는 점착 후 시험과정에서 시험 세션들을 분할하며 총 시험소요시간을 최소화하기 위해서 병렬 시험세션들을 증가시키도록 점착 후 시험 스케줄을 재생성한다. 참고문헌 [41]에서는 시험 스케줄 선정을 통하여 온도 제한조건을 고려하면서 시험시간을 최소화하는 문제와, 중첩원리를 사용하여 열에 대한 제한조건하에서 시험 스케줄을 선정하는 문제를 고찰하였다. 참고문헌 [40]에서는 열에 대한 제한조건하에서 3차원 집적회로의 시험시간을 줄이기 위한 시험분할방법을 소개하였다. 원래의 시험방법은 온도의 한계 때문에 병렬로 적용할 수 없는 반면에, 제안된 분할방법은 병렬로 분할된 시험을 수행할 수 있다. 여기서는 시험온도가 지정된 온도보다 높게 올라가면 각각의 시험들을 분할한다.

8.5 3차원 집적회로 실리콘관통비아의 정확한 저항측정법

이 절에서는 이 장의 저자들이 속해 있는 일본의 연구그룹이 수행한 연구결과에 대해서 소개한다. 우리는 직렬 마이크로범프들과 접착저항을 고려하여 고밀도 실리콘관통비아들의 접착 후 저항을 측정하기 위한 새로운 방법을 제안하였다. 이 새로운 기법의 핵심 아이디어는 적층된 실리콘 다이 내에 매립되어 있는 전기 프로브들을 사용하는 것이다. 이 프로브들은 아날로그 경계스캔에 기초한 측정회로이다(IEEE 1149.4). 우리는 3차원 집적회로 내의 실리콘관통비아를 높은 정밀도로 측정할 수 있도록 표준 아날로그 경계스캔 구조를 수정하였다. 이 방법의 가장 큰 특징은 매우 많은 숫자(예를 들어 10,000개 이상)의 실리콘관통비아들에 대한 저항값을 정확하게 측정할 수 있다는 것이다. (예를 들어 피치가 $40[\mu m]$ 미만인) 고밀도 실리콘관통비아들을 전기 프로브로 사용하면 켈빈프로브처럼 작동한다. 측정 정확도는 $10[m\Omega]$ 미만이다.

이 방법에 대해서는 참고문헌 [43]과 참고문헌 [44, 45]를 통해서 발표한 바 있다. 이 절에서는 논문의 판권을 보유한 IEICE와 JIEP의 허락을 받아 그 내용을 요약하여 설명하고 있다. 보다 자세한 내용은 해당 논문들을 참조하기 바란다.

8.5.1 연구배경

실리콘관통비아에서 발생하는 결함들(공동, 실리콘관통비아의 오염에 의한 핀구멍, 마이크로범프의 높이편차, 접착과정에서의 부정렬 등)은 3차원 집적회로의 다이들 사이의 상호연결 실패를 초래한다.[17] 3차원 집적회로의 접착 후 상호연결 실패를 검출하기 위해서는 **경계스캔 시험**(IEEE 1149.1)이 일반적으로 사용된다(**그림 8.1**).[23] 이 경계스캔 시험방법은 완전한 개방이나 개방을 검출하는 데에는 유용하지만 저항성 개방이나 개방을 검출하지 못한다. 더욱이 저항값을 측정할 수 없다. 그런데 제조공정을 평가하기 위해서는 실리콘관통비아 기반의 상호연결저항(실리콘관통비아, 마이크로범프/구리 소재 기둥, 접착저항)을 측정하는 것이 매우 중요하다. 만일 실리콘관통비아 기반의 상호연결 저항값들을 개별적으로 측정할 수 있다면, 표준편차를 벗어나는 특이값들을 찾아낼 수 있다(**그림 8.2**). 이런 특이값들의 발생원인을 제거함으로써 제조공정을 개선하여 3차원 집적회로의 수율을 높일 수 있다.

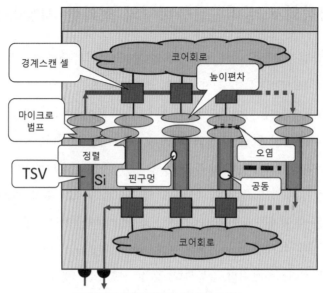

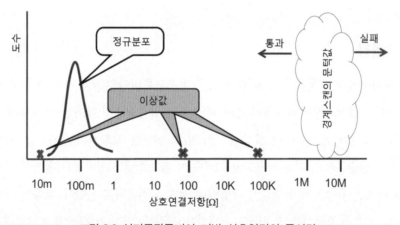

그림 8.1 3차원 집적회로의 제조결함과 경계스캔 시험

그림 8.2 실리콘관통비아 기반 상호연결의 특이값

실리콘관통비아의 저항값을 측정하는 전형적인 기존의 방법들은 다음과 같다.

1. 직렬연결방식으로 다수의 실리콘관통비아들을 모두 연결하여 한꺼번에 저항값을 측정
2. 기계식 프로브를 사용하여 하나의 실리콘관통비아에 4개의 시험용 패드를 이용한 켈빈측정[4]

이런 방법들은 접착 후의 3차원 집적회로에서 다수의 고밀도 실리콘관통비아들을 개별적으로

측정하도록 적용할 수 없으므로, 접착 전의 3차원 집적회로에서 실리콘관통비아 샘플에 대한 기계식 측정이나 다양한 핀 카운트 측정에 사용된다.

3차원 집적회로에서 접착 후 적층의 고밀도(40[μm] 미만), 다수(10,000개 이상)의 실리콘관통비아에 대한 실리콘관통비아 저항에 기초한 상호연결저항의 측정방법은 아직 확립되지 못하였다 (그림 8.3).

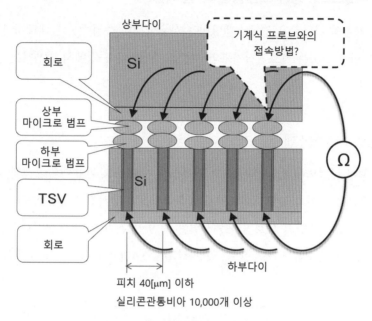

그림 8.3 3차원 집적회로의 내부 프로빙

이 절에서는 고밀도 실리콘관통비아를 기반으로 하는 상호연결기구들의 저항값을 접착 후에 개별적으로 측정할 수 있는 새로운 방법을 제시하려고 한다. 이 절에서 다루는 저항측정의 대상에는 실리콘관통비아, 마이크로범프/구리기둥, 접착부위 등이 포함된다. **배선형성공정**(BEOL)과 **재분배라인**(RDL)에서의 저항측정은 이미 완성된 기술들이기 때문에 이 절에서는 다루지 않는다. 이 절에서 제안된 기술은 적층된 실리콘 다이들 내에 매립되어 있는 전기 프로브를 사용한다. 이 전기프로브는 아날로그 경계스캔(IEEE 1149.4)을 기반으로 하는 측정회로이다. 표준 아날로그 경계스캔 구조를 수정하여 3차원 집적회로에 내장되어 있는 실리콘관통비아의 저항값을 높은 정확도로 측정할 수 있게 만들었다. 제안된 방법이 3차원 집적회로의 수율향상에 기여할 수 있을 것으로 기대한다.

이 절의 나머지 부분은 다음과 같이 구성되어 있다. 8.5.2절에서는 기존의 아날로그 경계스캔

방법을 사용한 저항측정방법에 대해서 살펴본다. 이 절에서는 또한 기존의 아날로그 경계스캔
방법을 사용하여 실리콘관통비아의 작은 저항값을 측정하는 경우에 발생하는 문제에 대해서도
다룬다. 8.5.3절에서는 이런 문제를 해결하는 방안을 제시한다. 마지막으로, 8.5.4절에서는 제안된
방법을 요약하며 절을 마무리한다.

8.5.2 기존 아날로그 경계스캔방법의 문제들

이 절에서는 기존의 아날로그 경계스캔방법을 사용한 저항측정방법에 대해서 설명하며, 실리
콘관통비아를 기반으로 하는 상호연결기구의 저항을 측정하는 과정에서 발생하는 문제에 대해서
살펴보기로 한다.

8.5.2.1 아날로그 경계스캔

IEEE 1149.4[48]에 규정되어 있는 **아날로그 경계스캔**은 IEEE 1149.1[49]에 규정되어 있는 디지털
경계스캔을 기반으로 하여 아날로그회로까지 적용범위를 확장시킨 표준시험방법이다. 아날로그
경계스캔은 아날로그 회로망의 상호연결을 시험할 수 있을 뿐만 아니라 집적회로들 사이를 연결
하는 요소들의 L, C 또는 R값도 측정할 수 있다.[50] **그림 8.4**에서는 아날로그 경계스캔의 전체적인

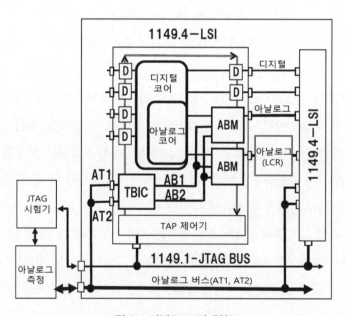

그림 8.4 아날로그 경계회로

구조를 보여주고 있다. 아날로그 입출력 핀과 아날로그 코어 사이에 **아날로그 경계모듈(ABM)**이 설치된다. 내부 아날로그 버스(AB1, AB2)를 사용하여 아날로그 경계모듈과 **시험용 버스 인터페이스회로(TBIC)**를 연결한다. AB1과 AB2로 전송되는 아날로그 신호들은 시험용 버스 인터페이스회로를 통과하여 외부 아날로그버스(AT1, AT2)로 전송된다. AT1과 AT2는 외부 아날로그 측정장비에 연결된다. **그림 8.5**에서는 여섯 개의 아날로그 스위치(A-SW)들과 하나의 비교기로 이루어진, 표준 아날로그 경계모듈 회로를 보여주고 있다.

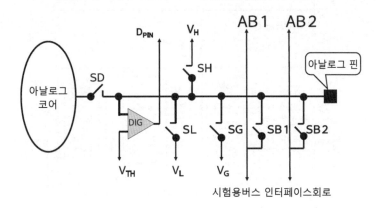

그림 8.5 아날로그 경계모듈(ABM) 구성회로

8.5.2.2 1149.4에 의거한 표준 저항측정법

그림 8.6에서는 IEEE 1149.4에 규정되어 있는 측정회로의 구조와 작동원리를 보여주고 있다.

- 1단계 : 아날로그 경계모듈(ABM)과 시험용 버스 인터페이스회로(TBIC)의 모든 아날로그 스위치들을 **그림 8.6 (a)**와 같이 설정한다. 정전류원을 사용하여 저항 Z에 정전류 I_S를 공급하면서 전압계 V를 사용하여 저항 Z 좌측의 접지 기준전압 V1을 측정한다.
- 2단계 : 아날로그 경계모듈과 시험용 버스 인터페이스회로의 모든 아날로그 스위치들을 **그림 8.6 (b)**와 같이 설정한다. 정전류원을 사용하여 저항 Z에 정전류 I_S를 공급하면서 전압계 V를 사용하여 저항 Z 우측의 접지 기준전압 V2을 측정한다.
- 3단계 : 식 (8.1)을 사용하여 제어용 컴퓨터는 저항값 Z를 산출한다.

$$Z = \frac{(V1 - V2)}{I_S} \tag{8.1}$$

여기서 주의할 점은 V1과 V2는 접지레벨에 대해서 측정해야 한다는 것이다.

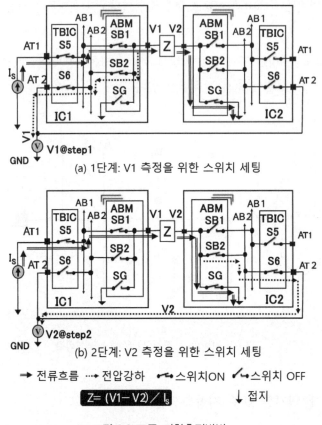

(a) 1단계: V1 측정을 위한 스위치 세팅

(b) 2단계: V2 측정을 위한 스위치 세팅

⇒ 전류흐름 ⋯▶ 전압강하 ⌐•⌐ 스위치ON ⌐•/ 스위치 OFF

Z= (V1－V2) ／ Iₛ   ↓ 접지

그림 8.6 표준 저항측정방법

8.5.2.3 실리콘관통비아의 저항측정을 위한 기존 아날로그 경계스캔방법의 문제들

9장에 제시되어 있는 IEEE 1149.4 표준문서[48]에 따르면, "이 표준을 제정한 목적은 복잡한 임피던스를 측정하는 경우에 $10[\Omega]$에서 $100[k\Omega]$ 사이의 임피던스를 ±1% 이상의 정확도로 측정하는 것이다." 그런데 실리콘관통비아를 기반으로 하는 상호연결의 저항값은 수십~수백$[m\Omega]$에 불과하여서, 표준에서 정의한 범위에 한참 못 미친다. 그러므로 만일 기존의 IEEE 1149.4 표준을 그대로 사용하여 실리콘관통비아 기반의 상호연결 저항을 측정하려고 한다면, 측정 정확도가 불충분할 뿐만 아니라 최악의 경우에는 다음과 같은 문제들 때문에 저항값을 측정할 수 없게 된다.

1. 접지기준 전압측정방법의 문제

실리콘관통비아 기반의 상호연결 저항값(수십~수백[mΩ])은 아날로그 경계모듈(ABM)과 시험용 버스 인터페이스회로(TBIC)에 내장되어 있는 아날로그 스위치들의 저항값(수백~수천[Ω])에 비해서 천 배 이상 작다. 그러므로 정전류 I_s를 공급하였을 때에 저항 Z에서 발생하는 저압강하량은 아날로그 스위치에서 발생하는 전압강하량의 수천분의 일에 불과하다. 만일 **그림 8.6**에 도시되어 있는 V1과 V2의 측정 정확도가 0.1%(천분의 일)라면, 전압측정오차와 저항 Z에서 발생하는 전압강하량이 거의 동일한 수준이 되어버린다. **그림 8.7**에서 알 수 있듯이, 만일 접지기준 전압 V1과 V2의 측정오차(ε1과 ε2)가 V1과 V2 사이의 차이에 비해서 같거나 크다면, 식 (8.1)을 사용하여 저항 Z에 대해서 계산한 결과는 큰 오차를 갖거나 (음저항 같이) 터무니없는 값이 되어버린다. 따라서 접지기준 전압측정법은 실리콘관통비아 기반의 상호연결 저항을 측정하는 데에는 적합지 않다.

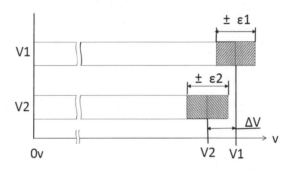

그림 8.7 접지기준 전압측정법에서 발생하는 측정오차

2. 다이 내부의 배선저항 문제

다이 내에서 아날로그 경계모듈에서 마이크로범프(또는 실리콘관통비아)와 연결한 배선 후공정라인과 재분배라인)들에는 수십에서 수백[mΩ] 정도의 저항이 존재한다. 이로 인하여 배선저항이 저항값 Z의 측정에 합산되기 때문에 실리콘관통비아 기반의 상호연결 저항값(수십~수백[mΩ]) 측정과정에서 큰 오차가 유발된다. 만일 배선에 정전기방전(ESD) 차폐저항이 존재한다면 측정오차는 훨씬 더 증가한다.

3. 다수의 실리콘관통비아들이 존재하는 경우에 발생하는 아날로그 스위치의 누설전류 문제

다수(예를 들어 수만 개)의 실리콘관통비아들에 대한 저항값을 측정하는 경우, 실리콘관통비아들과 동일한 숫자의 아날로그 경계모듈들이 상호연결 아날로그 버스(AB1, AB2)에 연결되며, 결과적으로 아날로그 스위치들의 누설전류가 증가하므로, 측정오차가 증가하게 된다.

8.5.3 제안된 측정방법

앞서 설명했듯이 아날로그 경계모듈에 내장된 아날로그 스위치들의 비교적 높은 저항값으로 인하여, 기존의 아날로그 경계스캔 방법을 사용해서는 극도로 작은 저항값을 가지고 있는 실리콘 관통비아 기반의 상호연결 저항을 정확하게 측정하는 것이 불가능하다. 그러므로 기존의 아날로그 경계스캔 방법을 수정하여 실리콘관통비아 기반의 상호연결 저항을 정확하게 측정할 수 있는 새로운 방법을 제안하였다.

1. 부유식 측정법

기존의 측정방법은 접지를 기준으로 전압을 측정하는 과정에서 현저한 오차가 유발되었다. 우리는 오차를 최소화하기 위해서 **부유식 측정**을 사용하는 새로운 측정방법을 제안하였다. 이 방법을 실현하기 위한 회로구성과 아날로그 스위치 세팅이 **그림 8.8**에 도시되어 있다. 이 방법을 사용하면, 접지로부터 부유하는 상태에서 정전류 공급과 전압 측정이 가능하다. 이를 통해서 저항 Z 양단에서의 전압강하 ΔV를 측정할 수 있다. 이를 통해서 저항 Z 양단에서 발생하는 미소한 전압강하를 높은 분해능으로 측정할 수 있다. 또한 접지 노이즈에 영향을 받지 않기 때문에 매우 정확한 측정이 가능하다. 더욱이 단 한 번의 측정으로도 충분하기 때문에, 시험시간이 단축된다.

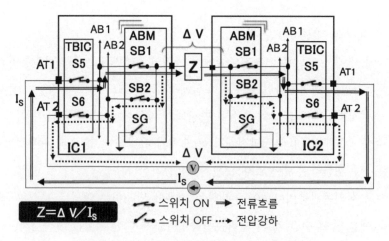

그림 8.8 실리콘관통비아에 대한 부유식 측정방법

2. 전류경로와 전압경로의 완벽한 분리

가장 인접한 위치에서 저항 Z 양단에서의 전압을 측정하기 위해서, 이 방법에서는 전류공급경로와 전압측정경로를 완벽하게 분리하였다. 경로설정 방법들 중 하나에서는, 아날로그 경계모듈의 측정 라인을 두 개(전류 및 전압)로 나누며, 이 라인들을 다이 내부의 후공정라인(BEOL)과 재분배라인(RDL)을 통해서 저항 Z의 터미널에 연결한다. 또 다른 방법에서는 저항 Z의 한쪽 터미널에 두 개의 아날로그 경계모듈을 접속하며, 각각의 아날로그 경계모듈에서 Z 터미널로 다이 내의 후공정라인과 재분배라인을 통해서 연결된다. 이 경우 아날로그 경계모듈 매크로의 재설계가 필요 없으며, 정전기방전 보호용 저항이 문제가 되지 않는다. 이 방법을 사용하면 후공정라인, 재분배라인 또는 정전기방지 보호회로 등의 저항에 의해 유발되는 측정오차 없이 정확하게 Z를 측정할 수 있다.

1~2에서 제안된 방법들을 3차원 집적회로에 구현한 사례가 **그림 8.9**에 도시되어 있다. 여기서는 시험용 버스 인터페이스회로(TBIC)와 제어로직회로가 생략되어 있다.

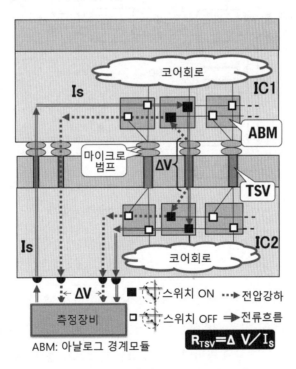

그림 8.9 부유식 측정과 V/I 경로의 분리

3. 내부 아날로그 버스(AB1, AB2)의 분할

아날로그 스위치에서 누설전류가 흐르는 것을 방지하기 위해서, **내부 아날로그 버스(AB1, AB2)**에 연결되어 있는 다수(수천 또는 수만 개)의 아날로그 경계모듈들을 그룹으로 묶어서 내부 아날로그 버스를 분할하였다. 그런 다음 각각의 분할된 내부 아날로그 버스들에 시험용 버스 인터페이스회로를 사용하였다. m개의 세그먼트들로 분할되어 있는 내부 아날로그 버스의 사례가 **그림 8.10**에 도시되어 있다. 이 분할로 인하여 누설전류가 측정오차에 미치는 영향이 1/m으로 감소하였다. 필요한 세그먼트의 숫자는 다이 내에 설치되어 있는 아날로그 스위치들의 누설전류특성에 의존한다.

앞서 설명했듯이 이 방법은 아날로그 스위치의 누설전류에 의한 측정오차를 저감할 수 있다.

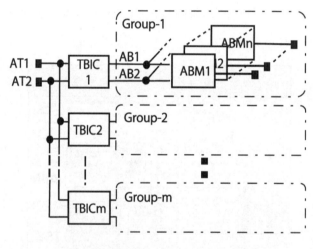

그림 8.10 내부 아날로그 버스들의 그룹화

8.5.4 요약

이 절에서는 이 장의 저자들이 속해 있는 연구그룹이 제안한 3차원 집적회로의 접착 후에 다이 사이를 개별적으로 연결하고 있는 실리콘관통비아들의 작은 저항값들을 매우 정확하게 측정하는 방법에 대해서 살펴보았다. 제안된 방법에서는 수정된 아날로그 경계스캔회로들로 이루어진 전기 프로브를 사용한다.

톰 드마르코에 따르면 "측정할 수 없는 것은 제어할 수 없다." 3차원 집적회로의 수율을 향상시키기 위해서는 실리콘관통비아를 기반으로 하는 상호연결 저항을 정확하게 측정해야만 한다.

8.6 실리콘관통비아의 지연오류 검출을 위한 지연측정회로

이 절에서는 3차원 집적회로의 상호연결에서 발생하는 과도한 지연을 평가하기 위해서 경계스캔 설계에 내장되어 있는 시간-디지털 변환기(TDC)를 사용하는 시험방법에 대해서 살펴보기로 한다. 경계스캔 셀들은 하부다이에서 입력생성 블록으로 사용되며, 상부다이에서는 지연검출 블록으로 사용된다. 결함의 영향을 강화시키기 위해서 인접한 실리콘관통비아들의 영향을 활용하는 여타의 시험방법도 함께 제안되었다.

8.6.1 3차원 집적회로 시험을 위한 경계스캔에 내장된 시간-디지털 변환기의 활용

이 장의 저자들이 포함된 연구그룹은 경계스캔 설계에 내장되어 있는 시간-디지털 변환기를 사용하여 개방된 실리콘관통비아에 의해서 유발되는 지연을 검출하기 위한 접착 후 시험방법을 제안하였다.[51] 작은 **지연결함**을 검출하기 위해서 우리는 입력경로의 지연을 측정하기 위한 시간-디지털 변환기를 형성하는, 영역주사기에 내장된 **시간-디지털 변환기**(TDCBS) 셀이라고 부르는 경계스캔 셀을 제안하였다.[52] 3차원 집적회로 시험에서 하부다이와 하나의 실리콘관통비아가 형성한 경로의 지연을 측정하여 과도한 지연의 발생 여부를 검출할 수 있다.

영역주사기에 내장된 시간-디지털 변환기 셀은 **그림 8.11 (a)**에 도시되어 있는 기본적인 경계스캔 셀(BC_1)을 기반으로 설계되었다. 우리들이 제안한 시험회로설계(DFT) 방법에서는 경계스캔 셀 내의 포획용 플립플롭이 시간-디지털 변환에도 함께 사용된다. 시간-디지털 변환에서 사용되는 지연선은 내장된 XOR 게이트로 이루어진다. **그림 8.11 (b)**에서는 **BC_TDC** 셀이라고 부르는 새로운 경계스캔 셀을 보여주고 있다. TDCMode=0으로 세팅하면 BC_TDC 셀을 기본적인 경계스캔 셀로 사용할 수 있다. 하지만 TDCMode=1로 세팅하면, **그림 8.12**에 도시되어 있는 것처럼, BC_TDC 셀이 지연선 루프를 형성할 수 있다. CONT[i]=1이면, 코어 A의 i번째 출력이 관찰 대상으로 선정된다. 이때의 지연응답이 플립플롭에 포획된다. 이를 통해서 무결함 회로와 결함이 있는 회로 사이의 타이밍 지연 차이를 검출할 수 있다. **그림 8.13**에서는 경로지연검출의 사례를 보여주고 있다. 이 사례에서는 OUT[1]에서의 출력값 상승전환이 관찰대상으로 선정되었다. 제어회로의 제어신호들을 CONT[1]=1, CONT[j]=0(j≠1), LOOPCNT=1로 설정하여 출력을 선정한다. 전환신호가 지연선 루프를 통과한다. H(즉, 상승전환이 끝나고 난 다음에 플립플롭에 포획된 신호)가 포획되어 있는 플립플롭의 숫자인 Nslack을 관찰한다. 지연시간인 Tslack은 다음과 같이 계산할 수 있다.

$$Tslack = Nslack \times t_d \tag{8.2}$$

여기서 t_d는 지연선 내에서 XOR 게이트의 지연시간이다.

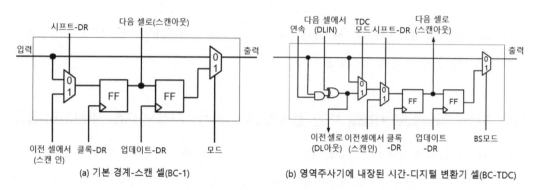

(a) 기본 경계-스캔 셀(BC-1)

(b) 영역주사기에 내장된 시간-디지털 변환기 셀(BC-TDC)

그림 8.11 시간-디지털 변환기(TDC)를 갖춘 경계스캔 셀

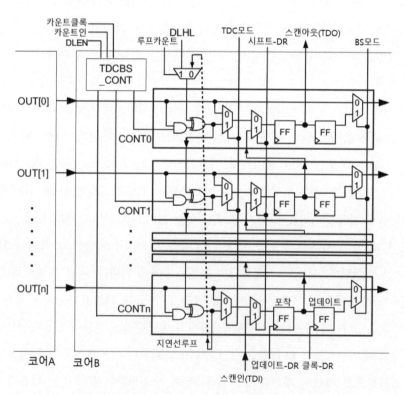

그림 8.12 영역주사기에 내장된 시간-디지털 변환기(TDCBS) 셀들로 이루어진 지연선 루프

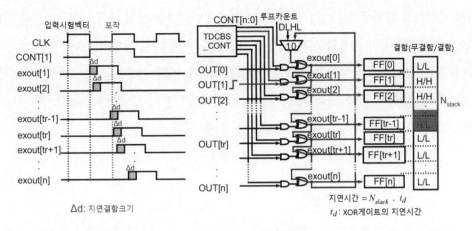

그림 8.13 영역주사기에 내장된 시간-디지털 변환기(TDCBS) 셀들로 이루어진 시간-디지털 변환기를 사용한 지연결함의 검출

그림 8.14에서는 영역주사기에 내장된 시간-디지털 변환기(TDCBS) 셀들을 사용하는 경계스캔회로의 전체적인 구조를 보여주고 있다. 여기에는 시험모드선정(TMS), 시험용 클록(TCK), 시험용 리셋(TRST), 시험데이터입력(TDI), 시험데이터출력(TDO) 등으로 이루어진 표준 연합검사수행그룹(JTAG)의 접근검사포트(TAP)가 포함되어 있다. 지연선 터미널들을 연결하여 루프를 형성하기 위해서 LOOPCNT 신호가 사용된다. 입력이 지연선의 끝단 근처에 연결된다 하더라도 지연선 루프를 사용하여 전이신호의 지연을 관찰할 수 있다.

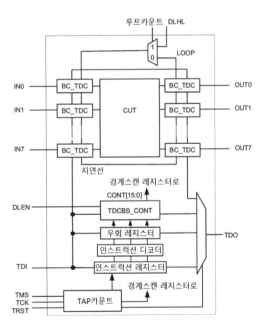

그림 8.14 영역주사기에 내장된 시간-디지털 변환기(TDCBS) 셀들을 갖춘 경계스캔회로의 전체적인 구조

3차원 집적회로 시험에서는 **그림 8.15**에서와 같이 영역주사기에 내장된 시간 – 디지털 변환기 (TDCBS) 셀들이 다이의 하부와 상부 모두에 배치된다. 하부다이 시험회로 내부의 경로상에서 전환을 우회하여 신호를 실리콘관통비아에 제공함으로써, 바닥다이에 내장된 코어와 다이들 사이의 실리콘관통비아의 지연을 측정하기 위해서 중간/상부다이의 입력단에 위치한 영역주사기에 내장된 시간 – 디지털 변환기(TDCBS) 셀들이 접착 후 시험에 사용된다.

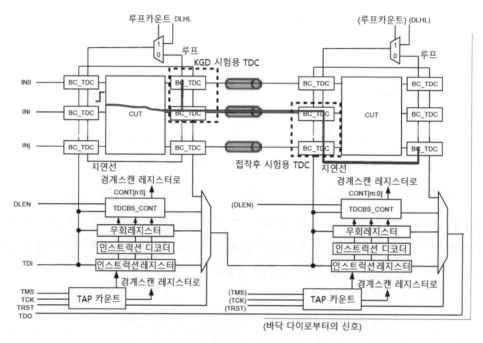

그림 8.15 영역주사기에 내장된 시간 – 디지털 변환기(TDCBS) 회로를 사용한 실리콘관통비아 시험의 사례

8.6.2 버니어 지연선을 이용한 지연측정회로

결함이 있는 실리콘관통비아에 의해서 유발되는 지연은 일반적으로 매우 작기 때문에, 이를 검출하는 것은 매우 어려운 일이다. 시간 – 디지털 변환보다 높은 타이밍 분해능을 가지고 지연을 측정할 수 있는 **버니어 지연선**(VDL)을 사용하여 인접한 실리콘관통비아들에 따른 영향을 고려하여 하나의 실리콘관통비아에서 발생하는 개방결함을 검출하는 또 다른 방법을 제안하였다.[54] **그림 8.16**에서는 본 연구에서 사용된 개방된 실리콘관통비아와 인접한 실리콘관통비아들에 대한 모델을 보여주고 있다. 개방된 실리콘관통비아가 실리콘관통비아 어레이 속에 위치해 있는 경우에, 개방된 비아에서의 신호는 무결함 실리콘관통비아에 비해서 누화에 심하게 영향을 받는다.[55]

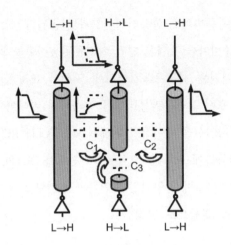

그림 8.16 개방된 실리콘관통비아와 인접한 실리콘관통비아들의 모델

그림 8.17에서는 제안된 측정회로를 보여주고 있다. 이 회로는 시험모드에서 실리콘관통비아를 통해서 바닥다이에서 중간/상부다이로 시험 신호를 전송할 수 있다. 시험모드에서는 결함이 있는 실리콘관통비아에서 발생하는 지연을 증가시키기 위해서, 전이신호와 역전이가 표적 실리콘관통비아와 인접 실리콘관통비아들에 각각 전송된다. 시간-디지털 변환기보다 더 세밀하게 지연을 측정할 수 있는 버니어 지연선을 사용하여 지연의 차이를 측정한다.[56] 시험모드에서 TESTEN=H 를 부가하면, 전송게이트는 모든 실리콘관통비아들을 코어와 분리하여 버니어 지연선에 연결한다.

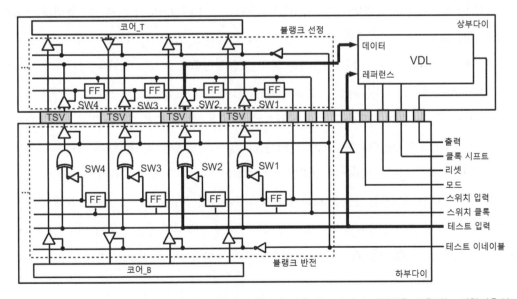

그림 8.17 개방된 실리콘관통비아의 지연을 검출하기 위하여 사용되는 버니어 지연선을 사용하는 결함검출회로

TESTIN에서 표적 실리콘관통비아로 상승전이신호가 전송된다. 신호는 XOR 게이트에 의해서 반전되므로 표적 실리콘관통비아를 제외한 인접 실리콘관통비아들에는 하강전이신호가 전송된다. SWIN과 SWCLK로 제어되는 시프트레지스터에 의해서 표적 실리콘관통비아가 선정된다. TESTIN으로부터의 신호가 표적 실리콘관통비아를 통과하여 버니어 지연선을 포함하는 지연측정회로로 전파된다. 버니어 지연선을 제어하기 위해서 SHIFTCLK, RESET 및 MODE 신호가 사용된다. 버니어 지연선의 플립플롭에 포획된 지연된 전이신호를 OUTPUT 터미널을 통해서 관찰할 수 있다. 여타의 실리콘관통비아들에서 얻어진 지연들과의 비교를 통해서, 과도한 지연이 관찰된다면 표적 실리콘관통비아를 결함으로 판정한다.

8.6.3 시험방법별 검출가능 결함크기의 추정

지연측정회로를 사용하여 검출할 수 있는 지연량을 산출하기 위해서 그림 8.18에 도시되어 있는 실리콘관통비아 어레이 레이아웃에 기초하여 시뮬레이션을 수행하였다. 연질개방결함이 존재하는 실리콘관통비아가 3×3 크기의 실리콘관통비아 어레이의 중앙에 위치하고 있다. 그림 8.19에서는 실리콘관통비아에 삽입된 저항성 개방결함을 보여주고 있다. 실리콘관통비아의 크기는 ITRS 2011 로드맵에 기초하여 결정하였다. 실리콘관통비아에 삽입된 저항성 결함을 그림 8.19에 모델링된 것처럼, 한 변이 $0.5[\mu m]$이며 길이가 dh[nm]인 사각기둥에 의해서 일부분만 붙어 있는 개방으로 모델링한다. 3차원 전자기 시뮬레이터인 EMPro를 사용하여 다양한 dh값들에 대해서 그림 8.18에 도시되어 있는 레이아웃에 대한 S-계수값들을 추출하였다. 그림 8.17의 시험회로에서 제안된 블랭크 선정과 블랭크 반전 블록들의 회로구조를 설계하였으며, RC 성분들을 포함하는 SPICE 부품리스트를 추출하였다. 개방된 실리콘관통비아를 검출하는 과정에 공정변화가 미치는 영향을 평가하기 위해서 몬테카를로 시뮬레이션이 적용되었다. 결함이 있는 실리콘관통비아에는 상승전이를 부가한 다음에 버니어 지연선을 사용하여 응답을 관찰한다. 표 8.1에서는 무결함 회로와 결함이 있는 실리콘관통비아를 포함하는 결함회로에 대하여 버니어 지연선을 사용한 지연측정 결과를 보여주고 있다. 높이가 dh인 기둥은 표적 실리콘관통비아에 삽입한 연질결함을 나타낸다. 표에서 T_{FF}열은 H값을 포획한 버니어 지연선 내의 플립플롭 숫자를 나타낸다. N_{Sim}은 시뮬레이션 숫자를 나타낸다. 21개의 몬테카를로 시뮬레이션들 중에서 결과가 얻어진 시뮬레이션의 숫자를 나타낸다. 무결함 회로에 대해서는 $T_{FF}=7.8$이 얻어졌기 때문에, $dh \geq 700[nm]$인 결함을 검출할 수 있을 것으로 기대된다.

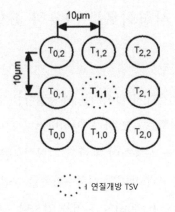

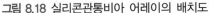

연질개방 TSV

그림 8.18 실리콘관통비아 어레이의 배치도

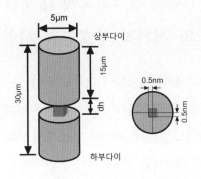

그림 8.19 실리콘관통비아의 연질개방 모델

표 8.1 버니어 지연선을 사용하여 얻은 실험결과

dh[mm]	T_{FF}	N_{Sim}
정상	7	18
	8	3
400	8	21
500	8	19
	9	2
600	8	7
	9	14
700	9	21
800	9	6
	10	15

8.6.4 요약

이 절에서는 실리콘관통비아에서 발생하는 과도한 지연을 검출하기 위한 두 가지 지연측정회로를 제안하였다. 한 가지 방법은 경계스캔회로에 내장되어 있는 시간-디지털 변환기를 활용한다. 또 다른 방법에서는 실리콘관통비아에서 발생하는 지연을 측정하기 위해서 버니어 지연선을 사용한다. 전자기 시뮬레이션과 회로 시뮬레이션을 사용하여, 실리콘관통비아 내의 저항성 개방 결함에 의해서 유발되는 지연을 산출하였으며, 제안된 시험회로를 사용하여 이를 검출할 수 있을 것으로 기대된다.

8.7 3차원 집적회로에 내장된 공급전류 시험회로를 사용한 표면결함의 전기적 상호연결 시험

이 절에서는 3차원 집적회로의 다이들 사이의 상호연결에서 발생하는 **개방결함**을 검출하기 위한 공급전류 시험방법과 내장형 시험회로에 대해서 살펴보기로 한다. 시험방법과 시험회로는 참고문헌 [57]에서 제안되었다. 또한 SPICE 시뮬레이션을 사용하여 제안된 시험회로를 사용한 시험의 타당성을 검증하였다. 시뮬레이션 결과에 따르면 100[MHz]의 시험주파수를 사용하여 경질개방결함과 연질개방결함에 의해서 발생하는 추가적인 0.58[ns]의 지연을 검출할 수 있다는 것이 밝혀졌다.[57] 실험을 통해서 이 시험의 타당성을 검증하기 위해서 내장형 시험회로가 설치된 집적회로 시제품으로 만들어진 프린트회로기판상의 검출회로를 사용하여 어떤 개방결함을 검출할 수 있는지를 검사하였다. 다음에서는 실험결과에 대해서 살펴보기로 한다.

8.7.1 내장형 공급전류 시험회로를 사용한 전기적 시험

집적회로 내의 다이들은 적층공정을 수행하기 전에 완전히 시험하기 때문에, 3차원 집적회로는 기지양품다이들로 만들었다고 가정할 수 있다. 적층공정에서 3차원 집적회로의 기지양품다이들 사이의 상호연결에서 개방결함이 발생할 수 있다. 따라서 적층공정이 끝난 다음에 상호연결에서 발생하는 개방결함을 검출하는 방법을 개발하게 되었다.[58]

3차원 집적회로의 다이에는 전형적으로 IEEE 1149.1 시험구조가 내장되어 있으므로, 경계스캔 시험방법을 사용하여 다이간 상호연결들에 대한 시험이 가능하다. 따라서 여기서는 시험과정에서 시험용 입력벡터를 부가하는 구조를 사용하였다.

개방결함은 **경질 개방결함**과 **연질 개방결함**으로 크게 나눌 수 있다. 경질 개방결함의 경우, 상호연결이 두 부분으로 완전히 분리되어, 서로 연결되지 않는다. 연질 개방결함의 경우에는 부품들 사이가 서로 전기적으로 약간 연결되어 있다. 따라서 연질 개방결함을 약한 개방결함이라고도 부른다.[59] 결함은 실리콘관통비아 내부의 공동이나 크랙에 의해서 유발된다.[60]

국부오차를 생성하는 개방결함은 경계스캔 시험방법을 사용하여 검출할 수 있다. 그런데 타이밍 오차를 생성하는 연질 개방결함은 이 시험방법으로 검출할 수 없다.

연질 개방결함은 집적회로의 신뢰성을 떨어트린다. 이들은 약간의 전파지연시간 증가를 초래한다. 또한 연질결함이 성장하여 경질결함으로 변화할 수도 있다. 경질 개방결함은 타이밍 오차와 더불어서 논리오류를 생성하기 때문에, 연질 개방결함이 경질 개방결함으로 발전하기 전에 이를 검출해야만 한다. 따라서 우리는 경질 개방결함과 연질 개방결함을 모두 검출할 수 있는 전기적인 시험방법을 제안하였다.[58] 우리는 이 시험방법을 ET-스캔이라고 부른다(스캔 플립플롭들을 사용한 전기시험). 제안된 시험방법을 사용할 수 있도록, 다이 내부에 정전기방전 입력 보호회로를 설계하였다. 정전기방전 입력 보호회로가 내장된 집적회로 시제품을 제작하였으며, 이에 대한 실험을 통해서 시험방법의 타당성을 검증하였다.[58]

정전기방전 입력 보호회로의 수정은 실제 다이설계에서 받아들여지지 않았다. 또한 제안된 시험방법[58]을 적용할 수 있는 3차원 집적회로는 다이 간 내부연결이 일대 일로 연결되어 있는 경우에만 적용이 가능하였다. 만일 내부연결선들이 하나 이상의 연결부와 연결되어 있다면, 연결 대상들 중 하나에서 발생한 개방결함은 여기서 제안된 시험방법으로는 검출할 수 없다.[58]

수정된 정전기방전 입력보호회로는 실제의 다이 설계에 적용될 수 없을지도 모른다. 또한 참고 문헌 [58]에서 제안된 3차원 집적회로에 대한 시험방법은 다이들 사이의 상호연결이 일대일로 연결되어 있는 경우에 한해서만 적용이 가능하다. 만일 두 개 이상의 대상과 상호연결이 되어 있다면, 제안된 시험방법으로는 연결대상들 중 하나에 대한 개방결함을 검출할 수 없다.[58] 따라서 공급전류 시험방법을 적용하기 위한 내장형 시험회로를 개발하였으며, SPIE 시뮬레이션을 사용하여 제안된 회로의 전기시험에 대한 타당성을 검사하였다.[57] 시뮬레이션 결과에 따르면, 제안된 시험회로는 100[MHz]의 시험속도로 두 다이들 사이의 상호연결에서 발생하는 경질 개방 결함과 200[Ω]의 저항성 개방결함을 검출할 수 있다는 것이 판명되었다.

실제의 회로를 사용하여 시험의 타당성을 검증하는 것이 필수적이다. 따라서 시험이 가능하도록 설계된 집적회로 시제품을 제작하였으며, 이 집적회로를 사용하여 프린트회로기판 위에 회로를 구성하였다. 이 회로를 사용하여 저항성 결함과 용량성 결함의 검출 가능성에 대한 실험을 수행하였다. 이 절에서는 이 평가실험의 결과에 대해서 살펴보기로 한다.

시험대상인 3차원 집적회로의 다이들 사이 상호연결에 시험신호를 송출하기 위해서 IEEE 1149.1에 규정되어 있는 시험구조를 사용하였다. 시험에 사용된 셋업은 그림 8.20에 도시되어 있다. 그림에서 알 수 있듯이, 시험장치로부터 제어신호, TDI, TCK, TMS 그리고 TRST 신호가 피시험장치(DUT)로 송출된다.

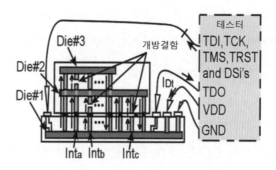

그림 8.20 제안된 시험장치의 셋업

실리콘관통비아 내의 경질 개방결함 생성공정이 **그림 8.21**에 도시되어 있다. 그림에서 알 수 있듯이, 마이크로 크랙이 **전기이동**[9]이나 **응력이동**에 의해서 크랙으로 성장하게 된다.

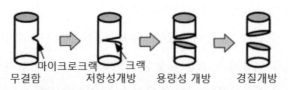

그림 8.21 실리콘관통비아 내의 개방결함 생성공정

저항성 개방결함을 가지고 있는 실리콘관통비아를 경질결함으로 모델링할 수 있다. 결함을 가지고 있는 실리콘관통비아는 두 부분으로 나눌 수 있다. 이 부분들 사이의 공극이 작기 때문에, 고속 논리신호는 결함이 있는 실리콘관통비아를 통과할 수 있다.[55] 이런 실리콘관통비아를 용량성 개방결함으로 모델링할 수 있다. 최종적으로는 결함이 경질결함으로 발전하며, 논리신호가 결함이 있는 실리콘관통비아를 통과하여 전달될 수 없다. 이런 실리콘관통비아를 경질개방결함을 가지고 있는 상호연결로 모델링할 수 있다. 제품을 시장에 출고하기 전에 용량성 개방결함과 저항성 개방결함, 경질 개방결함 등을 검출해야만 하기 때문에, 이 결함들의 검출을 연구목표로 삼게 되었다.

제안된 시험방법[58]의 작동원리가 **그림 8.22**에 설명되어 있다. 시험을 수행하기 위해서 **그림 8.22**에 **추가된 회로블록**이라고 표시되어 있는 시험회로를 추가하였다. 피시험장치를 통과하여

---

9 electromigration: 금속에 전류가 흐를 때 일어나는 금속이온의 이동현상. 지식경제용어사전

흐르는 정전류 I_{Dt}를 측정하여 상호연결에 대한 검사를 수행한다.

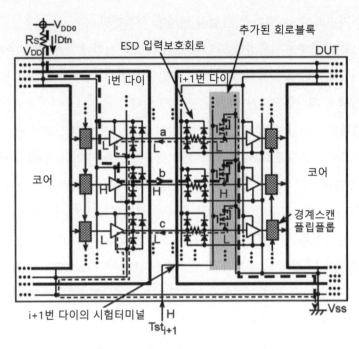

그림 8.22 제안된 전기시험장치의 작동원리

다이에 연결되어 있는 입력 상호연결을 시험할 때에는, 시험장치의 시험모드를 선정하기 위해서 다이의 시험입력 터미널(TST)에 고준위(H) 신호를 송출하며, 표적입력 상호연결부에 H 신호를 부가하는 반면에 표적이 아닌 여타의 상호연결들에는 저준위(L) 신호를 송출한다. 접적회로가 정상모드로 작동한다면 TST 터미널에는 L 신호가 입력될 것이다.

그림 8.22에서는 b라고 표시된 상호연결이 표적으로 선정되어 있다. 여기서 제안된 시험방법을 사용하여 무결함 집적회로에 대한 시험을 수행하면 추가된 회로블록의 모든 nMOS들이 켜지며 표적 상호연결부에만 고준위 신호가 공급되기 때문에, **그림 8.22**에 도시되어 있는 전류경로를 통해서 정전류 I_{Dth}가 흐른다. 반면에 표적 상호연결부에 경질 개방결함이 존재한다면, 정전류는 흐르지 않을 것이다. 따라서 제안된 시험에서 식 (8.3)이 충족된다면, 표적 상호연결부에는 개방결함이 발생했다고 결론지을 수 있다.

$$I_{Dtc} \leq I_{th} \qquad\qquad (8.3)$$

여기서 I_{Dtc}와 I_{th}는 각각, 피시험회로에서 측정된 정전류값과 문턱전류값이다. I_{th}는 무결함 집적회로에서 측정된 정전류 I_{Dt}의 허용 편차값으로부터 결정할 수 있다. 무결함 집적회로의 I_{Dt}는 출력보호회로가 가지고 있는 전기적 특성의 편차에 의존한다.

집적회로를 시험할 때에는 전원전압 VDD와 전원 터미널 사이에 저항 R_S가 추가된다. 이 저항은 시험과정에서 I_{Dth}를 줄이기 위하여 사용된다. 만일 R_S를 추가하지 않으면, 큰 I_{Dth}가 흐르기 때문에 시험과정에서 피시험장치가 파손될 우려가 있다.

저항성 개방결함으로 모델링되는 연질 개방결함이 표적 상호연결 부위에 존재한다면, 무결함 집적회로에서 흐르는 전류값인 I_{Dth}에 비해서 작은 전류가 흐를 것이다. **용량성 개방결함**으로 모델링된 연질 개방결함의 경우에는, $I_{Dth}=0[A]$가 측정된다. 따라서 식 (8.3)을 사용하여 연질 개방결함들을 검출할 수 있다. 이 시험에서는 단 하나의 상호연결부에 시험용 입력신호로 고준위 신호를 송출하며, 공급전류는 무결함 3차원 집적회로의 상호연결부위를 통과하여 흐른다. 그러므로 만일 시험과정에서 I_{Dtc}값이 I_{Dtn}값보다 작게 측정된다면, 해당 상호연결부에 개방결함이 발생했다고 결론지을 수 있다. 즉, 상호연결부에 고준위 신호를 공급하였을 때에 (8.3)이 충족되는지를 검사하여 결함성 상호연결 여부를 확인할 수 있다.

집적회로와 이 집적회로에 시험용 입력벡터를 송출하는 시험장치 내의 로직게이트들에 공급하는 전류를 측정하여 3차원 집적회로의 주 입력터미널과 집적회로 내부의 다이 사이의 상호연결을 **그림 8.22**와 동일한 방법으로 시험할 수 있다. 또한 3차원 집적회로를 시험장치 내의 **그림 8.22**의 Die#i+1과 동일한 구조를 가지고 있는 집적회로와 연결한 후에 주 출력터미널을 사용하여 시험용 입력벡터를 송출하여 3차원 집적회로의 주 출력터미널과 집적회로 내부의 다이 사이의 상호연결도 시험할 수 있다.

8.7.2 제안된 전기적 시험방법의 실험평가

우리가 제안한 내장형 시험회로의 개방형 결함 검출성능을 평가하기 위해서, 롬社의 0.18[μm] CMOS 공정을 사용하여 설계한 시험회로가 내장된 다이 레이아웃을 설계하였다. **그림 8.23**에 도시되어 있는 회로구성을 프린트회로기판 위에 집적화한 집적회로를 시제 제작하였다. 이 설계에서는 CMOS의 전원전압으로 $V_{DD0}=3.3[V]$, $V_{DD}=1.8[V]$를 사용하도록 설계되었다.

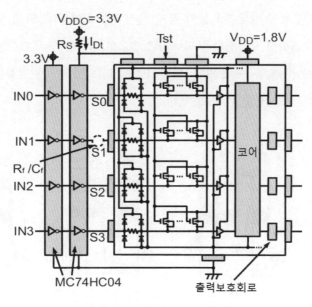

그림 8.23 시험회로의 레이아웃

경질결함에 대한 시험가능성을 평가하기 위해서 무결함회로에 대해서 의도적으로 상호연결부 S1에 경질 개방결함을 삽입하였다. 또한 무결함회로에 대해서 의도적으로 상호연결부 S1에 저항 R_f 또는 커패시터 C_f를 삽입하여 연질 개방결함을 만들었다. 평가에 사용된 시험벡터 IN0, IN1, IN2 및 IN3는 **그림 8.24**에 도시되어 있다.

이 시험방법에서는 회로 하나당 $T_s = 1[\mu s]$ 동안 시험용 벡터가 송출된다. 이 집적회로 내에는 IEEE 1149.1 시험회로는 설치되어 있지 않다. 그런데 시험용 벡터인 IN0, IN1, IN2 및 IN3를 사용하면, IEEE 1149.1 시험회로가 작동하는 것과 동일한 기능을 수행할 수 있다.

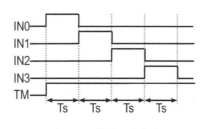

그림 8.24 시험용 입력신호

입력된 시험신호는 **그림 8.24**에 도시되어 있으며, 측정된 출력신호들은 각각 **그림 8.25**, **그림 8.26** 및 **그림 8.27**에 도시되어 있다. **그림 8.25 (a)**, **(b)** 및 **(c)**에서 알 수 있듯이, S1＝H가 송출되었을 때에 무결함 연결부위에 비해서 I_{dt}값이 작게 측정되었기 때문에, S1에 위치하고 있는 경질 개방결함과 1[kΩ]의 저항성 개방결함을 이 시험방법으로 검출할 수 있다. 반면에, 200[Ω] 크기의 저항성 개방결함은 검출할 수 없었다. 따라서 이 시험방법으로는 경질 개방결함과 1[kΩ]이상의 저항성 개방결함을 검출할 수 있다.

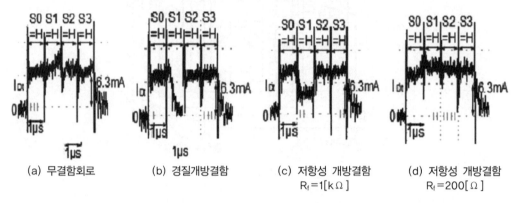

(a) 무결함회로 (b) 경질개방결함 (c) 저항성 개방결함 R_f=1[kΩ] (d) 저항성 개방결함 R_f=200[Ω]

그림 8.25 경질결함 및 저항성 결함에 대해서 시험속도 1[MHz]로 측정한 I_{Dt} 파형

그림 8.26 (a)에 따르면, 정전용량이 1[nF] 미만인 용량성 개방결함은 이 방법으로 측정할 수 있다. 하지만 결함의 정전용량값이 커지면 I_{D}가 빠르게 변할 수 없기 때문에, **그림 8.26 (b)**에 도시되어 있는 것처럼, 10[nF] 이상의 용량성 개방결함은 이 방법으로 측정할 수 없다. 하지만 **그림 8.27**에 도시되어 있는 것처럼, 시험속도가 100[kHz]로 감소하면 이를 검출할 수 있다. **그림 8.26**과 **그림 8.27**에 따르면, 용량성 개방결함의 검출성능은 시험속도에 의존한다는 것을 알 수 있다.

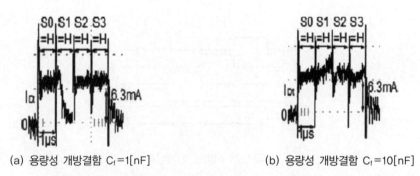

(a) 용량성 개방결함 C_f=1[nF] (b) 용량성 개방결함 C_f=10[nF]

그림 8.26 용량성 결함에 대해서 시험속도 1[MHz]로 측정한 I_{Dt} 파형

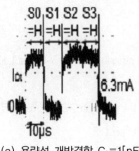
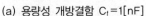
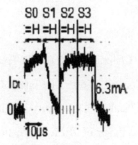

(a) 용량성 개방결함 C_f=1[nF]   (b) 용량성 개방결함 C_f=10[nF]

그림 8.27 용량성 결함에 대해서 시험속도 100[kHz]로 측정한 I_{Dt} 파형

여기서 제안한 시험방법의 시험속도는 내장된 시험회로에서 정전류 I_{Dt}가 흐르기 위해서 필요한 시간에 의해서 결정된다. 본 실험에서는 프린트회로기판 위에 설치된 회로를 표적회로로 사용하였다. 만일 3차원 집적회로에 대해서 시험을 수행한다면, 시험속도를 더 높일 수 있다. 시뮬레이션 결과[57]에 따르면, 100[MHz]의 시험속도로 개방결함을 검출할 수 있다. 따라서 3차원 집적회로에 대해서 1[MHz] 이상의 시험속도를 사용하여 개방결함을 검출할 수 있을 것으로 기대된다.

8.7.3 요약

프린트회로기판 위에 설치되어 있는 시제 집적회로에 대해서 우리가 제안한 전류공급 시험방법을 사용하여, 3차원 집적회로의 다이간 상호연결에서 발생하는 개방결함의 검출 가능성을 고찰하였다. 실험결과에 따르면, 1[MHz]의 시험속도를 사용하여, 1[kΩ] 이상의 크기를 가지고 있는 저항성 개방결함과 1[nF] 이하의 용량성 개방결함을 검출할 수 있음이 규명되었다.

프린트회로기판에 성형된 회로를 사용하여 타당성을 검사하였으나, 3차원 집적회로에 대해서는 시험속도를 검사하지 못하였다. 따라서 향후에는 3차원 집적회로에 대한 시험속도를 검사할 예정이다.

감사의 글

실험평가과정에 도움을 준 도쿠시마 대학교의 고니시와 우메주 씨에게 감사드린다. 이 연구는 동경대학교 VLSI 설계 및 교육센터의 지원을 받았으며, 시놉시스社, 케이던스 디자인시스템스社, 멘토 그래픽스社 등과 협업을 통해서 수행되었다. 이 연구에서 사용된 집적회로 칩은 동경대학교 VLSI 설계 및 교육센터의 집적회로 제조프로그램을 통해서 설계되었으며, 롬社와 토판 프린팅社와의 협업을 통해서 제작되었다.

참고문헌

1. Noia B, Chakrabarty K (2013) Pre-bond probing of through-silicon vias in 3-D stacked ICs. IEEE Trans Comput Aided Des Integr Circuits Syst 32(4):547–558

2. Noia B, Panth S, Chakrabarty K, Lim SK (2012) Scan test of die logic in 3D ICs using TSV probing. In : Proceedings of IEEE international test conference (ITC), pp.1–8

3. Chen PY, Wu CW, Kwai DM (2010) On-chip testing of blind and open-sleeve TSVs for 3D IC before bonding. In : Proceedings of IEEE VLSI test symposium (VTS), pp.263–268

4. Cho MK, Liu C, Kim DH, Lim SK, Mukhopadhyay S (2010) Design method and test structure to characterize and repair TSV defect induced signal degradation in 3D system. In : Proceedings of IEEE/ACM international conference on computer-aided design (ICCAD), pp.694–697

5. Cho MK, Liu C, Kim DH, Lim SK, Mukhopadhyay S (2011) Pre-bond and post-bond test and signal recovery structure to characterize and repair TSV defect induced signal degradation in 3-D system. IEEE Trans Compon Packag Manuf Technol 1(11):1718–1727

6. Huang LR, Huang SY, Sunter S, Tsai KH, Cheng WT (2013) Oscillation-based pre-bond TSV test. IEEE Trans Comput Aided Des Integr Circuits Syst 32(9):1440–1444

7. Deutsch S, Chakrabarty K (2013) Non-invasive pre-bond TSV test using ring oscillators and multiple voltage levels. In : Proceedings of design, automation & test in Europe conference & exhibition (DATE), pp 1065–1070

8. Deutsch S, Chakrabarty K (2013) Contactless pre-bond TSV test and diagnosis using ring oscillators and multiple voltage levels. IEEE Trans Comput Aided Des Integr Circuits Syst 33(5):774–785

9. You JW, Huang SY, Kwai DM, Chou YF, Wu CW (2010) Performance characterization of TSV in 3D IC via sensitivity analysis. In : Proceedings of 19th IEEE Asian test symposium (ATS), pp.389–394

10. Kandalaft N, Rashidzadeh R, Ahmadi M (2013) Testing 3-D IC through-silicon-vias (TSVs) by direct probing. IEEE Trans Comput Aided Des Integr Circuits Syst 32(4):538–546

11. Marinissen EJ, Verbree J, Konijnenburg M (2010) A structured and scalable test access architecture for TSV-based 3D stacked ICs. In : Proceedings of IEEE VLSI test symposium (VTS), pp.269–274

12. Marinissen EJ, Chi CC, Verbree J, Konijnenburg M (2010) 3D DfT architecture for pre-bond and post-bond testing. In : Proceedings of IEEE international 3D systems integration conference (3DIC), pp.1–8

13. Noia B, Goel SK, Chakrabarty K, Marinissen EJ, Verbree J (2010) Test-architecture optimization for TSV-based 3D stacked ICs. In : Proceedings of IEEE European test symposium (ETS), pp.24–29

14. Noia B, Chakrabarty K, Marinissen EJ (2010) Optimization methods for post-bond die-internal/external testing in 3D stacked ICs. In : Proceedings of IEEE international test conference (ITC), pp.1–9

15. Wu XX, Chen YB, Chakrabarty K, Xie Y (2008) Test-access solutions for three-dimensional SOCs. In : Proceedings of IEEE international test conference (ITC), p.1

16. Giri C, Roy SK, Banerjee B, Rahaman H (2009) Scan chain design targeting dual power and delay optimization for 3D integrated circuit. In : Proceedings of international conference on advances in computing, control and telecommunication technologies (ACT), pp.845–849

17. Marinissen EJ (2010) Testing TSV-based three-dimensional stacked ICs. In : Proceedings of design automation and test in Europe, pp.1689–1694

18. Deutsch S, Chickermane V, Keller B, Mukherjee S, Konjinenburg E, Marinissen EJ, Goel SK (2011) Automation of 3D-DfT insertion. In : Proceedings of IEEE Asian test symposium, pp.395–400

19. Noia B, Chakrabarty K, Goel SK, Marinissen EJ (2011) Test-architecture optimization and test scheduling for TSV-based 3-D stacked ICs. IEEE Trans Comput Aided Des Integr Circuits Syst 30(11):1705–1718

20. Deutsch S, Chakrabarty K, Marinissen EJ (2013) Uncertainty-aware robust optimization of test-access architectures for 3D stacked ICs. In : Proceedings of IEEE international test conference (ITC), pp 1–10

21. Agrawal M, Chakrabarty K (2013) Test-cost optimization and test-flow selection for 3Dstacked ICs. In : Proceedings of IEEE VLSI test symposium (VTS), pp.1–6

22. Rawat I, Gupta MK, Singh V (2013) Scheduling tests for 3D SoCs with temperature constraints. In : Proceedings of east-west design & test symposium, pp.1–4

23. Marinissen EJ (2012) Challenges and emerging solutions in testing TSV-based 2.5D- and 3D-stacked ICs. In : Proceedings of design, automation & test in Europe conference & exhibition, pp.1277–1282

24. Wang SJ, Chen YS, Li KSM (2013) Low-cost testing of TSVs in 3D stacks with pre-bond testable dies. In : Proceedings of IEEE international symposium on VLSI design, automation and test, pp.1–4

25. Liao CC, Chen AW, Lin LY, Wen CH (2013) Fast scan-chain ordering for 3-D-IC designs under through-silicon-via (TSV) constraints. IEEE Trans VLSI Syst 21(6):1170–1174

26. Yeh TH, Wang SJ, Li KSM (2011) Interconnect test for core-based designs with known circuit characteristics and test patterns. In : Proceedings of international conference on IC design & technology, pp.1–4

27. Panth S, Lim SK (2012) Transition delay fault testing of 3D ICs with IR-drop study. In : Proceedings of IEEE 30th VLSI test symposium (VTS), pp.270–275

28. Deutsch S, Chakrabarty K, Panth S, Lim SK (2012) TSV stress-aware ATPG for 3D stacked ICs.

In : Proceedings of IEEE Asian test symposium, pp.31–36

29. Srinivasan S, Kundu S (2012) Functional test pattern generation for maximizing temperature in 3D IC Chip Stack. In : Proceedings of international symposium on quality electronic design, pp.109–116

30. Rajski J, Tyszer J (2013) Fault diagnosis of TSV-based interconnects in 3-D stacked designs. In : Proceedings of IEEE international test conference (ITC), pp.1–9

31. Shih CJ, Hsieh SA, Lu YC, Li JCM, Wu T, Chakrabarty K (2013) Test generation of path delay faults induced by defects in power TSV. In : Proceedings of IEEE Asian test symposium, pp.43–48

32. Lin YH, Huang SY, Tsai KH, Cheng WT, Sunter S, Chou YF, Kwai DM (2013) Parametric delay test of post-bond through-silicon vias in 3-D ICs via variable output thresholding analysis. IEEE Trans Comput Aided Des Integr Circuits Syst 32(5):737–747

33. You JW, Huang SY, Lin YH, Tsai MH, Kwai DM, Chou YF, Wu CW (2013) In-situ method for TSV delay testing and characterization using input sensitivity analysis. IEEE Trans Very Larg Scale Integr (VLSI) Syst 21(3):443–453

34. Gulbins M, Hopsch F, Schneider P, Straube B, Vermeiren W (2010) Developing digital test sequences for through-silicon vias within 3D structures. In : Proceedings of international 3D systems integration conference, pp.1–6

35. Noia B, Chakrabarty K (2013) Post-DfT-insertion retiming for delay recovery on inter-die paths in 3D ICs. In : Proceedings of IEEE VLSI test symposium (VTS), pp.1–6

36. Noia B, Chakrabarty K (2014) Retiming for delay recovery after DfT insertion on interdie paths in 3-D ICs. IEEE Trans Comput Aided Des Integr Circuits Syst 32(3):464–475

37. Huang SY, Huang LR, Tsai KH, Cheng WT (2013) Delay testing and characterization of post-bond interposer wires in 2.5-D ICs. In : Proceedings of IEEE international test conference (ITC), pp.1–8

38. Li J, Ye FM, Xu Q, Chakrabarty K, Eklow B (2013) On effective and efficient in-field TSV repair for stacked 3D ICs. 50th ACM/EDAC/IEEE design automation conference (DAC), pp.1–6

39. Ye FM, Chakrabarty K (2012) TSV open defects in 3D integrated circuits : characterization, test, and optimal spare allocation. In : Proceedings of 49th ACM/EDAC/IEEE design automation conference (DAC), pp.1024–1030

40. Millican SK, Saluja KK (2014) A test partitioning technique for scheduling tests for thermally constrained 3D integrated circuits. In : Proceedings of IEEE international conference on VLSI design, pp.20–25

41. Millican SK, Saluja KK (2012) Linear programming formulations for thermal-aware test scheduling of 3D-stacked integrated circuits. In : Proceedings of IEEE Asian test symposium, pp.37–42

42. Sen Gupta B, Ingelsson U, Larsson E (2011) Scheduling tests for 3D stacked chips under power

constraints. In : Proceedings of 6th IEEE international symposium on electronic design, test and application (DELTA), pp.72–77

43. Kameyama S, Baba M, Higami Y, Takahashi H (2014) Precision resistance measurement method of TSVs in a 3D-IC by analog boundary-scan. IEICE Trans Inf Syst J97-D(4):887–890 (in Japanese)

44. Kameyama S, Baba M, Higami Y, Takahashi H (2014) Accurate resistance measuring method for high density post-bond TSVs in 3D-IC with electrical probes. In : Proceedings of international conference on electronics packaging (ICEP2014), pp.117–121

45. Kameyama S, Baba M, Higami Y, Takahashi H (2014) Measuring method for TSV-based interconnect resistance in 3D-SIC by embedded analog boundary-scan circuit. Trans Jpn Inst Electron Packag 7(1):140–146

46. Chung H, Ni CY, Tu CM, Chang YY, Haung YT, Chen WM, Lou BY, Tseng KF, Lee CY, Lwo BJ (2010) The advanced pattern designs with electrical test methodologies on through silicon via for CMOS image sensor. In : Proceedings of electronic components and technology conference (ECTC), pp.297–302

47. Stucchi M, Perry D, Katti G, Dehaene W (2010) Test structures for characterization of through silicon vias. In : Proceedings of IEEE international conference on microelectronic test structures (ICMTS), pp.130–134

48. IEEE Std. 1149.4-1999 (2000) IEEE standard for a mixed-signal test bus. ISBN : 0-7381-1755-2 SH94761, Mar.

49. IEEE Std. 1149.1^{TM}-2001 (R2008) (2001) IEEE standard test access port and boundary-scan architecture. ISBN : 0-7381-2944-5 SH94949, July

50. Parker KP, Kameyama S (2012) The boundary-scan handbook, 3rd edn. SEIZANSHA, Japan (Japanese Version, ISBN : 978-4-88359-303-3)

51. Yotsuyanagi H, Sakurai H, Hashizume M (2014) Delay line embedded in boundary scan for testing TSVs. IEEE international workshop on testing three-dimensional stacked integrated circuits (3D-TEST), Oct

52. Yotsuyanagi H, Makimoto H, Nimiya T, Hashizume M (2013) On detecting delay faults using time-to-digital converter embedded in boundary scan. IEICE Trans Inf Syst E96-D(9):1986–1993

53. Parker KP (2003) The boundary scan handbook, 3rd edn. Kluwer Academic, Dordrecht (ISBN : 978-1-4615-0367-5)

54. Nakamura M, Yotsuyanagi H, Hashizume M (2013) On fault detection method considering adjacent TSVs for a delay fault in TSV. IEICE Technical Report, NAID:110009728044 (in Japanese)

55. Kondo S, Yotsuyanagi H, Hashizume M (2011) Propagation delay analysis of a soft open defect

inside a TSV. Trans Jpn Inst Electron Packag 4(1)119-126

56. Datta R, Sebastine A, Raghunathan A, Carpenter G, Nowka K, Abraham JA (2010) Onchip delay measurement based response analysis for timing characterization. J Electron Test 26(6):599-619

57. Konishi T, Yotsuyanagi H, Hashizume M (2012) A built-in test circuit for supply current testing of open defects at interconnects in 3D ICs. In : Proceedings of 4th Electronics System Integration Technologies Conference (ESTC), pp.1-6

58. Konishi T, Yotsuyanagi H, Hashizume M (2012) Supply current testing of open defects at interconnects in 3D ICs with IEEE 1149.1 architecture. In : Proceedings of IEEE international 3D systems integration conference, pp.8.2.1-8.2.6

59. Marinissen EJ, Zorian Y (2009) Testing 3D chips containing through-silicon vias. In : Proceedings of IEEE international test conference (ITC), pp.1-11

60. Marinissen EJ (2010) Challenges in testing TSV-based 3D stacked ICs : test flows, test contents, and test access. In : Proceedings of IEEE Asia pacific conference on circuits and systems, pp.544-547

61. Hashizume M, Kondo S, Yotsuyanagi H (2010) Possibility of logical error caused by open defects in TSVs. In : Proceedings of international technical conference on circuits, computers and communications, pp.907-910

09

초선단전자기술개발기구의
드림칩 프로젝트

CHAPTER 09

초선단전자기술개발기구의 드림칩 프로젝트

이 장의 배경에 대해서는 1장의 1.3.3.2절을 참조하기 바란다.

일본에서는 2008년에서 2012년까지의 5년간의 기간 동안 실리콘관통비아를 사용한 3차원 집적회로 기술에 대한 제2차 풀 스케일 국가연구개발계획이 수행되었다. 초선단전자기술개발기구(ASET)는 드림칩[1] 기술 프로젝트를 수행하였으며, 일본 경제산업성의 신에너지산업기술종합개발기구(NEDO)가 관리하는 IT 혁신 프로그램에 기반을 두고 있다. 2010년의 중간평가 이후에 이 프로젝트는 3차원 집적화 공정의 기초기술과 실리콘관통비아를 사용한 응용기술이라는 두 가지 분야에 초점을 맞추게 되었다. 전자는 열관리/칩 적층기술, 박막 웨이퍼기술, 3차원 집적화 기술 등에 집중하였으며, 후자의 경우에는 초광폭버스 3D-SiP, (디지털-아날로그) 혼합신호 3차원 칩, 3차원 이종칩 등에 초점을 맞추었다(2장의 **그림 1.10** 참조).[1, 2]

이 장에서는 이 연구개발과제의 주제와 결과들에 대해서 상세히 살펴보기로 한다.

그림 1.10에서는 드림칩 프로젝트의 연구개발 주제들을 보여주고 있다.[2]

9.1 일본의 3차원 집적화 기술 연구개발 프로젝트(드림칩)의 개괄

초선단전자기술개발기구(ASET)는 6개의 연구개발 주제들을 수행하기 위한 6개의 팀들로 구성

---

1 Dream Chip: Development on Functionally Innovative 3D-Integration Circuit

되어 있었다. 다음에서는 연구개발의 주제들과 결과들을 요약하여 설명하고 있다.

9.1.1 3차원 집적화 공정의 기본기술

9.1.1.1 열관리와 칩 적층기술

이 팀은 **열관리와 칩 적층기술**에 대한 연구개발을 책임졌다. 이들은 실리콘관통비아를 사용한 고집적 3차원 구조에서 피할 수 없는 열 설계와 열 평가를 수행하였다. 미세피치 범프를 사용한 칩 적층기술(칩－칩 : C2C)개발을 통해서 고밀도 3차원 집적화 구조에 대한 개발이 수행되었다.

1. 고온환경하에서 사용되는 차량용 3차원 적층 칩에 대한 고전력 방출(효율적인 냉각)기술
   a. 3차원 칩의 적층구조 내에서 열 성능을 개선하기 위해서 필요한 열 범프 밀도 규정
   b. 히트파이프 구조를 사용하여 실리콘 인터포저 주변부의 냉각구조 개발
2. 칩－칩 마이크로본딩 기술관련 주제
   a. 적외선 투과관찰을 통한 고정밀 현장정렬 기법의 개발
   b. 최대 11,520개의 범프들을 접촉저항이 70[mΩ/bump] 내외가 되도록 성공적으로 연결

9.1.1.2 박막 웨이퍼기술

이 팀은 **박막 웨이퍼기술**의 개발을 수행하는 책임을 졌다. 이들은 3차원 집적공정에 중요한 이들은 또한 박막 디바이스의 전기적 특성 편차를 세심하게 연구하였다.

1. 박막 웨이퍼 공정기술
   a. 10[μm] 두께 마이크로범프의 총두께편차(TTV)가 ±1[μm]인 웨이퍼의 구현
   b. 비용절감을 위한 새로운 절단 전 충진(UBD)공정 제안
   c. 새로운 플랙셔 굽힘강도 측정방법을 국제반도체장비재료협회(SEMI) 표준으로 제안
2. 박막 디바이스의 특성변화 연구
   a. DRAM의 기억특성이 절반으로 감소하는 문제는 웨이퍼 박막가공 공정에서 유발되는 기계적 응력에 의한 것임을 발견
   b. 새로운 게터링 기법을 제안

9.1.1.3 3차원 집적화 기술

후 비아공정에서의 **3차원 집적화 기술**을 통한 실리콘관통비아 생성공정이 개발되었다. 이 공정에는 노광, 실리콘 에칭, 도금, 웨이퍼 간 접착(W2W) 등이 포함된다. 실리콘관통비아를 사용한 3차원 회로의 요소기술개발과 특성평가가 수행되었다.

1. 3차원 집적화 공정기술개발
   a. Cu/low-k 상호연결구조를 사용하여 후 비아공정에서의 실리콘관통비아 생성
   b. 양호한 전기적 접촉 형성
   c. 칩-칩과 웨이퍼-웨이퍼 접착공정 개발
2. 실리콘관통비아를 사용하여 3차원 회로의 요소기술 개발
   a. 실리콘관통비아 레이아웃의 설계원칙 확립
   b. 3차원 집적에 최적화된 전송회로와 정전용량이 작은 실리콘관통비아를 사용하여 웨이퍼-웨이퍼 적층 내에서 최대의 전송성능을 구현
   c. 실리콘관통비아의 전기모델 정의

9.1.2 응용기술

9.1.2.1 초광폭 버스 3차원 SiP 집적화 기술

실리콘관통비아의 특성을 효과적으로 연구할 수 있는 **초광폭 버스 3차원-SiP 집적화 기술** 연구가 수행되었다. 논리 디바이스와 메모리 디바이스 사이에서 전력소모를 줄이면서 고대역 신호전송이 가능하다는 것을 확인하였다.

- 3차원 패키지형 시스템(3D-SiP)으로 이루어진 4,096개의 입출력 메모리와 논리회로를 설계 및 제작하였다.
- 전속소모율이 056[pJ/I/O]인 상태에서 102[GB/s]@200[Mbit/s]의 전송속도를 성공적으로 증명하였다.

9.1.2.2 자동차용 (아날로그와 디지털) 혼합신호 3차원 집적화 기술

(디지털-아날로그) 혼합신호 **3차원 집적화 기술**이 개발되었다. 이 시스템은 차량운행 지원에

필요한 CMOS 영상센서(CIS)를 사용하는 고속 영상처리모듈의 요소기술을 포함하고 있다.

- 칩-칩 실리콘관통비아 생성과 칩 적층공정이 개발되었다.
- 차량운전 지원용 영상시스템을 위한 CMOS 영상센서(CIS), 상관이중샘플링(CDS), 아날로 그-디지털 변환기(ADC) 인터페이스칩을 개별적으로 제작 및 평가하였다.
- 실리콘관통비아 형태의 비동조 커패시터를 갖춘 실리콘 인터포저를 개발 및 평가하였다.

9.1.2.3 무선주파수 미세저자기계시스템용 3차원 이종 집적화 기술

반도체 디바이스와 MEMS 같은 이종 디바이스를 통합하여 새로운 기능을 갖춘 디바이스를 창출할 수 있는 **3차원 이종 집적화 기술**이 개발되었다. 상보성 금속산화물반도체(CMOS)와 저온 동시소성세라믹(LTCC)을 기반으로 하여 무선주파수 조절이 가능한 MEMS 디바이스를 3차원 집적하여 새로운 기능을 갖춘 무선주파수 MEMS 디바이스를 구현하였다.

- MEMS 가변형 필터가 구현되었다.
- 웨이퍼레벨 패키지(WLP) RF-MEMS 스위치는 양호한 RF 성능을 갖추고 있다.
- CMOS 제어 집적회로의 성능을 최적화하였다.

연구개발주제의 수행을 위해서, **그림 9.1**에 도시되어 있는 것처럼, 90[nm] 공정셔틀용 시험요소 그룹(TEG) 칩이 설계 및 제작되었다.

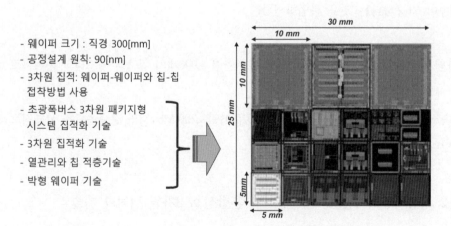

- 웨이퍼 크기 : 직경 300[mm]
- 공정설계 원칙: 90[nm]
- 3차원 집적: 웨이퍼-웨이퍼와 칩-칩 접착방법 사용
- 초광폭버스 3차원 패키지형 시스템 집적화 기술
- 3차원 집적화 기술
- 열관리와 칩 적층기술
- 박형 웨이퍼 기술

30 mm
10 mm
10 mm
25 mm
5mm
5 mm

그림 9.1 90[nm] 공정셔틀용 시험요소그룹(TEG) 칩

9.2 열관리와 칩 적층기술

9.2.1 배경

드림칩 프로젝트를 통해서 열관리와 칩 적층기술에 대한 연구개발이 수행되었다. 이 연구의 주요 목표들은 다음과 같다.

1. 연결용 범프의 피치가 10[μm]이며 1[cm^2]당 10,000개의 범프들이 설치되어 있는 칩에 대한 적층/결합기술의 개발과 신뢰성 연구
2. 3차원 적층된 칩의 냉각에 대한 열관리 연구
3. 차량운행 지원을 위한 3차원 스테레오 영상포획용 카메라의 칩 적층/결합과 냉각 시스템 개발

9.2.2 칩 적층/연결기술

9.2.2.1 금속범프의 소재와 구조

가성비가 높고, 특성이 잘 파악되어 있는 칩 결합용 소재들과 구조가 **표 9.1**에 제시되어 있다. 이 후보소재들 중에서, 다음과 같은 구조와 소재들을 선정하게 되었다.

표 9.1 칩 결합용 소재와 구조 리스트

		최우선순위						
칩(후공정)	인터포저	미세피치	안정성	저압공정	소재비용	범핑시간	접착시간	장비
Au	Au	△	○	○	○	◎	◎	◎
Au(스터드)	솔더	△	×	◎	○	△	○	◎
Au	Au패드 위에 AFC	△	△	◎	△	◎	○	◎
UBM+솔더(범프)	Cu	△	○	◎	◎	◎	○	◎
UBM+Cu기둥+솔더	Au+Ni+Cu	○	○	◎	◎	◎	○	◎
UBM+Cu기둥+Ni+솔더	Au+Ni+Cu	○	○	◎	◎	◎	○	◎
Cu	Cu	◎	○	×	◎	◎	×	×

1. Cu 또는 Ni 패드
2. Cu 기둥+Ni 차단층+SnAg 솔더

9.2.2.5 스택과 일조접착

일반적으로 3차원 칩의 적층접합 공정은 다음과 같이 진행된다.

1. 칩에 플럭스를 도포
2. 칩을 기판(바닥칩)에 정렬
3. 칩을 기판에 압착한 후에 솔더 용융온도까지 가열하여 범프용착
4. 필요한 횟수만큼 1~3 공정 반복
5. 플럭스 세척
6. 칩 내부 충진용 레진을 주입한 후에 적층 경화

이 공정에는 몇 가지 이슈들이 있다.

1. 특히 바닥과 가까운 칩들이 반복적으로 가열 사이클에 노출된다. 바닥칩의 금속조인트는 후속칩 적층공정을 수행하는 동안 다시 용융되어서는 안 된다.
2. 칩 - 칩 공극이 작아지면 플럭스 세척이 어려워진다.
3. 칩 - 칩 공극이 작아지면 칩 내부를 충진하기 위한 공정이 매우 어려워진다.
4. 반복된 접착공정으로 인하여 공정비용이 증가한다.

우리는 **그림 9.21**에 도시되어 있는 것처럼, 이런 이슈들을 해결하기 위해서 새로운 다중칩 접착공정(일조접착[2]공정)을 개발하였으며, 이를 통해서 3차원 칩 적층과 관련된 조립비용을 현저히 절감할 수 있을 것으로 기대한다.

최종 **일조접착 공정**을 수행하기 전에, 칩들의 정렬을 맞춘 후에 반경화성 칩간 충진재료를 접착제로 사용하여 서로 임시 접착해놓는다. 온도를 가열하여 솔더 범프들을 용융시켜서 두 개 이상의 적층된 칩들과 인터포저를 한번에 서로 최종 접착한다.

이 공정에서는 솔더 용융온도에서 칩간 충진용 레진을 완전히 경화시킨다. 솔더링용 플럭스로 사용되는 기능그룹이 레진 단량체에 포함되어 있으며, 이 기능그룹은 경화공정이 진행되는 동안 폴리머 체인과 반응한다. 그 결과 플럭스 세척이 더 이상 필요 없다.

---

2 gang bonding

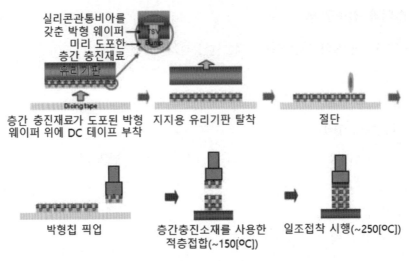

실리콘관통비아를
갖춘 박형 웨이퍼
미리 도포한
층간 충진재료

유리기판

Dicing tape

층간 충진재료가 도포된 박형 웨이퍼 위에 DC 테이프 부착

지지용 유리기판 탈착

절단

박형칩 픽업

층간충진소재를 사용한 적층접합(~150[ºC])

일조접착 시행(~250[ºC])

그림 9.21 칩간 충진재료를 사전에 도포하는 3차원 칩-칩 조립공정

사전 도포형 칩간 충진용 레진

두 칩 사이에 레진 사전도포 공정이 일조접착 공정의 개발과정에서 가장 우선적으로 개발되어야 한다. 금속 범프와 대응패드 사이에 가끔씩 레진이 포획되어서 생성되는 공동이 전기적 연결을 방해한다. 이 공동이 신뢰성 이슈를 유발한다.

결합공정을 시행하기 전에 가열된 범프 표면에서 솔더가 용융되면서 표면장력에 의해서 원형 꼭지를 형성하도록 리플로우 오븐 속을 통과시킨다. 원형 헤드는 범프 상부의 레진을 효과적으로 밀어낸다. 일반적으로 금속간화합물의 용융온도가 현저히 높기 때문에, 리플로우 과정에서 금속간화합물의 성장에 주의해야 한다. 앞 절에서 설명한 것처럼, 이 조건을 만족시키기 위해서 접합의 소재와 구조가 최적화되었다. 우리는 또한 경화온도와 레진의 점도뿐만 아니라 접착장비의 온도와 압력 프로파일도 최적화하여야만 한다. 그림 9.22에서는 이 공정의 결과를 보여주고 있는데, 기존공정과 유사한 조인트저항을 구현하였다.

이 공정의 두 번째 단계는 다수의 칩들을 한번에 결합하는 것이다. 그림 9.23에서는 3개의 칩들을 성공적으로 적층한 사례를 보여주고 있다.

우리는 또한 그림 9.24에 도시되어 있는 것과 같이 사전 도포방식 칩간 충진용 박막형 레진을 사용하는 공정을 개발하였다.

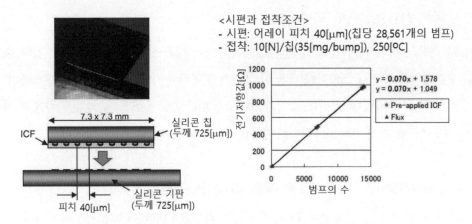

<시편과 접착조건>
- 시편: 어레이 피치 40[µm](칩당 28,561개의 범프)
- 접착: 10[N]/칩(35[mg/bump]), 250[ºC]

그림 9.22 사전 도포방식 칩간 충진용 레진을 사용한 TV40 시편의 접착결과

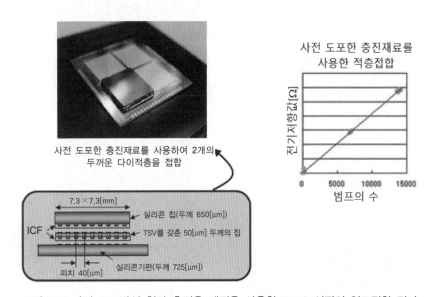

사전 도포한 충진재료를 사용하여 2개의
두꺼운 다이적층을 접합

그림 9.23 사전 도포방식 칩간 충진용 레진을 사용한 TV40 시편의 일조접착 결과

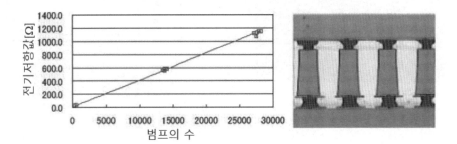

그림 9.24 사전 도포방식 칩간 충진용 박막형 레진을 사용하여 TV40 시편을 접착한 결과

9.2.2.6 마이크로 조인트의 비파괴검사

10[μm] 피치의 마이크로조인트의 비파괴 검사기술에 대한 연구를 수행하였다. 칩과 패키지 사이의 연결피치는 약 250[μm] 이하이다. 이런 크기의 접점에 대해서는 초음파와 엑스레이 비파괴검사를 사용할 수 있었다. 그런데 크기가 100[μm] 미만으로 줄어들면, 분해능 한계로 인하여 관찰이 매우 어려워진다. 칩들을 적층하면 관찰이 더 어려워진다.

엑스레이 방사선장비를 사용한 웨이퍼 레벨 비파괴 공동검출

엑스레이 방사선장비를 사용하여 TV40 시편의 실리콘관통비아 내부에 형성된 공동을 관찰하였다. TV40 시편의 범프 크기는 20[μm]이기 때문에, 스팟의 크기가 0.6[μm]인 엑스레이 광원을 사용하였다. 반면에, TV200 시편에 대한 시험의 경우에는 스팟의 크기가 1.0[μm]인 엑스레이 광원을 사용하였다. 관찰방법과, 관찰을 위해서 설계된 지그의 형상이 **그림 9.25**에 도시되어 있다. TV200 시편의 단면도와 엑스레이 투과를 사용하여 관찰한 결과가 각각 **그림 9.26 (a)**와 **(b)**에 도시되어 있다. 엑스레이 데이터분석의 결과는 **그림 9.27**에 도시되어 있다. TV40 시편의 관찰결과는 **그림 9.28**에 도시되어 있다.[12]

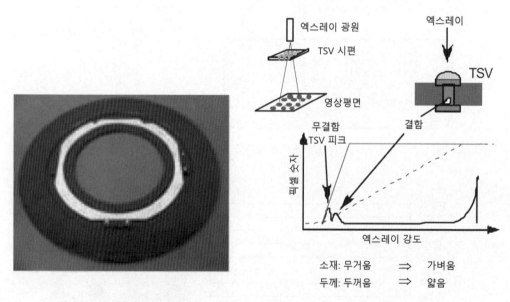

그림 9.25 200[mm]웨이퍼에 대한 엑스레이 투과검사장비

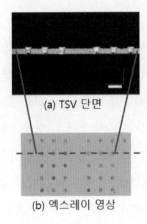

(a) TSV 단면

(b) 엑스레이 영상

그림 9.26 TV200 시편의 단면도와 엑스레이 투과영상

실리콘관통비아에 공동이 없는 칩

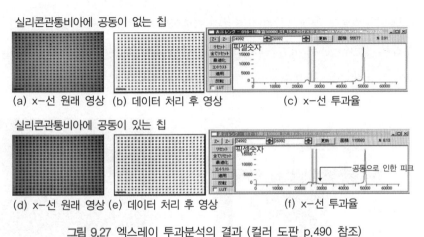

(a) x-선 원래 영상 (b) 데이터 처리 후 영상   (c) x-선 투과율

실리콘관통비아에 공동이 있는 칩

(d) x-선 원래 영상 (e) 데이터 처리 후 영상   (f) x-선 투과율

그림 9.27 엑스레이 투과분석의 결과 (컬러 도판 p.490 참조)

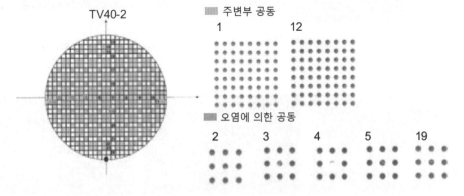

TV40-2

주변부 공동

1   12

오염에 의한 공동

2   3   4   5   19

그림 9.28 TV40 웨이퍼 내의 공동 검사결과 (컬러 도판 p.490 참조)

엑스레이 CT를 사용한 검사

엑스레이 **CT**를 사용하여 마이크로범프와 실리콘관통비아에 대한 비파괴 검사가 수행되었다. **그림 9.29**에 도시되어 있는 새로운 장비를 사용하여 **그림 9.30**에 도시되어 있는 칩의 실리콘관통비아 내부에 존재하는 공동의 검출을 시도하였다. 새로운 장비는 엑스레이 광원을 사용하지만 새로운 데이터처리유닛을 구비하였기 때문에, 진동의 영향, 작동온도 편차 그리고 여타의 교란요인들을 저감하면서도 측정시간을 줄이면서 더 좋은 영상품질을 구현하였다. **그림 9.31 (a)**와 **(b)**에서는 검사결과를 보여주고 있다. **그림 9.32**에서는 두 가지 측정시간을 사용한 측정결과를 보여주고 있다. 좌측 사진의 경우에는 촬영에 8.5시간(40X)이 소요된 반면에, 우측 사진의 경우에는 1.5시간이 소요되었다. 촬영에 8.5시간이 소요된 사진의 품질이 1.5시간이 소요된 경우에 비해서 사진품질이 더 좋아 보이기는 하지만 그 차이가 아주 심하지는 않다는 것을 알 수 있다. 이론상 신호 대 노이즈(S.N) 비율은 측정시간의 제곱근에 비례하여 개선되기 때문에, 측정시간은 1.5시간이 더 현실적이다. 반면에 진동, 작동온도의 편차, 여타의 교란요인들이 미치는 영향은 측정 소요시간에 비례하여 증가한다. **표 9.3**에서는 실험조건을 요약하여 보여주고 있다.

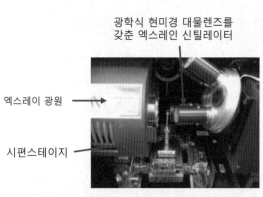

광학식 현미경 대물렌즈를
갖춘 엑스레인 신틸레이터

엑스레이 광원

시편스테이지

그림 9.29 시험에 사용된 엑스레이 CT 장비

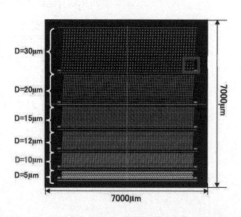

D=30μm

D=20μm

D=15μm

D=12μm

D=10μm

D=5μm

7000μm

7000μm

그림 9.30 다양한 크기의 비아들을 갖춘 시험용 칩

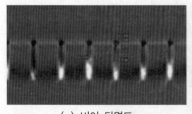

(a) 비아 단면도

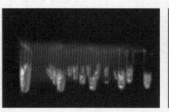

(b) 촬영된 실리콘관통비아의 CT 영상

그림 9.31 엑스레이 CT검사의 결과

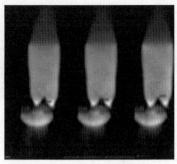
(a) 8.5시간 촬영영상

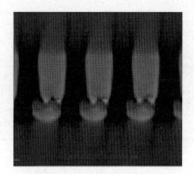
(b) 1.5시간 촬영영상

그림 9.32 서로 다른 촬영시간에 따른 영상품질

표 9.3 검사조건

	1차 측정	2차 측정
배율	20X	40X
광원세팅[kV/W]	80/7	80/7
픽셀크기[μm]	0.751	0.374
시작과 종료각도[deg]	180	180
촬영횟수	800	4,000
촬영당 소요시간[sec]	4	5
총소요시간[hr]	1.5*	8.5*

* 측정조건을 최적화하여 측정시간을 현저히 줄이면서도 영상품질 저하를 최소화하였다.

초음파 검사장비를 사용한 실리콘관통비아의 공동검사

TV40-2 시편의 실리콘관통비아 공동을 검출하기 위해서 노력하였다. 하지만 일반적으로 범프 하부에 위치한 실리콘관통비아의 공동을 검출하는 것이 불가능하였다. 우리는 **그림 9.33**에 도시되어 있는 것처럼, 칩 설계에 내장형 시험요소그룹(TEG)을 설치하였으며, 이를 통해서 시험요소그룹 영역 내의 공동을 검출할 수 있었다. 비록 이것은 간단한 검출시험이었지만, 20[μm] 크기의 실리콘관통비아 내부에 존재하는 공동을 검출할 수 있었다.

실리콘관통비아의 바닥에는 알루미늄층이 도포되어 있으며, 이 층에서의 초음파 흡수특성은 공동의 존재여부에 따라서 변화하였다. 이를 활용하여, 실리콘관통비아 도금용 화학물질의 퇴화로 인해서 유발되는 실리콘관통비아 공동을 엑스레이를 사용하지 않고 검출할 수 있었다. 이 방법은 엑스레이 노출에 민감한 디바이스의 검사에 유용하게 사용할 수 있다. 초음파 검출기의 사양은 **표 9.4**에 제시되어 있다.

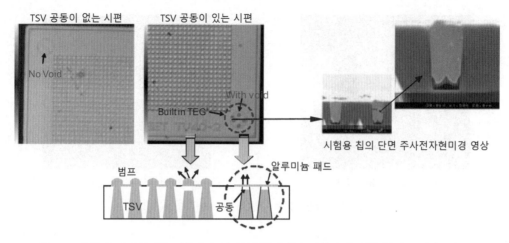

그림 9.33 초음파 검사장비를 사용하여 실리콘관통비아를 검출하기 위한 원리와 시험요소그룹

표 9.4 초음파 발진기와 검출기의 사양

장비	CSAM 영상: Nippon BARNES
주파수	230[MHz], 구형파
관측시야	1.02×1.02[mm]
분해능	$1,024 \times 1,024$

9.2.3 열관리연구

9.2.3.1 3차원 집적회로 스택의 평가기법

3차원 칩 적층구조를 이루는 각 구성요소들의 **열전도도**를 평가하였다. 이 연구를 위해서 **그림 9.34**에 도시되어 있는 것과 같은, 정상상태 열전도도 측정 시스템을 제작하여 사용하였다. 문헌상에 주어진 벌크소재의 구조와 열전도도 값들을 사용하여 계산한 결과와 시험결과에 대한 비교를 통해서 **표 9.5**에 제시되어 있는 것과 같이, 조인트 구조의 열전도도는 37~41[W/K]인 것으로 평가되었다. **그림 9.35**에 도시되어 있는 것처럼 서로 다른 크기를 가지고 있는 시험용 칩들에 대해서 열전도도 측정이 수행되었다. TV200 시편은 **그림 9.36**에 도시되어 있는 것처럼, 연결피치가 200[μm]인 3차원으로 적층된 열특성 평가용 칩 세트로서, 9[mm^2]의 크기를 가지고 있다. 이 칩에는 1×1[mm^2] 사각형 영역 내에 다이오드 온도센서와 확산용 저항히터가 내장되어 있는 온도제어 세트가 다수 설치되어 있다. 히터와 다이오드 세트들은 **그림 9.37**에 도시되어 있는 것처럼, 칩의 중앙과 모서리에 4×4 매트릭스 형태로 설치되었다.[13] 국부온도를 측정하기 위해서 세 개의 온도측정용 다이오드들이 연결되었다. TV200 시편은 **그림 9.38**에 도시되어 있는 것처럼, 적층된

칩의 서로 다른 층에 내장되어 있는 다이오드와 히터들을 칩과 배선으로 연결하기 위해서 4가지 형태의 배선방법을 사용하였다.[14] 칩-칩 조인트의 등가 열전도도는 약 1.6[W/mK]인 것으로 평가된다.

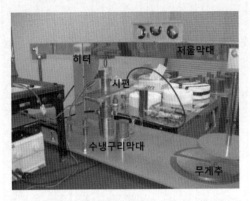

그림 9.34 정상상태 열전도도 측정 시스템

표 9.5 금속조인트의 등가 열전도도[W/mK]

250[μm]피치의 시험용 칩	35~48
500[μm]피치의 시험용 칩	37~41

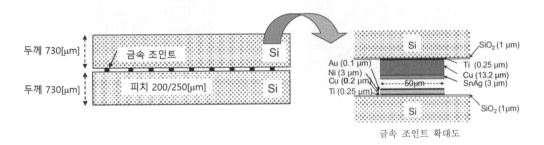

그림 9.35 시험용 칩의 측정

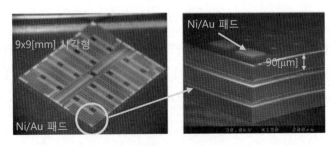

그림 9.36 TV200 시편

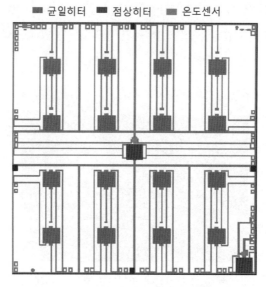

■ 균일히터　■ 점상히터　■ 온도센서

그림 9.37 TV200 시험용 칩의 레이아웃 (컬러 도판 p.490 참조)

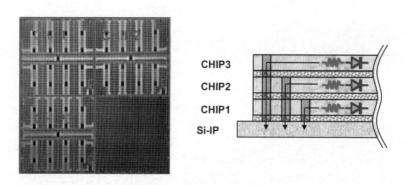

그림 9.38 TV200 칩의 배선방법

9.2.3.2 TV200의 측정결과와 시뮬레이션 결과 사이의 상관관계

　　TV200 시험용 칩의 3층 3차원 적층구조에 대해서 시뮬레이션 모델을 구축하였다. **그림 9.39** **(a1)**에서는 칩 상부의 중앙에 위치한 히터에 2[W] 전력을 공급한 경우이며, **(b1)**에서는 칩 상부에 배치된 16개의 히터들에 총 3[W]의 전력을 균일하게 배분하여 공급한 경우에 대해서 적외선 온도 측정 시스템을 사용하여 관찰한 칩 표면온도 프로파일을 보여주고 있다. **그림 9.39 (a2)**와 **(a3)**에서는 칩 상부의 중앙에 위치한 히터에 2[W]의 전력을 공급한 경우에 대해서 각각, 각 칩에 설치되어 있는 다이오드 센서들을 사용하여 측정한 온도 분포와 시뮬레이션 결과를 보여주고 있다. **그림 9.39 (b2)**와 **(b3)**도 앞서와 마찬가지로 각각, 칩 상부에 배치된 16개의 히터들에 총 3[W]의 전력을 균일하게 배분하여 공급한 경우에 대한 온도분포 측정결과와 시뮬레이션 결과를 보여주고 있다. 이 그림에서 알 수 있듯이, 측정결과와 시뮬레이션 결과는 비교적 서로 잘 일치하고 있다. 이 시뮬레이션에 사용된 변수값들은 **표 9.6**에 제시되어 있다.[14]

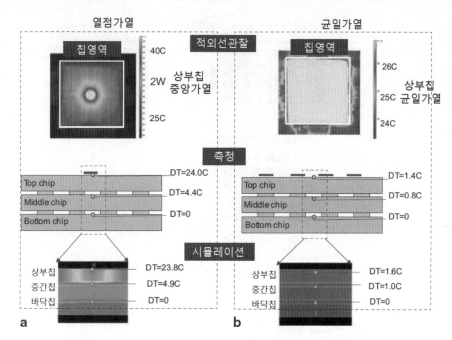

그림 9.39 열점가열과 균일가열에 따른 온도분포 (컬러 도판 p.491 참조)

표 9.6 열 시뮬레이션에 사용된 변수값들

소재	열전도도[W/mK]
실리콘(Si)	148
구리(Cu)	398
산화규소(SiO$_2$)	1.3
인터페이스(등가열전도도)	1.6
공기	0.0026

9.2.3.3 구리 소재 실리콘관통비아에 의해서 유발되는 이방성 열전도

평면방향 열유동이 열전도도가 낮은 유전성 절연소재(SiO$_2$: 1.3[W/mK])에 의해서 차단되는 반면에, 구리의 열전도도(398[W/mK])가 실리콘(148[W/mk])보다 크기 때문에, 일반적으로 두께방향으로의 열전도도는 증가하기 때문에, 구리 소재 실리콘관통비아를 갖춘 실리콘기판의 열전도도는 이방성이다.

그림 9.40에 도시되어 있는 단일피치 모델과 **표 9.6**에 제시되어 있는 변수값들을 사용하여 **이방성 열전도도**를 산출한다. 이 계산의 결과는 **그림 9.41**에 제시되어 있다.[14]

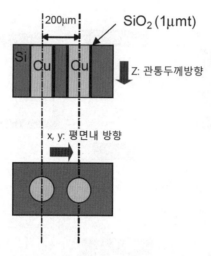

그림 9.40 실리콘관통비아에 의해서 유발된 열전도도 이방성 계산모델

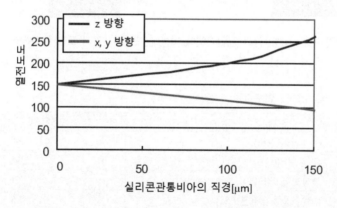

그림 9.41 실리콘관통비아의 직경에 따른 열전도도의 이방성

9.2.4 자동차 운전보조 카메라의 개발

9.2.4.1 집적공정의 개발

CMOS 영상센서는 집적된 3차원 영상센서 적층의 상부에 배치되어 있다. CMOS 영상센서의 상부에는 유기질 다이나 색소로 만들어진 컬러필터와 광학집속렌즈들을 제작한다. 유기광학소재

들은 온도에 민감하기 때문에 3차원 적층 조립공정의 온도는 180[℃] 이하로 유지해야 한다.

3차원 적층들을 Si 인터포저와 결합하기 위해서 SnBi 소재의 저온 솔더를 사용하였다. 3차원 영상센서 적층의 상부에 배치된 광학요소들은 3차원 적층 조립의 마지막 단계에서 제작되므로, 3차원 칩 적층공정을 수행하는 동안은 180[℃] 이상으로 온도가 상승하여도 무방하다. 우리는 결합용 범프 위에 SnBi 소재의 저온 솔더(용융온도 139[℃])를 입히는 공정을 개발하였다. 볼마운트, 도금, 솔더 페이스트 프린팅, 용융솔더 몰딩 등이 솔더범프 생성을 위한 대표적인 공정들이다. 200[μm]/100[μm]과 80[μm]/50[μm]과 같이, 두 가지 유형의 피치/직경을 가지고 있는 칩에 대한 조립을 수행하였다. 솔더 페이스트 프린트 기법은 피치/직경이 작은 경우에는 적합하지 않은 방법이다. 저온 SnBi 솔더 도금공정들 적용하기에는 아직 공정개발이 미흡한 상태이다. 작은 크기에 대한 용융솔더 몰딩공정은 아직 개발 중에 있다. 최신의 볼 마운팅 기법만이 이 소재와 크기에 대해서 적용할 수 있는 기법이다. 최신기법의 경우, 50[μm] 크기의 볼을 사용할 수 있다. 이 볼을 사용하는 소형 범프의 경우, 범프 높이가 40[μm]로 너무 높아서 적층공정을 수행하는 동안 인접 범프들과 연결이 발생할 우려가 있기 때문에, 과도한 양의 솔더를 범프로부터 절단해야 한다. 다이아몬드 절단을 사용하여 범프의 높이를 10[μm]가 되도록 절단할 수 있었다.

그림 9.42에서는 솔더 범프를 제작하는 과정을 보여주고 있다. 실리콘 인터포저의 구리기둥 위에 플럭스를 프린트한 다음에, 직경이 50[μm]인 SnBi 소재의 공용 솔더 볼들을 마운트하였다. 이 솔더 볼들이 용융되어 솔더 범프가 성형되도록 Si 인터포저가 설치되어 있는 웨이퍼를 리플로우 오븐에 넣는다. 그런 다음 이 웨이퍼를 다이아몬드 절단공정에 투입하여 소형 범프의 높이를 40[μm]에서 10[μm]으로 낮춘다. 그림 9.43 (a)에서는 솔더 범프의 주사전자현미경 사진을 보여주고 있으며, 그림 9.43 (b)에서는 양호한 상태로 접착된 칩의 단면도를 보여주고 있다.

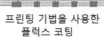

| 실리콘 인터포저/
비동조 커패시터 | 프린팅 기법을 사용한
플럭스 코팅 | SnBi 볼 마운팅 | 다이아몬드 절단 |

그림 9.42 볼 마운트와 다이아몬드 절단공정을 사용한 SnBi 범프의 제작

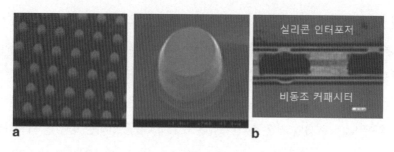

그림 9.43 (a) SnBi 소재의 솔더범프와 (b) 접착결과

그림 9.44에서는 유닛 조립의 공정흐름도를 보여주고 있다. Si 인터포저와 비동조 커패시터칩을 접착한 다음에 160[℃]의 온도에서 5[N]의 힘으로 압착하여 3차원 영상센서를 접착한다.

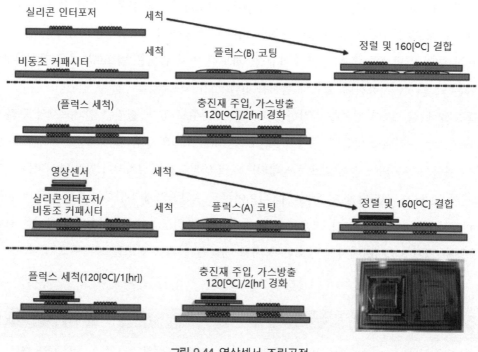

그림 9.44 영상센서 조립공정

9.2.4.2 자동차 운전보조 카메라용 냉각시스템 개발

자동차 운전보조용 **3차원 스테레오 영상센서**를 위한 냉각 시스템을 개발하였다. 자동차 운전자를 보조하기 위해서, 스테레오 영상센서는 차량 전방에 위치한 장애물까지의 거리를 측정할 수 있다.

그림 9.45와 그림 9.46에 도시되어 있는 것처럼, CMOS 영상센서칩, CDS칩, ADC 칩, 인터페이스 칩 등으로 구성되어 있는 두 세트의 3차원 영상센서들을 실리콘 인터포저/비동조 커패시터 기판 위에 조립하였다. 각 센서 적층들의 전력소모량은 약 2[W] 수준이다.

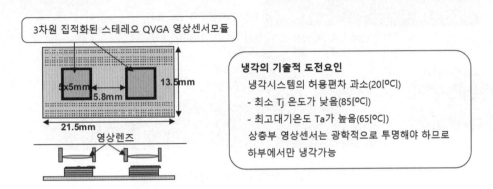

그림 9.45 3차원 스테레오 영상센서의 구조

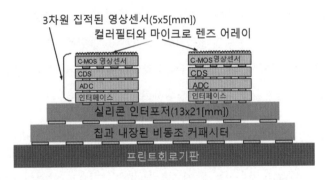

그림 9.46 3차원 스테레오 영상센서의 3차원 칩 적층구조

이 칩들은 65[℃]의 높은 대기온도하에서도 냉각성능을 유지해야 한다. 잡음수준을 충분히 낮게 유지하기 위해서는 접점온도(Tj)를 85[℃] 이하로 유지하여야 한다.

구경비를 광학적으로 개선하기 위해서, CMOS 영상센서의 표면이 마이크로렌즈 어레이로 덮여있기 때문에, 상부(영상센서 측)를 냉각하는 것은 적절치 못하다.

총 온도편차 허용한계인 20[℃](85~65[℃])를 두 가지 부분으로 나누었다. 그림 9.47에 도시되어 있는 것처럼, 10[℃]는 상부 칩(영상센서)에서 인터포저의 표면까지의 허용온도편차이고, 나머지 10[℃]는 인터포저의 표면에서 대기까지 사이의 허용온도편차이다. 3차원 칩 적층 내에서 생성되는 열을 제거하기 위해서 다음의 세 가지 원칙들이 적용되었다.

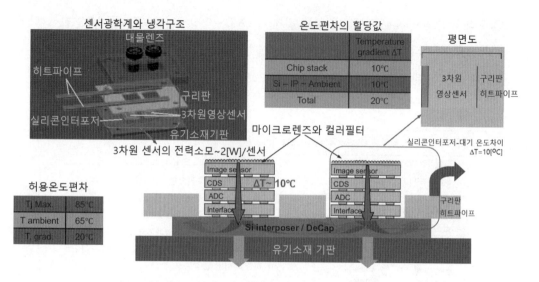

그림 9.47 높은 대기온도하에서 냉각설계의 원칙

1. 칩의 평면방향과 칩 - 칩 인터페이스에서의 열전도도를 낮춘다.
2. 3차원 집적칩 적층의 바닥에서부터 인터포저의 주변 쪽으로 냉각을 수행한다. 그런 다음 히트 파이프를 통해서 실리콘 인터포저의 주변부 표면으로부터 대기로 열을 방출한다.
3. 3차원 집적칩 적층의 바닥에서부터 유기질 회로기판에 매립된 구리 소재 열전도체를 통해서 유기보드 바닥의 히트싱크로 냉각을 수행한다.

실리콘 인터포저 하부의 유기소재 회로기판은 고속신호 전송과 전력공급을 위한 배선과 접지 판 때문에 매우 복잡하기 때문에, 세 번째 개념은 부적합한 것으로 판명되었다. 따라서 요구조건을 충족시키기 위해서 1번과 2번을 사용한 냉각시스템 개발을 수행하였다.

금속조인트와 칩 내부 충진용 레진의 열전도도는 각각 39 및 0.4[W/mK]라고 가정하였다. 적층된 칩들 사이의 열전도는 금속 범프의 열전도 특성에 크게 의존한다. 금속조인트 범프의 형상은 원형이며 직경은 연결피치의 절반이라고 가정하면, 금속조인트가 차지하는 면적은 배열구조 전체의 20%를 차지한다. 그림 9.48에서는 각 칩들의 전력소모를 고려하여, CMOS 센서칩과 인터페이스 칩 표면 사이의 ΔT를 금속조인트 영역점유율의 함수로 보여주고 있다.

바닥에서 두 번째 칩인 아날로그 - 디지털 변환기(ADC)와 가장 바닥에 위치한 칩인 인터페이스 사이의 조인트 밀도가 증가하면 CMOS 센서에서 인터페이스 칩으로 열유동이 증가하기 때문에, 온도 기울기를 줄이는 데에는 가장 효율적이다. 아날로그 - 디지털 변환기와 인터페이스 사이의 어레이를 모두 금속조인트로 제작하면 CMOS 센서칩과 인터페이스 사이의 온도 기울기를 약 10[°C]로 만들 수 있다는 것이 판명되었으므로, 냉각시스템이 **그림 9.49**에 도시되어 있는 우리의 목표를 만족시킬 수 있다. 이 계산의 경우, 열전도도는 칩간 충진재의 경우 0.4[W/mK], 금속조인트의 경우에는 39[W/mK]라고 가정하였다.

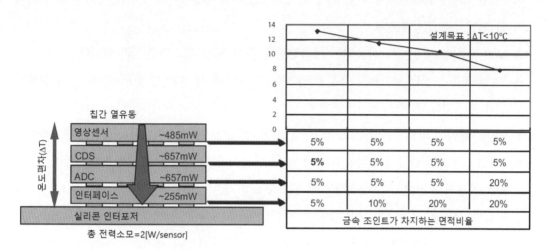

그림 9.48 열전도 금속의 점유면적 비율에 따른 냉각효율

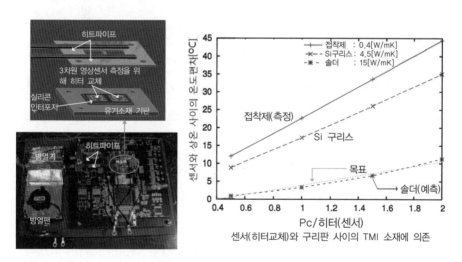

그림 9.49 냉각구조와 측정된 성능

9.2.5 요약

열관리와 칩 적층기술의 연구개발을 위하여 5년간 드림칩 프로젝트를 수행하였다. 이와 관련

되어 다음과 같은 성과를 창출하였다.

1. 냉각시스템의 설계와 시뮬레이션을 위한 3차원 마이크로 조인트 평가와 측정방법을 개발하였다.
2. 3차원 적층구조의 평가를 위한 시편을 제작하였으며, 측정결과와 열 시뮬레이션 결과 사이의 일관성을 검증하였다.
3. 고온의 차량 내부에서 사용되는 계측장비를 위한 냉각 시스템을 개발하였다.
4. 3차원 적층된 칩들 사이에서 충분한 열전도도를 유지하기 위한 열 범프 레이아웃의 설계지침을 만들었다.[16, 17]
5. 연구를 통하여 최적의 조인트 소재와 구조를 결정하였다. 또한 이에 대한 신뢰성을 평가하였다.
6. 3차원 칩-칩 조립공정에 사용되는 사전도포방식의 칩간 충진용 레진을 개발하였다. 이 새로운 레진과 공정에 대한 접점성능 평가를 통해서 기존의 모세관충진 공정에 사용되는 레진만큼의 성능을 가지고 있음을 검증하였다.
7. 칩-칩 3차원 집적공정에 적합한 사전도포 방식의 칩간 충진용 레진을 사용하여 최대 3개의 적층된 칩을 한 번에 조립하는 일조접착 공정을 개발하였으며, 이에 대한 접합부 성능을 검증하였다.
8. 10[μm] 피치조인트에 대한 고정밀 정렬방법을 개발하였다.
9. 기판이 매우 얇더라도 접착 이후에 표면형상을 평면으로 유지할 수 있는, 열전도도가 매우 높은 소재로 제작한 새로운 접착용 헤드를 개발하였다. 기판이 매우 얇은 경우에는 기존의 AlN 소재로 만든 헤드를 사용하면 불규칙하며 이상적인 평면에서 크게 벗어난 표면형상이 자주 관찰되었다.
10. 초음파 장비를 사용하여 칩 위에 형성된 시험요소그룹(TEG)에 대한 비파괴 검사기법을 개발하였다. 이 기법은 20[μm] 크기의 범프까지 적용할 수 있는 분해능을 가지고 있음을 확인하였다.
11. 웨이퍼레벨의 엑스레이 검사기법과 치구를 개발하였으며, 20[μm] 크기의 범프까지 실리콘 관통비아 케이블 내의 공동을 관찰할 수 있다.

이런 성과들은 차세대 3차원 집적회로의 집적화 공정과 냉각시스템 설계에 유용하다.

9.3 박막형 웨이퍼기술

9.3.1 웨이퍼 박막가공기술의 배경

그림 9.50에서는 2003년 이후에 웨이퍼 두께의 감소경향과 2020년까지의 예상값들을 보여주고 있다. 2008년에 ASET 프로젝트가 시작되었을 때에, 웨이퍼의 두께 감소는 그림의 좌측선을 따라갈 것이라고 예측하였다. 그런데 예를 들어 NAND 플래시 메모리와 같이 실리콘관통비아를 사용하지 않는 디바이스는 이미 30[μm] 두께의 웨이퍼가 대량생산되고 있으며, 후방조사 CMOS 영상센서와 같은 특별한 용도에서는 웨이퍼가 10[μm] 두께까지 얇아지게 되었다.[18] 두께가 70[μm] 이며 직경이 300[mm]인 웨이퍼를 사용하여 중간~저전압 전력용 디바이스의 대량생산이 시작되었다. 스마트폰과 같은 패키지형 시스템에 사용되는 시스템 온칩의 경우, 90[μm] 두께의 웨이퍼가 일반적으로 사용된다.

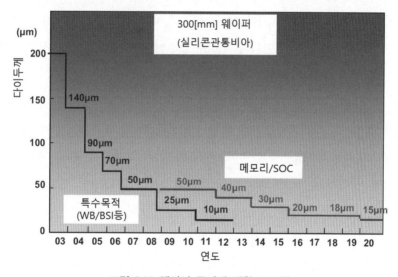

그림 9.50 웨이퍼 두께에 대한 로드맵

실리콘관통비아를 기반으로 하는 기술의 경우에는 우레탄 다이의 취성 때문에 **그림 9.50**의 우측선과 같이, 2013년에 와서도 스마트폰용 패키지형 시스템에 사용되는 3차원 집적회로의 두께는 여전히 40~50[μm]이었다.[19] 고성능 DRAM의 일종인 하이브리드 메모리큐브(HMC)와 광대역 메모리(HBM)도 역시 이 두께범위로 생산되고 있다.[20, 21] 다이의 두께는 취급의 용이성에 의해서 결정되며, 실리콘관통비아의 직경은 회로설계와 비아공정기술에 의해서 결정된다. 예를 들어, 실리콘의 건식식각 종횡비가 10이라면, 5[μm] 직경의 비아구멍을 생성하기 위해서는 50[μm] 두께만으로도 충분하다. 향후에 1[μm] 직경의 비아구멍을 실현하기 위해서, 초선단전자기술개발기구(ASET) 프로젝트의 최종 웨이퍼두께 목표는 10[μm]으로 결정되었다.

9.3.2 웨이퍼 박막가공 관련 이슈

웨이퍼 박막가공의 경우, 디바이스와 관련된 두 가지 중요한 이슈들이 있다. 첫 번째는 높은 응력집중을 견디는 웨이퍼의 능력이며, 두 번째는 실리콘 웨이퍼 내의 **벌크미세결함**(BMD)층에서 생성되는 내부게터링 제거의 어려움이다. 디바이스의 작동조건은 웨이퍼의 두께에 따라서 변한다. 예를 들어, DRAM의 기억시간과 **오차 비트율**이 변한다.[22]

외적 요인에 의한 금속오염도 웨이퍼의 두께에 영향을 미친다. 사전열처리공정의 경우 두꺼운 실리콘기판에 존재하는 내부게터링층에는 게터링 효과에 도움을 주는 미세결함들이 존재한다. 웨이퍼의 두께를 50~10[μm]까지 줄이면 벌크미세결함이 제거되며, 무결함영역(DZ)은 오염물질들을 포획하지 못하므로, 게터링 효과가 없어져버린다. 미세 손상층을 생성하는 실리콘뒷면연삭방법이 게터링 효과를 생성하는 대안이지만, 이로 인하여 웨이퍼의 강도가 저하되어버린다. 건식연마방법이 이 문제에 대한 해결책들 중 하나이다.[23]

산업계에서는 전 비아, 중간비아 및 후 비아 등의 다양한 실리콘관통비아 생성공정을 사용하고 있다. 이런 공정들에서는 실리콘관통비아 에칭, 실리콘관통비아 내측에 절연용 라이너 증착 그리고 금속소재를 사용하는 비아충진공정 등이 수행된다. 이런 공정을 수행하는 동안 취성의 초박막 웨이퍼를 취급하기 위해서 다양한 유형의 **웨이퍼지지시스템**(WSS)이 제안되었다.[24, 26]

그림 9.51에서는 실리콘관통비아를 사용한 3차원 집적회로 개발에 수반되는 다양한 이슈들에 대해서 보여주고 있다. 이를 통해서 웨이퍼 뒷면 박막가공공정, 웨이퍼 지지소재를 두꺼운 웨이퍼에 임시로 접착하는 웨이퍼지지기술, 지지기구로부터 박막형 웨이퍼를 분리시키기 위한 탈착기술, 구리에 의해서 유발되는 박막가공량 옵셋과 같은 금속오염 방지대책 그리고 가공에 의해서 유발되는 응력 등의 문제들을 확인할 수 있다.

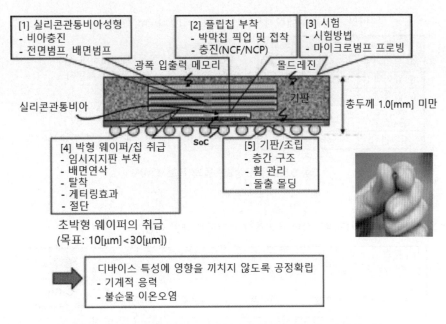

그림 9.51 실리콘관통비아를 사용한 3차원 집적회로와 관련된 이슈

9.3.3 초박형 웨이퍼 박막가공공정

9.3.3.1 웨이퍼 지지기구

초박형 웨이퍼를 취급하며 공정을 수행하기 위해서 실리콘 또는 유리소재의 지지용 캐리어를 사용하는 것이 일반적이며 초선단전자기술개발기구(ASET)에서는 **유리소재 캐리어**를 사용한다.

초박형 웨이퍼 공정에서, 칩-칩 및 웨이퍼-웨이퍼 조립기술인 다이적층 솔더 조인트에서의 공정 안정성을 확보하기 위해서, 뒷면연삭 이후의 총두께편차(TTV)는 ±1[μm]으로 엄격하게 관리한다. 이렇게 총두께편차를 정밀하게 유지하기 위해서는 **그림 9.52**에 도시되어 있는 것과 같이, 구성요소들의 가공에 있어서는 더 엄격한 공차관리가 필요하다. 즉, 뒷면연삭장비를 사용한 웨이퍼의 박막가공 정밀도, 실리콘 웨이퍼와 유리소재 캐리어의 소재 두께편차, 임시 접착제의 두께 편차, 실리콘 웨이퍼와 유리소재 캐리어 사이의 접착 평행정밀도 등을 엄격하게 관리해야 한다. 웨이퍼 적층공정의 경우, 총 정밀도 허용오차는 2[μm] 이내로 관리되어야 한다. 이를 구현하기 위해서는, 예를 들어, 유리소재 캐리어의 총두께편차를 0.8[μm] 이내로 관리해야 한다(**표 9.7** 참조).

웨이퍼의 목표두께정확도(총두께편차) 10±1[μm]

항목	현재정확도	목표
A: 유리기판	1~2μm	0.8μm
B: 웨이퍼	1μm	0.8μm
C: 접착제	2.5μm	0.8μm
총두께 (A+B+C)	3~4μm	D:1.4μm
배면면삭	3.~5μm	E:1.4μm

총두께편차: 웨이퍼의 최대최소 두께편차

$$\sqrt{A^2 + B^2 + C^2} = \sqrt{0.64 + 0.64 + 0.64} = \sqrt{1.92} = 1.4\,\mu m\,(D)$$

$$\sqrt{D^2 + E^2} = \sqrt{1.4^2 + 1.4^2} = \sqrt{1.96 + 1.96} = 2\,\mu m\,(최종\ TTV)$$

그림 9.52 각 구성요소들의 목표 정확도

표 9.7 초선단전자기술개발기구(ASET)의 유리소재 캐리어에 대한 사양

외형 [mm]	소재	두께 [μm]	총두께편차 [μm]	V노치	테두리
Φ300.2±0.1	Tempax	700±1	≦0.8	SEMI STD.	C-Cut (0.15 mm)
Φ200.2±0.1	↑	↑	↑	↑	↑

(700.0±5 mm)

(300.0±0.1 or 300.4±0.2 mm)

(200.0±0.05 or 200.4±0.1 mm)

(Ra<1.0 nm)

그림 9.53에서는 **웨이퍼지지시스템**의 공정 흐름도를 보여주고 있다. 여기서는 3M社에서 개발한 기법에 대해서 살펴보기로 한다. 이 기법에서는 자외선 경화형 레진을 사용하여 실리콘 웨이퍼를 유리소재 캐리어에 접착하며, 실리콘관통비아공정이 끝나고 나면, 레이저를 조사하여 유리소재와 임시접착제 사이의 경계면을 파괴한다. 이를 통해서 저온에서 웨이퍼에 최소한의 응력을 부가하면서 웨이퍼를 캐리어에서 탈착할 수 있다. 접착의 총두께편차를 0.8[μm] 이내로 유지하기 위해서 웨이퍼와 유리소재 캐리어 사이의 동일평면성을 개선해주는 **평탄화 디스크**가 자주 사용

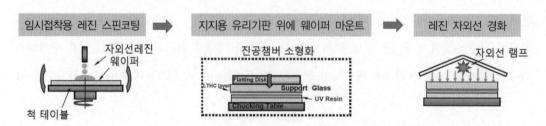

그림 9.53 웨이퍼지지시스템의 공정 흐름도(3M 공정의 사례)

된다. 평탄화 디스크는 유리소재에 하중을 균일하게 분산시켜주는 완충효과를 갖춘 패드이다. 웨이퍼 주변부와 노치영역에서의 두께편차를 관리하기 위해서는 접착제의 스핀코팅공정에서 발생하는 접착제의 일시적인 뭉침현상(테두리 비트)을 최소화해야만 한다. 평탄화 디스크에 작용하는 힘과 하중부가시간을 최적화하며, 특정한 유형의 유리소재를 사용하여, 접착 후의 총두께편차를 1.4[μm] 이하로 관리할 수 있다.

탈착 이후의 웨이퍼 총두께편차를 2[μm] 미만으로 관리하기 위해서는 웨이퍼 지지시스템하에서의 웨이퍼 뒷면 연삭공정도 역시 중요하다. 박막가공공정 도중에 웨이퍼의 두께를 실시간으로 감시하여야 한다. 기존의 뒷면연삭기들은 직접접촉방식으로 웨이퍼의 두께를 측정하는 **인라인공정게이지(IPG)**를 표준 측정방법으로 사용하고 있다. 그런데 **그림 9.54**에 도시되어 있듯이, 최근 들어서, 더 정확한 측정기구인 적외선 센서를 사용하는 비접촉게이지가 도입되었다. 게다가 웨이퍼와 유리소재 캐리어의 두께분포를 관리하기 위해서는, 연삭숫돌과 웨이퍼 척 스테이지 사이의 상대각도를 미세하게 조절할 수 있는 자동화된 총두께편차 관리기법을 적용하는 것이 필수적이다.[27]

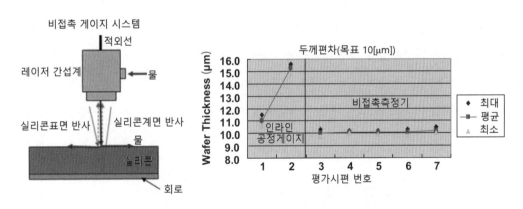

그림 9.54 웨이퍼 박막가공의 현장측정방법과 평가결과 (컬러 도판 p.491 참조)

그림 9.54에서는 서로 다른 두께 측정용 게이지들을 사용하여 측정한 웨이퍼 박막가공의 결과를 보여주고 있다. 이 측정에서는 서로 다른 범프밀도를 가지고 있는 두 가지 유형의 웨이퍼들을 사용하였다(**그림 9.55**). W1 시편의 경우에는 범프밀도가 0.707로서, 상용제품과 동일한 범프밀도(총 범프면적/웨이퍼면적)을 가지고 있으며, 범프의 직경과 높이는 각각 5[μm]여서, 범프들은 단지 2~3줄에 불과하다. 반면에 W2 시편은 직경이 32[μm]인 범프들이 칩 전체를 덮고 있어서 범프밀도가 0.218에 달한다. 칩-칩 공정을 사용하여 두 웨이퍼 모두 50[μm] 두께로 박막가공을 수행하였다.

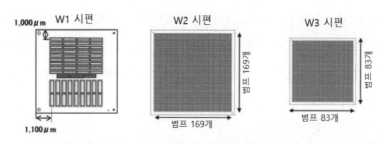

시험요소그룹			
	W1시편	W2시편	W3시편
다이크기	7[mm]□	7.3[mm]□	5[mm]□
범프피치	10[μm]	40[μm]	50[μm]
범프직경	φ5[μm]	φ33[μm]	φ35[μm]
범프높이	5[μm]	8[μm]	45[μm]
다이두께	50[μm]	50[μm]	50[μm]
범프밀도	0.007	0.218	0.024

그림 9.55 세 가지 유형의 시험요소그룹 샘플들의 범프 레이아웃

웨이퍼 지지기구에 마운팅한 다음에 뒷면연삭/화학적 기계연마를 수행한 다음의 측정결과가 **그림 9.56**에 도시되어 있다. W1과 W2 시편의 총두께편차는 각각 1.35 및 1.98[μm]로서, 목표값인 2[μm](±1[μm])을 달성하였다. 무지웨이퍼에 비해서 범프가 성형된 웨이퍼의 초기두께편차는 유리소재 캐리어를 부착한 이후의 총두께에 영향을 미쳤다. 예를 들어, W1 시편의 경우, 웨이퍼의 초기 총두께편차는 2.5[μm]이었기 때문에, 유리소재 캐리어를 부착한 이후의 총두께편차는 3.1[μm]

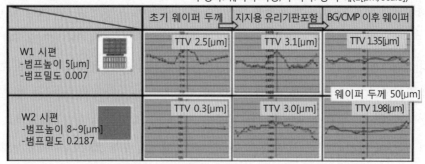

그림 9.56 웨이퍼 박막가공의 결과 (컬러 도판 p.492 참조)

이었다. 그런데 뒷면연삭 장비의 자동 총두께편차 보정기능을 사용하면, 화학적 기계연마 이후의 최종적인 웨이퍼 총두께편차를 1.35[μm]으로 감소시킬 수 있다. 마찬가지로, W2 시편의 총두께 편차는 3.0[μm]에서 1.98[μm]으로 감소하였다.

유리소재 캐리어를 부착한 이후의 총두께편차에 영향을 미치는 주요 원인은 코팅된 임시접착 제의 두께 불균일, 범프 어레이의 높이와 밀도 그리고 웨이퍼의 노치형상 등이다.

9.3.3.2 웨이퍼지지기구 임시접착에 사용되는 레진의 열 저항

실리콘관통비아와 벌크 실리콘 사이의 절연특성을 결정하는 산화물(SiO_2)층의 품질을 개선하 기 위해서는, 고온 화학기상증착(CVD)이 필요하다. 따라서 웨이퍼 지지기구에 사용된 접착제의 고온저항성이 중요하다. 캐리어에서 웨이퍼 탈착을 유발하는 접착제의 열 저항 특성에 대한 평가 를 수행하였다. 웨이퍼 지지기구에 사용되는 임시접착제의 성질은 **표 9.8**에 제시되어 있으며, 열 저항 평가방법은 **그림 9.57**에 제시되어 있다.

표 9.8 웨이퍼 지지기구에 사용되는 임시접착제의 물리적 특성들

		레진 A	레진 B
점도(25[℃])	cps	2,500~3,500	1,800~2,000
영계수(25[℃])	MPa	160~200	1,190~1,270
연신율	%	20 이상	30~40
열중량분석(250[℃]×1[hr])	%	−5.5~−6.0	−2.0~−2.5
열 저항(최대)	℃×min	200[℃]×60[min]	250[℃]×60[min]

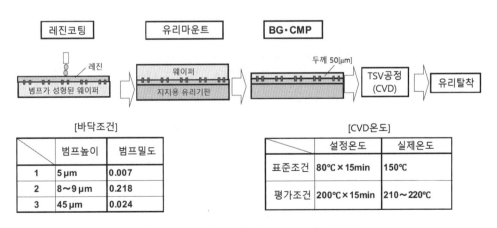

그림 9.57 임시접착용 레진의 열 저항성 평가결과

고찰대상 변수들은 웨이퍼 범프의 높이와 (세 가지) 범프밀도 그리고 임시접착용 레진의 유형 (두 가지)이다. 웨이퍼 두께는 광대역 입출력 메모리 대한 합동전자장치엔지니어링협회(JEDEC)의 표준인 50[μm]을 사용하였다. 레진 A는 기존의 레진이며 레진 B는 열 저항성이 개선된 레진이다. 220[℃]에서 15분 동안의 플라스마 화학기상증착 공정을 통하여 열처리를 수행하였다. 결과는 **표 9.9**과 **그림 9.58**에 제시되어 있다. 비교를 위해서 미러 웨이퍼와 범프밀도가 다른(**그림 9.55**) W3 웨이퍼도 포함하였다. 웨이퍼 범프의 높이와 밀도에 따른 각 레진의 적용범위가 **그림 9.59**에 도시되어 있다. 레진 A는 범프높이가 낮고 범프밀도도 낮은 경우에는 아무런 문제를 일으키지 않았다. 하지만 범프밀도가 높은 경우와 범프높이가 높은 경우에는 탈착 시 파손이 발생하였다. 고밀도 영역에서는 유리소재 캐리어와 접착용 레진이 분리되지 않을 수 있으며, 범프 어레이 사이에 레진 잔류물이 남을 우려가 있다. 웨이퍼가 파손되는 이유는 범프 주변에 공기공극이 생성되며, 이 공극이 열팽창을 일으키기 때문이다. 고온에서의 경화와 세팅조건에 따른 레진 잔류물의 강력한 접착성 때문에, 레진이 범프 어레이에서 잘 떨어지지 않는다.

표 9.9 열 저항성 평가결과

웨이퍼 사양					웨이퍼지지기구			CVD조건		결과				판정
웨이퍼	두께 [μm]	범프 직경	범프 높이	범프 밀도	레진	두께 [μm]	대기	온도 [℃]	시간 [min]	플로팅		탈착		
미러	50	0	0	0	A	75	공기	200	20	OK	○	–	–	(○)
W1	↑	5	5	0.007	A	50	↑	↑	15	OK	○	OK	○	○
					B	65	진공	↑	↑	OK	○	OK	○	○
W2	↑	33	8~9	0.218	A	50	공기	↑	↑	웨이퍼파손	×	탈착불능	×	×
					B	65	진공	↑	↑	인터페이스 프린지	△	제거 어려움	△	△
W3	↑	35	45	0.024	A	75	공기	↑	↑	레진플로팅/ 열화	×	–	–	×
					B	70	진공	↑	↑	OK	○	제거 어려움	△	△

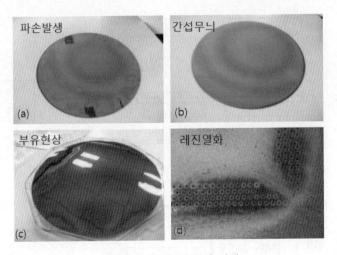

그림 9.58 실패모드들의 사례

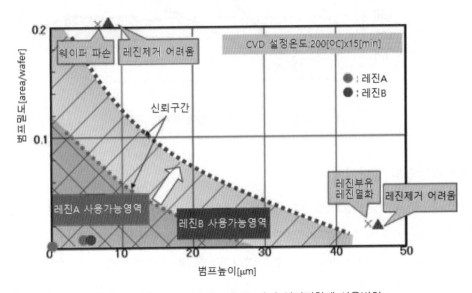

그림 9.59 레진 A와 레진 B의 두 가지 임시접착제 사용범위

　실리콘관통비아 제조의 열처리공정에 대한 이해를 높이기 위해서, W1 웨이퍼에 대하여 저온 화학기상증착을 수행한 이후에 SiO_2 에칭공정 포함(그림 9.60)에 따른 영향을 평가하였다. 마스크 얼라이너의 필요여부를 판단하기 위해서 제작 후 웨이퍼 휨을 측정하였다. 레진 B의 휨은 $170[\mu m]$으로서, 레진 A의 절반에 불과하여 노광공정에서 요구하는 조건($300[\mu m]$ 미만)을 충족하고 있다. 그러므로 최소한 $250[℃]$의 레진 열 저항이 필요하다.

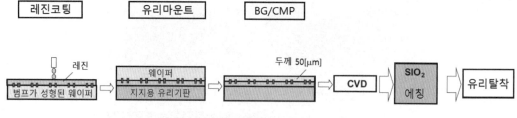

레진코팅   유리마운트   BG/CMP

그림 9.60 실리콘관통비아공정의 흐름도

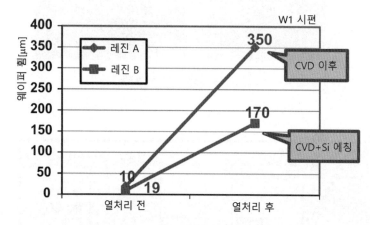

그림 9.61 열처리가 웨이퍼의 휨에 미치는 영향

9.3.3.3 박막칩의 절단기술

초박막 웨이퍼의 절단공정을 평가하기 위해서, 10[μm] 두께의 **무지웨이퍼**를 사용하였다. 다양한 절단기법들이 **표 9.10**에 요약되어 있다. 플라스마절단은 노광공정이 필요하기 때문에 대상에서 제외하였다. 치핑에 대한 저항성이 좋은 **연삭전절단(DBG)**에 대해서도 고려하였으나, 3차원 집적회로에서는 연마후 절단 전에 범프를 생성하여야 하므로, 이를 적용할 수 없다.[28] **블레이드절단, 스텔스절단, 나노레이저절단** 및 **펨토레이저절단** 등의 절단기법들에 대해서 다이분리, 다이치핑, 다이굽힘강도 등을 평가하였다. 절단 결과는 **표 9.11**에 요약되어 있다. **그림 9.62**에서는 다섯 가지 절단방법들에 따른 다이굽힘강도를 보여주고 있으며, **그림 9.63**에서는 각각의 측면사진들을 보여주고 있다. 이 평가에는 10[μm] 및 30[μm] 두께의 웨이퍼들이 사용되었다. 최신 기술을 사용하는 블레이드절단방법이 다이치핑(약 10[μm] 단면)과 굽힘강도(평균 1,000[MPa] 초과)에 대해서 종합적으로 가장 좋은 성능을 나타내었다.

표 9.10 다양한 절단방법들

	블레이드절단	연삭전절단	스텔스절단	나노초 레이저	펨토초 레이저
방법	기계식	기계식	크래킹	용융	용융
장비	다이아몬드 날	다이아몬드 날	펄스레이저 1,064[nm]	펄스레이저 355nm	펄스레이저 400[nm]
속도	20[mm/s]	50[mm/s]	180[mm/s]	200[mm/s]	5[mm/s]
커프폭	40[μm] 날폭 30[μm]	40[μm] 날폭 30[μm]	0[μm]	15[μm]	25[μm]
치핑	○	○	◎	○	○
생산성	○	○	◎	◎	△
초기비용	◎	◎	△	△	△
운전비용	◎	◎	△	△	△

◎최고, ○양호, △적당, ✕실패

표 9.11 절단성능 평가결과

웨이퍼 두께	상부치핑 10[μm]	상부치핑 30[μm]	뒷면치핑 10[μm]	뒷면치핑 30[μm]	다이강도[MPa]a 10[μm]	다이강도[MPa]a 30[μm]	비고 10[μm]	비고 30[μm]	판정b
브레이드 절단	4~7 ○	13 △	9 ○	9 ○		969~1,057 / 686~1,471 ○	○	○	△
연삭전 절단	24 ×	6 ○	4 ○	0 ◎		740~1,038 / 991~1,344 ○	뒷면 연삭 파손 ×	○	○
스텔스 절단	0 ◎	0 ◎	0 ◎	0 ◎		1,240~3,587 / 313~774 ×	손상층 불안정 ×	○	×
나노초 레이저	2 ○	3 ○	0 ◎	0 ◎		322~982 / 347~1,115 ×	○	접착 잔류물 ×	×
펨토초 레이저	거스러미로 인해 측정불가		강한 접착으로 픽업불가	14~16 △		770~996 / 507~715 △	강한 접착으로 픽업불가	○	×
사양	10[μm] 미만				c				

◎최고, ○양호, △적당, ✕실패
a: 상부 미러측 평가, 하부 연마측 평가
b: 30[μm] 두께에 대한 판정(다이강도)
c: 최솟값은 500[MPa] 이상, 최댓값은 1,000[MPa] 이상

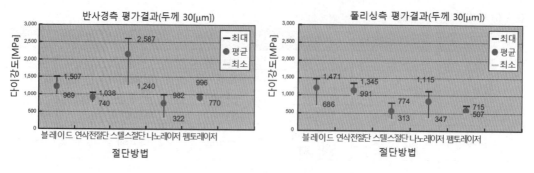

그림 9.62 절단방법에 따른 다이굽힘강도 의존성 (컬러 도판 p.492 참조)

그림 9.63 절단방향에 대한 다이단면영상

　반면에 레이저 절단과 레이저 융삭방법의 경우에는 굽힘강도가 감소한다. 레이저절단의 경우에는 절단방향으로의 측면에 손상층이 형성되기 때문에 굽힘강도가 저하된다. 다이의 뒷면에 손상층이 생성되므로 뒷면연삭측에서 측정한 굽힘강도가 더 많이 감소한다. 그러므로 다이단면 내에서 손상층의 위치관리가 매우 중요해진다.

　최근 들어서, 정밀한 조절이 가능한 레이저장비가 출시되었으며, 스텔스 절단에 널리 사용되고 있다. 그런데 절단영역 상에 배치되는 시험요소그룹의 설계 시에는 레이저 광학경로를 왜곡하지 않도록 주의가 필요하다.[29] 웨이퍼 뒷면으로부터의 조사가 이 문제를 해결하는 방안들 중 하나이다. 레이저 융삭과정에서 발생하는 열이 절단영역에 손상을 유발하여 굽힘강도를 감소시킨다. 모든 절단공정들의 공통적인 목표는 치핑품질을 향상시킬 수 있도록 절단경로의 구조를 설계하는 것이다.

9.3.3.4 박막칩의 다이픽업기술

칩 – 칩 조립용 웨이퍼는 얇아야 하며 양쪽에 범프가 성형되어 있다. 뒷면에 범프가 성형되어 있는 다이의 픽업공정에서는 다음과 같은 문제들이 발생하게 된다.

1. 웨이퍼 뒷면의 범프들로 인하여 절단공정이 수행되는 동안 다이가 움직이며 치핑이 증가한다.
2. 뒷면에 범프가 존재하면, 절단공정을 수행하는 동안 웨이퍼의 뒷면으로 절삭액이 흘러들어 가며 절단과정에서 생성된 실리콘 분말과 혼합된다.
3. 절단 테이프의 접착제에 범프가 매립되어 절단 테이프에서 다이를 분리하기 어렵게 만들기 때문에, 다이픽업 공정을 어렵게 만든다.

절단 테이프의 최적화는 이런 문제를 최소화하기 위해서 중요하다. 1번과 2번 항목의 경우, 범프 매립특성을 개선할 필요가 있다. 그런데 매립성을 향상시키면 3번 항목에서 문제가 유발된다. 따라서 뒷면 범프들을 위한 서로 다른 절단 테이프들의 성질들과 다이픽업 능력 사이의 상관관계를 평가할 필요가 있다.

a. 뒷면 범프가 없는 경우의 다이픽업 평가

니들핀 밀어내기 방법, 자외선 절단 테이프에서 생성되는 자외선기포를 사용하는 다이탈착방법, 미끄럼 조작법 등을 포함하여 다양한 **다이픽업** 방법들이 있다. 이 모든 방법들의 목표는 $10[\mu m]$ 두께의 다이를 픽업하며 칩의 한쪽 모서리에서 시작하여 가능한 최소한의 응력을 부가하면서 절단 테이프에서 다이를 탈착하는 것이다.

다이 테두리에서부터 절단 테이프를 분리할 수 있는 미끄럼 조작법의 경우, 다이 돌출값, 절단 테이프 팽창값, 니들 밀어내기 높이 등을 평가하였다. 이 평가에는 자외선 경화형 절단 테이프가 사용되었다. 다이픽업 결과는 **그림 9.64**에 도시되어 있으며, **그림 9.65**에서는 다이파손 모드들을 보여주고 있다.

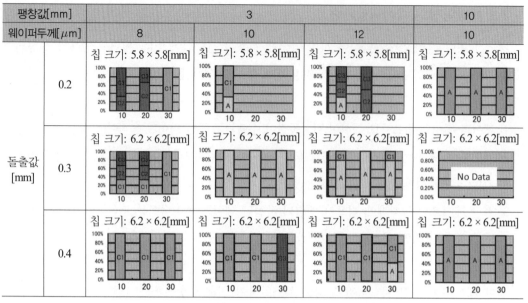

팽창값[mm]		3			10
웨이퍼두께[μm]		8	10	12	10
돌출값 [mm]	0.2	칩 크기: 5.8×5.8[mm]	칩 크기: 5.8×5.8[mm]	칩 크기: 5.8×5.8[mm]	칩 크기: 5.8×5.8[mm]
	0.3	칩 크기: 6.2×6.2[mm]	칩 크기: 6.2×6.2[mm]	칩 크기: 6.2×6.2[mm]	칩 크기: 6.2×6.2[mm] No Data
	0.4	칩 크기: 6.2×6.2[mm]	칩 크기: 6.2×6.2[mm]	칩 크기: 6.2×6.2[mm]	칩 크기: 6.2×6.2[mm]

수평축 : 니들 밀어내기 높이[μm], 수직축 : 모드비율[%]

그림 9.64 다이피치 평가결과

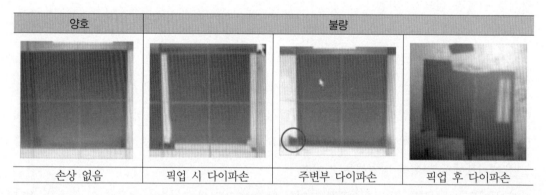

양호	불량		
손상 없음	픽업 시 다이파손	주변부 다이파손	픽업 후 다이파손

그림 9.65 픽업 후 다이파손 모드들

픽업공정에서 다이파손을 유발하는 두 가지 주요인자는 **돌출값**과 **팽창값**이다. 0.3[mm]의 돌출은 견딜 수 있지만, 이보다 작은 값에서는 인접 다이가 파손되며, 이보다 높은 값에서는 (넓은 다이의 굽힘면적으로 표시되는) 접착 테이프의 접착력이 너무 커져서 픽업다이 자체가 파손되어 버린다. 공정마진을 증가시키기 위해서, 다이의 픽업을 손쉽게 하기 위해서 넓은 팽창값들이 사용된다. 게다가 밀어내기 핀의 돌출량이 너무 커서 다이가 다이 콜릿장비와 충돌하여 다이의 손상이 발생하지 않도록 주의하여야 한다.

픽업 메커니즘에 대한 분석에 따르면, 0.3[mm] 정도의 돌출값이 적절한 것으로 판명되었다. **그림 9.66**에는 픽업 평가장비가 도시되어 있다. 이 장비의 상세한 작동 메커니즘은 **그림 9.67**에 도시되어 있다.

그림 9.66 다이픽업강도 측정장비

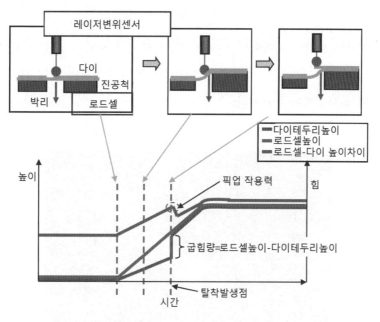

그림 9.67 다이픽업 메커니즘의 분석 (컬러 도판 p.493 참조)

밀어내기 높이를 조절하면서, 레이저 변위센서를 사용하여 다이 테두리 굽힘량을 측정하였다. 또한 로드셀을 사용하여 절단 테이프의 장력에 의해 다이 테두리에 작용하는 부하를 측정하였다. 로드셀 데이터와 레이저 변위 데이터의 변곡점은 다이와 절단 테이프 사이의 탈착이 발생하는 순간을 나타낸다. 이 곡선들로부터 탈착점을 찾아낼 수 있다. 돌출량이 0.3[mm]인 경우에 대한 측정결과가 **그림 9.68**에 도시되어 있다. 이 경우, 탈착은 778[ms]에 발생하였다.

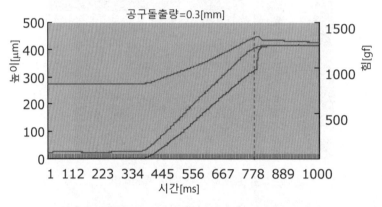

그림 9.68 다이픽업작동에 대한 실험결과

다이 모서리에서의 응력 시뮬레이션 결과가 **그림 9.69**에 도시되어 있다. 칩은 삼각형으로서, 한쪽 변은 고정되어 있으며, 다른 두 변은 자유단이다. 칩의 중앙부에 하향 작용력이 부가되면 고정된 테두리에 최대응력이 발생한다.

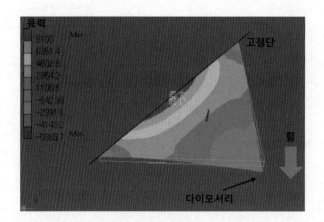

그림 9.69 다이 테두리에 작용하는 굽힘응력에 대한 3차원 시뮬레이션 (컬러 도판 p.493 참조)

그림 9.70에서는 시뮬레이션된 다이픽업의 최대응력과 실제의 다이픽업 실험에서 구해진 실제의 벗김시간 사이의 상관관계를 보여주고 있다. 돌출량이 작아질수록, 칩에는 더 큰 응력이 부가된다는 점이 명확하다. 더욱이 돌출량이 0.4[mm]가 되면, 0.3[mm]의 경우보다 다이픽업에 훨씬 더 긴 시간이 필요하다. 만일 픽업속도가 증가하면 접착된 다이가 콜릿 장비와 충돌하면서 파손되어버린다. 다이픽업을 위한 최적의 돌출량은 0.3[mm]인 것으로 판명되었다.

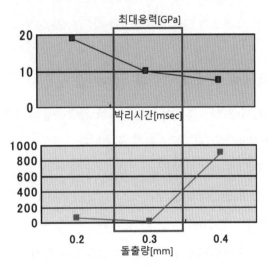

그림 9.70 시뮬레이션된 다이픽업의 분석결과

b. 뒷면범프가 있는 경우의 웨이퍼 픽업 평가

다음으로, 두 가지 유형의 절단 테이프에 대해서 **뒷면범프**가 있는 웨이퍼의 픽업을 평가하였다. 이 테이프들은 범프의 높이를 흡수하기 위해서 두꺼운 접착층을 갖추고 있다. 테이프 A는 일반적인 접착제보다 연하여 범프 매립성이 향상되었으며, 테이프 B는 점프에 사용되는 일반적인 접착제를 사용하였다. 웨이퍼로는 W1과 W2(**그림 9.55**)를 사용하였다. 비록 W2와 같이 범프밀도가 높은 웨이퍼를 픽업하기는 어렵지만, 테이프 A는 10[μm] 두께까지 양호한 범프 매립과 작은 뒷면치핑 측성을 가지고 있다. 반면에 테이프 B의 경우에는 W2 웨이퍼를 픽업할 수는 있었지만, 뒷면치핑의 크기가 크고 절단속도가 느리기 때문에 절단이 제대로 수행되지 않았다.

결론적으로, **그림 9.71**에 도시되어 있는 것처럼, 테이프 A는 평균밀도 범프 어레이에 적합하며 테이프 B는 고밀도 풀 매트릭스 범프 어레이에 적합하다. 절단과 픽업의 용이성은 상반된 성질이므로, 용도에 따른 테이프의 선정이 필요하다.

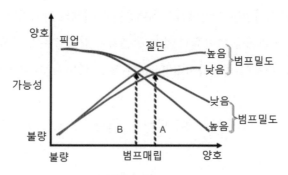

그림 9.71 다이 절단과 픽업 사이의 상관관계

9.3.3.5 웨이퍼 적층공정에서 박형 웨이퍼 처리기법

이제 세 장의 웨이퍼를 적층하는 경우의 뒷면연삭과 절단공정에 대해서 살펴보기로 한다. 세 번째 층의 웨이퍼는 웨이퍼 - 웨이퍼 구조 위에 적층된다.

a. 적층된 웨이퍼에 대한 뒷면연삭의 결과

세 번째 웨이퍼를 적층하는 경우에는 이전의 웨이퍼들과 추가적인 접착제로 인하여 **그림 9.72**에 도시되어 있는 것처럼, 총두께편차가 누적된다. 단일 웨이퍼에 대해 사용했던 것과 동일한 웨이퍼 지지기구를 웨이퍼 - 웨이퍼 방식으로 적층된 웨이퍼에 사용하였으며, 적층 후 총두께편차는 **그림 9.73**에 도시된 것처럼, 1.49[μm]에 불과하였다.

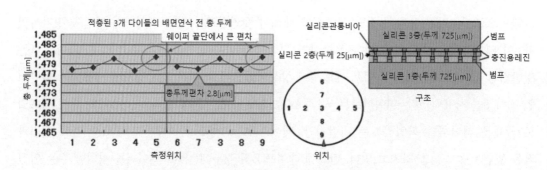

그림 9.72 웨이퍼 - 웨이퍼 구조를 가지고 있는 적층된 웨이퍼의 총두께편차

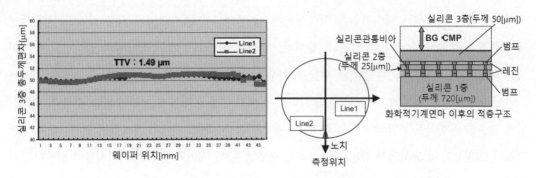

그림 9.73 화학적 기계연마를 시행한 다음에 세 번째 실리콘층의 두께분포

b. 적층된 웨이퍼의 절단 결과 평가

다음으로 p-페닐렌 벤조비속사졸(PBO), 에폭시, 폴리이미드(PI) 등 세 가지 서로 다른 접착제들을 사용하여 접착한 2층으로 이루어진 웨이퍼-웨이퍼 구조를 사용하여 절단공정에 대한 평가를 수행하였다. 절단 결과는 **그림 9.74**와 **그림 9.75**에 도시되어 있다. 치핑크기의 측면에서는 에폭시 레진이 가장 좋았으며, 이는 여타의 접착제들보다 에폭시의 영계수가 크고 연신율이 작기 때문에 절단날을 사용하여 가공하기가 용이했기 때문이다.

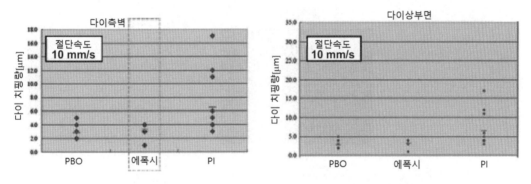

그림 9.74 절단공정에서 발생하는 치핑량은 충진용 접착제의 성질에 의존한다.

그림 9.75 적층된 다이의 절단 후 측면영상

폴리이미드 접착제는 웨이퍼와의 접착강도가 낮기 때문에 치핑크기가 가장 컸지만, 결합계면에서의 탈착과 다이 제거가 용이하다. 웨이퍼-웨이퍼 절단과정에서 접착제의 접착강도는 다이치핑에 직접적인 영향을 미친다는 것을 확인하였다.

절단과정에 대한 최악의 시나리오를 고찰하기 위해서, **그림 9.76**에 도시되어 있는 것처럼, 절단선상에 넓은 구리영역이 포함되어 있는 웨이퍼-웨이퍼 적층시편에 대해서 가속절단 평가시험이 수행되었다. **그림 9.77**에 도시되어 있는 시험결과에 따르면, 상부 웨이퍼에서 큰 다이치핑이 발생하였다.

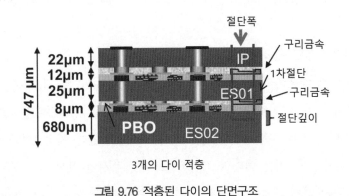

3개의 다이 적층

그림 9.76 적층된 다이의 단면구조

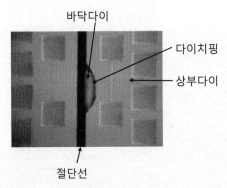

그림 9.77 절단 후 발생한 다이치핑의 평면영상

치핑이 발생하는 원인은 절단공정을 수행하는 동안 절단날에 구리 박막이 부착되어 절단날의 절단수명을 감소시키며 웨이퍼에 응력집중을 유발하여 다이의 변형을 초래하기 때문이다. 이를 방지하기 위해서 절단조건에 대한 최적화가 수행되었다.

바닥 웨이퍼에 대한 절단깊이가 50[μm]일 때에는 절단날이 절단선에서 구리 소재 금속 스크랩을 제거할 수 없었다. 그런데 절단깊이가 250[μm] 이상으로 깊어지게 되면, 절단날의 **자가성형효**

$과^3$가 실리콘 절단깊이에 비례하기 때문에, 구리 소재 스크랩이 제거되었다. 웨이퍼들 사이의 접착제 강도가 안정적이지 않은 경우에 실리콘 치핑이 발생한다. 절단날의 회전속도를 낮게 설정하는 것이 치핑 방지에 도움이 된다. 회전속도를 낮추면 자가성형효과도 향상된다.

신뢰성 있는 절단성능을 구현하기 위해서는, 다음의 두 가지 조건들이 중요하다.

1. 접착제와 웨이퍼 사이의 접착강도 안정성 확보
2. 구리 소재 금속물질 잔류를 최소화하기 위한 절단선 설계

c. 웨이퍼 적층의 뒷면연삭

웨이퍼 – 웨이퍼 공정의 경우, 웨이퍼 지지기구를 사용하지 않으며, 바닥 웨이퍼가 캐리어의 역할을 수행한다. 바닥 웨이퍼 위에 상부 웨이퍼를 접착한 다음에는 상부 웨이퍼의 뒷면에 대한 연삭 및 폴리싱을 수행한다. 그런 다음, 실리콘관통비아 생성, 재분배층 제작, 또는 범핑 등의 중간공정이 수행된다.

그러므로 웨이퍼 – 웨이퍼 방법의 세부사항들과 웨이퍼 사이에 사용되는 소재가 뒷면연삭이 끝난 다음의 웨이퍼 손상과 총두께편차 정밀도에 영향을 끼칠 수 있다. 2층 적층 이후의 총두께편차값이 4.6~6.2[μm]이라 하여도, 자동 총두께편차 보정기능을 사용하여 목표로 하는 총두께편차값인 2.0[μm]($\pm$1[μm])을 구현할 수 있다. 그런데 이를 위해서는 웨이퍼의 균열을 유발하는 특정한 파손유발 패턴이나 공동 등을 제거할 필요가 있다.

9.3.4 웨이퍼 박막가공 도중에 발생하는 디바이스 특성변화와 금속오염 방지문제

그림 9.78에서는 박형 웨이퍼의 단면 내에 존재하는 전형적인 내부게터링과 외부게터링 위치들을 보여주고 있다. 벌크 실리콘 내의 **벌크미세결함**(BMD)이 생성하는 웨이퍼 왜곡필드에 의해서 유발되는 **내부게터링 효과**에 의해서 구리와 같은 오염성 금속이온들이 포획된다. 마찬가지로, 다듬질공정에 의해 초래된 실리콘 뒷면의 왜곡이 금속 오염이온들을 포획하며 이를 **외부게터링 효과**라고 정의한다.

---

3 slef shaping effect

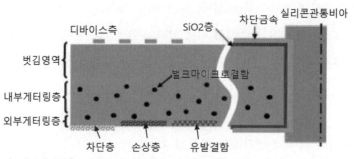

1) 내부게터링층 : 결정성장 과정에서 실리콘 웨이퍼 내부에 벌크미세결함 생성
2) 외부게터링층 : 뒷면연삭 과정에서 손상층 발생
3) 차단층 : 뒷면에 절연층/금속층 증착

그림 9.78 박형 웨이퍼 내에서 게터링층의 위치

내부게터링 기술은 결정구조 내의 산소농도와 웨이퍼 전공정의 열이력에 의존한다. 표준 **초크 랄스키**(CZ) 결정성장공정에서, 웨이퍼는 용융실리콘 결정용기로부터 산소를 포획하며 상온에서 과포화산소가 실리콘 격자구조 사이에 갇혀버린다. 열처리 공정 중에 이 산소가 실리콘과 반응하여 SiO_2 잔류물을 생성하며, 이로 인하여 웨이퍼 내부에는 벌크미세결함이 생성된다.

그런데 1,150[℃] 이상의 온도에서 열처리공정을 수행하는 동안, 표면근처의 실리콘격자 내에 포획되어 있던 산소분자들은 외부로 확산되므로 디바이스 제조영역에는 무결함영역이 형성된다. 무결함영역과 벌크미세결함영역 사이의 경계층 위치는 결정구조 내부의 산소농도와 전공정에서의 열이력에 의해서 결정된다. 따라서 더 얇은 초크랄스키 웨이퍼를 사용하는 디바이스의 경우에는 앞서 설명한 두 인자들 사이의 최적화가 수율과 내부게터링 효과 활용에 있어서 매우 중요하다.

반면에 외부게터링 기술은 웨이퍼의 사양과는 무관하다. 사실, 주어진 제조비용 내에서 (라인내 불순물 이온농도 조절과 같은) 일반적인 디바이스 세척 프로토콜을 활용하여, 뒷면 다듬질방법과 같은 후공정을 통해서 외부게터링 능력을 추가하는 것은 쉬운 일이다.

그런데 디바이스가 매우 얇아지게 되면, 뒷면연삭이 웨이퍼의 굽힘강도를 저하시키기 때문에, 외부게터링을 사용할 수 없게 된다. 이런 게터링 효과를 규명하기 위해서, 증발되는 구리 소재의 양을 일정하게 유지한 채로, 웨이퍼의 뒷면에서 열확산에 의해서 이동한 웨이퍼 표면상의 구리 오염물질 농도를 측정하였다. 금속산화물실리콘의 정전용량−시간 측정과 표면오염 분석을 사용하여 표면상의 구리 소재 양을 측정하였다. **레이저 마이크로라만 분광법**(μRS)을 사용한 측정이 결정격자 내우에서의 잔류왜곡 평가에 효과적이다.

측정된 DRAM 기억시간과 MOSFET의 배제영역 측정결과에 대해서는 다음 절에서 살펴보기로 한다.

9.3.4.1 박형 웨이퍼 내의 결정결함과 금속오염의 평가

그림 9.79에서는 내부게터링 전위를 측정하기 위한 금속산화물실리콘의 정전용량－시간 측정기법의 원리를 보여주고 있다.[32] 펄스전압을 부가하면 디바이스를 일반충전상태에서 반전상태로 변환시킬 수 있으며, 이로 인하여 공핍층이 형성된다. 정전용량－시간곡선에서 정전용량의 변화를 통해서 공핍층 내에서 생성되는 소수 나르개의 존재를 확인할 수 있다. 정전용량－시간곡선을 **제르프스트 곡선**으로 변환시킨 다음에 선형성분의 y-절편을 찾으면 생성된 소수 나르개의 수명시간 τ_g를 산출할 수 있다. 공핍층에 구리와 같은 중금속 불순물이 존재한다면 τ_g가 빠르게 감소하므로 이를 즉시 관찰할 수 있다.

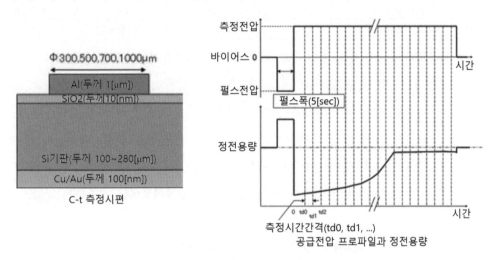

그림 9.79 게터링 효과를 평가하기 위한 C-t 방법

9.3.4.2 뒷면연삭기법과 외부게터링 효과

뒷면연삭공정에 의해서 생성된 손상층은 중금속 오염에 의하여 디바이스의 전기적인 특성이 영향을 받는 것을 방지해주는 외부게터링 효과를 가지고 있다. 반면에, 무응력 뒷면연삭공정은 박형 웨이퍼의 파손과 휨을 방지하는 장점을 가지고 있다. 따라서 **울트라폴리그라인드**(UPG), **게터링－건식연마**(g－DP), **화학적 기계연마**(CMP) 등의 가공방법에 대한 평가를 수행하게 되었다.[33]

그림 9.80에서는 단면 투과전자현미경 영상을 통해서 손상된 실리콘층을 보여주고 있다. 사진을 통해서 대부분이 게터링의 소스가 되는 전위들로 이루어진 결정결함을 관찰할 수 있다. 손상층이 클수록, 게터링에는 더 효과적이었다. 그런데 박형 웨이퍼에 손상층이 커질수록 웨이퍼의

취성이 증가하여 깨지기 쉬워진다.

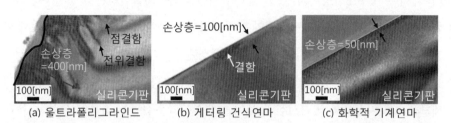

뒷면연삭	뒷면연마 후 손상		거칠기	손상층
	10[μm]웨이퍼	30[μm]웨이퍼		
울트라폴리그라인드(UPG)	불량	양호	6.1[nm]	400[nm]
게터링 - 건식연마(g-DP)	양호	양호	1.6[nm]	100[nm]
화학적 기계연마(CMP)	양호	양호	0.17[nm]	50[nm]

그림 9.80 세 가지 뒷면다듬질 기법들의 가공결과에 대한 투과전자 현미경 단면영상

마이크로라만 분광법을 사용하여 **그림 9.81**에 도시되어 있는 것처럼, 세 가지 서로 다른 뒷면다듬질 기법에 대한 뒷면응력을 측정하였다. 웨이퍼의 가공면 잔류응력값은 화학적 기계연마가 가장 낮았으며, 게터링 - 건식연마와 울트라폴리그라인드의 순서로 증가하였다. 그러므로 울트라폴리그라인드는 실리콘관통비아 기술을 사용하는 3차원 집적회로에는 적합하지 않다.

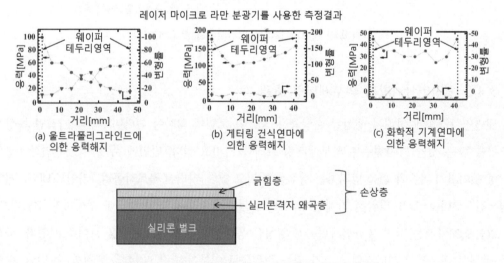

그림 9.81 다양한 뒷면다듬질 공정의 응력해지 효과 비교

그림 9.82에서는 세 가지 유형의 손상층에 의해서 형성된 외부게터링에 대한 소수 나르개 수명시간(τ_g)을 비교하여 보여주고 있다.

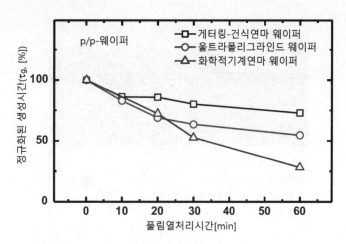

그림 9.82 정전용량 – 시간기법을 사용한 게터링 효과의 평가

외부게터링 효과를 더 명확하게 발현시키기 위해서, 게터링 효과에 대한 저항성이 비교적 작은 P/P – 기판용 웨이퍼가 사용되었다. 뒷면에 존재하는 구리 오염물질을 대신하여 웨이퍼의 손상층에 구리 박막을 증착하였다. 웨이퍼에 대해서 300[°C]의 온도에서 60분간 풀림열처리를 수행하였다. 화학적 기계연마처리된 웨이퍼의 경우 외부게터링 효과가 가장 작았으며, 게터링 – 건식연마가 가장 효과적이었다.

그림 9.80의 투과전자현미경 영상에서 확인할 수 있듯이, 게터링 – 건식연마보다 울트라폴리그라인드를 시행했을 때에 더 깊고 불균일한 손상층이 형성되기 때문에 게터링효과가 더 작게 나타난다. 소재 속으로 깊숙하게 손상층이 생성되면, 이들은 소수 나르개의 생성과 재결합원으로 작용하기 때문에, 소수 나르개의 수명이 줄어든다. 이런 관점에서는 게터링 – 건식연마가 좋은 해결책이다.

그림 9.83에서는 게터링 – 건식연마 가공된 시편을 300[°C]의 온도에서 30분간 열처리를 시행하기 전과 후에 대한 단면 주사전자현미경 영상을 보여주고 있다. 사진에서, 외부게터링에 영향을 받은 영역을 흰색 점선으로 표시하여 놓았다. 구리의 열확산 깊이는 손상된 영역경계의 불균일에 의존한다는 것이 명확하다. 이 사례를 통해서 손상영역의 결함들이 구리 확산에 영향을 미치는지를 확인할 수 있다. 그러므로 안정된 게터링 효과를 얻기 위해서는 뒷면연삭을 적용하는 것이

바람직할 뿐만 아니라 기판에 SiN과 같은 차단막을 증착하는 등의 여타 방법과 조합하는 것도 바람직하다.

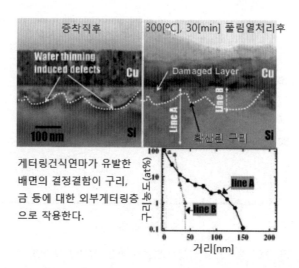

그림 9.83 게터링 - 건식연마를 사용한 뒷면연삭에 따른 구리 소재의 외부게터링 효과

9.3.4.3 전기특성과 기계응력의 편차

1. 박형 웨이퍼의 기본적인 기계적 특성 고찰

나노 인덴터를 사용하여 웨이퍼에 대한 박막가공이 실리콘의 기계적인 성질에 미치는 영향을 평가하였다.

피라미드형 인덴터의 선단부에 24[mN]을 부가하여 웨이퍼 표면을 압착하였고, 박형 웨이퍼의 영계수 변화를 측정하였다. 측정에는 30, 50 및 100[μm] 두께의 실리콘 웨이퍼 시편을 사용하였다.[34] 화학적 기계연마를 사용하여 웨이퍼의 뒷면 다듬질을 시행하였다. 측정된 박형 웨이퍼의 영계수 변화양상이 **그림 9.84**에 도시되어 있다. 두께가 30[μm]인 웨이퍼의 영계수는 이보다 두꺼운 두 가지 웨이퍼의 영계수값보다 훨씬 작게 측정되었다. 다듬질된 웨이퍼 뒷면 속으로 수백나노미터 깊이의 **결정결함**과 **전위**들로 이루어진 손상층이 발생한다. 더욱이 영향을 받은 영역의 실리콘 표면으로부터 수십 분의 일[μm] 깊이까지 **결정왜곡**이 존재할 수 있다. 실리콘 소재의 영계수 감소는 실리콘기판의 두께가 30[μm] 이하가 되었을 때에, 표면에 도달한 실리콘 결정구조의 왜곡에 의해서 영향을 받는다.

3차원 집적회로 제품의 경우에, 만일 웨이퍼를 50[μm] 이하로 얇게 가공하면, 기계적 강도저하 이외에도 몇 가지 문제가 발생하게 된다.

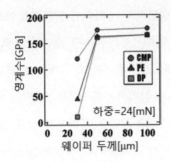

그림 9.84 웨이퍼의 두께와 영계수 사이의 상관관계

2. 응력해석

그림 9.85 (a)에 도시되어 있는 단순한 실리콘 범프 구조를 사용하여, 박형 실리콘 웨이퍼의 휨과 디바이스 성질변화 사이의 상관관계에 대한 고찰을 수행하였다.[35]

두꺼운 실리콘기판 위에 범프 어레이를 제작한 다음에 디바이스에 응력을 부가하기 위해서 에폭시 레진을 사용하여 박형 웨이퍼를 접착하였다. 범프들의 크기는 $20 \times 20 \times 20 [\mu m]$이다. 150[℃]의 온도에서 1시간 동안 에폭시 레진을 경화시켰다. 실리콘기판에는 기계적 응력이 부가되었으며 벌크 실리콘과 에폭시 레진의 열팽창계수값이 큰 차이를 가지고 있기 때문에, **그림 9.85 (b)**에 도시되어 있는 것처럼, 레진경화 공정이 진행되는 동안 주기적인 굽힘이 발생한다.

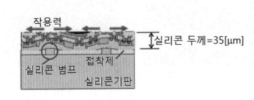

(a) 더미 실리콘 범프에 의해 유발된 응력   (b) 응력에 의한 다이의 휨 분포

그림 9.85 실리콘 범프와 실리콘 웨이퍼의 접착이 응력 및 변형률에 미치는 영향

실리콘기판을 범프 어레이에 접착한 다음에, $35[\mu m]$ 두께의 실리콘 웨이퍼 뒷면에서 발생하는 총두께분포를 레이저 현미경을 사용하여 측정하였다. **그림 9.85 (b)**에서 알 수 있듯이, 실리콘 범프들의 산과 골이 명확하게 전사되어 나타난다. 응력필드의 연속성으로 인하여 실리콘

범프 어레이의 굽힘응력 프로파일이 얇은 실리콘기판에 분포되어 나타난다. 이 굽힘응력의 크기는 실리콘의 두께와 범프피치에 의존한다.

그림 9.86에서는 굽힘변형과 범프피치 사이의 상관관계를 보여주고 있다. 실리콘 두께가 얇아질수록, 굽힘변형은 더 커진다. 마이크로라만분광 레이저 스펙트럼을 사용하여, 그림 9.87에 도시되어 있는 것처럼, 박막가공된 실리콘기판의 기계적 응력도 함께 평가하였다. 범프피치가 300[μm] 이상이 되면, 박막가공된 실리콘기판의 실리콘 범프 바로 위에 위치한 표면에 큰 인장 응력이 발생한다. 또한 범프들 사이의 실리콘 표면에는 상호 압축응력이 작용한다. 또한 그림에 따르면, 범프피치가 100[μm] 미만으로 감소하면 실리콘 범프에 의해서 작용하는 기계적 응력이 감소한다.

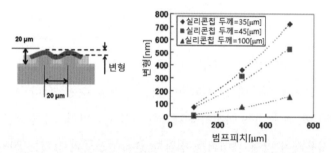

그림 9.86 얇은 실리콘 웨이퍼의 굽힘값과 더미피치 사이의 상관관계

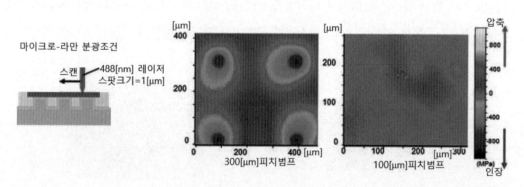

그림 9.87 더미 실리콘 범프 어레이에 의해서 유발되는 기계적 응력의 매핑 (컬러 도판 p.493 참조)

180[nm] 노드를 가지고 있는 MOS 트랜지스터를 사용하여 기계적 응력에 의한 디바이스의 전류 – 전압 특성의 변화를 평가하였다. 실리콘기판을 30[μm]까지 얇게 가공하였으며, 결과는 그림 9.88에 도시되어 있다.

n채널 MOS 트랜지스터가 실리콘 범프의 중앙에서 15[μm] 떨어진 곳에 위치하고 있다. 인장

응력과 평행한 방향으로 흐르는 전류는 영향을 받는다. 휘어져 있는 박형 실리콘기판에서 굽힘 응력은 n채널 MOS 트랜지스터의 전류를 증가시킨다. **그림 9.88**에서 확인할 수 있듯이, 이 전류 변화는 7%에 달한다. **그림 9.89**에서는 실리콘 표면에서의 유효전기장을 사용하여 전자 이동도 (정전용량 – 전압)와 기계적 응력 사이의 상관관계를 보여주고 있다. 인장응력을 부가한 다음에 전자의 이동도가 14% 증가하였다.

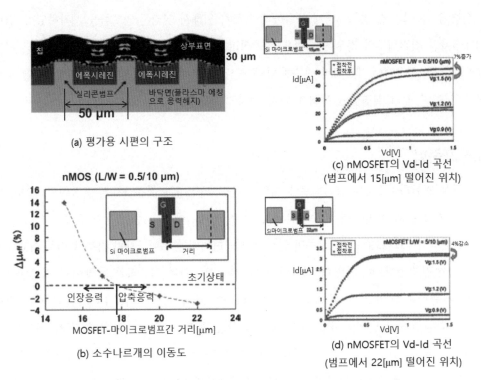

그림 9.88 실리콘 범프와 실리콘 접착이 응력과 변형에 미치는 영향

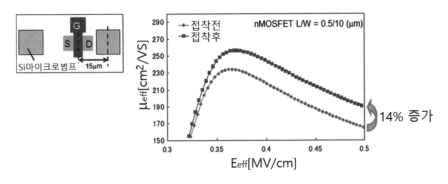

그림 9.89 기계적인 응력에 의한 전자의 이동도 변화

다시 **그림 9.88 (d)**로 돌아가서, n채널 MOS 트랜지스터가 실리콘 범프의 중앙에서 $22[\mu m]$ 떨어진 곳에 위치하는 경우의 전류-전압 변화에 대해서 살펴보기로 한다. 이 위치에서는 MOS 트랜지스터의 전류흐름과 평행한 방향으로 압축응력이 부가되고 있으며, 이로 인하여 전류가 약간(4%) 감소하였다. 요약해보면, **그림 9.88 (b)**에 도시되어 있는 것처럼, 전자의 이동도는 인접한 실리콘 범프에서 작용하는 인장응력에 의해서 증가하며, 실리콘 범프들 사이의 중앙영 역에서 발생하는 압축응력에 의해서 감소한다.

실험에서는 칩-칩 접착영역에 응력을 부가하기 위해서 실리콘 범프들을 제작하였다. 그런데 실제 3차원 집적회로의 경우에는 범프들을 실리콘 소재보다 열팽창계수가 약간 더 큰 구리나 SnAg 소재를 사용하여 제작하기 때문에 박막가공된 실리콘기판에서 발생하는 굽힘응력은 이보다 작다. 하지만 앞서 설명했던 응력에 의한 전자의 이동도 변화현상은 동일하게 적용된다.

9.3.5 표준화

공급망을 포함하여 3차원 집적회로에 대한 표준을 제정하는 것은 3차원 집적회로의 대량생산 방법을 개발하는 과정에서 매우 중요한 사안이다. 2010년에는 이런 활동을 증진시키기 위해서 국제반도체장비재료협회(SEMI) 산하의 글로벌 기업협의회인 북미 3차원 적층 집적회로(3DS-IC) 위원회가 설립되었다. 이 위원회에는 박형 웨이퍼 취급관련 TF, 접착식 웨이퍼 적층관련 TF, 검사 및 계측관련 TF와 같은 세 개의 과업집단(TF)이 조직되었다. 이로부터 1년 후에는 대만의 3DS-IC 위원회가 설립되었으며, 여기에는 중간공정관련 TF와 시험관련 TF가 조직되었다. 일본의 경우에는 2012년에 국제반도체장비재료협회(SEMI)의 하위조직 성격인 3DIC 연구그룹이 결성되었다. 이 그룹에는 박형다이 굽힘강도 측정관련 TF가 조직되었다. 이 과업집단의 목표는 보다 단순한 측정장비의 설계와 초박형 다이(두께 $30[\mu m]$ 미만)에 대한 굽힘강도 측정방법의 정밀화와 단순화 등이다. 다이가 매우 유연해지는 경우에는, 기존의 방법을 사용해서는 굽힘강도 를 정확하게 측정할 수 없게 되어버린다. 기존의 **3점식 굽힘시험**방법에 대해서는 국제반도체장 비재료협회(SEMI)의 SEMI G86-0303 표준이 제정되어 있다. 이 표준에서는 다이두께가 $100[\mu m]$ 미만인 경우에 대한 측정방법에 대해서도 정의되어 있지만, 적용이 불가능한 것으로 판명되었 다. 따라서 초선단전자기술개발기구(ASET)에서는 **그림 9.90**에 도시되어 있는 외팔보 방법을 제안하게 되었다. 이 새로운 방법은 (SEMI 3DIC 연구그룹의 지원을 통해서) 2014년 5월에 SEMI G96-1014 표준으로 제정되었다.

그림 9.91에서는 3점식 굽힘시험 방법과 **외팔보식 굽힘시험**의 결과를 비교하여 보여주고 있다.

그림 9.92에서 알 수 있듯이, 두 가지 방법 모두 평균값은 유사하였지만, 외팔보 방법이 최댓값과 최솟값 사이의 편차가 더 작았다.

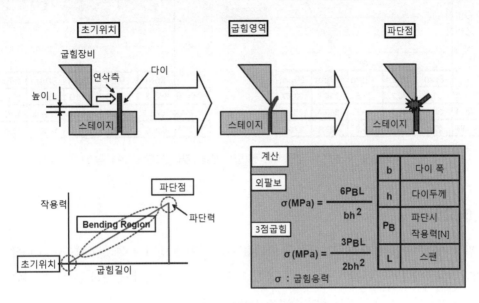

그림 9.90 외팔보 굽힘시험 방법의 개요

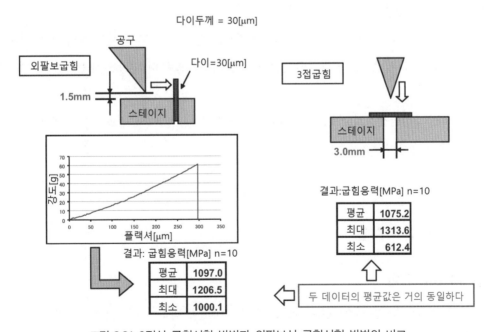

그림 9.91 3점식 굽힘시험 방법과 외팔보식 굽힘시험 방법의 비교

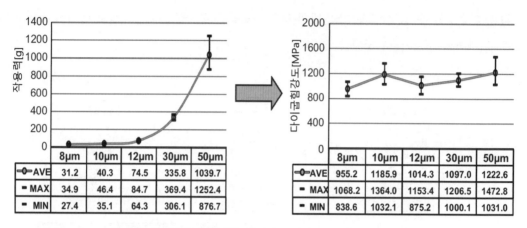

그림 9.92 외팔보식 굽힘시험 방법의 결과 (컬러 도판 p.494 참조)

9.3.6 요약

초박형 웨이퍼를 취급하는 경우에는 응력환경과 그에 따른 전기적 성능의 영향을 고려할 필요가 있다. 이는 웨이퍼의 두께가 $30[\mu m]$ 미만인 경우의 실리콘 거동에서 특히 중요하다. 웨이퍼지지기구의 경우에는 상온 무응력 탈착방법을 사용해야만 한다. 최근 들어서는 웨이퍼 지지기구에 소요되는 비용도 중요한 고려사항이 되었다. 더욱이 실리콘관통비아 생성공정에서 사용되는 임시접착제는 열 저항성을 갖춰야만 한다.

요약해보면, 기계적 응력뿐만 아니라 금속오염으로 인한 전기적 특성의 변화를 방지해야만 한다. 디바이스의 크기감소를 지속시키기 위해서는 지속적으로 더 민감한 대안들을 개발하여야 한다.

9.3절에서는 초선단전자기술개발기구(ASET)와 도호쿠 대학교에서 공동으로 수행한 연구개발 결과도 함께 소개하였다.

9.4 3차원 집적기술

9.4.1 배경과 전망

차세대 3차원 패키지형 시스템(3D-SiP)은 전기적 통신과 전력공급을 위해서 적층된 집적회로들 사이의 전기적 연결을 필요로 하며, 범프와 실리콘관통비아를 사용하여 이를 수행한다. 이런 차세대 3차원 패키지형 시스템의 성능을 더욱 향상시키기 위해서는 대규모집적회로(LSI)들 사이의 광대역 통신, 3차원 패키지형 시스템의 저전력소모 그리고 더 안정적인 전력공급 네트워크 구축 등이 필수적이다. 따라서 범프와 실리콘관통비아의 성능향상이 필요하다. 특히 실리콘관통비아는 일반적인 집적회로 상호연결과는 완전히 다른 구조인, 실리콘기판 내에 매립되어 유전체층으로 둘러싸인 금속 상호연결구조를 가지고 있다. 그러므로 성능개선을 위해서는 구조와 통신회로의 최적화가 필요하다. 더욱이 실리콘관통비아에 부가되는 기계적 응력이 MOSFET의 작동성능에 영향을 미칠 수 있기 때문에, 실리콘관통비아의 배치로 인한 MOSFET의 성능변화를 고려한 배치설계가 필요하다. 이런 설계원칙들은 공정흐름, 구조 그리고 실리콘관통비아와 범프에 사용되는 소재 등에 의해서 강하게 영향을 받기 때문에, 개별적인 3차원 집적화 과정에 대해서 이런 회로설계와 배치설계를 결정해야 한다.

다양한 3차원 집적방법들이 제안되었으며, 아직까지는 3차원 집적을 위한 표준소재/구조나 표준공정이 확립되지 못하고 있다(**표 9.12** 참조).

표 9.12 3차원 집적을 위한 공정 선택

분류	항목	선택사항
실리콘관통비아	시점	전 비아, 중간비아 후 비아
	방향	뒷면, 앞면
	소재	구리, 텅스텐, 폴리실리콘
적층	형태	웨이퍼-웨이퍼, 칩-웨이퍼, 칩-칩
	방향	앞면 대 앞면, 뒷면 대 뒷면
	박막가공 시점	접착 전 박막가공, 박막가공 후 접착
접착	소재	구리, 솔더(AnAg, 주석), 금
	충진	사후충진(모세관충진), 사전도포

이는 각각의 방법들이 3차원 집적을 위해서 서로 다른 사양들을 필요로 하기 때문이다. 이 장에서는 칩을 다른 칩 위에 적층하는 칩-칩 공정과 웨이퍼들을 서로 적층한 다음에 절단을 수행하는 웨이퍼-웨이퍼 공정에 대해서 살펴보기로 한다. 칩-칩 공정은 기지양품다이(KGD) 칩을 사용하여 적층을 수행하며, 서로 다른 크기의 다이들을 적층할 수 있다. 칩-칩 공정에서는 칩들을 하나씩 쌓아 올려야 하므로, 생산성이 떨어져서, 이 공정은 대량생산보다는 소량생산이나 시제품 생산에 적합하다. 반면에 웨이퍼-웨이퍼 공정은 웨이퍼 단위에서 3차원 적층이 이루어지며, 얇은 개별 칩들은 다루기 어렵지만, 웨이퍼 단위의 공정은 실리콘관통비아의 직경감소를 위해서 필수적인 칩 박막화의 장점을 가지고 있기 때문에, 대량생산에 적합하다. 하지만 적층되는

다이들의 크기가 서로 동일해야 하며, 기지양품다이 칩들만을 사용하는 적층이 불가능하다. 실리콘관통비아를 만들기 위해서 다양한 형태의 공정들이 제안되었다(**표 9.12**). 여기서는 후공정의 변경이 필요 없으며 배선자원을 극대화시킬 수 있다는 장점을 가지고 있는 뒷면 후 비아 실리콘관통비아공정에 초점을 맞추기로 한다. 다음 절에서는 전형적인 공정흐름, 설계원칙, 칩 – 칩 및 웨이퍼 – 웨이퍼 공정의 조립결과 등에 대해서 살펴보기로 한다.

9.4.2 칩-칩 공정

9.4.2.1 칩-칩 집적화의 개괄

이 절에서는 **칩 – 칩 공정**을 이용한 조립에 대해서 개괄적으로 살펴본다. **그림 9.93**에서는 3개의 층들이 적층되어 있는 칩(실리콘 – 인터포저칩과 두 개의 디바이스로 이루어진 칩)의 단면 개략도와 목표사양이 제시되어 있다.

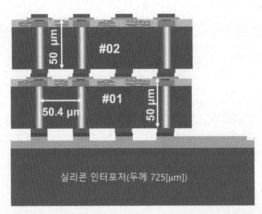

구조	실리콘 인터포저칩 하나와 디바이스칩 두 개
TSV 저항	0.2[Ω]
TSV 정전용량	0.5[pF]
범프밀도	320[1/mm^2]
범프직경	30[μm]
TSV 피치	50.4[μm]
TSV 직경	20[μm]
TSV 길이	50[μm]
배제영역	2[μm]

그림 9.93 칩 – 칩 방식으로 적층된 칩의 개략적인 단면도와 사양

여기서 **실리콘-인터포저칩**이란 재분배용 도선으로 상호 연결된 실리콘기판을 의미하며 이 기판에는 일반적으로 능동소자가 배치되지 않는다. 두 개의 디바이스들로 이루어진 칩은 앞면을 위로 향하도록 적층한 다음에 실리콘 인터포저칩 위에 알루미늄 배선을 사용하여 이들을 연결한다. 디바이스 칩의 두께는 대략적으로 $50[\mu\mathrm{m}]$이며 범프와 실리콘관통비아들의 피치는 $50.4[\mu\mathrm{m}]$이다. 실리콘관통비아의 직경은 $20[\mu\mathrm{m}]$이며 범프의 직경은 $30[\mu\mathrm{m}]$이다. **그림 9.94**에서는 칩-칩 조립의 중간공정(MEOL)을 보여주고 있다. 박막가공된 웨이퍼를 취급하기 위해서 유리소재 지지용 웨이퍼를 사용한 임시접착방법이 사용되었다. 이에 대한 상세한 내용은 다음과 같다.

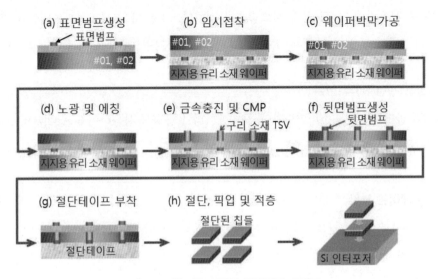

그림 9.94 칩-칩 조립의 중간공정 흐름도

a. 표면범프(Au/Ni)의 생성

준비된 웨이퍼에 표면범프를 생성하였다. 스퍼터링 전기도금을 사용하여 Cu/Ti 시드층을 생성한 다음에, 세미애디티브법을 사용하여 Au(100[nm])/Ni($6[\mu\mathrm{m}]$)의 표면범프를 전기도금한다.

b. 유리소재 지지용 웨이퍼 위에 임시접착

유리소재 지지용 웨이퍼 위에 접착제를 사용하여 윗면이 아래를 향하도록 웨이퍼를 접착한다.

c. 웨이퍼 박막가공

뒷면연삭과 화학적 기계연마를 사용하여 접착된 웨이퍼의 뒷면에 대한 박막가공을 시행한다. 목표두께는 $50[\mu\mathrm{m}]$이며, 총두께편차는 약 $2[\mu\mathrm{m}]$이다.

d. 실리콘관통비아의 노광과 에칭

광민감성 레지스트를 도포한 다음에 실리콘관통비아 노광을 수행한다. 여기서, 실리콘관통비아의 패턴정렬을 위해서 뒷면 적외선 정렬이 사용된다. 그런 다음 **층간유전체층(PMD)**이 나타날 때까지 실리콘 에칭을 수행한다. 실리콘 에칭이 끝나고 나면, 저온 화학기상증착을 사용하여 이산화규소층을 증착하며, 실리콘관통비아의 바닥에 위치하는 실리콘관통비아 접촉배선을 노출시키기 위해서 반응성이온에칭을 사용하여 이를 다시 에칭한다.

e. 실리콘관통비아 충진 및 평탄화

스퍼터링을 사용하여 Cu/Ti 금속 시드층을 생성한다. 그런 다음 실리콘관통비아를 충진하기 위해서 구리 전기도금을 시행하며, 화학적 기계연마를 사용하여 과도한 구리막을 제거한다.

f. 뒷면범프(SnAg/Ni)의 생성

다시 Cu/Ti 금속시드층을 스퍼터링한다. **새미애디티브 공정**을 사용하여 $SnAg(3[\mu m])/Ni(1[\mu m])$의 뒷면범프를 생성한다.

g. 절단용 테이프 부착

유리소재 지지용 기판으로부터 웨이퍼를 탈착한 후에, 블레이드 절단을 위해서 절단용 테이프 위에 이를 부착한다.

h. 절단, 픽업 및 칩 적층

치핑을 최소화하기 위해서 날두께 $25[\mu m]$, 절단속도 $5[mm/s]$인 블레이드 절단이 사용되었다. 절단된 칩의 굴곡강도[4]는 약 $400[MPa]$이며, 픽업 및 칩 적층을 수행하는 동안 크랙이나 파손이 발생하지 않았다. 절단을 수행한 다음에, 플립칩 본더를 사용하여 절단된 디바이스 칩들을 실리콘-인터포저칩 위에 쌓아올린다.

---

4 flexural strength

9.4.2.2 칩-칩 집적화의 결과

a. 적층된 칩

그림 9.95 (a)-(c)에서는 적층된 칩의 조감도와 단면도를 보여주고 있다. 실리콘관통비아를 갖춘 네 개의 디바이스 칩들이 실리콘인터포저 위에 적층되어 있다. 그림을 통해서 네 개의 칩이 성공적으로 적층되어 있음을 확인할 수 있다.

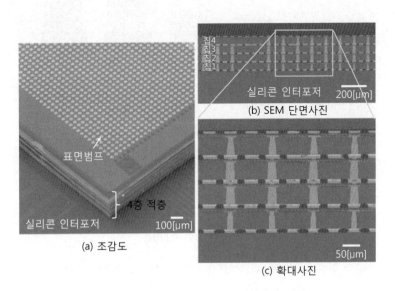

그림 9.95 적층된 칩의 주사전자현미경 영상

b. 저항, 정전용량

이 절에서는 범프와 실리콘관통비아를 포함하고 있는 **데이지체인 시험구조**의 전기저항을 평가하는 방법을 설명한다. 데이지체인의 총저항(R_{total})은 다음과 같이 나타낼 수 있다.

$$R_{total} = M(N \times R_{bump-TSV} + R_{wire}) \tag{9.1}$$

여기서 M은 범프나 실리콘관통비아의 숫자이며, N은 적층된 칩의 숫자, $R_{bump\text{-}TSV}$는 칩 하나 당 직렬 연결된 범프와 실리콘관통비아의 직렬저항, R_{wire}는 직렬연결 체인에 포함되어 있는 범프나 실리콘관통비아가 전기적으로 단락되어 있는 터미널 칩과 범프나 실리콘관통비아 사이의 상호연결 전기저항이다. $R_{bump\text{-}TSV}$가 비교적 작을 때에는(예를 들어 100[mΩ] 이하) R_{total} 내의 R_{wire}를 무시할 수 없다. 식 (9.1)에서 알 수 있듯이, 총 저항(R_{total})의 적층숫자(N) 의존성으로부터 $R_{bump\text{-}TSV}$

의 정밀한 값을 유도할 수 있다. **그림 9.96**에서는 적층의 숫자(N)와 단위저항 사이의 상관관계를 보여주고 있다. 단위저항은 총 저항값을 범프나 실리콘관통비아의 숫자로 나눈 값이다(R$_{total}$/M). 이 그림에서 알 수 있듯이, 단위저항은 적층된 칩의 숫자에 선형적으로 비례한다. 선형회귀분석에 따르면 R$_{bump-TSV}$=40[mΩ]이며 R$_{wire}$=80[mΩ]이다.

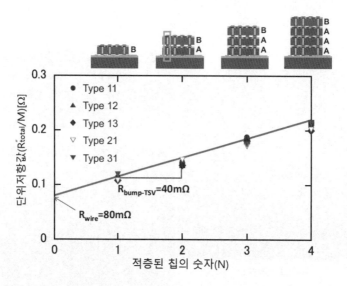

그림 9.96 적층된 칩의 숫자(N)와 단위저항(R$_{total}$/M) 사이의 상관관계 (컬러 도판 p.494 참조)

그림 9.97에서는 실리콘관통비아의 전압과 정전용량 사이의 상관관계를 보여주고 있다. 실리콘관통비아의 전압이란 P-형 웰에 대한 실리콘관통비아의 전위를 의미한다. 그림에서 알 수 있듯이, 실리콘관통비아의 전압이 증가하면 정전용량은 감소한다. 주파수를 100[kHz]에서 1[MHz]로 증가시켜도 실리콘관통비아의 정전용량이 감소한다. 실리콘관통비아의 이런 전압과 주파수 의존성은 절연성 유전체와 공핍층이 직렬로 연결되어 있는 커패시터로 모델링할 수 있는 MOS형 커패시터의 경우와 유사하다. 1[V] 전압 하에서 측정된 실리콘관통비아의 정전용량은 0.4[pF]이며 0.8[μm] 두께의 실리콘관통비아 라이너의 정전용량은 약 0.7[pF]인 것으로 측정되었다. 만일 실리콘관통비아 라이너 주변에서 균일한 공핍층이 형성된다면, 공핍층의 정전용량은 약 0.3[pF]인 것으로 계산되었다. MOS형 커패시터를 위한 공핍층 모델에 기초하여 계산된 공핍층의 정전용량은 1~4[V] 전압에 대해서 약 0.5[pF] 정도로써, 측정된 실리콘관통비아 정전용량값과 대략적으로 일치한다.

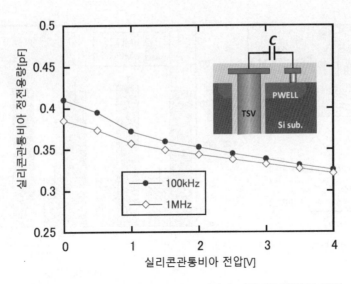

그림 9.97 실리콘관통비아에 부가되는 전압에 따른 정전용량의 변화

c. 배제영역

실리콘관통비아공정이 MOSFET의 드레인 전류특성이나 문턱전압특성, 집적회로 상호연결의 기생정전용량 등에 영향을 끼칠 수 있다. 따라서 실리콘관통비아를 사용하여 3차원 집적회로를 만들기 위해서는 이런 영향들을 고려한 설계원칙을 확립하여야만 한다. MOSFET 시험구조, 상호연결 시험구조 그리고 표준 라이브러리를 사용하여 이런 영향들을 평가할 수 있다.

우선, 실리콘관통비아에 인접하여 배치되어 있는 MOSFET를 사용하여 후 비아공정을 위한 **배제영역(KOZ)**에 대한 평가를 수행하였다. 배제영역은 일반적으로 MOSFET의 특정한 특성이 원래 값보다 지정된 비율만큼 변화(예를 들어, MOSFET의 전류값이 5% 변화)하는 영역으로 정의된다. **그림 9.98 (a)**에 도시되어 있는 것처럼, 실리콘관통비아의 테두리 영역으로부터 서로 다른 거리(2[μm] 및 5[μm]), 서로 다른 채널방향(수직, 수평), 실리콘관통비아에 대한 상대적인 정렬방향([100] 방향에 대해서 0° 및 90°)에 배치되어 있는 p/n형 MOSFET에 대해서 기본적인 $I_d - V_g$ 특성을 구하였다. **그림 9.98 (b)**에서는 이런 MOSFET들로부터 측정된 전류값들에 대해서 요약하여 보여주고 있다. 이 그림에 따르면 실리콘관통비아의 테두리로부터의 거리, 채널방향 그리고 MOSFET의 상대적인 정렬 등에 무관하게 거의 동일한(1σ 이내) 전류값이 측정되었다. 더욱이 실리콘관통비아에 인접한 MOSFET에서 흐르는 전류는 실리콘관통비아가 없는 경우와 거의 동일하였다.

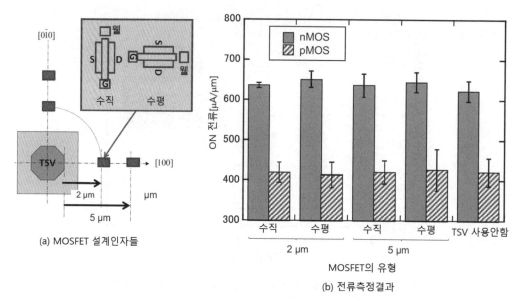

(a) MOSFET 설계인자들

(b) 전류측정결과

그림 9.98 실리콘관통비아에 인접하여 배치되어 있는 MOSFET의 작동특성

　다음으로, 실리콘관통비아에 인접하여 설치되어 있는 링형 발진기의 진동 사이클 변화를 사용하여 후 비아방식 실리콘관통비아공정의 배제영역에 대해서도 평가를 수행하였다. **그림 9.99 (a)**에서는 실리콘관통비아 근처에서 링형 발진기의 정렬상태를 보여주고 있다. 실리콘관통비아의 테두리에서부터의 거리와 채널방향의 함수로 링형 발진회로의 진동 사이클을 측정하였다(**그림 9.99 (b)**). 이 그림에 따르면, 링형 발진회로의 진동 사이클은 실리콘관통비아의 테두리로부터 2[μm] 떨어진 경우에 1% 만큼 변화하였다. 이 결과에 따르면 실리콘관통비아로부터 2[μm] 떨어진 위치에 MOSFET를 배치할 수 있으므로, 2[μm] 미만이 배제영역이다. 배제영역이 이처럼 비교적 작은 이유는 공정온도를 낮추어서 실리콘의 잔류응력을 유발하는 구리 소재의 잔류응력을 낮출 수 있기 때문에 실리콘기판의 잔류응력이 비교적 작기 때문이며, 후 비아방식의 실리콘관통비아공정이 중간비아 방식의 실리콘관통비아공정보다 공정온도가 더 낮다.

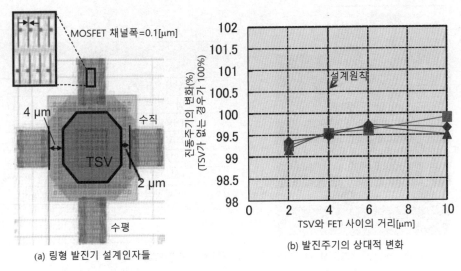

(a) 링형 발진기 설계인자들

(b) 발진주기의 상대적 변화

그림 9.99 실리콘관통비아 근처에서의 링형 발진회로의 특성

9.4.3 웨이퍼-웨이퍼 공정

9.4.3.1 웨이퍼-웨이퍼 집적화의 개괄

이 절에서는 **웨이퍼-웨이퍼** 방식의 집적화 공정에 대해서 살펴보기로 한다. 실리콘 인터포저와 두 개의 능동 칩들로 이루어진 3차원 집적회로가 **그림 9.100**에 개략적으로 도시되어 있다. 3차원 집적회로의 목표사양도 그림 속의 표에 요약되어 있다. 전기적 요구조건에 기초하여, 실리콘관통비아의 구조변수들을 결정하였다. 연결밀도 요구조건(1,000[1/mm^2] 이상)에 따라서, 범프와 실리콘관통비아의 피치들은 25.2[μm]으로 선정하였다. 실리콘관통비아의 제작 난이도와 실리콘관통비아의 기생정전용량 사이의 현실적인 밸런스를 고려하여 실리콘관통비아의 치수(즉 직경 8~12[μm], 길이 25[μm])를 결정하였다. 전원공급라인의 전압강하를 저감하기 위해서, 실리콘관통비아의 목표저항값은 0.2[Ω]으로 선정하였다. 그리고 실리콘관통비아의 정전용량을 50[fF] 이하로 유지하기 위해서 필요한 실리콘관통비아 라이너의 두께는 실리콘관통비아 직경의 4~6%(즉, 약 500[nm])로 선정하였다. 웨이퍼-웨이퍼 공정의 목표 배제영역도 앞서와 마찬가지로 2[μm]이다.

여기서 사용된 웨이퍼-웨이퍼 공정흐름은 다음의 관점에서 결정된다.

- 이 공정은 25[μm] 두께의 기판에 대해서만 적용할 수 있다. 이는 **그림 9.100**에 도시되어 있는 것처럼, 실리콘관통비아의 목표 길이가 25[μm]이기 때문이다. 박막가공된 웨이퍼는 굽어지기 쉬우며 잘 깨지기 때문에, 지지용 웨이퍼를 접착할 필요가 있다. 지지용 웨이퍼에 접착하는

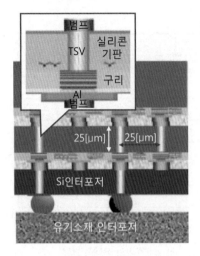

목표사양	
TSV저항	$<0.2[\Omega]$
TSV정전용량	$<50[fF]$
범프밀도	$4\sim10\times10^5[1/cm^2]$
TSV피치	$25.2[\mu m]$
TSV직경	$8\sim12[\mu m]$
TSV길이	$25.2[\mu m]$
라이너두께	직경의 $4\sim6\%$
배제영역	$2[\mu m]$

그림 9.100 3차원 LSI의 개략적인 단면도와 사양

방법은 크게 임시접착법과 영구접착법의 두 가지 종류로 나눌 수 있다. 후속조립을 위해서는 박막가공된 웨이퍼에서 지지용 웨이퍼를 탈착해야만 하므로 탈착과정에서 웨이퍼 파손이 문제가 된다. 그러므로 영구적인 접착공정이 사용된다. 지지용 웨이퍼에 영구적으로 접착한 다음에 박막가공을 통해서 웨이퍼의 두께를 $25[\mu m]$까지 줄이는 공정이 채용되었다.

• 이 공정을 통해서 $25[\mu m]$의 (범프) 연결피치를 구현해야만 한다. 비록 플립칩 접착에 널리 사용되는 SnAg를 기반으로 하는 솔더소재가 가장 유력한 후보물질이기는 하지만 가장 중요한 고려사항은 낮은 용융점(예를 들어 Sn3.5Ag의 용융점은 221[℃])이다. 만일 3장 이상의 웨이퍼를 적층한다면, 웨이퍼 적층에 접착되어 있는 솔더 범프들이 이후의 웨이퍼 접착공정이 진행되는 도중에 다시 용융되어 솔더 범프들의 재접착 과정에서 부정렬을 유발할 우려가 있다. 더욱이 범프피치가 줄어들면서 발생하는 전기이동 신뢰성의 저하도 중요한 문제이다. 이런 기술적 도전요인들을 극복하기 위해서, 웨이퍼-웨이퍼 공정에서 범프소재로 용융온도가 높은(1,085[℃]) 구리 소재가 사용된다.

• 접착 후 박막가공 방법과 후 비아방식 뒷면 실리콘관통비아공정을 조합하기 위해서는 웨이퍼 박막가공과 실리콘관통비아 생성공정을 수행하는 동안 접착된 범프들이 손상되지 않도록 보호해야만 한다. 칩-칩 공정에서 범프를 보호하는 방법과 마찬가지로, 모세관 현상을 사용하여 (에폭시 기반의) 충진용 폴리머를 칩 사이의 공극에 채워 넣는 칩들 사이의 공극을 모세관충진(CUF)방법을 사용한다. 접착할 웨이퍼의 테두리 부분에서 폴리머를 주입하여 웨이퍼들 사이의 좁은 공극을 폴리머로 완벽하게 충진하는 것은 어렵기 때문에 모세관충진방법은

웨이퍼－웨이퍼 공정에는 적용하기 어렵다. 칩－칩 공정에서는 폴리머 충진을 위해서 사전충진(PAUF) 방법도 사용한다. 이 방법의 경우, 칩－칩 적층을 수행하기 전에 충진용 폴리머를 도포하며, 폴리머의 경화와 솔더범프의 접착을 동시에 수행한다. 이 방법도 사전 도포된 폴리머가 구리 소재 범프 위에 잔류하여 범프 저항을 증가시키기 때문에, 웨이퍼－웨이퍼 공정에는 적용이 불가능하다. 이런 문제를 해결하기 위해서, 사전충진 방법을 일부 수정한 하이브리드 웨이퍼 접착방법이 사용된다. 이 방법의 자세한 공정에 대해서 살펴보기로 한다.

앞서 설명된 결정을 기반으로 하여 웨이퍼－웨이퍼 공정의 흐름도가 결정되었다. 3층(실리콘 인터포저 한 층과 두 층의 디바이스 웨이퍼)으로 웨이퍼를 적층하기 위한 자세한 공정흐름도가 **그림 9.101**에 도시되어 있다.

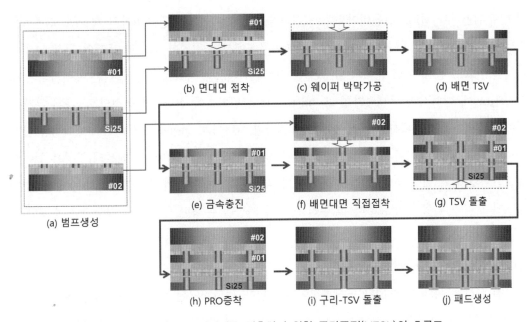

그림 9.101 3층으로 웨이퍼를 적층하기 위한 중간공정(MEOL)의 흐름도

a. 디바이스 웨이퍼 위에 범프 생성

우선, (실리콘 인터포저와 디바이스) 웨이퍼 위에 폴리머 층을 생성한 다음에 폴리머 층 위에 범프들을 위한 개구부를 생성한다. 범프들은 웨이퍼 위의 패드 전극들과 전기적으로 도통되어 있기 때문에, 개구부 바닥에는 전극들이 노출되어 있다. 그런 다음, 웨이퍼 위에 스퍼터링을 사용

하여 구리 소재 시드층을 증착하며, 전기도금을 통해서 폴리머 개구부 속을 구리층으로 충진한다. 그런 다음, 폴리머 위에 증착된 구리 박막을 화학적 기계연마를 사용하여 제거하면 평평한 구리/폴리머 표면이 얻어진다.

b. 웨이퍼 접착(앞면 대 앞면 접착)

구리 범프가 성형되어 있는 (실리콘 인터포저와 1차 디바이스) 웨이퍼들에 대하여 앞면 대 앞면 방식으로 열압착 접착을 수행한다. 열압착 접착은 적층에 힘과 열을 동시에 부가하여 접착 강도를 높이는 접착기법이다.

c. 실리콘기판 박막가공

뒷면연삭과 화학적 기계연마를 사용하여 디바이스 웨이퍼를 25[μm] 두께로 박막가공한다. 웨이퍼 두께편차가 실리콘관통비아의 과도식각을 유발하여 실리콘관통비아의 형상(노치)변형을 초래하기 때문에, 후 비아방식 실리콘관통비아공정에서는 정밀한 웨이퍼 두께와 두께 균일성 관리를 필요로 한다. 이런 문제의 발생을 방지하기 위해서는 목표로 하는 실리콘 웨이퍼의 두께 인 25[μm]에 대해서 총두께편차를 2[μm] 이내로 관리하여야 한다. 이 공정의 또 다른 문제는 웨이퍼 박막가공을 수행하는 동안 발생하는 웨이퍼 치핑이다. 연삭공정과 이후의 박막가공 단계를 수행하는 동안 웨이퍼 테두리에는 칼날형상의 모서리가 생성되며, 이 테두리 형상은 웨이퍼 크랙을 일으키기 쉽다. 이런 형상을 제거하기 위해서는 (웨이퍼 테두리 단면형상 수정을 위한) 테두리 모따기 가공이 필요하다. 테두리 모따기 가공을 수행한 다음에 접착공정을 수행한다.

d. 뒷면노광과 실리콘관통비아 에칭

우선 실리콘관통비아를 위한 노광공정이 수행된다. 박막가공된 실리콘 표면에는 정렬용 표식 이 없기 때문에 (가시광선을 사용하는) 기존의 마스크 정렬방법을 적용할 수 없다. 따라서 실리콘 에 대해서는 거의 투명한 적외선을 사용하는 마스크 정렬이 사용된다. 그런 다음, 포토레지스트 마스크를 사용하며 중간유전체층이나 디바이스 부동화층에서 끝나는 실리콘 에칭이 수행된다. 레지스트를 벗겨낸 다음에는 실리콘기판과 실리콘관통비아 금속소재 사이를 전기적으로 절연하기 위하여 **플라스마 증강 화학기상증착(PECVD)** 공정을 사용하여 실리콘관통비아 라이너 유전체로 사용되는 실리콘 산화물을 생성한다. 플라스마 증강 화학기상증착의 단차피복이 목표치수의 20~25%에 달하기 때문에, 0.5[μm] 두께의 실리콘관통비아 라이너를 구현하기 위해서는 2~3[μm]

두께의 증착이 필요하다. 그런 다음 실리콘관통비아의 바닥면에 위치한 집적회로 상호연결 전극 표면을 노출시키기 위해서 실리콘 산화물에 대한 식각을 수행한다.

e. 금속충진과 화학적 기계연마

집적회로의 상호연결 표면을 노출시킨 다음에는 스퍼터링을 통해서 Cu/Ti 시드층을 증착한 다음에 전기도금으로 구리를 증착한다. 전기도금과정에서의 (공동발생 등의) 실패를 방지하기 위해서 상향식 구리도금을 선호한다. 도금이 끝난 다음에서는 화학적 기계연마를 사용하여 실리콘관통비아 내부를 제외한 나머지 부분의 시드층을 제거한다.

f. 웨이퍼 접착(뒷면 대 앞면 접착)

두 번째 디바이스 웨이퍼에 성형되어 있는 구리 범프들을 (실리콘 인터포저와 첫 번째 디바이스 웨이퍼가) 접착된 웨이퍼 적층의 뒷면(실리콘관통비아 측)에 뒷면 대 앞면 구조로 접착한다. 접착조건은 앞면 대 앞면 접착과 동일하다.

g. 실리콘기판의 박막가공

중간비아방식을 사용하여 생성하여 아직 매립되어 있는 실리콘관통비아를 노출시키기 위해서 실리콘인터포저 기판에 대한 박막가공을 수행한다. 뒷면연삭과 뒤이은 실리콘 반응성이온에칭을 사용하여 실리콘관통비아를 노출시킨다.

h. 뒷면 보호용 유전체 도포와 i. 실리콘관통비아의 노출

플라스마 증강 화학기상증착(PECVD)공정을 사용하여 실리콘관통비아가 노출되어 있는 표면에 실리콘 산화막을 증착한다. 화학적 기계연마를 사용하여 실리콘관통비아의 상부를 덮고 있는 실리콘산화물 박막을 제거한다.

j. 뒷면패드 생성

Au/Ni 뒷면패드를 생성하기 위해서 준 적층 기법이 사용된다. Au/Ti 시드와 포토레지스트를 도포한 다음에는 포토레지스트가 제거된 부분에 Au/Ni 층을 도금한다. 그런 다음, 포토레지스트와 Cu/Ti 시드층을 제거한다.

다음 절에서는 웨이퍼 접착공정에 대해서 자세히 살펴보기로 한다.

9.4.3.2 웨이퍼접착기술

접착 후 박막가공 방법과 후 비아방식 뒷면 실리콘관통비아공정을 조합하기 위해서는 웨이퍼 박막가공과 실리콘관통비아 생성을 수행하는 동안 공정손상을 방지하기 위해서 범프를 보호해야만 한다. 접착과정에서 범프들이 동시에 폴리머로 덮이기 때문에, 범프들을 보호하기 위해서 **하이브리드 접착법**이 사용된다. 이를 위한 핵심 공정기술은 (a) 접착공동이 발생하지 않는 웨이퍼 접착과 (b) 웨이퍼 접착 전 표면세척이다. 지금부터 이에 대해서 자세히 살펴보기로 한다.

하이브리드 웨이퍼 접착에서 가장 큰 기술적 도전은 접착된 웨이퍼에서 발생하는 공동이다. 접착을 수행한 다음에 접착된 웨이퍼에 분포하는 공동이 **그림 9.102 (a)**에 도시되어 있다. 웨이퍼 내의 밝은 영역이 공동이 발생한 부분을 나타내며 큰 공동이 발생했음을 확인할 수 있다. 절단을 수행하고 나면 **그림 9.102 (b)**에 도시된 것처럼, 웨이퍼 내에서 다수의 칩들이 분리되어버리며, 칩의 박리가 발생한 부분이 공동 발생 영역과 일치함을 알 수 있다.

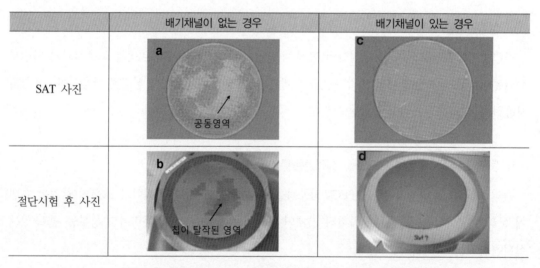

그림 9.102 접착된 웨이퍼의 공동 분포와 절단 후 칩 박리현상

이 결과에 따르면, 공동의 생성으로 인하여 절단공정에서 **칩 박리**가 유발된다는 것을 알 수 있다. 이런 공동이 발생하는 이유는 웨이퍼 접착과정에서 웨이퍼들 사이에 기체가 포획되기 때문이다. 가스의 포획을 방지하기 위해서 웨이퍼에 **배기채널** 구조를 도입하였다. 배기채널을 생성하기 위한 공정흐름도가 **그림 9.103**에 도시되어 있다. 우선, 노광공정을 사용하여 구리 패드와 배기

채널 패턴을 생성한다. 다음으로 폴리머 패턴 위에 구리와 차단금속을 증착한다. 전기도금의 충진비율은 패턴의 크기에 의존하므로, 구리로 완전히 충진되지 않는 배기채널과 범프의 패턴을 만들 수 있다.

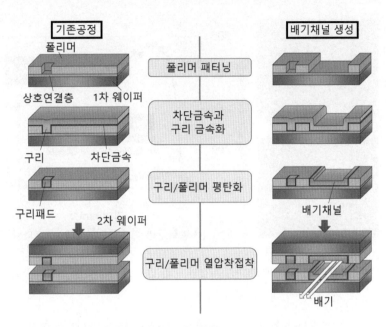

그림 9.103 배기채널 구조를 생성하기 위한 공정흐름도

화학적 기계연마를 사용하여 과도하게 증착되어 있는 구리와 차단금속을 제거한다. 마지막으로, 웨이퍼에 대한 접착을 수행한다. **그림 9.103**에 도시되어 있는 것처럼, 배기채널을 생성하기 위해서 추가적인 공정이 필요하지 않다. **그림 9.102 (c)**에 도시되어 있는 것처럼, 구리범프층에 배기채널을 만들어 놓으면 공동의 생성이 거의 없어진다. 더욱이 **그림 9.102 (d)**에 도시되어 있는 것처럼, 절단 수율은 100%에 달한다. 이런 결과에 따르면, 배기채널의 배치를 통해서 공동의 생성을 줄일 수 있으며, 절단과정에서의 칩 박리를 방지할 수 있다.

신뢰성 있는 범프 연결을 구현하기 위해서는 웨이퍼 접착을 수행하기 전에 웨이퍼 표면의 세척이 필요하다. **그림 9.104 (a)**는 하이브리드 접착을 수행한 다음에 구리범프 계면의 접착상태를 보여주는 주사전자현미경 영상이다. 구리 범프들 사이에서 계면을 명확하게 확인할 수 있으며, 이는 구리접착이 불완전(접착된 계면에서 결정입자의 성장이 없다)하다는 것을 의미한다. 이차이온질량분석(SIMS)을 사용한 구리 소재 범프 표면에 대한 깊이 프로파일 분석에 따르면, 범프 표면에 황화구리가 존재하는 것으로 판명되었다(**그림 9.104 (a)**). 황화구리를 제거하기 위해서 아르곤 플라스마 세척과 수소 라디칼 세척의 두 가지 세척공정에 대한 평가를 수행하였다. 그림 9.104 (c)에 도시되어 있는 것처럼, 두 세척공정 모두 범프 표면에서 황화구리를 효과적으로 제거하였다. 세척의 효과를 명확하게 확인하기 위해서, 접착된 웨이퍼에 대한 절단시험이 수행되었다.

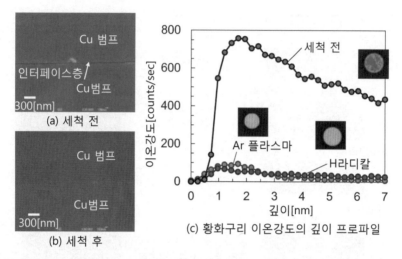

(a) 세척 전

(b) 세척 후

(c) 황화구리 이온강도의 깊이 프로파일

그림 9.104 접착된 계면에 대한 주사전자현미경 사진과 구리 범프 표면에 대한 이차이온질량분석 프로파일

아르곤 플라스마를 사용한 웨이퍼 세척의 경우, 절단과정에서 모든 칩들이 박리되어버렸다. 반면에, 수소 라디칼을 사용한 세척의 경우에는 박리가 발생하지 않았다. 아르곤 플라스마 세척 이후의 폴리머 표면에 대한 이차이온질량분석 결과에 따르면, 플라스마 처리가 표면조성의 변화를 유발하였으며, 그 결과 폴리머들 사이의 접착강도가 저하되었다. 수소 라디칼을 사용한 세척 이후의 구리-구리 접착계면에 대한 주사전자현미경 단면사진(**그림 9.104 (b)**)에 따르면, (계면층이 없는) 양호한 접착계면이 생성되었다. 이 결과를 통해서 구리 하이브리드 접착을 시행하기 전에 시행한 수소 라디칼을 사용한 세척이 양호한 구리-구리 접착 계면과 충분한 폴리머 접착강도를 만들어주었다는 것을 알 수 있다.

그림 9.101에 도시되어 있는 웨이퍼 적층에 대한 중간공정(MEOL)에서 설명했듯이, 두 개 이상의 웨이퍼 층들을 적층하기 위해서는 뒷면 대 앞면 접착이 필요하다. 공정 단계를 줄이기 위해서는 뒷면 대 앞면의 직접 접착이 채용되어야 한다. 여기서 뒷면 대 앞면 직접접착이라는 것은 구리 범프가 성형되어 있는 웨이퍼의 표면을 구리 소재 실리콘관통비아와 뒷면 유전체층이 노출되어 있는 웨이퍼 뒷면과 접착한다는 것을 의미한다. 이는 구리 범프가 구리 소재 실리콘관통비아와 접착되며 웨이퍼 표면의 폴리머는 뒷면 유전체(여기서는 SiO_2)와 접착된다는 것을 의미한다.

절단시험 결과에 따르면, 폴리머와 SiO₂층 사이에 충분한 접창강도가 생성되었음을 확인하였다. 뒷면 대 앞면 접착에서도 접착 공동을 줄이기 위해서 배기채널 구조가 사용되었다.

9.4.3.3 웨이퍼-웨이퍼 집적화의 결과

이 절에서는 앞서 설명한 웨이퍼-웨이퍼 조립을 위한 공정흐름을 사용하여 제작한 적층 칩의 기본적인 성능에 대해서 살펴보기로 한다. 시험구조의 기본적인 개념은 칩-칩 공정에서와 거의 동일하다.

a. 적층된 칩

그림 9.105에서는 패키지가 끝난 3차원 칩의 단면에 대한 주사전자현미경 영상을 보여주고 있다. 이 3차원 칩은 유기소재 기판 위에 마운트되어 있다. 3차원 칩의 실리콘 인터포저와 유기소재 기판 사이의 전기적 연결에는 **그림 9.105 (b)**에 도시되어 있는 것처럼 200[μm] 피치의 금(Au) 소재 스터드 범프가 사용되었다. 3차원 칩 내에서는 **그림 9.105 (c)**에 도시되어 있는 것처럼 25[μm] 피치로 배치되어 있는 구리 소재 범프와 실리콘관통비아를 사용하여 서로가 연결되어 있다.

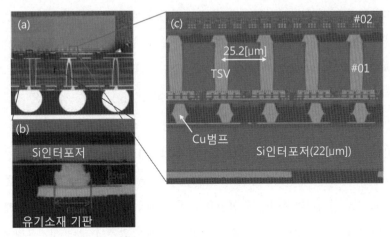

그림 9.105 (a) 유기소재 기판 위에 패키징되어 있는 3차원 칩 단면에 대한 주사전자현미경 사진, (b) 3차원 칩과 유기소재 기판 사이의 접착계면에 대한 단면사진, (c) 3차원 칩에 대한 고배율 단면사진

b. 저항, 정전용량

그림 9.106에 도시되어 있는 **켈빈 시험구조**를 사용하여 앞면 대 앞면 구조로 조립된 범프들의 전압-전류특성을 측정하였다. 측정된 저항값에는 하부 칩과 상부 칩의 배선저항, 앞면 대 앞면

구조로 접착되어 있는 구리 소재 범프의 저항 그리고 여타의 접촉저항들이 포함되어 있다. 그림에서 보여주듯이, 저전압 영역에서조차도 양호한 선형관계가 관찰되고 있으며, 그래프의 기울기를 사용하여 산출한 저항값은 0.028[Ω]으로 매우 작은 값을 가지고 있다.

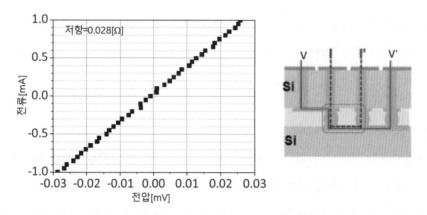

그림 9.106 앞면 대 앞면 구조로 조립된 범프들의 전압−전류특성. 측정된 값은 배선, 구리 소재 범프 그리고 여타 계면저항들의 직렬 합이다.

그림 9.107 (a)에서는 실리콘관통비아에 부가된 접압에 따른 실리콘관통비아의 정전용량값을 보여주고 있다. 이 측정에서는 시험구조에 대한 정전용량 계산을 사용하여 실리콘관통비아 이외의 정전용량은 측정값에서 배제하였다. 이 그림에서 알 수 있듯이, 실리콘관통비아의 정전용량은 대략적으로 40[fF] 내외이며, 부가된 접압범위에 대해서 거의 일정한 값을 가지고 있다. 웨이퍼 전체에 대한 실리콘관통비아의 정전용량 변화값(그림 9.107 (b))은 비교적 작은 것으로 판명되었다(계수값 편차는 약 10% 이내). 1[V] 전압하에서 직경 7[μm], 길이 25[μm]인 실리콘관통비아와 두께 600[nm]인 산화물 라이너의 정전용량은 약 160[fF]이며, 공핍층의 정전용량은 약 50[fF]인 것으로 평가된다. 따라서 실리콘관통비아 라이너 산화물층과 공핍층의 직렬 정전용량은 약 40[fF]으로서, 측정된 실리콘관통비아의 정전용량 값과 매우 잘 일치한다. 이를 통해서, 실리콘관통비아의 정전용량을 실리콘관통비아 라이너 산화물층과 공핍층의 직렬 정전용량으로 모델링할 수 있다는 것이 증명되었다.

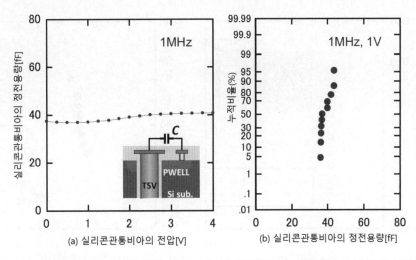

그림 9.107 (a) 실리콘관통비아의 전압−전류 특성, (b) 실리콘관통비아 정전용량의 변화 특성(1[MHz], 1[V])

후 비아방식의 실리콘관통비아공정의 경우에 한 가지 문제점은 구리와 k값이 작은 상호연결의 퇴화문제이다. 후 비아방식의 실리콘관통비아공정에서는 실리콘관통비아와 연결되어 있는 금속 상호연결층이 실리콘관통비아 에칭을 수행하는 동안 식각 차단층으로 작용할 뿐만 아니라 실리콘관통비아의 접촉전극으로도 작용한다. k값이 작은 유전체의 손상은 기생 정전용량의 증가와 신뢰성 저하를 초래하기 때문에, 실리콘관통비아 에칭과 이후에 수행되는 습식공정에 의해서 주변의 k값이 작은 유전체에 공정손상이 유발되는지에 대해서 규명해야만 한다. 실리콘관통비아에 인접하여 배치되어 있는 **벌집형 커패시터**의 정전용량 변화를 사용하여 후 비아 방식의 실리콘관통비아공정에서 유발되는 k값이 작은 유전체의 손상에 대한 평가가 수행되었다. **그림 9.108 (a)**에서는 벌집형 커패시터의 부가된 주파수에 따른 인터라인 정전용량의 변화를 보여주고 있다. 벌집형 라인들 사이의 공극은 190[nm]이며 실리콘관통비아의 테두리로부터의 거리는 2[μm]이다. 그림에서 알 수 있듯이, 정전용량은 주파수 변화나 실리콘관통비아의 유무에 관계없이 거의 일정하였다. **그림 9.108 (b)**에서는 웨이퍼 내에서 정전용량 변화의 누적 비율을 보여주고 있다. 여기서, 정전용량의 변화는 실리콘관통비아가 있는 경우와 없는 경우 사이의 정전용량 차이를 실리콘관통비아가 없는 경우의 정전용량값으로 나눈 값이다. 정전용량의 변화가 1% 이내이기 때문에, 후 비아방식의 실리콘관통비아공정이 구리와 k값이 작은 상호연결의 인터라인 정전용량에 미치는 영향은 무시할 정도이다.

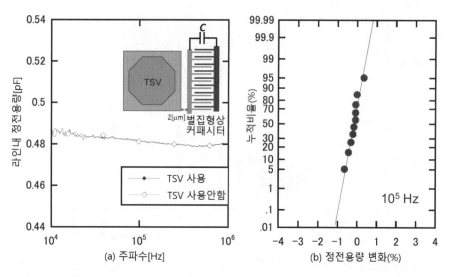

(a) 주파수[Hz]

(b) 정전용량 변화(%)

그림 9.108 (a) 실리콘관통비아에 인접하여 설치되어 있는 벌집형 커패시터의 인터라인 정전용량의 주파수 의존성, (b) 웨이퍼 내에서 인터라인 정전용량의 변화 특성

c. 배제영역

칩-칩 공정에서와 마찬가지로, 실리콘관통비아에 인접하여 설치되어 있는 링형 발진회로의 진동 사이클 변화를 사용하여 웨이퍼-웨이퍼 공정에서의 배제영역에 대한 평가를 수행하였다. 그림 9.109 (a)에서는 실리콘관통비아에 인접하여 설치되어 있는 링형 발진회로의 정렬을 보여주고 있으며, 측정결과는 그림 9.109 (b)에 도시되어 있다. 이 그림을 통해서 진동 사이클의 변화는 1% 이내이며 MOSFET를 실리콘관통비아 테두리에서 2[μm]까지 인접하여 설치할 수 있다는 것

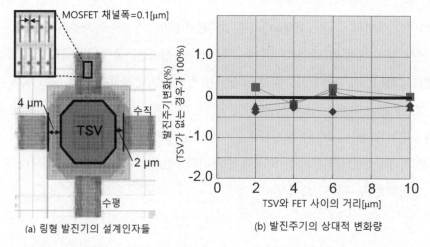

(a) 링형 발진기의 설계인자들

(b) 발진주기의 상대적 변화량

그림 9.109 실리콘관통비아에 인접하여 설치되어 있는 링형 발진회로의 작동 특성 변화

을 알 수 있다. 따라서 2[μm] 이내의 거리가 배제영역이 된다. 이 배제영역은 앞서 보고된 거리에 비해서 짧은 거리이다.[37, 38]

그 이유를 확인하기 위해서, **그림 9.110**에 도시되어 있는 것처럼, **후방산란전자회절(EBSD)**을 사용하여 실리콘기판 내의 실리콘관통비아에 인접한 영역에서의 잔류응력을 측정하였다. 실리콘관통비아 테두리의 약 2[μm] 거리에서 측정한 응력값은 50[MPa] 미만이었다. 알려진 바에 따르면, 잔류응력이 50[MPa] 미만이면 MOSFET의 전류량 변화가 2% 미만이다. 따라서 배제영역이 이토록 작은(실리콘관통비아로부터 2[μm]) 이유는 주로 실리콘 내의 잔류응력값이 작기 때문이다. 따라서 후 비아방식의 실리콘관통비아공정이 가지고 있는 가장 큰 장점은 실리콘 내의 잔류응력이 작기 때문에 배제영역이 작다는 것이다.

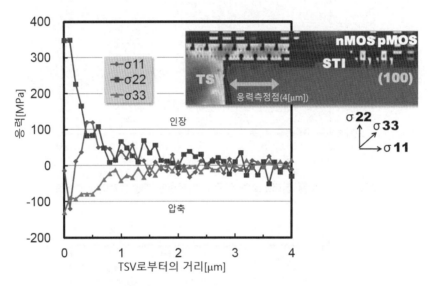

그림 9.110 실리콘관통비아에 인접한 위치에서 실리콘기판 내의 잔류응력 분포. 응력값은 후방산란전자회절(EBSD)을 사용하여 측정하였다.

d. 실리콘관통비아의 전송성능

실리콘관통비아는 길이가 짧기 때문에(웨이퍼-웨이퍼 공정의 경우 25[μm]) 실리콘관통비아 커플링 정전용량이 매우 작아서 와이어본딩이나 패키지 상호연결에 비해서 상호연결 지연과 전력소모가 월등히 작다는 특징을 가지고 있다. 그런데 실리콘관통비아도 역시 실리콘기판과의 **커플링 정전용량**을 가지고 있으며, 이 커플링 정전용량이 실리콘관통비아의 전송성능을 저하시킬 우려가 있다. 실리콘관통비아의 통신에 대해서 최적화된 회로에서 측정된 전력소모를 **그림 9.111**에서는 실리콘관통비아 패드의 함수로 나타내어 보여주고 있다. 이 도표의 기울기로부터 얻어진 전체적인 커플링 정전용량(실리콘관통비아의 정전용량, 배선의 정전용량, 범프의 정전용량) 값은 약 84[fF]이다. 전력소모와 실리콘관통비아 패드 레이아웃으로부터의 기생정전용량 추출을 통해서 산출한 실리콘관통비아의 기생정전용량값은 48[fF]이다. 실리콘관통비아의 정전용량이 이토록 낮기 때문에, **그림 9.112**에 도시되어 있는 것처럼, 17[Tbps/W]와 3.3[Tbps/mm^2]이라는 경이적인 수준의 전송성능을 구현할 수 있다.

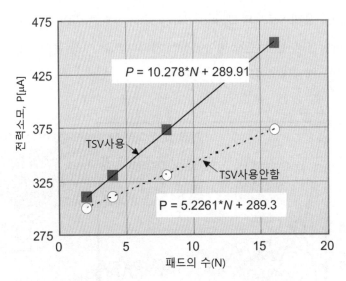

그림 9.111 3차원 집적회로를 위해서 최적화된 전송회로의 전력소모

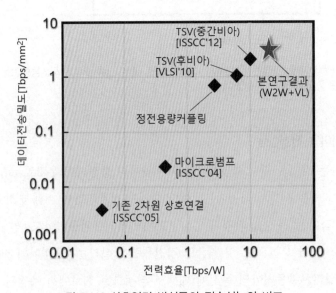

그림 9.112 상호연결 방식들의 전송성능의 비교

9.4.4 표준화

9.4.4.1 실리콘관통칩 전기적 특성의 기준모델과 시험조건의 지침

이 절에서는 국제 표준협회에 제안할 표준안에 대해서 논의한다. 3차원 LSI 설계에 필요한 실리콘관통비아의 전기적 특성에 대한 기준모델과 실리콘관통비아의 전기적 특성을 지정하기 위한 시험조건에 대해서 살펴보기로 한다.

제한된 범위 내에서 기존의 다중칩 상호연결 사양이 사용되고 있지만, 시스템 온칩과 주문형 반도체의 상호연결에는 적합하지 않다. 실리콘관통비아와 마이크로범프에 의해서 실현된 다양한 상호연결 기술이 상호연결의 방법론을 바꾸게 되었다. 광대역 입출력이 온칩 버스를 외부로 연결시켜주었으며, 작은 크기의 실리콘관통비아와 마이크로범프들이 정전용량과 부하가 작은 인터페이스를 구현하여 주었다. 이런 두 가지 기술들로 인하여 다중칩 신호 인터페이스에 온칩 신호처리 기술을 활용할 수 있게 되었다.

이 사양에서는 실리콘관통비아와 마이크로범프 기술을 설명하지 않으며, 또한 패키지 기술이나 인터포저 소재의 레벨에서 다중칩 모듈을 구현하기 위한 방법을 설명하지도 않는다. 단지 이들을 참조할 뿐이다.

이 사양의 기본 개념은 3차원 LSI 설계가 필요로 하는 실리콘관통비아의 전기적 특성에 대한 기준모델과 실리콘관통비아의 특성을 지정하기 위한 시험조건의 지침에 대해서 설명하는 것이다.

a. 실리콘관통비아의 전기적 특성에 대한 기준모델

실리콘관통비아의 전기적 특성에 대한 기준모델은 정전용량(C_v)과 저항(R_v)으로 이루어진다. 총 정전용량인 C_v는 **그림 1.113**의 좌측에 도시되어 있는 C_{ox}, C_{dep}, C_{fr} 등으로 이루어진다. C_{ox}와 C_{dep}는 실리콘관통비아와 반도체 기판 사이의 정전용량이며, 공핍층이 존재하기 때문에 실리콘관통비아에 부가되는 전압(V_{cc})에 의존한다. C_{fr}은 범프들과 반도체 기판 사이의 테두리정전용량이다. 총 정전용량 C_v는 **그림 9.113**의 우측에 도시되어 있는 것처럼, 전압 V_{cc}와 주파수의 함수로 정의된다. C_{dep}의 노드는 기판을 통해서 접지에 연결된다. 실리콘관통비아의 간격이 매우 가까운 경우에는 커플링 모델을 추천한다.

표 9.13에서는 모델 표준화에 대한 기준을 보여주고 있다. 회로구성에서는 제안된 모델을 설명하고 있다. 디바이스 구조에서는 제안된 모델을 사용하는 경우에 필요한 디바이스 구조를 보여주고 있다. 시험조건에서는 시험에 필요한 디바이스 구조와 작동조건을 제시하고 있다.

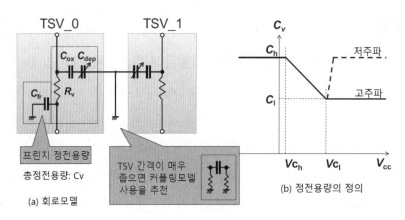

그림 9.113 실리콘관통비아의 전기적 특성모델

표 9.13 표준화를 위한 기준모델

항목	하위항목	기준
회로구성	인자	저항은 평균값으로 정의
		정전용량은 파형으로 정의, 테두리 정전용량은 무시가능
		인덕턴스는 거의 영향을 미치지 않으므로 무시
	일반화 모델	정의되지 않음
디바이스 구조	실리콘관통비아	정의되지 않음
		실리콘관통비아들 사이의 간극이 매우 좁으면 커플링모델을 추천
	반도체 기판의 전원	기판은 접지에 연결
		기판이 전원에 연결되지 않으면 정의된 실리콘관통비아 회로모델 적용불가
	반도체 기판	p형
시험조건	구조	실리콘관통비아 어레이
		단일 실리콘관통비아와 어레이 실리콘관통비아 사이에는 차이가 있음
	주파수	정전용량의 주파수 의존성 측정
	전압	커패시터의 주파수 의존성 측정

b. 실리콘비아의 전기적 특성 중 저항측정을 위한 시험조건

실리콘관통비아의 저항(R_v)은 LSI 상호연결의 벌크저항, 실리콘관통비아저항 그리고 범프와 이들의 접촉저항 등으로 구성되며, 4점 측정을 통해서 구할 수 있다. 1A 단자와 1B 단자에 연결되어 있는 전류공급용 배선을 통해서 일정한 전류(I)를 공급하며, 단자에 연결되어 있는 배선들 사이에 형성된 전압(V)은 **그림 9.114**에 도시되어 있는 것처럼, 전압계를 사용하여 측정한다. 옴의 법칙에 따르면, 첫 번째 칩의 연결쌍 저항(R_1)은 V/I로 정의된다. 동일한 셋업을 사용하여 첫 번째 칩과 두 번째 칩 사이의 저항(R_2)을 구할 수 있다. 실리콘관통비아의 저항(R_v)은 $(R_2 - R_1)/2$로 정의

된다. 이 방법은 두 번째 칩이 첫 번째 칩과 본질적으로 동일한 경우에만 유효하다. 측정오차를 최소화하기 위해서, 전압측정용 배선은 가능한 한 짧게 연결하여야 한다.

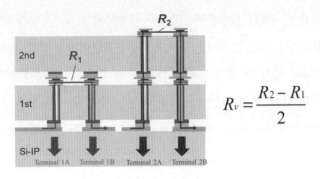

$$R_v = \frac{R_2 - R_1}{2}$$

그림 9.114 저항 측정방법

정전용량의 측정

전기적인 임피던스 측정을 통해서 실리콘관통비아의 정전용량(C_v)을 측정할 수 있다. **그림 9.115**에 도시되어 있는 것처럼, 임피던스 미터를 사용하여 신호주파수(f)와 직류전압(V_{dc})의 함수로 1A 단자와 1B 단자 사이의 총 정전용량(C_1)을 측정한다. 이 정전용량(C_1)은 실리콘관통비아의 정전용량(C_v)과 측정용 배선과 실험 셋업에 의해서 유발되는 기생정전용량(C_2)로 이루어진다. 그러므로 실리콘관통비아의 정전용량(C_v)은 $C_1 - C_2$로 주어진다. 실리콘관통비아나 범프가 없는 시험용 구조에 대한 임피던스 측정을 통해서 2A 단자와 2B 단자 사이의 기생정전용량(C_2)을 측정할 수 있다. 기생정전용량을 줄이기 위해서는 실리콘관통비아 어레이를 사용할 것을 추천한다.

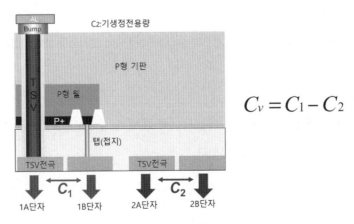

$$C_v = C_1 - C_2$$

그림 9.115 기생정전용량 측정방법

고주파 특성

실리콘관통비아의 고주파 특성을 파악하기 위해서, **벡터 회로망 분석기(VNA)**를 사용하여 실리콘관통비아의 S 계수에 대한 측정을 수행하였다. **그림 9.116**의 좌측에 3차원 조감도 형태로 도시되어 있는 그림에서와 같이, 4개의 실리콘관통비아를 사용하여 각각 두 개씩 뒷면에서 단락시켜서 한 쌍의 접지선과 신호선을 만든다. 측정을 위해서 실리콘관통비아의 간극피치(200[μm])에 해당하는 접촉핀 피치를 갖추고 있는 두 개의 접촉식 접지 – 신호 마이크로파 프로브가 사용된다. 교정용 기판을 사용하여 개방, 단락 및 부하상태에 대한 교정을 수행한 다음에 실리콘관통비아에 대한 S 계수 측정을 수행하였다. S_{21} 및 S_{11}에 대한 전형적인 측정결과가 **그림 9.116**에 도시되어 있다.

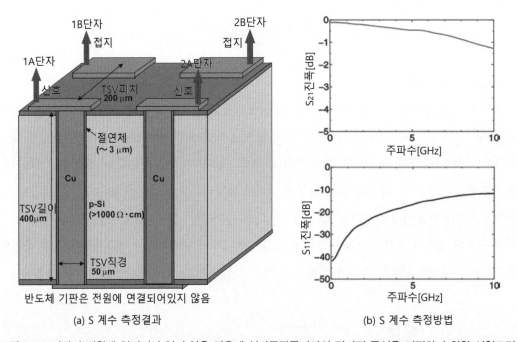

(a) S 계수 측정결과   (b) S 계수 측정방법

그림 9.116 기판이 전원에 연결되어 있지 않은 경우에 실리콘관통비아의 전기적 특성을 지정하기 위한 시험조건

실리콘관통비아 모델의 기준치수

이 절에서는 실리콘관통비아 모델의 기준치수에 대해서 살펴보기로 한다. **그림 9.117**에서는 디바이스의 구조와 기준값을 보여주고 있다.

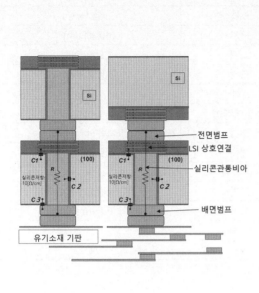

		변수	기준값
C1	LSI상호연결	크기	20/30[μm]□
	금속전 유전체	유전율	$\simeq 4$
		두께	$\simeq 0.3$[μm]
C2	실리콘관통비아	직경	10/20[μm]
		길이	20/50[μm]
	실리콘관통비아 라이너	유전율	4.5
		두께	0.5[μm]
C3	뒷면범프	크기	φ10/30[μm]
	뒷면 ILD	유전율	4.5
		두께	미정
R	앞면범프 - LSI상호연결	접촉저항	−
	LSI - TSV상호연결	접촉저항	−
	실리콘관통비아	저항	2.0[$\mu\Omega$/cm]
		직경	10/20[μm]
		길이	25/50[μm]
	TSV - 뒷면범프	접촉저항	−
	앞면범프/뒷면범프	저항	−
		길이	5/5[μm]
		크기	10/30[μm]
	LSI 상호연결	저항	−
		구조	−

(a) 구조	(b) 변수값

그림 9.117 실리콘관통비아 모델의 기준치수들

c. 배제영역

여기서는 배제영역을 평가하기 위한 표준 평가방법에 대해서 살펴보기로 한다. 실리콘관통비아를 생성하는 과정에서 실리콘관통비아의 주변에 기계적인 응력이 생성된다. 이 응력은 트랜지스터 전류의 편차를 초래한다. **배제영역**은 트랜지스터가 실리콘관통비아에 의해서 유발되는 응력에 영향을 받지 않도록 하기 위해서 각각의 실리콘관통비아를 둘러싸고 있는 트랜지스터를 배치할 수 없는 영역이다. 배제영역에 영향을 미치는 인자들이 **표 9.14**와 **그림 9.118**에 제시되어 있다. 실리콘관통비아의 테두리에서부터 트랜지스터 확산층의 게이트 테두리까지의 거리가 치수 D로 정의되어 있다. 이 치수 D가 특정한 값에 도달하여 트랜지스터의 전류가 n% 만큼 변한다면 이 치수 D를 배제영역으로 정의한다.

표 9.14 배제영역에 영향을 미치는 인자들

항목	하위항목		인자	기준값
칩 적층구조	전방범프		크기	$\varphi 10/30[\mu m]$
			소재	Cu/SnAg-Cu
	후방범프		크기	$\varphi 10/30[\mu m]$
			소재	Cu/Au-Ni
	실리콘관통비아		크기	$10/20[\mu m]$
			소재	Cu
			단일/어레이	어레이
	충진용 레진		소재	PI/에폭시 시리즈
트랜지스터 구조	공정		세대	90[nm]
	채널방향		평행/수직/대각선	평행/수직/대각선
	게이트 폭	W	크기	$0.25[\mu m](n),\ 0.5[\mu m](p)$
	게이트 길이	L	크기	약 $0.1[\mu m](n,\ p)$
	게이트 산화물	T	두께	–
	MOS 유형		N/P	N/P

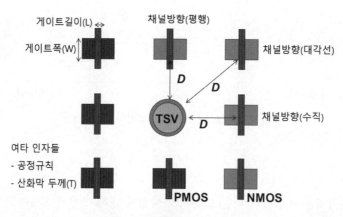

그림 9.118 배제영역의 정의

9.4.5 요약

차세대 3차원 패키지형 시스템은 적층된 집적회로들 사이에서 전기적 통신과 전력공급을 위한 전기적 연결을 필요로 하며, 범프와 실리콘관통비아를 통해서 이를 구현하였다. 이 절에서는 두 가지 유형의 3차원 집적화 방법(칩-칩과 웨이퍼-웨이퍼)에 대해서 살펴보았다. 후 비아방식의 실리콘관통비아 생성을 통한 웨이퍼 레벨에서의 3차원 집적화 방법에 대해서 상세하게 살펴보았다. 이 집적화 방법의 핵심은 배기채널 구조를 사용하여 구리/폴리머 하이브리드 웨이퍼를 접착하여 커다란 접착공동을 생성하지 않으면서 구리-구리 사이의 접착뿐만 아니라 폴리머 폴리머 사이의 접착도 양호하게 구현되었다. 접착된 웨이퍼를 사용하여 후 비아방식의 실리콘관통비아 (직경 7[μm], 길이 25[μm]) 공정을 성공적으로 구현하였으며, 이를 통해서 제안된 3차원 집적화 공정의 효용성을 검증하였다. 구리 하이브리드 접착 과정에서 황 성분을 함유한 불순물이 구리 범프들 사이의 접착성을 저하시키며, 수소 라디칼을 이용한 세척을 통해서 구리범프 표면에 존재하는 황화구리 성분을 효과적으로 제거하였다.

전기적 특성측정을 통해서 제안된 집적화 방법의 효용성을 검증하였다. 후 비아방식의 공정 덕분에, 실리콘관통비아 접촉을 위해서 단지 두 개의 상호연결 레벨이 필요하게 되었다. 실리콘 관통비아 근처의 실리콘 내부에 생성된 기계적인 응력이 작기 때문에(50[MPa] 미만), 실리콘관통 비아로부터 단지 2[μm] 이내의 영역만이 배제영역으로 지정되었다. 후 비아방식으로 실리콘관통 비아를 생성한 이후에 구리 소재와 k값이 작은 상호연결 사이의 손상은 무시할 수준이다(즉, 상호연결 정전용량의 변화가 1% 미만이다) 웨이퍼-웨이퍼 공정을 통해서 정전용량값이 작은(약 40[fF]) 실리콘관통비아를 구현하였다. 결론적으로, 17[tbps/W]와 3.3[Tbps/mm^2]의 높은 전송성능을 갖춘 실리콘관통비아를 구현하였다.

9.5 패키징 기술의 초광폭 버스 3차원 시스템

9.5.1 배경

광폭 I/O2나 **광대역 메모리(HBM)**와 같은 광대역 버스 메모리들이 시장에 출시되기 시작했으며, 이로 인하여 실리콘관통비아를 포함하는 3차원 기술을 기반으로 하여 큰 발전이 이루어졌다.[39-41] **그림 9.119**를 통해서 이러한 경향을 확인할 수 있다. 이 도표에 따르면, 시장은 메모리와 로직 사이의 대역을 넓히기 위해서 더 넓고 빠른 버스를 필요로 하고 있다. 현재의 경향에 따르면, 앞으로의 시장이 이 방향으로 발전할 것이라고 예상되기 때문에, 실리콘 인터포저를 사용한 초광폭 버스를 포함하는 3차원 구조가 개발되었다. 현재의 기술환경하에서는 제조공정의 복잡성으로 인하여 기존의 공급망[5]이 3차원 개발에 문제요인으로 작용하고 있다. 다행히도, 웨이퍼 위탁생산 업체들과 반도체 조립 및 시험 외주업체(OSAT) 업체들을 활용하여 이 문제를 해결해나가고 있

---

5 일본 반도체 업계에 국한되는 이야기임. 역자 주

다. 다시 말해서, 제조공정 전반의 설계원칙 변경과 외주용역을 조합하여 성공적으로 공급망을 구축할 수 있게 되었다.

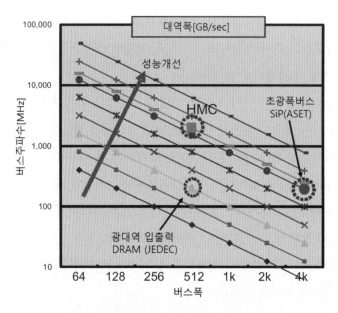

그림 9.119 메모리 버스의 폭과 전송능력(대역폭)

다이를 제작하고 나서, **연합검사수행그룹(JTAG)**과 스캔을 사용하여 실리콘관통비아를 포함하는 디바이스의 특성에 대한 시험을 수행하였다. 이 시험들은 단순회로에 대해서 수행되며, 3차원 큐브성능에 기초하여 수정되었다. 이 시험을 통해서 선정된 기지양품다이들이 3차원 디바이스 평가에 사용되었다.

3차원 구조의 장점은 신호전송의 폭이 넓다는 것이지만, 이로 인하여 **동시스위칭출력(SSO)**노이즈가 초래될 수 있으며, 다량의 전송에너지를 필요로 한다. 그러므로 초광폭 버스성능에 대한 규명, 에너지 저감 가능성 연구 그리고 노이즈 저감 등의 기본적인 평가에 세심한 주의를 기울이면서 이 개발이 수행되었다. 실리콘관통비아 자체의 전송능력을 포함하여 실리콘관통비아를 포함하는 실리콘 인터포저 내에서 신호의 품질과 전원공급을 모니터링하는 회로가 사용되었다.

9.5.2 시편제작

광대역 메모리와 512 또는 1,024개의 입출력단을 갖춘 광폭 I/O2들이 시장에 출시되기 시작하였다. 그러므로 이에 대한 평가를 위하여 4,096개의 입출력단을 갖춘 메모리 다이와 로직 다이로 이루어진 3차원 패키지형 시스템 시편을 설계하였다.[42] 3차원 패키지형 시스템에서는 다이들 사이에 실리콘 인터포저가 삽입되어 있으며, 초광폭 버스가 작동하는 동안 **동시전력공급**을 모니터링하기 위한 모니터 회로가 내장되었다. 다시 말해서, 이 실리콘 인터포저들은 로직 다이와 메모리의 설계에 영향을 미치지 않는 능동형 인터포저로 설계되었다. 게다가, 이 모니터 회로는 초광폭 버스를 극대화시키는 여분의 채널로도 활용된다.

전력소모를 줄이기 위해서는 4,000개 이상의 입출력 시스템이 필요하다. 이에 대해서 다음과 같은 검사들이 수행되었다.

- **실리콘관통비아의 정전용량 측정** : 100[fF] 미만의 정전용량을 측정하기 위해서, 디바이스 다이의 두께를 50[μm] 미만으로 줄였으며, 측벽의 절연막 두께 최적화가 수행되었다.
- **최소한의 제어로직을 갖춘 입출력 회로** : 메모리와 로직 사이의 전송속도를 200[Mbps]까지 낮추었으며 입출력 조작성을 최적화하였다.
- **정전기방전(ESD)회로의 최소화** : 메모리와 로직 사이의 실리콘관통비아는 외장형 핀들이 아니기 때문에, 정전기방전회로들을 최소화시킬 수 있다.
- **V$_{dd}$로부터 입출력 전원공급 분리** : 전력공급의 변동으로 인하여 4,096개의 입출력 단자들 내에서의 신호품질 저하가 유발된다. 이에 대한 블록선도가 **그림 9.120**에 도시되어 있다.

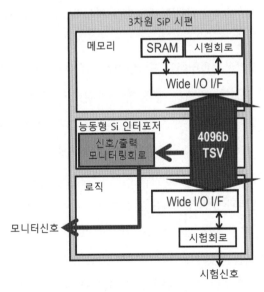

그림 9.120 시편의 블록선도

파운드리 설계원칙과 7Cu/1Al 공정을 사용하는 설계키트에 기초하여 90[nm] **셔틀 시험요소그룹(TEG)** 디바이스 웨이퍼가 설계되었다. 그런데 90[nm] 셔틀 시험요소그룹의 파운드리 전공정은 실리콘관통비아 제작을 지원하지 못하기 때문에, 후 비아방식의 실리콘관통비아 제작공정이 선정되었다. 초선단전자기술개발기구(ASET)의 연구개발공정을 사용하여 실리콘관통비아를 제작하였다. 로직회로와 능동형 인터포저 다이에 대한 범프와 실리콘관통비아 제작공정의 흐름도가 **그림 9.121**에 제시되어 있다.

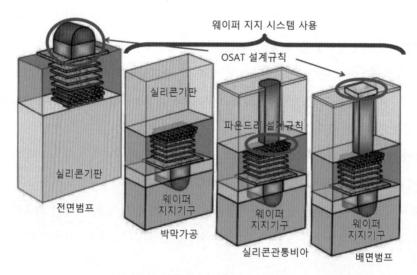

그림 9.121 범프와 실리콘관통비아를 제조하기 위한 공정흐름도

이 다이들에 성형되는 실리콘관통비아는 후 비아방식의 실리콘관통비아공정을 사용하여 적절한 구조를 만들기 위해서 1Cu(첫 번째 금속)층에 연결된다고 가정한다. 이 다이들에 사용되는 후 비아방식 실리콘관통비아는 실리콘관통비아와 패드 사이의 최적 상호연결을 구현하기 위한 전공정 배선 설계원칙에 기초하여, 1Cu와 2Cu(두 번째 금속층) 직선패턴으로 이루어진 패드를 필요로 한다. 1Cu와 2Cu는 설계원칙이 허용하는 최대 선폭으로 제작하며, 이 선폭은 배선 배제영역을 의미하는 배선금지영역과 동일한 크기를 갖는다.

설계원칙에 의해서 제한되는 최대 배선폭으로 제작한 1Cu 패드는 실리콘관통비아를 완전하게 포함할 수 없기 때문에, 실리콘관통비아 영역 내에서 2Cu를 배선층으로 사용할 수 없으므로, 실리콘관통비아는 2Cu에 도달하게 된다. 로직 다이의 실리콘관통비아 배치와 수직구조가 **그림 9.122**와 **그림 9.123**에 도시되어 있다. 게다가, 실리콘관통비아는 배선패턴으로 이루어진 1Cu+2Cu에 의해서 완전하게 포함되므로, 3Cu 이상의 상부층에는 더 이상의 금지영역이 존재하지 않는다.

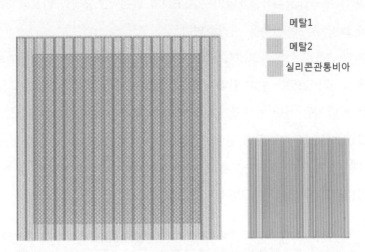

그림 9.122 로직 다이의 실리콘관통비아 레이아웃 (컬러 도판 p.494 참조)

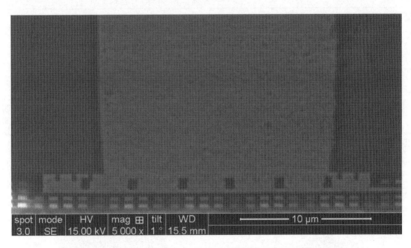

그림 9.123 실리콘관통비아 단면에 대한 주사전자현미경 영상

후공정 설계원칙과 범프 설계원칙에 맞추기 위해서 상부 알루미늄 층과 패시베이션층도 파운드리의 후공정 설계원칙을 사용하여 설계하였다. 이는 범프 패드들의 설계는 일반적인 프로브 패드 설계원칙과는 다르며, 검사규칙을 포함하는 원래의 접촉구조가 만들어진다는 것을 의미한다.

또한 이 시편에 대한 새로운 설계원칙을 구현하며, 이와 동시에 범프 생성과 조립공정사이의 조절위해서 통합이 수행된다. 조립설계의 원칙은 범프 패턴의 시프트를 범프피치와 마이크로범프를 갖춘 상호연결구조 이하로 금지하고 있다.

웨이퍼지지기구를 사용하여 뒷면 3차원 공정이 수행되었다. 초광폭 버스 3차원 패키지형 시스템을 구현하기 위한 초선단전자기술개발기구(ASET)의 범프제조공정과 반도체 조립 및 시험 외주업체(OSAT)의 조립 요구조건들을 정리하였다.

칩들은 7,332개의 핀들로 이루어진 50[μm] 피치의 솔더 마이크로범프들과 연결되며, 실리콘관통비아는 뒷면 재분배라인(RDL) 없이 완벽하게 중심맞춤이 이루어진 뒷면범프들을 갖추고 있다. 솔더범프를 통해서 다이들 사이의 연결이 이루어진다. 로직다이는 실리콘 인터포저 다이 위에 앞면 대 뒷면 연결방식으로 적층되며 실리콘 인터포저 다이는 면 대 면 방식으로 메모리 다이 위에 적층된다. 패키지에 대한 개요는 **그림 9.124**에 도시되어 있으며, 조립이 끝난 3차원 패키지형 시스템은 **그림 9.125**에 도시되어 있다.

	시편 구성요소		
	로직	능동 실리콘 인터포저	메모리
칩 크기	9.93×9.93[mm²]		
웨이퍼	90[nm] 셔틀 시험요소그룹		
TSV 깊이	50[μm]		–
TSV 직경	20[μm]		–
TSV 피치	200[μm]	50[μm]	–
TSV 제조	후 비아방식		
조립	외주반도체 조립 및 시험(OSAT)		
적층	상향	상향	하향
연결		솔더	솔더	
충진	모세관충진		

그림 9.124 시편 패키지의 개요

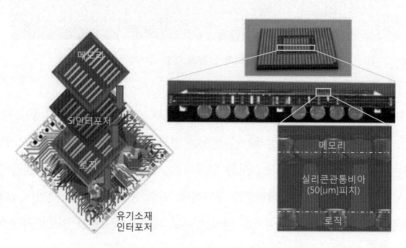

그림 9.125 3차원 패키지형 시스템의 구조

9.5.3 평가

시험용 시스템을 사용하는 평가의 경우, 여분회로와 각 다이배선들의 상호연결 결함 검출회로를 포함하는 시험회로가 극단적으로 핀의 숫자가 많은(입출력 핀 4,000개 이상) 3차원 패키지형 시스템에 효과적인 것으로 확인되었다. 시험구조와 시험블록의 구성도가 **그림 9.126**에 도시되어 있다. 반도체 시험회로를 사용하여 웨이퍼 상태와 3차원 패키지형 시스템 상태 모두에 대해서 기지양품다이(KGD)를 판정하기 위해서 수행하는 시험항목들이 **그림 9.127**에 제시되어 있다. 웨

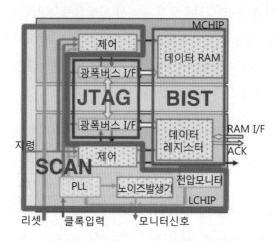

그림 9.126 시험 구조와 시험의 블록선도

시험항목	시험항목			
	웨이퍼레벨		3차원 패키지형 시스템	
	로직	메모리	로직	메모리
전력선 단락	○	○	○	○
핀 리크	○	○	○	–
입출력 개방/단락	○	○	○	–
상호연결 입출력루프	○	○	–	–
스캔	○	○	○	○
메모리내장자체시험	–	○	–	○
연합검사수행그룹	–	–	○	○
연결	–	–	○	○
위상고정루프/지연고정루프	○	○	○	○
실리콘관통비아 경로	–	–	○	○
기능	–	–	○	○

그림 9.127 웨이퍼와 3차원 패키지형 시스템에 대한 시험항목들

이퍼 상태와 3차원 패키지형 시스템 상태에서 일반적으로 사용되는 시험기법인 스캔과 내장자체시험(BIST)을 통해서 기지양품다이를 판정하기 위해서 시험회로들은 프로브 패드뿐만 아니라 범프에도 연결되어 있다. 더욱이 다이들 사이의 전송성능을 사용하여 기지양품다이로 판정된 3차원 패키지형 시스템에 대한 평가를 수행하였다. 그리고 연합검사수행그룹(JTAG)을 사용하여 다이들 사이의 상호연결에 대한 평가를 수행하였다. **상호집적회로(I2C)** 인터페이스를 갖춘 제어용 레지스터를 사용하여 입출력 작동이 수행되었다. 이러한 시험들을 통해서 제안된 회로들의 효용성을 검증할 수 있었다.

접근검사포트의 상호연결 불량을 검출하기 위해서 연합검사수행그룹(JTAG)시험이 먼저 수행되었으며, 다음으로 플립-플롭 체인연결과 로직다이와 메모리 다이 사이의 신호전송을 확인하였다. 게다가 이 시험이 불량 입출력 단자들을 물리적인 지도로 변환시켜서 위치를 구분하는 데에 효과적이라는 것을 확인하였다(**그림 9.128**).

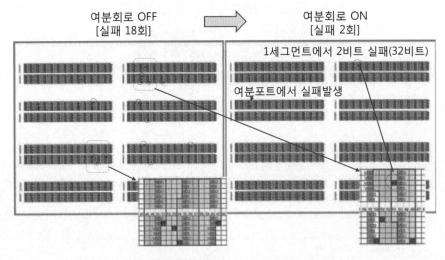

그림 9.128 여분회로(상호연결 실패의 복구)

초광폭 버스구조의 경우, 동시스위칭출력(SSO)에 따른 전력공급 노이즈가 문제를 유발하는 것으로 생각된다. 시뮬레이션을 사용하여 이런 동시스위칭출력 노이즈를 예측하였으며, 실제의 측정을 통해서 비교를 수행하였다. 또한 **배전망(PDN)**의 주파수 특성과 3차원 패키지형 시스템의 구조와 레이아웃에 따른 전력공급 노이즈 사이의 연관관계에 대한 고찰을 수행하였다. 3차원 패키지형 시스템의 전력공급 노이즈를 측정하고 기능수행 주파수의 전력 의존성을 평가하기 위한 평가용 보드에 대한 설계와 제작을 수행하였다.

그래픽 사용자 인터페이스(GUI)를 갖춘 평가용 시스템이 제작되었다. 이 시스템은 4형 난연재 (FR-4) 보드로 제작된 여섯 개의 배선층을 갖추고 있다. 제작된 보드와 시험에 사용된 3차원 패키지형 시스템이 **그림 9.129**에 도시되어 있다.

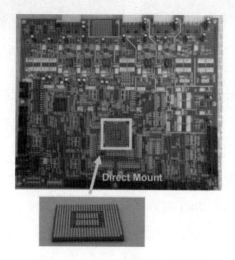

그림 9.129 배전망 평가보드의 사진

모델링 시뮬레이션 과정에서 전자기장 해석을 기반으로 하는 시뮬레이션 도구를 사용하여 레이아웃으로부터 각 구성요소들의 **개별 배전망 모델**과 구조정보를 추출하였다. 이를 통해서 개별 배전망 모델들의 전원과 접지핀들 사이를 연결하는 모든 구성요소들을 추출할 수 있다. 이를 사용하여, 평가용 보드에 설치되어 있는 3차원 패키지형 시스템의 전체 배전망을 나타내는 통합 모델을 도출할 수 있다.

마지막으로, 회로 시뮬레이터를 사용하여 이 통합모델에 대한 분석을 수행하여 주파수 특성과 과도응답을 구한다. 또한 사전에 트랜지스터 레벨에 대한 SPICE 해석을 통해서 다이요소들에 대해서 셀 단위로 추출한 비동조 정전용량을 배전망 모델에 추가한다. 각각의 작동모드들과 시험용 벡터와 회로지연 정보에 기초한 각각의 주파수들에 대해서 시간도메인 해석에 필요한 초광폭 버스의 전류거동을 구했다.

주파수 도메인 해석과 측정된 데이터를 비교하기 위해서, 우선, 개별 배전망 모델에 대한 검증을 수행하였다. 프로브들을 접착패드에 직접 접촉시켜서 3차원 패키지형 시스템 내의 각 다이들의 임피던스를 측정하였으며, 다음으로 주파수 도메인 해석을 수행하였다. 온칩 배전망 임피던스를 측정하기 위한 방법이 **그림 9.130**에 도시되어 있다.

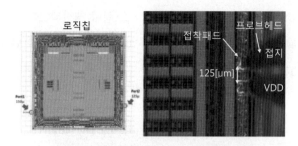

그림 9.130 온칩 배전망 측정방법

벡터 회로망 분석기(VNA)를 사용하여 측정이 수행되었다. 로직 다이와 메모리칩의 배전망 임피던스에 대한 실제 측정과 시뮬레이션 결과에 대한 비교가 수행되었다. **그림 9.131**에서 알 수 있듯이 약 1[GHz] 대역까지는 두 데이터들이 서로 잘 일치하고 있다. **그림 9.132**에서는 실리콘 인터포저 레벨에서의 배전망 임피던스 시뮬레이션 분석과 실제 측정 사이의 비교가 수행되었다. 등가 정전용량의 경우에는 약 2[nF] 정도의 편차가 발생하였다.

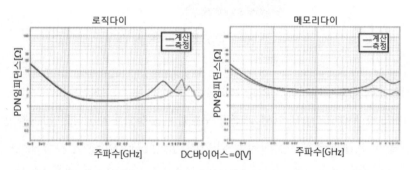

그림 9.131 메모리 다이와 로직 다이의 배전망 임피던스 (컬러 도판 p.495 참조)

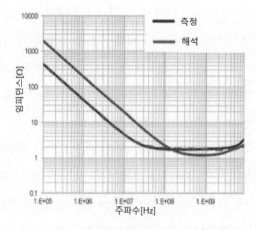

그림 9.132 실리콘 인터포저의 배전망 임피던스 측정결과와 해석결과 비교 (컬러 도판 p.495 참조)

동일한 방법을 사용하여, **그림 9.133**에 도시되어 있는 것처럼, 패키지보드 자체의 배전망 임피던스에 대한 시뮬레이션 결과와 측정결과를 비교하였다. 비동조 커패시터를 사용한 경우와 사용하지 않은 경우 모두, 시뮬레이션 결과와 측정결과가 모두 서로 잘 일치하고 있다. 이 평가결과로부터, 개별 배전망 모델의 타당성을 검증하였다. 마지막으로, 평가용 보드상의 3차원 패키지형 시스템의 통합모델을 사용하여 배전망 임피던스 시뮬레이션 해석을 수행하였다. 각 다이들에는 관측점들을 배치하였으며 비교결과는 **그림 9.134**에 도시되어 있다. 시뮬레이션 결과에 따르면, 패키지의 인덕턴스와 다이의 정전용량으로 인하여 약 80[MHz] 주변에서 강한 반공진 피크가 발생한다.

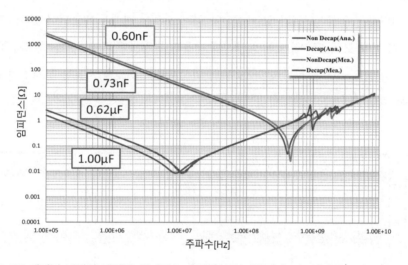

그림 9.133 패키지 내에서 배전망 임피던스 측정결과와 해석결과 비교 (컬러 도판 p.495 참조)

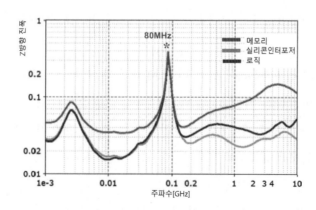

그림 9.134 배전망 임피던스 비교결과 (컬러 도판 p.496 참조)

앞서 설명한 개별 다이에 대한 평가결과들로부터, 3차원 패키지형 시스템에 대한 시간도메인 해석결과들에 대한 비교가 수행되었다. **동시스위칭출력 노이즈**를 분석하기 위해서, 이 시편을 다음과 같은 조건하에서 작동시켰다.

1. 각 다이들의 전류거동을 구동전원으로 사용
2. 4가지 클록주파수(50/75/100/200[MHz])로 쓰기작동 수행
3. 위상시프트가 있는 경우와 없는 경우에 대해서 총 4,096개의 입출력포트를 구동

그림 9.135에는 전압 모니터를 사용하여 실제로 측정된 전력공급 노이즈의 파장패턴이 도시되어 있다. 데이터들은 위상시프트가 있는 경우와 없는 경우에 대해서 비교되어 있다. 75[MHz]에서 노이즈 진폭이 가장 크며, 주파수도메인 분석에 사용된 통합모델의 임피던스 성질과 잘 일치하고 있다. 게다가, 실제로 측정된 파장패턴으로부터 위상시프트 회로를 사용한 동시스위칭출력 노이즈의 저감이 효과적이라는 것을 확인하였다.[43]

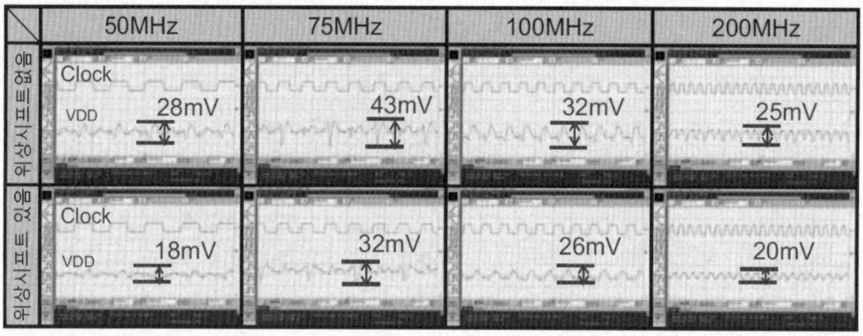

그림 9.135 4,096 비트의 쓰기작동을 수행하는 동안 측정된 동시스위칭출력 노이즈파형

위상고정루프(PLL)회로를 사용하여 초광폭 버스에 대한 기능평가가 수행되었다. 외부의 100[MHz] 클록에 의해서 구동되는 내장 위상고정루프를 사용하여 200/150/100/50[MHz]의 작동클록 주파수에 대한 초광폭 버스의 입출력 전송성능을 평가하였다. 측정결과에 따르면, 내부 위상고정루프 주파수는 동일한 전력공급 전류하에서 출력클록 모니터링 터미널 핀에서와 동일하였다. **비트오류율**(BER)을 사용하여 통과 여부를 판정하였다.

위상고정루프를 사용한 경우와 사용하지 않은 경우의 입출력 소모전류에 대한 측정결과가 **그림 9.136**에 도시되어 있으며, 위상고정루프를 사용한 경우와 사용하지 않은 경우의 통과/실패

지도가 **그림 9.137**에 도시되어 있다.

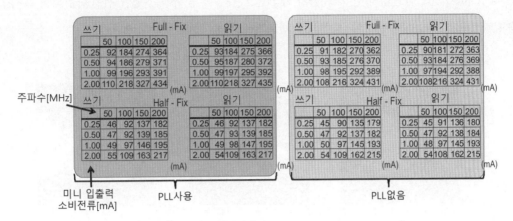

그림 9.136 입출력 소비전류에 대한 측정결과

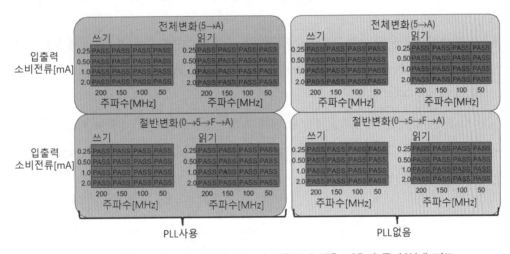

그림 9.137 위상고정루프를 사용한 경우와 사용하지 않은 경우의 통과/실패 지도

　3차원 패키지형 시스템에서 실리콘관통비아를 통해서 신호의 입출력과 전력을 공급하는 경우에, 이를 외부에서 측정하는 것은 매우 어려운 일이므로 주변상황을 활용하여 간접적으로 평가하는 것이 효과적이다. 이 시편에서는 실리콘관통비아를 통과하여 신호와 전원공급선들이 직접 연결되어 있으며, 또한 이 배선들을 모니터 회로에 연결하였다. 그런 다음 품질평가회로를 사용하여 아날로그 신호를 디지털 코드로 변환하였으며 신호품질과 전원노이즈를 평가하기 위해서 패키지 터미널 핀으로 송출하였다.

　4,096비트의 초광폭 버스가 작동할 때의 개안신호파형 측정결과가 **그림 9.138**에 도시되어 있다. 광폭버스 입출력은 가변 구동기들로 구성되어 있으므로, 구동기의 특성조절을 통해서 **개안신호**

특성을 조절할 수 있다. 3차원 상태의 입출력 신호에 대한 구동기 조절능력 확인결과, 이 경우에는 약 0.5[mA] 정도면 충분하였다. 게다가 개안신호 측정과 동시에 수행한 전원공급 파형 측정을 수행하였으며, 과동상태에서의 전력공급 변화가 크다는 것을 확인하였다.

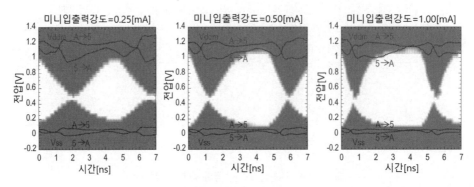

그림 9.138 전력요동이 발생하는 경우의 개안신호파형

게다가 광폭버스 기능의 주파수 성질을 평가하기 위해서 광폭버스의 전력공급과 클록 사이의 **슈무6**를 측정하였다. 이를 통해서 200[Mbps]의 전송속도가 구현됨을 확인하였다. 다음으로 전송 에너지에 대한 평가가 수행되었다.

0101 → 1010(반전패턴)의 신호를 전송할 때에 최대전류가 소모된다. 입출력 작동에서 전송에 너지를 측정한 결과가 **그림 9.139**에 도시되어 있다. 1비트당 전송되는 에너지는 0.56[pJ]인 것으로 평가되었다(1[pJ] 미만).[44]

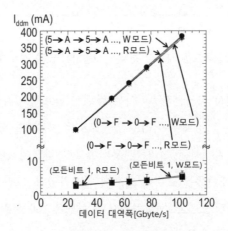

그림 9.139 입출력 작동 시 전송되는 에너지

6 Shmoo: 스펙 대비 마진. 역자 주

9.5.4 요약

초광폭 버스(4,096 비트)를 갖춘 메모리 다이와 로직 다이로 이루어진 3차원 패키시형 시스템이 설계되었으며, 셔틀 시험요소그룹(TEG) 파운드리와 반도체 조립 및 시험 외주업체(OSAT)를 사용하여 시편을 제작하였다. 메모리 다이와 로직 다이, 실리콘 인터포저로 이루어진 3차원 패키지형 시스템을 구축하기 위해서 후 비아방식의 실리콘관통비아와 솔더 범프 연결을 갖춘 시편을 제작하였다. 3차원 패키지형 시스템의 기지양품다이 판정을 위한 시험회로가 구축되었으며, 실제의 3차원 패키지형 시스템 작동측정을 통해서 효용성을 검증하였다. 게다가 이 초광폭 버스에 사용된 인터페이스들은 다음과 같은 성능을 갖추었음이 확인되었다.

1. 200[Mbit/s]의 비교적 느린 작동속도 하에서 102[GB/s]의 버스 전송능력을 갖추었다.
2. 전송에 소모되는 에너지는 약 0.562[pJ/bit]에 불과하며 전송라인의 부하정전용량을 측정하였다. 측정된 정전용량값은 기존 메모리의 1/10에 불과하였다.

타이밍제어를 통해서 동시스위칭출력 노이즈를 저감하는 위상시프트 회로를 사용하여 모든 주파수 도메인에서 전력공급 노이즈를 저감하였음을 검증하였다. 배전망 임피던스 시뮬레이션을 통해서 계산한 반공진 피크는 실제의 측정결과와 거의 일치하였으며, 이를 통하여 시뮬레이션의 타당성을 검증하였다.

능동형 인터포저를 사용하여 실리콘관통비아를 통과하는 초광폭 버스의 신호입출력을 모니터링하여 전송성능 평가를 위한 모니터링 회로의 효용성을 검증하였다. 설계된 입출력 회로의 가변성이 0.5[mA]에 달하여, 충분한 다이간 전송능력을 갖추고 있다. 다이들 사이의 상호연결성능은 단일다이 배선 성능에 근접하였다.

9.6 자동차용 (아날로그와 디지털) 혼합신호 3차원 집적화 기술

9.6.1 배경

최근 들어서 진보된 차량운전 지원시스템의 개발에 현저한 진보가 이루어졌다. 2020년에는 전자동/반자동 운전시스템이 실용화될 것으로 예견되고 있다. 차량 탑재용 카메라 시스템 시장의 증가율이 이러한 마일스톤을 향한 지표들 중 하나이며, 신차 모델에서 연간 40% 이상의 시장이 증가하고 있다.

이 절에서는 이 절의 저자들이 속한 연구팀이 개발한 자동차 운전지원용 영상처리 시스템에 사용되는 3차원 집적형 혼합신호 영상센서 모듈의 개발과정에 대해서 살펴보기로 한다. 특히, 3차원 집적화 기술과 관련된 이슈는 이 장 전체에 걸쳐서 논의된 바 있다. **표 9.15**에서는 목표로 하는 제품의 특징들을 요약하여 보여주고 있다. 이를 구현하기 위해서는 설계, 제조 및 품질관리 의 측면에서 중요한 기술적 도전과제들을 극복해야만 한다.

표 9.15 개발제품이 목표로 하는 특징들

	기술	측정범위	측정 정확도	야간투시성능	가격
목표	–	OK	OK	OK	OK
현재기술	밀리미터파 레이더	OK	불충분	불충분	NG
현재기술	초음파 소나	×	불충분	불충분	OK
A社 개발제품	3차원 카메라	NG	NG	NG	OK
B社 개발제품	스테레오 카메라	불충분	불충분	NG	OK
C社 개발제품	적외선 카메라	기능 없음	기능 없음	OK	NG
본 연구	3차원 집적형 카메라	불충분	불충분	불충분	시제생산

그림 9.140에서는 본 연구에서 사용된 컴퓨터 개발 시스템의 주요 구성요소들을 보여주고 있다. 이들은 (1) 2차원 집적회로 센서모듈, (2) 3차원 집적회로 작동을 위해서 필요한 2차 마운팅 보드, (3) 평가용 개인용 컴퓨터 시스템 등으로 구성되어 있다.

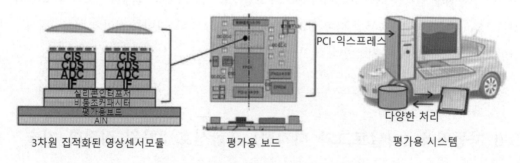

3차원 집적화된 영상센서모듈   평가용 보드   평가용 시스템

그림 9.140 컴퓨터 개발 시스템의 구성요소들

9.6.2 기술적 도전

여기에는 다음과 같이 다섯 가지의 기술적 도전요인들이 존재하였다.

1. **이종 칩-칩 집적화 공정의 확립** : 실제 디바이스의 경우, 칩들은 서로 다른 웨이퍼 직경, 서로 다른 웨이퍼 두께, 서로 다른 상호연결 배선/패시베이션 구조와 소재 그리고 서로 다른 가공공정 등을 가지고 있다. 유연한 칩-칩 집적화 공정을 확립할 필요가 있다.

2. **3차원 집적회로 설계의 명확화** : 3차원 집적회로 설계에 대한 의견일치는 아직도 이루어지지 않았다. 설계 시에는 개별 소자의 전기적 성질의 복잡성, 열응력 환경, 전자기 적합성 등을 고려해야만 한다. 시험제품의 평가나 가공공정의 검사를 위한 표준과정은 아직 확립되지 않았다.

3. **작동 안정성에 대한 설계 매뉴얼과 3차원 집적회로 평가방법** : 불안정하게 작동하는 3차원 집적회로는 제품으로 판매할 수 없다. 그러므로 안정된 디바이스를 만들어주는 허용 설계마진과 설계마진을 담보할 수 있는 시험방법을 만들어낼 적절한 지침이 필요하다.

4. **열발산 메커니즘의 확립** : 전력소모가 작은 시스템에서조차도 전형적으로 회로밀도가 높은 곳과 같이 열이 집중되는 초점위치가 존재한다. 실리콘관통비아가 포함된 회로는 구리와 마이크로범프 연결이 증가하기 때문에, 열유동은 기존의 박형 웨이퍼에서와는 다르다. 또한 3차원 열점이 발생할 수도 있기 때문에, 열발산 메커니즘이 중요하다.

5. **2차 마운팅 기술의 도전요인과 대안의 확립** : 3차원 집적회로들은 열발산과 측정에 대한 요구조건들 때문에 기존의 패키지 형태로 조립하기 어렵다. 이로 인하여 저온공정으로 수행되는 2차 마운팅 기술이 필요하게 되었다. **그림 9.141**에서는 3차원 집적화된 혼합신호 영상화 센서모듈에 대한 개념적 구조를 보여주고 있다.

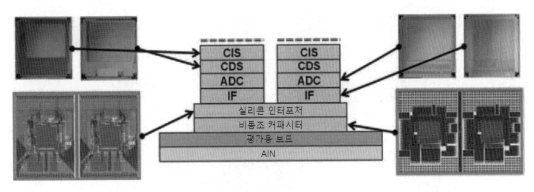

그림 9.141 3차원 집적화된 혼합신호 영상화 센서모듈에 대한 개념적 구조

9.6.3 혼합신호 3차원 집적화 기술의 개발결과

9.6.3.1 차량지원 시스템용 3차원 집적화된 영상센서 모듈의 기초기술개발

본 연구에서 개발한 차량에 탑재되는 전자 디바이스용 3차원 집적화된 영상센서 모듈은 6가지 유형으로 이루어진 10개의 칩들로 구성된다. 이 모듈은 차량으로부터 장애물까지의 거리를 측정할 수 있는 2개의 소형 눈들 가지고 있다. 이 시스템은 실리콘관통비아 연결을 통해서 CMOS 영상센서, 상관이중샘플링(CDS)칩, 아날로그-디지털 변환(ADC), 인터페이스 회로 등등이 패키지형 시스템 내에 집적화되어 있다. 이 칩은 야간작동이 가능한 민감도와 고속 프레임 능력을 갖추고 있다. 이 영상센서 모듈은 실리콘관통비아 형태의 비동조 커패시터를 갖추고 있는 실리콘 인터포저에 집적화되어서 안정적으로 작동한다. 이 센서의 주요 특징들은 다음과 같다.

1. **작은 크기** : 마이크로 솔리드 스테이트 스테레오 구조를 사용한 양안시로 거리 측정
2. **견실성** : 인터포저로 인하여 열악한 전력공급하에서도 작동 가능
3. **야간작동** : 이종회로를 3차원으로 집적하여 적외선 민감도와 확장된 동적 작동범위 구현
4. **고속작동** : 프레임당 256픽셀로 병렬처리를 수행한다면 초당 1,200 프레임 촬영 가능

그림 9.142에서는 영상센서의 개요와 조립공정, 모듈구조, 회로구성 등을 보여주고 있다.

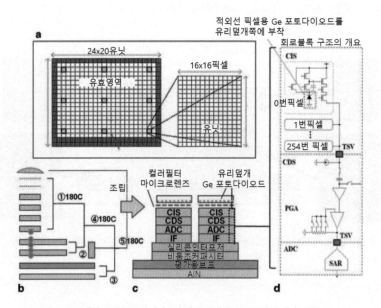

그림 9.142 (a) 영상센서 (b) 조립공정 (c) 모듈구조 (d) 회로구성

1. 센서모듈을 구성하는 CMOS 영상센서칩, 상관이중샘플링(CDS)칩, 아날로그-디지털 변환
   (ADC)칩의 설계, 제조 및 검사

본 연구에서는 3차원 집적화를 통해서 영상센서를 구동하는 세 가지 칩들에 대한 설계 및 평가
를 수행하였다. 적외선에 대해서 민감도를 가지고 있는 게르마늄 포토다이오드를 사용하는 새로
운 구조의 센서를 채택하였다. 블록당 256개의 픽셀을 구비한 480개의 블록이 병렬로 작동하는
방식으로 1,200[fps]의 촬영속도를 구현하였다. 85[°C]의 온도에서 아날로그-디지털 변환속도는
4[MS/s]이며 **유효비트수(ENOB)** 정확도는 7.28이다.

그림 9.143에서는 본 연구를 통해서 개발된 세 가지 칩들을 보여주고 있다. 시험생산제품의
크기는 5×5[mm²]로 제한되었다. 설계사양에 대한 적합성을 검증하기 위한 작동특성 검증이
수행되었다.

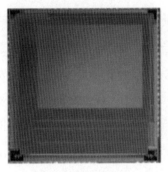  

(a) CMOS영상센서칩   (b) 상관이중샘플링(CDS)칩   (c) 아날로그-디지털 변환(ADC)칩

그림 9.143 본 연구를 통해서 개발된 칩의 구성

2. 센서모듈에 사용되는 인터페이스칩의 설계, 제조 및 검사

영상 리시버는 센서모듈의 인터페이스 칩에 포함되어 있다. 디지털 영상신호는 실리콘관통
비아로 병렬처리를 수행하기 위하여 각각이 16×16개의 픽셀들로 나누어져 있는 20×24 데이
터 블록으로 변환된다. 병렬-직렬 변환회로는 여덟 개의 신호를 모아서 직렬 신호를 생성한다.
고속출력을 송출하기 위한 구동기의 클록생성회로는 직접 설계하였다. 1번 공학시편 인터페이
스 칩은 1,200[fps]의 입출력을 가지고 있으며, 2번 공학시편의 입출력은 5,000[fps]의 입출력
속도를 가지고 있다. 고속 저전력 특성을 가지고 있는 2번 공학시편의 레이아웃 패턴이 **그림
9.144**에 도시되어 있다.

그림 9.144 인터페이스 칩의 레이아웃 패턴

9.6.3.2 실리콘관통 연결을 사용한 혼합신호(CIS/CDS/ADC/IF) 집적화구조

이 연구과제를 통해서 복합센서, 증폭기, 통신회로 등을 집적화하여 차량탑재형 지원시스템에서 필요로 하는 구성요소들 중 하나를 구현하였으며, 이는 차세대 3차원 집적화의 전형적인 사례이다. 특히 우리는 운전지원시스템용 3차원 혼합신호 영상화센서모듈을 개발하였다. 이 센서모듈은 실리콘관통비아를 사용하여 4개의 칩들(CMOS 영상센서칩, 상관이중샘플링(CDS)칩, 아날로그-디지털 변환(ADC)칩, 인터페이스칩)을 집적화한 패키지형 시스템을 갖춘 근거리 영상화센서이다. 서로 다른 웨이퍼 직경, 서로 다른 웨이퍼 두께, 서로 다른 상호연결배선/패시베이션 구조와 소재 그리고 서로 다른 제조공정 등을 가지고 있는 칩들을 집적화해야 하기 때문에, **그림 9.145**에 도시되어

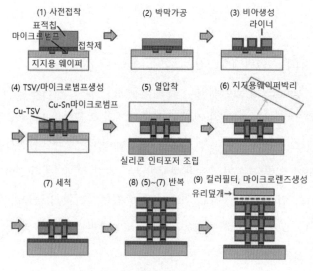

그림 9.145 칩-칩 집적화공정

있는 유연한 칩-칩 집적화공정을 사용하였다. Si-I0050에 기초한 칩-칩 집적화공정은 조립과정에서 웨이퍼 박막가공, 실리콘관통비아, 마이크로범프 생성, 집적화공정 등이 사용된다. 시제품 생산과정에서 사용된 이 모든 공정기술들에 대한 최적화가 수행되었다. 유리소재 앤드캡을 설치하면 게르마늄 포토다이오드가 완성된다(**그림 9.145**의 9번 단계).

1. 실리콘관통비아의 생성

우선, 지지용 웨이퍼에 칩들을 부착한 다음에 각 칩들에 대해서 박막가공을 수행한다. 다음으로, 실리콘관통비아와 마이크로범프 생성을 수행한다. 시제생산을 진행하기 전에, 다음의 13가지 과정을 통해서 기술평가를 수행하였다.

- 화학적 기계연마를 사용하여 칩 표면에 대한 평탄화 가공 수행
- 접착제의 강도평가를 위해서 칩을 지지용 보드에 부착
- 실리콘 칩의 화학적 기계연마
- 칩의 뒷면으로부터 실리콘기판 속으로 심부 비아 생성
- 심부 실리콘비아의 표면에 산화물 라이너 생성
- 심부 실리콘비아의 표면에 차단용 금속(Ta, Ti) 생성
- 심부 실리콘비아 속에 구리 소재 시드층 생성
- 심부 실리콘비아 속에 구리도금 시행
- 구리도금을 통해서 구리 소재 실리콘관통비아와 구리/주석 마이크로범프 동시생성
- 하부층 칩의 표면 평탄화와 구리/주석 마이크로범프 생성
- 하부층 및 상부층 칩의 접착
- 접착 후 상부칩을 지지용 웨이퍼에서 탈착
- 칩 표면에 구리/주석 마이크로범프 생성

그림 9.146에서는 9번 단계와 10번 단계에 대한 기술적 상세도를 보여주고 있으며, 상향식 도금과 구리의 화학적 기계연마 조건에 대한 사진들을 보여주고 있다. 또한 **그림 9.147**에서는 상관이중샘플링(CDS) 칩의 10번 공정이 끝난 이후에 단면 및 평면사진을 보여주고 있다.

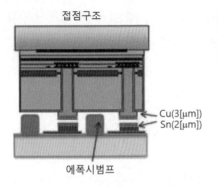
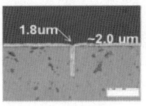

접점구조

Cu(3[μm])
Sn(2[μm])

에폭시범프

바닥도금 후의 단면도
무전해 Pd도금 3회
Cu 전기도금(20분) 500[μm]

Cu 화학적 기계연마 후의 단면도
Cu 화학적기계연마 80분
전체 화학적기계연마 68분
SiO2 잔류막두께 130[nm]
(초기 300[nm])

그림 9.146 구리 소재 실리콘관통비아와 구리/주석 마이크로범프의 생성

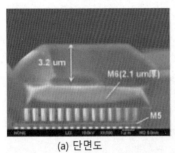
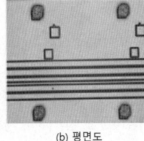

(a) 단면도

(b) 평면도

- P-TEOS: 100[nm]
- 패턴생성
  열용사(칩두께 300[μm])
  경화(130[ºC], 10분)
- 접촉에칭시간: 110분
- 범프생성: Cu(5[μm])-Sn(1.5[μm])

그림 9.147 상관이중샘플링 칩의 알루미늄 패드 상에 생성된 마이크로범프

2. 3차원 칩 집적화

그림 9.148에서는 웨이퍼 박막가공을 수행하기 전에 지지용 유리기판에 접착되어 있는 칩들의 사진을 보여주고 있다. 시험생산 과정에서 기판에는 네 개의 칩들이 부착되어 있다. 칩들을 부착한 이후에 표면 편평도 편차는 5[μm] 이내로 유지하였다. 대량생산 과정에서는 다수의 칩들을 동시에 접착하는 방안이 제시되었다.

그림 9.149에서는 지지용 유리기판 쪽에서 촬영한 칩들의 형상을 보여주고 있다. 그림 9.145에 제시되어 있는 5~8번 단계를 반복하여 수행한다. 인터페이스칩, 아날로그-디지털 변환기칩, 상관이중샘플링칩 그리고 CMOS 영상센서칩 등이 차례로 도시되어 있다. 접착제는 실리콘관통비아 생성공정을 수행하는 동안 칩들을 기판에 견고하게 부착해야 하므로 접착제의 강도가 높아야 할뿐만 아니라 잔류물을 남기지 않고 쉽게 분리되는 성질을 가져야만 한다.

그림 9.150에서는 설계검증을 위해서 다수의 층들을 적층한 칩의 단면사진을 보여주고 있다. 주사전자현미경영상을 통해서 5[μm] 크기의 실리콘관통비아와 아날로그-디지털 변환칩의 1번 금속층을 연결하기 위한 구리/주석 범프의 단면을 확인할 수 있다.

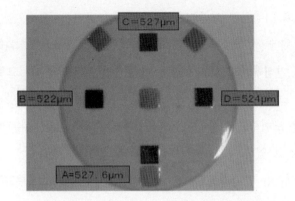

그림 9.148 지지용 유리기판에 접착되어 있는 칩들의 사진

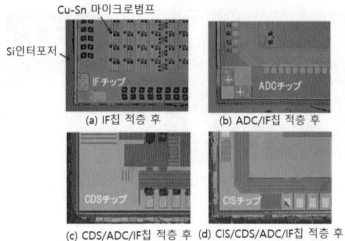

그림 9.149 지지용 유리판 쪽에서 관찰한 칩의 형상들

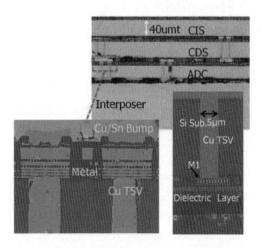

그림 9.150 다수의 층들이 적층된 칩의 단면사진

3. 서로 다른 소재로 이루어진 이종적층

실리콘 인터포저 위에 네 개의 칩들(CMOS 영상센서칩, 상관이중샘플링(CDS)칩, 아날로그-디지털 변환(ADC)칩, 인터페이스칩)을 적층한 다음에는 컬러필터 마이크로렌즈를 생성한다(**그림 9.145** 9번 단계). **그림 9.151**(좌측)에서는 일부분이 적-녹-청(RGB)의 컬러필터들로 이루어진 렌즈들의 사진을 보여주고 있다. 여기서 색상이 입혀지지 않은 부분(백색)들은 근적외선에 대한 민감성을 갖추고 있다.

그림 9.151(우측)에서는 마이크로렌즈의 볼록한 렌즈 형상을 보여주고 있다. 렌즈 소재들은 열 저항성이 작기 때문에, (180[°C] 이하의) 저온공정이 필요하다.

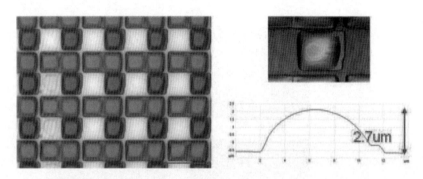

그림 9.151 컬러필터와 마이크로렌즈의 생성 (컬러 도판 p.496 참조)

컬러필터 마이크로렌즈를 생성한 다음에 유리 보호용 덮개를 부착하며, 적외선 민감도를 구현하기 위해서 커버유리의 뒷면에 게르마늄 소재의 포토다이오드를 생성한다. CMOS 영상센서칩에 이 구조를 전기적으로 부착한다.

그림 9.152에서는 게르마늄 포토다이오드의 제작공정을 보여주고 있으며, **그림 9.153**에서는 다이오드 표면을 보여주고 있다.

3차원 집적화 공정을 통해서 기계적 및 전기적으로 다양한 비실리콘칩들을 연결할 수 있기 때문에, 전례 없는 수준의 다기능 디바이스를 실현할 수 있게 되었다.

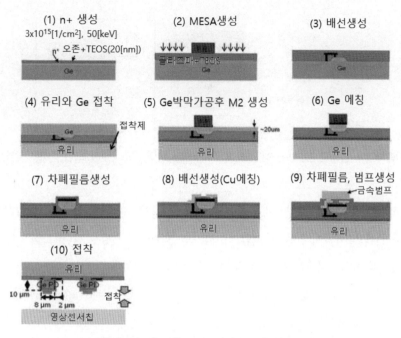

그림 9.152 게르마늄 포토다이오드의 제조공정

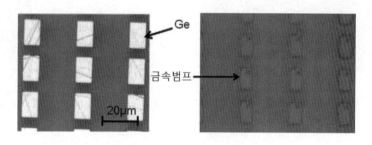

그림 9.153 제조된 게르마늄 포토다이오드의 외형

9.6.3.3 실리콘관통비아형 디커플링 커패시터를 갖춘 실리콘 인터포저의 개발

차량환경하에서 안정적으로 작동하는 3차원 집적회로 칩을 위한, 전기적 임피던스가 작고 전력발산이 큰 실리콘 인터포저의 개발에 대해서 살펴보기로 한다. 3차원 집적화된 혼합신호 영상센서모듈에서는 상호간섭이 없는 안정적인 다중 전원공급장치가 필요하다. 본 연구를 통해서 개발된 실리콘 인터포저는 **그림 9.154**에 도시되어 있는 것처럼, 실리콘관통비아 형태의 비동조 커패시터를 갖추고 있다. 실리콘관통비아 내에 동축구조로 생성된 우회 커패시터는 유전율이 큰 층을 내장하고 있다.

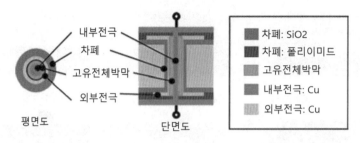

	차폐: SiO2
	차폐: 폴리이미드
	고유전체박막
	내부전극: Cu
	외부전극: Cu

그림 9.154 실리콘관통비아 형태의 비동조 커패시터의 구조 (컬러 도판 p.496 참조)

시스템을 설계하기 전에, 시험요소그룹(TEG)에 대한 실험이 수행되었다. 이 시험요소그룹은 **그림 9.155**(중앙)에 도시되어 있는 것처럼, 16개의 병렬 셀들로 이루어진다. **그림 9.155**(좌측)에서는 시제생산용 웨이퍼와 단면도(우측)를 보여주고 있다. 웨이퍼의 두께는 $400[\mu m]$이며 실리콘관통비아의 직경은 $50[\mu m]$, 뒷면 및 앞면 쪽의 (상호연결을 위한) 구리 배선층 두께는 $5[\mu m]$이다.

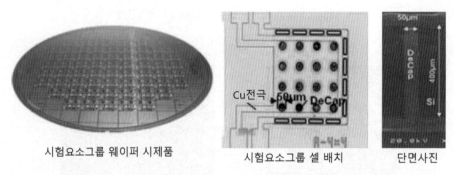

시험요소그룹 웨이퍼 시제품   시험요소그룹 셀 배치   단면사진

그림 9.155 시험요소그룹(TEG)

절연파괴전압과 정전용량 데이터는 **그림 9.156**에 제시되어 있다. 시험요소그룹에 병렬로 배치되어 있는 16개의 커패시터들은 52[pF]의 정전용량을 가지며, 절연파괴 전압은 100[V] 이상이 되도록 설계되었다. 하지만 실제로 제작된 커패시터의 정전용량은 33[pF] 그리고 절연파괴 전압은 60[V]에 불과하였다. 비록 이 값들이 목표한 값에는 미치지 못하지만 유전성 박막두께를 최적화하면 이들을 목표한 범위로 만들 수 있을 것으로 생각된다. 따라서 실리콘 인터포저 내에서 대략적으로 70[pF] 용량의 비동조 커패시터를 제작할 수 있다고 가정하고, 실제의 3차원 영상센서 모듈과 결합하는 비동조 커패시터칩 설계를 수행하였다. 그리고 이 설계를 토대로 하여 시제 웨이퍼 제작을 수행하였다.

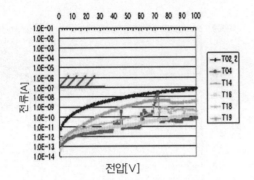

항목	목표	결과
전압[V]	>100	50
정전용량[pF/unit]	53	33

그림 9.156 시험요소그룹에 대한 평가결과 (컬러 도판 p.497 참조)

그림 9.157에서는 **비동조 커패시터**의 칩(좌측)과 시제 생산된 웨이퍼(우측)의 사진을 보여주고 있다. 시제제작을 통해서 실리콘 인터포저도 함께 제작하였기 때문에, 동일한 웨이퍼 위에 두 가지 유형의 칩들이 존재한다. 비록 시제품에서는 실리콘 인터포저와 비동조 커패시터칩을 개별적으로 제작하여 적층하였지만, 인터포저와 비동조 커패시터를 동일한 칩 위에 제작하는 것이 경제적으로나 최적성능을 구현하는 측면에서 바람직하다. **그림 9.158**에서는 비동조 커패시터칩의 안정적인 전류 – 전압특성(좌측)을 보여주고 있으며, 이들의 정전용량값(우측)이 제시되어 있다. 정전용량의 절댓값은 설계값의 절반에 불과하였다. 이는 비아 측벽에 Ta층(접지전극)이 생성되지 않았기 때문이며, 이로 인하여 전하충전이 이루어지지 않았다.

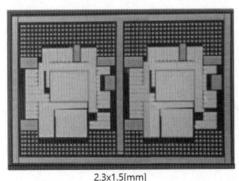

2.3x1.5[mm]

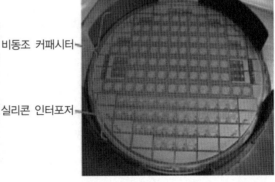

비동조 커패시터

실리콘 인터포저

그림 9.157 비동조 커패시터와 시제 웨이퍼의 사진

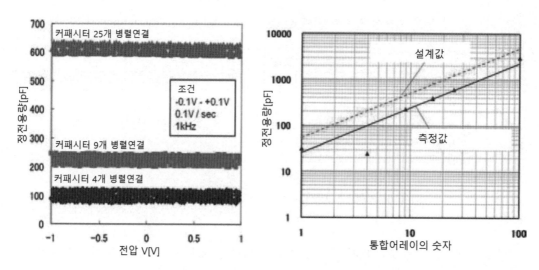

그림 9.158 비동조 커패시터칩의 정전용량 특성

그림 9.159에서는 절연파괴전압 측정결과를 보여주고 있다. 목표전압은 100[V]였으나, 실제로 측정된 전압은 83[V]에 불과함을 확인할 수 있다. 목표값에 도달을 방해하는 약간의 구조기반 전기장 농도가 존재하는 것으로 추정된다.

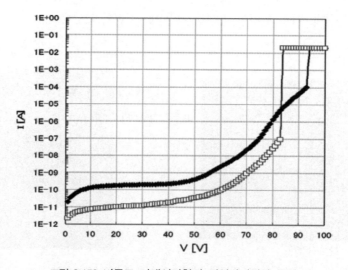

그림 9.159 비동조 커패시터칩의 절연파괴전압 특성

그림 9.160(좌측)에서는 시험요소그룹 패턴 내에서 비동조 커패시터칩의 주파수 특성을 보여주고 있다. 약간의 순차연결이 있는 경우에는 [GHz] 대역주파수에서조차도 공진을 일으키지 않는

다. 그런데 출력라인에 다수의 연결이 존재하는 경우에는 단지 수백[MHz]의 대역에서도 공진이 발생한다. 그러므로 실제설계에서는 출력라인들을 레이아웃에 포함시켜야 한다. 비동조 커패시터를 포함하지 않는 칩들에 비해서, 비동조 커패시터를 내장하면 높은 주파수 도메인에서의 전력 임피던스를 줄일 수 있다(**그림 9.160** 우측).

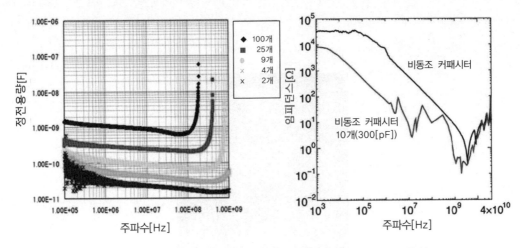

그림 9.160 비동조 커패시터칩의 주파수 특성 (컬러 도판 p.497 참조)

본 연구에서는 실제의 차량탑재 조건을 모사하기 위해서 불안정한 전력공급 환경하에서도 안정적으로 작동할 수 있는 비동조 커패시터와 웨이퍼 시제품을 설계하였다. **그림 9.161**에서는 실리콘 인터포저와 비동조 커패시터가 집적되어 있는 칩을 보여주고 있다. 이 통합칩의 경우에는 비동조 커패시터와 실리콘관통비아를 동시에 생성하는 제조공정을 사용하였다. 이를 통하여 실제의 경우에 공정단계를 크게 줄일 수 있었다.

그림 9.161 비동조 커패시터와 실리콘 인터포저의 기능들을 통합한 칩의 사례

9.6.3.4 차량용 운전보조 영상처리 시스템의 시생산 및 평가

1. 평가용 보드

3차원 집적화된 영상센서 모듈의 성능과 효용성을 측정하기 위한 실험이 수행되었다. 이 평가용 보드는 **그림 9.162**에 도시되어 있다. 센서모듈은 상부 중앙에 두 개의 3차원 집적화된 영상센서가 위치해 있으며, 전체 치수는 $25 \times 13[mm^2](325[mm^2])$에 불과할 정도로 작은 크기를 가지고 있다.

그림 9.162 3차원 집적화된 영상센서 모듈의 평가용 보드

이 시제 생산된 보드(3.3[V] 작동)에서는 보드의 중앙부에 배치되어 있는 **필드 프로그래머블 게이트 어레이(FPGA)**를 사용하여 센서모듈에서 생산된 데이터를 PCI-익스프레스 포맷으로 변환한 후에, 이를 개인용 컴퓨터로 전송한다.

보드평가과정에서는 대물렌즈와 (별도로 제작한) 두 개의 방열용 디바이스가 부착되었다. 방열용 디바이스들 중 하나인 AlN 히트싱크가 평가용 보드의 뒷면 전체를 덮고 있으며, 또 다른 방열디바이스인 히트파이프는 실리콘 인터포저에 사용되었다. 이와 마찬가지로, 실제 제품에서는 변환회로가 인터페이스칩에 통합되며, 전원공급 회로는 인터포저에 통합된다. 개인용 컴퓨터에 탑재되는 소프트웨어는 단일 적층칩, 즉 3차원 집적회로에서 전송되는 데이터만을 모니터링한다.

2. 평가결과

민감도, 스펙트럼 특성, 온도 특성, 대비응답, 공간주파수, 색 재현성, 그러데이션 정확도, 노이즈, 표준 카메라 성능의 왜곡, 야간시야, 감지거리, 피부영역 탐지 등 일련의 표준 영상시험들을 통해서 시제보드에 대한 평가를 수행하였다. CMOS 영상센서의 민감도 평가결과가 **그림 9.163**에 도시되어 있다.

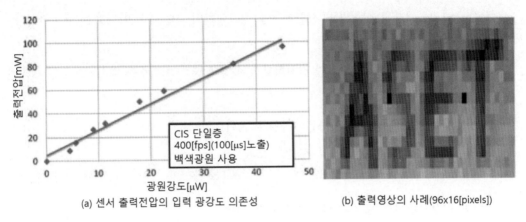

(a) 센서 출력전압의 입력 광강도 의존성　　(b) 출력영상의 사례(96x16[pixels])

그림 9.163 CMOS 영상센서의 민감도 측정결과

본 연구를 통해서 개발된 센서는 상용 차량지원용 영상처리센서로 활용이 가능하며, 이종 칩-칩 3차원 적층공정, 전력공급, 고속 신호전송 등의 분야에 대한 기술적 지식기반을 확립시켜주었다.

9.6.4 결론

자동차 운전지원용 영상처리 시스템을 위한 기반기술로서, CMOS 영상센서칩, 상관이중샘플링(CDS)칩, 아날로그-디지털 변환(ADC)칩, 인터페이스칩 등을 제작하였으며, 설계목표를 구현하였다(1,200[fps] 이상의 작동속도와 2[W] 미만의 전력소모).

이종집적칩-칩 공정을 개발하였다. 실리콘관통비아 연결을 사용하여 앞서 언급된 네 개의 칩들에 대한 3차원 집적화가 수행되었다. 이렇게 제작된 칩에 컬러필터, 마이크로렌즈, 커버유리 등을 적층하여 센서모듈을 제작하였다.

실리콘관통비아 형상의 70[nF] 비동조 커패시터를 갖춘 실리콘 인터포저의 안정적인 작동을 확인하였으며, 이는 자동차 탑재환경에 적합하다.

거리측정 기능을 갖춘 양안형 영상센서모듈($325[mm^2]$ 크기)을 제작하였다. 이 모듈은 CMOS 영상센서칩, 상관이중샘플링(CDS)칩, 아날로그 - 디지털 변환(ADC)칩, 인터페이스칩과 실리콘 인터포저/비동조 커패시터칩 등으로 구성된 10개의 칩들을 실리콘관통비아로 연결한 3차원 패키지형 시스템이다.

차량용 운전지원 영상처리 시스템 모듈에 대한 평가를 위하여 평가용 보드를 제작하였다. 실제 사용환경을 모사하는 소프트웨어를 사용하여 평가를 수행하였다.

본 연구에서는 3차원 집적화된 차량탑재용 전자디바이스에 대하여 다음을 규명하였다.

a. 구조, 설계매뉴얼 그리고 3차원 집적회로의 환경에 대한 저항성을 향상시켜주는 실리콘 인터포저의 효과
b. 최적의 반도체 공정을 사용하는 3차원 집적회로의 설계
c. 2차적인 3차원 반도체 패키징 기법의 효과

신뢰성과 가격문제는 앞으로 해결할 필요가 있다.

9.7 무선주파수 미세전자기계시스템용 3차원 이종칩 집적화 기술

9.7.1 배경과 이슈들

3차원 이종칩 집적화의 목적은 예전에는 없던 다기능 디바이스와, 서로 다른 기능을 하는 이종 반도체 디바이스들을 집적화하여 고성능 반도체 디바이스를 창출하는 것이다. 예를 들어, MEMS 디바이스는 기존의 CMOS 디바이스들이 구현할 수 없는 새로운 용도에서 중요한 역할을 하게 될 것이다.

MEMS 디바이스는 센서디바이스, RF 디바이스, 포토디바이스, 바이오디바이스 등 수많은 분야로 확장될 것으로 예상되고 있다. 또한 MEMS 디바이스는 매우 작은 아날로그신호, 통신용 고주파신호, 작동기용 고전압 신호 등과 같은 다양한 신호들을 처리할 수 있다. 다양한 신호들을 취급하는 MEMS 디바이스와 작동기를 구동하는 고전압 신호를 처리할 수 있는 CMOS 디바이스를 3차원 집적화하면 칩 간의 상호간섭으로 인하여 성능저하, 신호품질 저하 그리고 최악의 경우에는 오동작 등이 발생할 우려가 있다.

MEMS 디바이스는 기계식 미소 이동부를 갖추고 있기 때문에 3차원 집적화 과정에서 오염으로부터 미소 기계부를 보호하기 위해서는 밀폐형 실드가 필요하다.[45]

본 연구에서는 CMOS 디바이스를 위해서 개발된 3차원 집적화 기술을 채용하였으며, 실행과정에서 문제점들을 찾아내어 이를 해결하였다. MEMS 디바이스는 다양한 사례에 사용되고 있으며, 실리콘뿐만 아니라 유리나 세라믹 등을 웨이퍼 소재로 사용한다. 3차원 집적화 기술은 열팽창계수의 차이를 수용할 수 있지만, 소재들 사이의 영계수값 차이에 대해서는 개발이 필요하다.

3차원 이종칩 집적화 기술을 개발하기 위해서 RF 특성이 양호한 저온 동시소성 세라믹(LTCC) 기술을 기반으로 하는 MEMS를 사용하는 디바이스 설계기술과 디바이스 제조기술 그리고 디바이스에 대한 3차원 집적화 기술 등에 대한 고찰을 수행하였다. 저온 동시소성 세라믹 기술을 기반으로 하는 MEMS 가공의 경우에, 저온 동시소성 세라믹 기판은 디바이스 기판의 역할뿐만 아니라 인터포저의 역할도 수행하므로 고성능, 고밀도 집적화를 구현할 수 있을 것으로 기대된다.

핸드폰에 적용할 목적으로, 3차원으로 완전하게 조립된 MEMS 방식의 가변필터모듈 시제품을 설계 및 제조하였다. 가변필터회로에 사용되는 저온 동시소성 세라믹 기판, MEMS 스위치와 CMOS 구동용 집적회로 그리고 이 디바이스들을 통합하기 위한 3차원 집적화 기술 등을 개발하였다.

개발된 3차원 가변필터모듈은 다수의 고정주파수회로들로 이루어진 기존의 RF 전단모듈을 가변주파수 RF 전단모듈로 바꾸는 과정에서 필요할 것으로 기대된다.

3차원 집적화된 RF 모듈의 구축, 고밀도 집적을 위한 이종칩 집적화, 시뮬레이션, 설계, 가공 및 평가 등에 대한 연구가 수행되었다.

9.7.2 개발결과

9.7.2.1 3차원 집적화된 무선주파수 모듈의 구조

본 연구에서는 이종칩 3차원 집적화 기술을 사용한 3차원 집적화 RF 모듈의 소형화에 대한 연구를 수행하였다. 제안된 3차원 집적화 RF 모듈은 **그림 9.164**에 도시되어 있다. 3차원 집적화된 RF 모듈은 앞면에 직접 성형된 필터회로를 갖춘 **저온 동시소성 세라믹**(LTCC) 인터포저를 기반으로 하고 있다. MEMS 스위치와 CMOS 구동용 집적회로는 각각 인터포저의 앞면과 뒷면에 설치되어 있다.

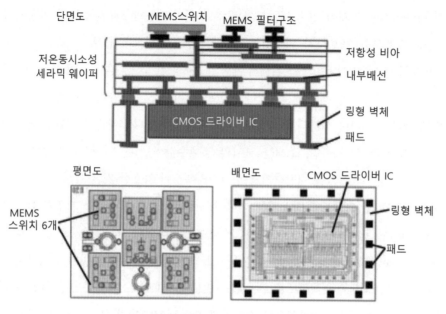

그림 9.164 3차원 집적화된 RF 모듈의 구조

CMOS 집적회로와 외부로 입출력 경로를 제공하기 위해서 패드들은 저온 동시소성 세라믹 웨이퍼와 동일한 쪽에 마운트되어 있는 링형 벽면의 반대쪽에 성형되어 있다. 저온 동시소성 웨이퍼의 내부 배선은 집적화된 필터회로, MEMS 스위치 그리고 CMOS 구동용 집적회로 등의 사이를 조밀하게 연결해준다. 이러한 3차원 집적화 기술을 사용하여 3.6×4.7[mm²] 크기의 소형화된 모듈을 구현할 수 있었다.

9.7.2.2 MEMS 가변형 필터

3차원 집적화된 RF 모듈에서 중요한 요소인 소형 고성능 MEMS **가변필터**를 설계 및 제작하였으며, 제작된 필터가 양호한 성능을 갖추고 있음을 검증하였다.

1. 가변필터의 회로구성

제안된 필터회로는 **그림 9.165**에 도시되어 있는 것처럼 대칭형상을 가지고 있다. 이 필터는 대역폭의 상한 및 하한주파수에서 0을 전송할 수 있도록 입출력 단자들 사이에 정전결합(Cc)을 형성하는 T‒네트워크에 연결되어 있는 세 개의 LC 공진기를 갖추고 있다. 인덕터 L1과 커패시터 뱅크 C1으로 이루어진 1번과 3번 공진기들은 서로 완벽하게 동일한 배치를 가지고 있다.

2번 공진기의 경우에는 인덕터 L2와 접지와 단락되어 있는 커패시터 뱅크 C2를 갖추고 있다. 커패시터 뱅크 Cm은 각각이 입출력 임피던스를 맞추기 위해서 입출력 단자들과 병렬로 연결되어 있다. 정전용량을 이산화 방식으로 선택하기 위해서 커패시터 뱅크 C1, C2, Cc 및 Cm에는 **단극쌍투형(SPDT)[7] MEMS** 스위치들이 사용되었다. 각각의 커패시터 뱅크들은 세 개의 커패시터들로 이루어진다. 세 개의 커패시터들 중 하나는 상시닫힘으로 설정되며 나머지 두 개는 단극쌍투형 MEMS 스위치에 의해서 작동한다. 그러므로 2비트 조절을 통해서 각각의 커패시터 뱅크들은 4가지 정전용량 상태를 가질 수 있다.[46-48] 여섯 개의 단극쌍투형 MEMS 스위치들을 구동하기 위해서 CMOS 집적회로에서 송출되는 8채널 20[V] 신호가 사용된다.

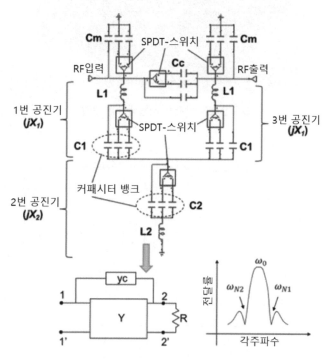

그림 9.165 제안된 가변형 필터의 구조

2. 전자기 시뮬레이션

그림 9.166에 도시되어 있는 전자기 시뮬레이션 모델에는 **그림 9.165**에 도시되어 있는 필터회로가 포함되어 있으며, 이를 사용하여 전자기 시뮬레이션이 수행되었다. 품질계수를 증가시키

---

7 Single pole double throw

고 기생정전용량을 줄이기 위해서 2층 구조를 가지고 있는 나선형 코일 인덕터와 허공에서의 3차원 상호연결부가 제작되었다.

시뮬레이션된 필터의 S-계수가 **그림 9.167**에 도시되어 있다. 이런 시뮬레이션 결과들에 따르면 설계된 필터는 2[dB]의 내부손실을 가지고 있으며, 대역폭의 상한 및 하한주파수에서 0을 전송할 수 있다.

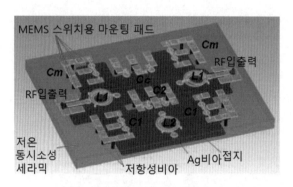

그림 9.166 전자기 시뮬레이션 모델

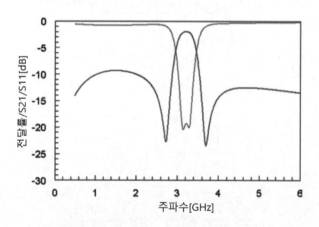

그림 9.167 필터의 S-계수 시뮬레이션 결과

3. 저온 동시소성 세라믹 웨이퍼의 제작

그림 9.168에서는 460[μm] 두께를 가지고 있는 저온 동시소성 세라믹 웨이퍼의 층상구조를 보여주고 있다. 세 장의 상부층들은 RF 회로용이며, 두 장의 하부층들은 DC 회로를 위한 것들이다. RF층과 DC층 사이에 배치되어 있는 접지층은 RF 회로와 DC 회로를 차폐시켜준다. 저항성 비아들은 MEMS 스위치의 구동패드 하부에 배치되어 구동경로에 10[kΩ]의 높은 임피던스

를 부가하며 RF 신호를 DC 구동경로와 차폐시켜준다. CMOS 집적회로의 입출력 경로를 제공하기 위해서 웨이퍼의 표면에 패드들을 직접 생성하며, 외부로 입출력 경로를 제공하기 위해서 저온 동시소성 세라믹 웨이퍼와 동일한 방향에 설치되어 있는 링형 벽면에도 패드들을 직접 생성한다. 저온 동시소성 세라믹 웨이퍼는 디바이스 웨이퍼로 사용될 뿐만 아니라 모듈의 인터포저로도 사용된다.

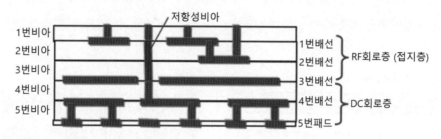

그림 9.168 저온 동시소성 세라믹의 층상구조 (컬러 도판 p.497 참조)

디지털 가변능력을 구현하기 위해서, 집중회로요소를 사용하여 필터를 제작하였다. 집중회로요소의 높은 품질계수와 높은 자려공진 주파수를 구현하기 위해서 유전율 상수가 7인 저온 동시소성 세라믹으로 제작된 배선용 웨이퍼를 사용하였다.

저온 동시소성 세라믹 소재의 배선용 웨이퍼의 양쪽 표면에는 회로들이 프린트되어 있다. 상부면에 대한 노광공정을 수행하는 동안 진공척의 오류발생 방지, 뒷면편평도 유지 그리고 제조공정을 진행하는 동안 척의 고정실패를 장비하기 위해서, 저온 동시소성 세라믹 웨이퍼의 뒷면에 매립형 패드를 생성한다.

DC 경로에 의한 간섭을 방지하기 위해서 내부접지를 사용하여 RF 경로와 DC 경로들을 서로 분리한다. RF 신호와 구동신호 경로들 사이의 차폐성을 개선하기 위해서, 뒷면에 설치되어 있는 CMOS 집적회로에서 송출되는 구동신호는 내부 저항성 비아를 통해서 앞면에 설치되어 있는 MEMS 스위치에 연결된다.[49]

4. 제조공정 관련기술

그림 9.169에 도시되어 있는 것처럼, 노광 공정과 박막증착공정으로 이루어진 저온 동시소성 세라믹 기반의 MEMS기법을 사용하여 저온 동시소성 세라믹 기판 위에 필터회로를 직접 생성하였다. 하부 커패시터 전극, 유전체층, 상부 커패시터 전극 그리고 나선코일형 인덕터의 1차층, 2층형 코일 인덕터의 연결용 기둥 그리고 2층형 나선코일 인덕터의 2차층 등이 순차적으로

적층된다. 품질계수를 높이고 기생 정전용량을 줄이기 위해서 희생층을 기반으로 하는 다단계 도금기술을 사용하여 2층형 인덕터와 허공에서의 3차원 상호연결을 생성하였다. 노광공정을 수행하는 동안 표면에서 자외선이 입사되기 때문에, 백색의 웨이퍼는 산란반사를 일으킨다. 이런 산란반사를 저감하기 위해서 유색 웨이퍼를 사용하였으며, 이를 통해서 노광 공정의 생산성을 높일 수 있게 되었다. 저온 동시소성 세라믹 공정을 사용하여 제조된 필터칩이 **그림 9.170**에 도시되어 있다. 또한 2층형 코일과 커패시터도 **그림 9.170**에 도시되어 있다. 이를 통해서, 제안된 공정기술을 사용하여 고분해능 3차원 구조를 제작할 수 있음을 검증하였다.

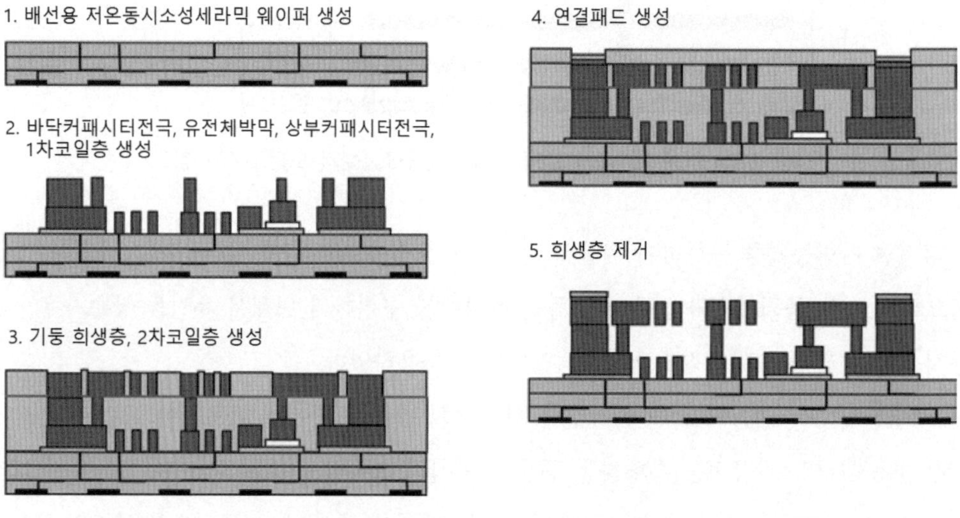

1. 배선용 저온동시소성세라믹 웨이퍼 생성

2. 바닥커패시터전극, 유전체박막, 상부커패시터전극, 1차코일층 생성

3. 기둥 희생층, 2차코일층 생성

4. 연결패드 생성

5. 희생층 제거

그림 9.169 저온 동시소성 세라믹 기반의 MEMS기법을 사용한 필터회로 제조공정

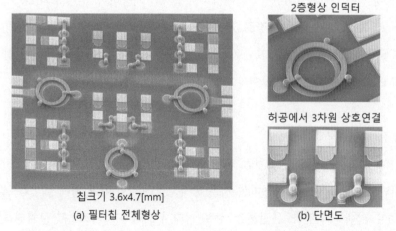

2층형상 인덕터

허공에서 3차원 상호연결

칩크기 3.6x4.7[mm]

(a) 필터칩 전체형상

(b) 단면도

그림 9.170 저온동시소성 세라믹 기반의 MEMS 기법을 사용하여 제조된 필터칩의 주사전자현미경 사진

9.7.2.3 MEMS 스위치

RF MEMS 스위치는 내부손실이 작고 분해능이 높으며 뛰어난 선형성을 갖추고 있기 때문에 매력적인 소자이다. 하지만 아직까지는 상용 MEMS 스위치들이 핸드폰에 탑재되고 있지 못하다. 이는 이동용 스위치는 저전압(10~20[V] 미만), 장수명(10^9~10^{10}[cycles])을 필요로 하기 때문이다. 이런 두 가지 요구조건들을 동시에 충족하는 것은 어려운 일이다. 비록 높은 신뢰성을 갖춘 정전작동방식의 **MEMS 스위치**들이 실현되었지만, 이들의 작동전압은 60~90[V]에 달한다. 매우 많은 스위칭 사이클을 수행하는 동안, 낮은 접촉저항을 구현하기 위해서는 큰 접촉력이 필요하며, 점착 발생을 방지하기 위해서는 강한 복원력이 필요하므로, 이동부의 강성저감은 허용되지 않는다.[50-52]

압전 작동기는 낮은 구동전압을 필요로 하며 작은 전력을 소모하면서 큰 접촉력을 생성할 수 있는 유망한 작동기이다. 저전압(15[V] 미만)하에서 작동하는 다양한 압전식 MEMS 스위치들이 발표되었지만, 스위치의 수명이 길지 않았다. 그 이유들 중 하나는 압전식 스위치가 정전식보다 제작하기가 더 복잡하기 때문이다. 티탄산지르콘산납(PZT) 박막을 제작하기 위해서는 고온공정이 필요하며 강한 박막응력이 생성된다. 이 때문에 접촉/신호 전극과 접은 공극을 생성하는 것이 어렵다.[53, 54]

고온공정을 견디며 박막응력으로 인한 변형을 줄이기 위해서 고강성 단결정 실리콘 빔을 사용하였다. 게다가 높은 신뢰성을 확보하기 위해서 단일접촉구조가 채택되었다.

1. MEMS 스위치의 설계

그림 9.171에서는 압전 작동기를 사용하는 금속-금속 접촉방식 RF MEMS 스위치의 구조를 보여주고 있다. 스위치는 단결정 실리콘 소재로 만들어진 고정-고정 빔 형상을 가지고 있으며, **티탄산지르콘산납(PZT)** 유니몰프 작동기를 사용하고 바닥면에는 RF 신호전극이 패터닝되어 있다. 슬릿을 사용하여 고정부로부터 빔을 분할하였다. 빔의 상부에는 좁은 공극을 사이에 두고 전기도금을 사용하여 브리지 형태의 상부 RF 신호선을 생성하였다. 임피던스 매칭성을 개선하기 위해서 RF 접지가 스위치를 둘러싸고 있다.

티탄산지르콘산납 박막을 앞뒤에서 감싸고 있는 상부 및 하부전극에 DC 편향전압을 부가하면, 티탄산지르콘산납은 기판에 평행한 방향으로 수축된다. 이에 따라서 단결정 실리콘 빔은 위쪽으로 움직이며 스위치는 ON 상태로 변한다. 고정-고정식 빔은 비대칭 형상으로 설계되었다. 작동전압을 줄이기 위해서, 바닥전극은 티탄산지르콘산납 작동기를 포함하고 있는 여타의 부분들보다 좁고 긴 형상을 가지고 있다. 불필요한 방향으로의 변형을 저감하기 위해서 빔의 상성은 매우 높다(2,000[N/m] 이상).

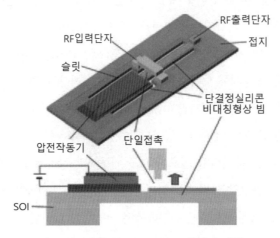

그림 9.171 제안된 RF MEMS 스위치의 개략도

또 다른 주요 특징은 이 스위치의 접촉점이 단 하나이며, 작동기는 신호선과 전기적으로 차폐되어 있다는 점이다. 기존의 스위치들은 대칭형상의 **RF** 입출력 신호선을 구비하고 있어서, 두 개의 접점을 가지고 있었다. 이 스위치들의 직렬접촉에 대한 접촉저항을 낮춰야만 하기 때문에 단일접점 구조에 비해서 수명을 증가시키는 것이 더 어렵다. 작동기가 전기적으로 차폐되어 있기 때문에, 스위치 구동회로가 단순해지며, 높은 전력이 유입되었을 때에 발생하는 자려작동을 방지할 수 있다. **그림 9.172**에서는 제작된 스위치의 주사전자현미경 영상을 보여주고 있다.[55]

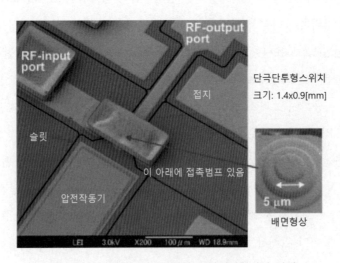

그림 9.172 압전방식 스위치의 주사전자현미경 사진

2. 제작된 MEMS 스위치의 평가

제작된 **단극단투(SPST)**형 스위치들의 DC와 RF 특성을 측정하였다. **그림 9.173**에서는 접촉저항과 압전형 스위치에 부가된 전압 사이의 상관관계를 보여주고 있다. 부가전압이 증가하여 6[V]에 도달하면 스위치가 닫히면서 ON 상태로 전환된다. 부가전압 13[V] 내외에서 접촉저항은 약 2[Ω]이다. 부가전압을 점차로 감소시켜서 3[V]에 도달하게 되면 스위치는 OFF 상태로 복귀하게 된다.

그림 9.174에서는 압전 스위치에서 측정된 RF 성능을 보여주고 있다. 여기서는 라인통과 손실에 대한 차감을 수행하지 않았다. 2[GHz]까지는 내부손실이 −0.2[dB]이며, 5[GHz]까지에서는 −0.3[dB]의 내부손실이 발생한다. 내부손실의 가장 중요한 원인은 약 0.9[Ω]의 저항값을 가지고 있는 스퍼터링된 바닥 신호선 때문이다.[56, 57]

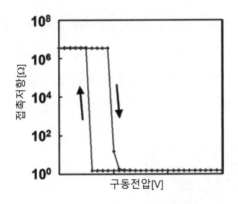

그림 9.173 압전형 스위치의 ON−OFF 특성 측정결과

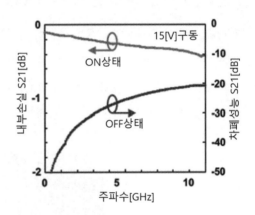

그림 9.174 압전형 스위치의 RF 특성 측정결과

대기 중에서 10[kHz]의 스위칭 속도를 사용하여 저전력(DC 1[mW]) 스위칭 수명을 측정하였다. **그림 9.175**에 따르면, 구동전압이 15[V]인 경우에 10×10^7[cycle]까지는 낮은 접촉저항(2[Ω] 미만)을 유지한다는 것을 알 수 있다. **그림 9.176**에 따르면, 접촉력을 줄이기 위해서 구동전압을 10[V]까지 줄여도 점착이 발생하지 않는다는 것을 확인할 수 있다. 하지만 접촉저항은 약 2[Ω]까지 증가하며, 10×10^9[cycle]까지는 이 저항값이 유지된다. 따라서 PZT 작동기의 내구성은 10×10^9[cycle] 이상이 될 것으로 예상된다.

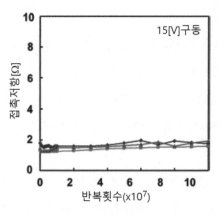

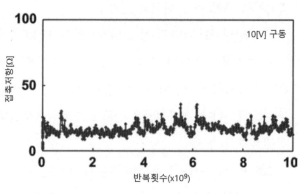

그림 9.175 구동전압 15[V]하에서 압전형 스위
치의 접촉저항 측정결과

그림 9.176 구동전압 10[V]하에서 압전형 스위치의 접촉저항
측정결과

9.7.2.4 상보성 금속산화물 반도체(CMOS) 구동용 집적회로

주문생산공장을 활용하여 CMOS 구동용 집적회로를 제작하였다. **그림 9.177**에서는 제작된 집적회로를 보여주고 있으며, 이 칩의 크기는 $2.4 \times 3.5[mm^2]$이다. 구동용 집적회로에는 3선식 디지털 직렬 인터페이스, 바이어스, 전압제어발진기(VCO), 2상 충전펌프 그리고 8채널 출력제어회로블록 등을 포함하고 있다. 외부전원은 3.3[V]이며 출력전압은 20~40[V] 사이에서 8단계로 선택할 수 있다.

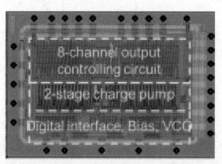

칩크기: 2.4x3.5[mm]

그림 9.177 제작된 CMOS 구동용 집적회로

9.7.2.5 가변형 필터모듈의 3차원 집적화

그림 9.164에 도시되어 있는 3차원 집적화된 RF 모듈을 구현하기 위해서 접착기술과 각 칩들의 접착공정에 사용되는 공정변수들에 대한 연구를 수행하였다.

CMOS 구동용 집적회로는 솔더 접착기술을 사용하여 CMOS의 뒷면에 설치하며 다이의 전단경도를 높이기 위해서 충진이 수행되었다. **그림 9.178 (a)**에서는 CMOS 구동용 집적회로 접착이 끝난 저온 동시소성 세라믹 기판을 보여주고 있다. 저온 동시소성 세라믹 기판의 크기는 5×4개의 칩블록 크기를 가지고 있으며, 기판의 주변에 척 공간을 확보하기 위해서 6개의 내측 블록들만이 사용되었다. **그림 9.178 (b)**에서는 개별 칩으로 절단된 저온 동시소성 세라믹 기판의 모습을 보여주고 있다. MEMS 스위치들은 Au-플립플롭 접착기술을 사용하여 저온 동시소성 세라믹 필터 기판의 앞면에 설치된다. 평가용 보드 위에 프린트된 솔더 페이스트를 250[℃]까지 가열하여 이 모듈을 평가용 보드에 설치한 다음에 다이 전단경도를 강화하기 위해서 내부 충진이 수행되었다. 개별 제작 후에 완전히 통합 조립된 가변필터모듈이 **그림 9.179**에 도시되어 있다. 이 모듈의 크기는 3.6×4.7[mm²]이다.

그림 9.178 CMOS 집적회로들이 설치되어 있는 저온 동시소성 세라믹 기판과 개별 절단된 저온 동시소성 세라믹 칩들의 외형

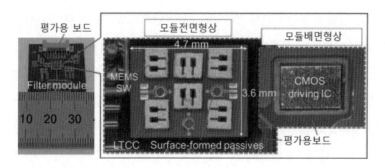

그림 9.179 완전히 조립된 가변필터 모듈과 평가용 보드

이 프로젝트에서는 밀봉형 실이 없는 MEMS 스위치가 사용되었으며 솔더링 과정에서 발생하는 오염을 방지하기 위해서 최종 공정에서 모듈에 설치되었다. **웨이퍼단위 패키징(WLP)** 공정으

로 제작되는 밀봉형 실이 구비된 MEMS 스위치를 사용한다면 3차원 집적화 공정을 단순화시킬 수 있으며, 박형의 3차원 구조를 구현할 수 있을 것이다.

9.7.2.6 제작된 3차원 가변형 필터모듈의 무선주파수와 가변성능

3차원 형태로 제작된 가변필터모듈의 RF와 조절성능에 대한 평가를 수행하였다. MEMS 스위치를 사용하지 않는 필터의 초기상태[Cm(00)C1(00)C2(00)Cc(00)]에 대하여 측정 및 시뮬레이션된 필터성능이 **그림 9.180**에 도시되어 있다. 그림에 따르면, 측정결과는 대략적으로 시뮬레이션 결과와 일치하고 있다.

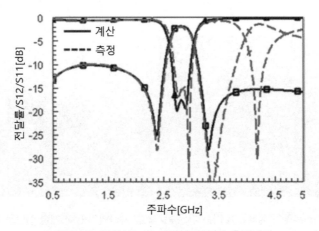

그림 9.180 필터성능의 시뮬레이션 및 측정결과

외부에서 3.3[V] 전원을 공급하면서 20[V]의 구동전압으로 8비트 스위치들을 구동하는 경우에, CMOS 집적회로를 사용하여 구동하는 MEMS 스위치들은 약 10[V]에서 켜지며, 접촉저항은 약 0.5[Ω]이었다. **그림 9.165**에서와 같이, CMOS 집적회로에서 송출되는 8개의 구동신호들이 여섯 개의 **단극쌍투형(SPDT)** MEMS 스위치들과 여섯 개의 커패시터 뱅크(Cm, Cc, C1, C2)들을 구동한다. 세 개의 커패시터들로 이루어진 커패시터 뱅크들 중 하나는 신호선에 직접 연결되며, 나머지 두 개의 커패시터들은 단극쌍투형 MEMS 스위치에 연결된다. 이 설계에서는 두 개의 구동신호가 하나의 커패시터뱅크를 구동한다.

그림 9.181에서는 가변필터모듈의 응답특성 측정결과를 보여주고 있다. 제작된 가변필터 모듈은 1.8[GHz]에서 2.8[GHz]의 대역에서 44%의 이산화 튜닝을 구현한다. 전체 가변대역에 대해서 측정된 내부손실은 1.5~2.5[dB]이다. 통과대역 근처에서 0 전송설계 결과에 따르면, 형상계수는

3 미만이며 상대 대역폭은 약 13%였다. 대역외 배제성능은 −25[dB] 이상이다. 또한 대역조절성능에 대한 검증도 수행하였다. **그림 9.182**에서는 중심대역인 2.2[GHz] 근처에서의 가변특성을 보여주고 있다. 측정된 대역조절범위는 260[MHz]~560[MHz]에서 115%였다. 이 결과를 통해서 필터모듈은 급격한 주파수응답변화를 가지고 중심주파수와 대역조절이 가능하다는 것을 검증하였다.

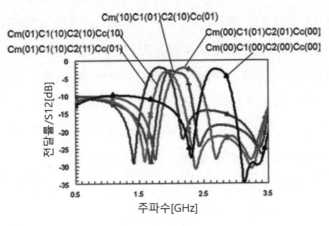

그림 9.181 가변형 필터모듈의 가변응답 측정결과

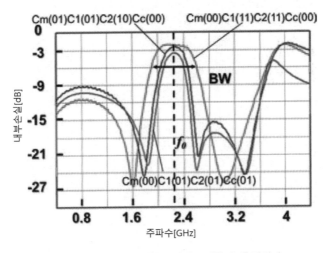

그림 9.182 2.2[GHz]에서 대역조절응답 측정결과

9.7.3 요약

3차원 이종 집적화 기술을 개발하기 위해서, 양호한 RF 특성을 갖추고 있는 저온 동시소성 세라믹 기반의 MEMS 기술을 사용하여 디바이스 설계기술과 디바이스의 3차원 집적화 기술에 대한 연구를 수행하였다. 저온 동시소성 세라믹 필터기판을 기반으로 하여 3차원 방식으로 완전하게 집적화 된 MEMS 8비트 디지털 가변필터모듈을 설계 및 제작하였다. 제작된 모듈은 필터회로를 갖춘 저온 동시소성 세라믹 기판의 한쪽 면에 MEMS 스위치를 장착하였으며, 반대쪽 면에는 CMOS 구동용 집적회로를 설치하였다. 개발된 3차원 가변필터 모듈은 $3.6 \times 4.7[\text{mm}^2]$의 작은 크기와 $1.8 \sim 2.8[\text{GHz}]$ 대역에 대해서 44%의 이산화된 가변범위를 가지고 있으며, 전체 가변범위에 대해서 내부손실이 $2.5[\text{dB}]$ 미만이다. 더욱이 대역조절범위가 115%에 달함을 검증하였다. 본 연구를 통해서 제안된 3차원 필터모듈은 중심주파수와 대역폭을 모두 디지털 방식으로 조절할 수 있으며, 급격한 주파수응답 변화를 구현할 수 있다.

감사의 글

이 연구 중 일부는 일본경제산업성(METI)의 IT 혁신 프로그램을 기반으로 하는 NEDO의 드림림칩 프로젝트의 지원을 받았다.

참고문헌

1. ASET (2013) Presentation slide dream-chip project by ASET (final result). March 8, http://aset.la. coocan.jp/english/e-kenkyu/Dream_Chip_Pj_Final-Results_ASET.pdf. Accessed 12 Jul 2014

2. Kada M (2014) R & D overview of 3D integration technology using TSV worldwide and in Japan. 2014 ECS and SMEQ joint international meeting (October 5-10)

3. Kohara S et al (2012) Thermal stress analysis of die stacks with fine-pitch IMC interconnections for 3D integration. Presented at 3D system integration conference (3DIC), 31 January-02 February 2012) Osaka, Japan

4. Kohara S et al (2012) Thermal cycle tests and observation of fine-pitch IMC bonding in 3D chip stack. Presented at microjoining and assembly technology in electronics (MATE) conference, (31 January-1 February 2012), Yokohama, Japan (in Japanese)

5. Yoo JH et al (2010) Analysis of electromigration for cu pillar bump in flip chip package. Presented at electronics packaging technology conference (EPTC), (08-10 December 2010) Singapore

6. Wright SL et al (2006) Characterization of micro-bumpC4 interconnects for Si-carrier SOP applications. Presented at electronic components and technology conference (ECTC), (31 May-2 June 2006) San Diego

7. Lu M et al (2012) Effect of joule heating on electromigration reliability of Pb-free interconnect. Presented at electronic components and technology conference (ECTC), (29 May-01 Jun 2012), San Diego

8. Sueoka K et al (2013) High precision bonding for fine-pitch interconnection. Presented at international conference on electronics packaging (ICEP), (10-12 April 2013), Osaka, Japan

9. Sueoka K et al (2011) Joining method for thin si chips. Presented at micro electronics symposium (MES), (8-9 September 2011), Osaka, Japan (in Japanese)

10. Horibe A et al (2011) High density 3D TSV chip integration process. Presented at international conference on electronics packaging (ICEP), (13-15 April 2011), Nara, Japan

11. Kitaichi K et al (2013) 3D package assembly development with the use of the dicing tape having NCF layer. Presented at international conference on electronics packaging (ICEP), (10-12 April 2013), Osaka, Japan

12. Sueoka K et al (2011) TSV diagnostics by X-ray microscopy. Presented at electronics packaging technology conference (EPTC), (07-09 December 2011), Singapore

13. Matsumoto K et al (2011) Experimental thermal resistance evaluation of a three-dimensional (3D) chip stack. Presented at semiconductor thermal measurement and management symposium

(SEMI-THERM) (20–24 March 2011), San Jose

14. Matsumoto K et al (2012) Experimental thermal resistance evaluation of a three-dimensional (3D) chip stack, including the transient measurements. Presented at semiconductor thermal measurement and management Symposium (SEMI-THERM), (18–22 March 2012), San Jose

15. Yamada F et al (2013) Cooling strategy and structure of 3D integrated image sensor for automobile application. Presented at international conference on electronics packaging (ICEP), (10–12 April 2013), Osaka, Japan

16. Matsumoto K et al (2013) Thermal design guidelines for a three-dimensional (3D) chip stack, including cooling solutions. Presented at semiconductor thermal measurement and management symposium (SEMI-THERM), (17–21 March 2013), San Jose

17. Matsumoto K et al (2013) Thermal design guideline and new cooling solution for a threedimensional (3D) chip stack. Presented at 3D system integration conference (3DIC), (02–04 October 2013), San Francisco

18. Suekawa S et al (2013) A 1/4-inch 8Mpixel Back-Illuminated Stacked CMOS Image Sensor. ISSCC 27.4, 484–486

19. Kim D-W et al (2013) Development of 3D Through Silicon Stack (TSS) assembly for wide IO memory to logic devices integration. Electron Compon Technol Conf 77–80

20. Graham S (2014) Hybrid Memory Cube : your new standard for memory performance. ICEP 821–825

21. Lee DU et al (2014) A 1.2V 8 Gb 8-channel 128 GB/s High-Bandwidth Memory (HBM) stacked DRAM with effective microbump I/O test methods using 29 nm process and TSV. ISSCC 25.2, 432–433

22. Shimamoto H et al (2014) Study for CMOS device characteristics affected by ultra thin wafer thinning. IEEE ICSJ Symp 22–24

23. www.disco.co.jp/eg/solution/library/stresslief.html

24. John R-S-E et al (2013) Low cost, room temperature debondable spin-on temporary bonding solution : a key enable for 2.5/3D IC packaging. Electron Compon Technol Conf 107–112

25. Jourdain A et al (2013) Integration and manufacturing aspects of moving from WaferBOND HT-10.10 to ZoneBOND material in temporary wafer bonding and debonding for 3D applications. Electron Compon Technol Conf 113–117

26. Kubo A et al (2014) Development of new concept thermoplastic temporary adhesive for 3DIC integration. Electron Compon Technol Conf 899–905

27. www.disco.co.jp/eg/apexp/grinder/ncg.html

28. www.disco.co.jp/eg/solution/library/dbg.html

29. www.disco.co.jp/eg/solution/library/stealth.html

30. Lee K et al (2013) Degradation of memory retention characteristics in DRAM chip by Si thinning for 3-D integration. IEEE Electron Device Lett 34(8):1038-1040

31. Kim YS et al (2014) Ultra thinning down to 4-um using 300-mm wafer proven by 40-nm node 2 Gb DRAM for 3D multi-stack WOW applications. VLSI Symp Technol Dig 3.2, 26-27

32. Bea J et al (2011) Evaluation of Cu contamination at backside surface of thinned wafer in 3-D integration by transient-capacitance measurement. IEEE Electron Device Lett 32(1):66-68

33. www.disco.co.jp/eg/solution/apexp/polisher/gettering.html

34. Murugesan M et al (2013) Mechanical characteristics of thin dies/wafers in three-dimensional large-scale integrated systems. 24th SEMI-Advanced Semiconductor Manufacturing Conference, 66-69

35. Murugesan M et al (2010) Wafer thinning, bonding, and interconnects induced local strain/stress in 3D-LSIs with fine-pitch high-density microbumps and through-Si vias. IEDM Technol Dig 2.3.1

36. Shimamoto H (2015) Thin wafer bending strength measurement standardization. 21th Mate 199-202

37. Ryu S et al (2012) Effect of thermal stresses on carrier mobility and keep-out zone around through-silicon vias for 3-D integration. IEEE Trans Device Mater Reliab 12:255-262

38. Mercha A et al (2010) Comprehensive analysis of the impact of single and arrays of through silicon vias induced stress on high-k/metal gate CMOS performance. International Electron Devices Meeting, P.2.2.1

39. Takahashi K et al (2001) Current status of research and development for three-dimensional chip stack technology. Jpn J Appl Phys 40:3032-3037

40. Lee DU et al (2014) An Exact Measurement and Repair Circuit of TSV Connection for 128 GB/s High-Bandwidth Memory(HBM) Stacked DRAM. In : Proceeding of VLSI-Circuit, pp.27-28

41. Jang DM et al (2007) Development and evaluation of 3-D SiP with vertically interconnected through silicon vias (TSV). In : Proceeding of 57th ECTC, pp.847-852

42. Ikeda H et al (2012) Development of TSV/3D Memory+ Logic SiP with 4k-IO Interconnects. In : Proceeding of ICEP-IAAC, pp.60-76

43. Takatani H et al (2012) PDN impedance and noise simulation of 3D SiP with a widebus structure. IEEE electronic components and technology conference, pp.673-677

44. Takaya Satoshi et al (2013) A 100 GB/s wide I/O with 4096b TSVs through an active silicon interposer with in-place waveform capturing. In : Proceeding of ISSCC, pp.434-436

45. Rebeiz M G, Entesari K, Reines I C, Park S, El-Tanani MA, Grichener A., and Brown R. A. (2009) Tuning into RF MEMS. IEEE Microwave Magazine 55-72, Oct

46. Entesari K, Rebeiz GM (2005) A differential 4-bit 6.5-10-GHz RF MEMS tunable filter. IEEE Trans

Microw Theory Tech 53(3):1103−1110

47. Mi X, Kawano Y, Toyoda O, Suzuki T, Ueda S, Hirose T, Joshin K (2010) Miniaturized microwave tunable bandpass filters on high-k LTCC. In : Proceeding of APMC. pp.139−142

48. Inoue H, Mi X, Fujiwara T, Toyoda O, Ueda S, Nakazawa F (2012) A novel tunable filter enabling both center frequency and bandwidth tunability. In : Proceeding of 42nd EUMC, pp.269−272

49. Mi X, Takahashi T, Ueda S (2008) Integrated passives on LTCC for achieving chip-sizedmodules. In : Proceeding of 38th EUMC. pp.607−610

50. Rebeiz GM (2003) RF MEMS theory, design, and technology. New Jersey : Wiley

51. Majumder S, Lampen J, Morrison R, Maciel J (2003) A packaged, high-lifetime ohmic MEMS RF switch. IEEE MTT-S International Microwave Symposium Digest 1935−1938 (Jun)

52. Newman HS, Ebel JL, Judy D, Maciel J (2008) Lifetime measurements on a high-reliability RF-MEMS contact switch. IEEE Microw Wirel Compon Lett 18(2):100−102 (Feb)

53. Guerre R, Drechsler U, Bhattacharyya D, Rantankari P, Stutz R, Wright RV, Milosavljevic ZD, Vaha-Heokkila T, Kirby PB, Despont M (2010) Wafer-level transfer technology for PZTbased RF MEMS switches. J Microelectromech Syst 19(3):548−560 (Jun)

54. Pulskamp JS, Judy DC, Polcawich RG, Kaul R, Chandrahalim H, Bhave SA (2006) PZT actuated seesaw SPDT RF MEMS switch. J Phys : Conf Ser 34(304):304−309

55. Nakatani T, Katsuki T, Okuda H, Toyoda O, Ueda S, Nakazawa F (2011) PZT actuated reliable RF-MEMS switch using single crystal silicon asymmetric beam. In : Proceeding of IEEE Asia pacific microwave conference

56. Nakazawa F, Shimanouchi T, Nakatani T, Katsuki T, Okuda H, Toyoda O, Ueda S (2011) Effect of frequency in the 3D integration of a PZT-actuated MEMS switch using a single crystal silicon asymmetric beam" In : Proceeding of 3DIC

57. Nakazawa F, Mi S, Shimanouchi T, Nakatani T, Katsuki T, Okuda H, Toyoda O, Ueda S (2012) 3D heterogeneous integration using MEMS devices for RF applications. In : Proceeding of MRS spring conference

컬러 도판

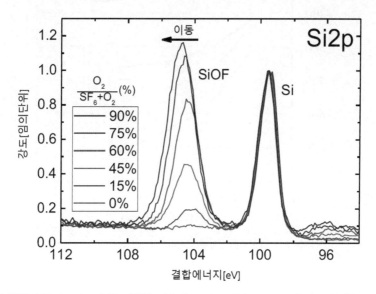

그림 3.24 1[min] 동안의 플라스마 노출을 시행한 다음에 O_2 유동비가 0~90%인 경우에 대한 Si2p 엑스레이광전자분광 스펙트럼 (본문 p.76 참조)

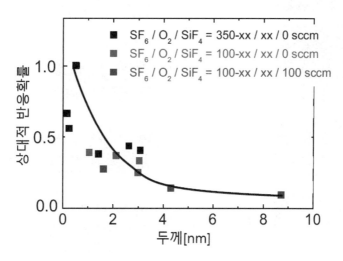

그림 3.30 상대적인 반응확률과 SiOF층 두께 사이의 상관관계 (본문 p.81 참조)

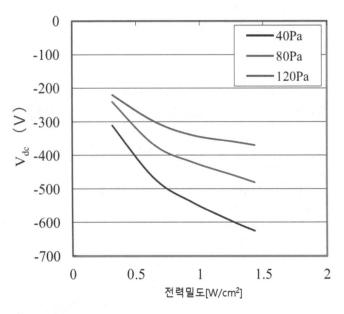

그림 3.32 전력밀도와 자체바이어스(V_{dc}) (본문 p.84 참조)

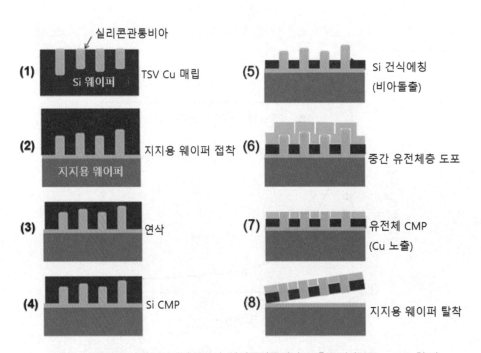

그림 4.9 전통적인 중간 비아방식에서 실리콘관통비아 노출공정 (본문 p.130 참조)

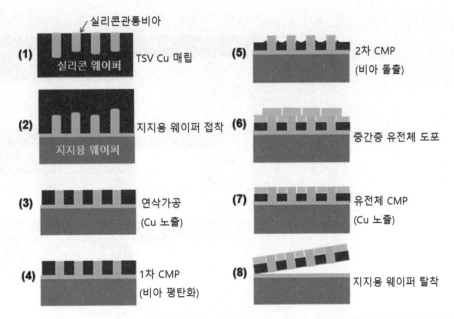

그림 4.10 중간 비아방식에서 Si/Cu 연삭과 화학적 기계연마를 사용하는 실리콘관통비아 노출공정 (본문 p.131 참조)

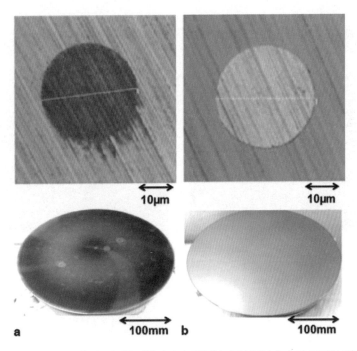

그림 4.12 Si/Cu 연삭에 의해서 노출된 실리콘관통비아의 광학현미경사진 (a) 수지 접착형 연삭휠(#2,000), (b) 비트리파이드 결합제 연삭휠(#2,000) (본문 p.133 참조)

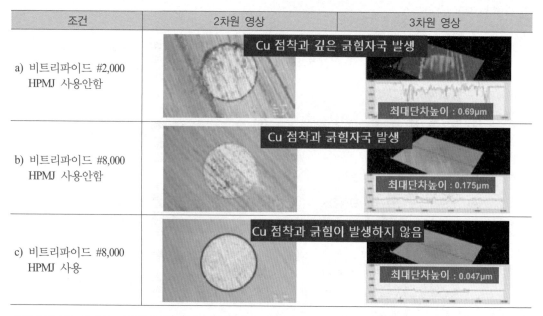

조건	2차원 영상	3차원 영상
a) 비트리파이드 #2,000 HPMJ 사용안함		Cu 점착과 깊은 긁힘자국 발생 / 최대단차높이 : 0.69μm
b) 비트리파이드 #8,000 HPMJ 사용안함		Cu 점착과 긁힘자국 발생 / 최대단차높이 : 0.175μm
c) 비트리파이드 #8,000 HPMJ 사용		Cu 점착과 긁힘이 발생하지 않음 / 최대단차높이 : 0.047μm

그림 4.18 비트리파이드 결합제 연삭휠을 사용하여 Si/Cu 연삭을 수행한 이후에 노출된 실리콘관통비아의 광학 현미경 사진. (a) 세척을 수행하지 않은 경우(#2,000), (b) 세척을 수행하지 않은 경우(#8,000), (c) 고압마이크로제트를 사용하여 세척을 수행한 경우(#8,000) (본문 p.138 참조)

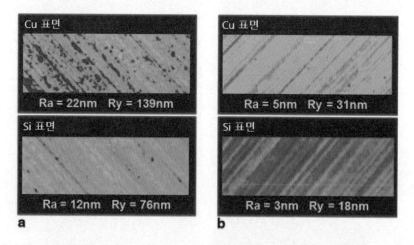

그림 4.19 비트리파이드 결합제 연삭휠(#8,000)을 사용하여 Si/Cu 연삭을 수행한 이후에 Si와 Cu 표면의 거칠 기. (a) 세척을 수행하지 않은 경우, (b) 세척을 수행한 경우 (본문 p.139 참조)

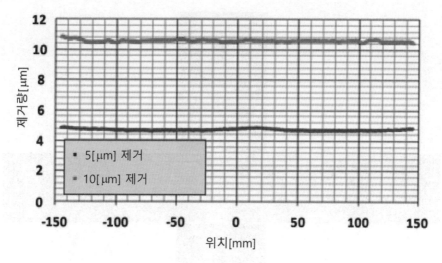

그림 4.21 가공량에 따른 웨이퍼 표면 프로파일 (본문 p.140 참조)

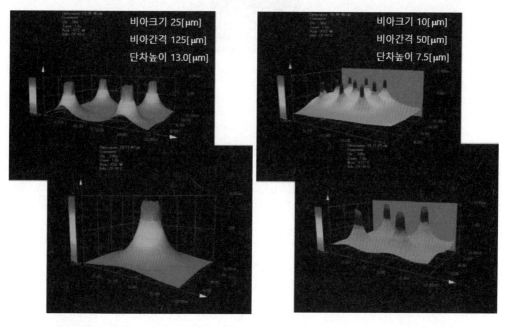

그림 4.24 2차 화학적 기계연마 이후에 돌출된 실리콘관통비아의 형상. (a) 비아크기 25[μm], (b) 비아크기 10[μm] (본문 p.143 참조)

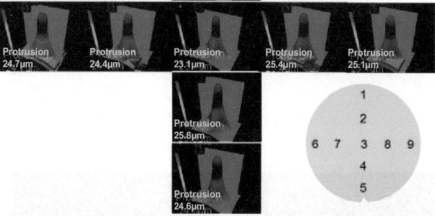

수직방향 5배 확대

비아크기: 30[μm]

목표높이: 25[μm]

그림 4.25 2차 화학적 기계연마 이후에 실리콘관통비아의 돌출높이 편차 (본문 p.143 참조)

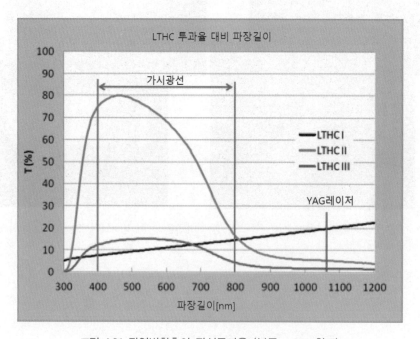

그림 4.31 광열변환층의 광선투과율 (본문 p.154 참조)

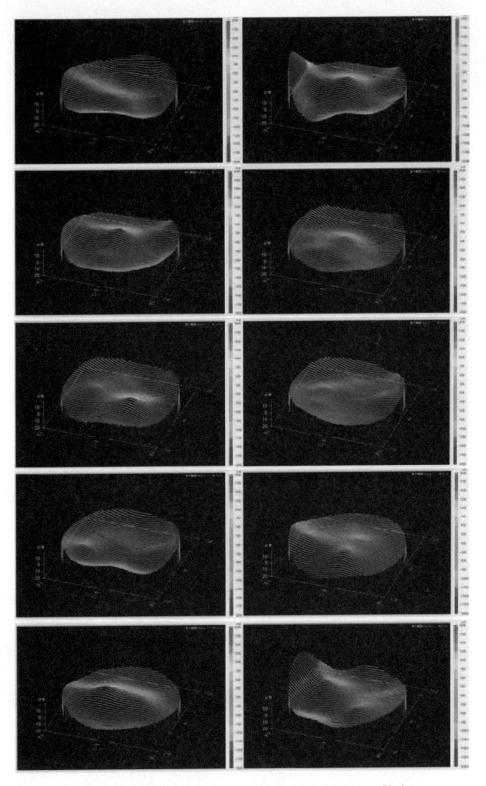

그림 4.32 유리소재 캐리어의 표면형상 측정결과 (본문 p.156 참조)

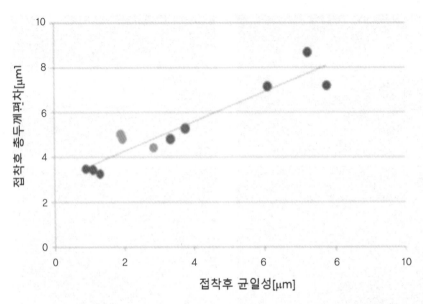

그림 4.38 접착 후 총두께편차와 코팅 후 두께균일성의 상관관계 (본문 p.164 참조)

표 5.5 NCP-1의 조립성능 (본문 p.188 참조)

항목		단위	Control-1	NCP-1
조성	필러 함량	wt%	55	55
	점도	Pa·s	18	6
	요변성 계수	–	4.0	4.2
	젤 유지시간(200[°C])	s	2	2
특성	신뢰성(C-SAM)	–		
	솔더범프연결	–		

- 솔더범프 연결 측정방법 : 광학식 현미경
- 다이크기 : 7.3 × 7.3[mm²]
- 범프피치 : 80[μm](주변부)+300[μm](어레이 전체)
- 범프간극 : 40[μm]

그림 5.27 플럭스 기능을 갖춘 비전도성 필름을 열압착본딩하여 형성한 솔더캡 범프를 갖춘 Cu 기동 조인트의 단면 현미경 영상 (본문 p.197 참조)

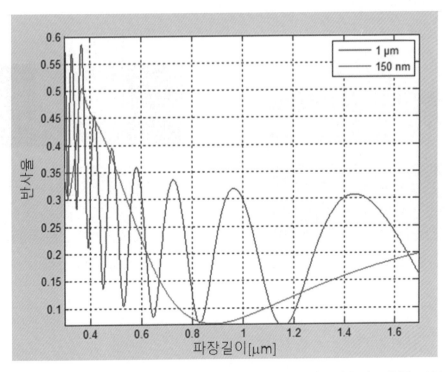

그림 6.1 실리콘기판 위의 1[μm] 및 150[nm] 두께의 SiO₂ 박막에 대한 반사율 비교 (본문 p.208 참조)

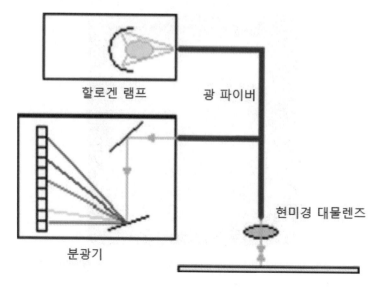

할로겐 램프   광 파이버

현미경 대물렌즈

분광기

그림 6.2 반사계의 전형적인 셋업 (본문 p.209 참조)

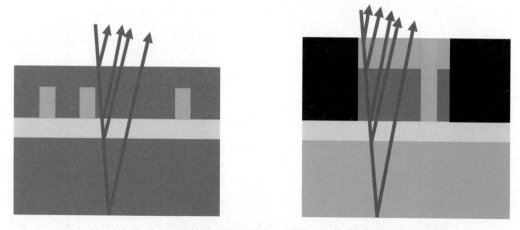

그림 6.3 다양한 다중층 구조의 광학반사에 대한 개념도 (본문 p.212 참조)

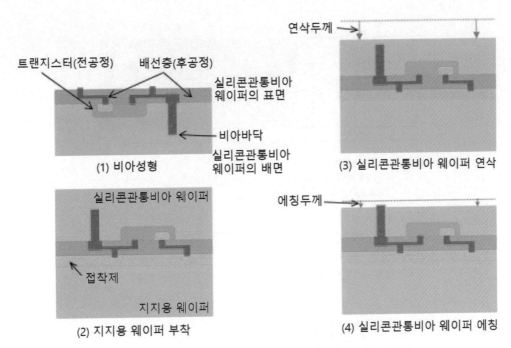

(1) 비아성형

(2) 지지용 웨이퍼 부착

(3) 실리콘관통비아 웨이퍼 연삭

(4) 실리콘관통비아 웨이퍼 에칭

그림 6.10 실리콘관통비아 웨이퍼 생산공정 (본문 p.225 참조)

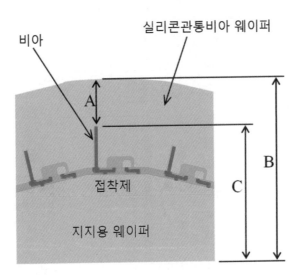

그림 6.12 비아 바닥 높이 C의 측정 (본문 p.227 참조)

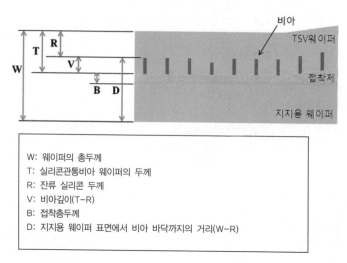

W: 웨이퍼의 총두께
T: 실리콘관통비아 웨이퍼의 두께
R: 잔류 실리콘 두께
V: 비아깊이(T−R)
B: 접착층두께
D: 지지용 웨이퍼 표면에서 비아 바닥까지의 거리(W−R)

그림 6.13 BGM300을 사용한 측정 (본문 p.228 참조)

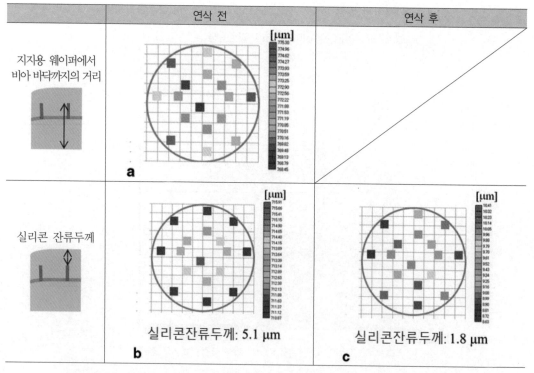

그림 6.14 BGM300을 사용하여 연삭공정 전후를 측정한 사례 (본문 p.230 참조)

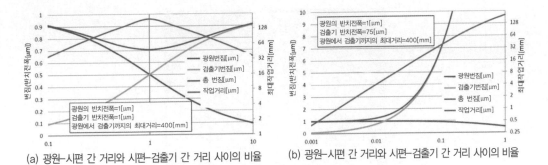

(a) 광원–시편 간 거리와 시편–검출기 간 거리 사이의 비율   (b) 광원–시편 간 거리와 시편–검출기 간 거리 사이의 비율

그림 6.17 광원/검출기 배치의 변화에 따른 총 시스템 분해능의 변화양상. (a) 고분해능 검출기와 작은 스팟크기
를 사용한 경우의 엑스레이 현미경 시스템의 반치전폭. 최고 분해능(최소번짐)은 기하학적 대칭($d_{ss} = d_{sd}$)일 때에 얻어진다. 이 경우에는 시편의 크기나 작동거리가 클 때에도 높은 분해능을 얻을 수 있다.
(b) 고 분해능 검출기를 사용하는 엑스레이 현미경 시스템의 경우 시편의 크기가 매우 작은(작동거리
가 짧은) 경우에만 높은 분해능이 구현된다. (본문 p.234 참조)

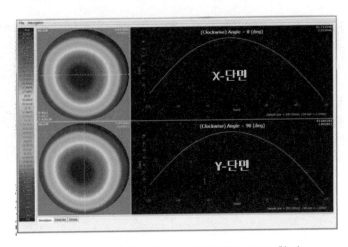

그림 6.22 웨이퍼의 휨 프로파일 (본문 p.240 참조)

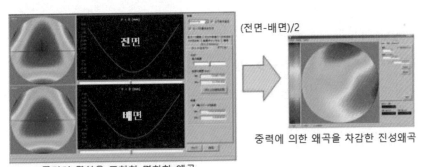

중력의 영향을 포함한 명확한 왜곡
(중력에 의해 50~100[μm] 왜곡발생)

중력에 의한 왜곡을 차감한 진성왜곡

그림 6.23 중력의 영향 상쇄결과 (본문 p.240 참조)

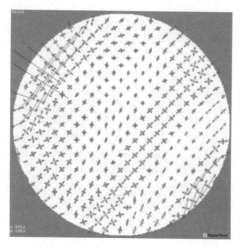

그림 6.24 국부곡률지도 (본문 p.241 참조)

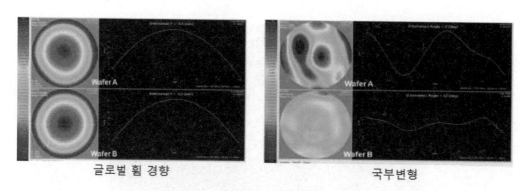

글로벌 휨 경향   국부변형

그림 6.26 글로벌 휨 (본문 p.242 참조)

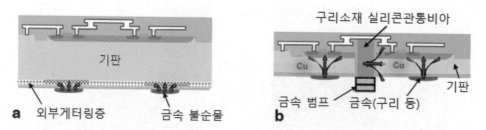

그림 7.1 (a) 웨이퍼 박막가공 이전의 집적회로 웨이퍼의 개념적 구조, (b) 구리 소재 실리콘관통비아와 금속소재 범프 등이 생성된 3차원 집적회로를 갖춘 웨이퍼의 박막가공 이후 (본문 p.248 참조)

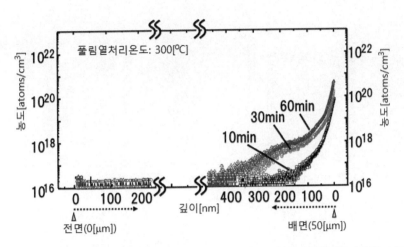

그림 7.2 50[μm] 두께로 가공 후 300[°C]의 온도로 다양한 시간 동안 풀림열처리를 수행한 실리콘 웨이퍼의 앞면과 뒷면에서 이차이온질량분석기법으로 측정한 구리농도 프로파일 (본문 p.249 참조)

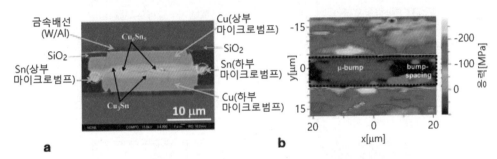

그림 7.24 전기도금–증발 범핑공정을 통해서 생성된 Cu/Sn 마이크로범프의 단면에 대한 (a) 주사전자현미경 영상, (b) 2차원 응력분포 (본문 p.267 참조)

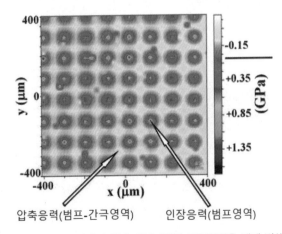

그림 7.26 마이크로범프 어레이를 갖춘 바닥다이 위해 상부다이를 조립하였을 때에 발생하는 2차원 응력분포 영상 (본문 p.268 참조)

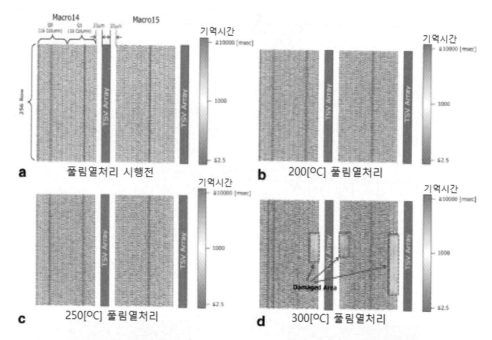

그림 7.45 (a) 열처리 전, (b) 200[°C], (c) 250[°C], (d) 300[°C]에서 각각 30분간 풀림열처리를 수행한 이후에 구리 소재 실리콘관통비아에서 20[μm] 떨어진 위치의 14번 및 15번 매크로를 구성하는 메모리 셀 어레이의 기억특성에 대한 매핑 데이터 (본문 p.282 참조)

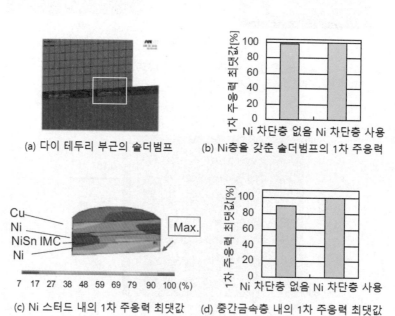

(a) 다이 테두리 부근의 솔더범프

(b) Ni층을 갖춘 솔더범프의 1차 주응력

(c) Ni 스터드 내의 1차 주응력 최댓값

(d) 중간금속층 내의 1차 주응력 최댓값

그림 9.5 기계적 응력 해석결과 (본문 p.336 참조)

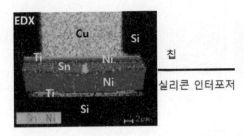

그림 9.8 조인트의 구조 (본문 p.338 참조)

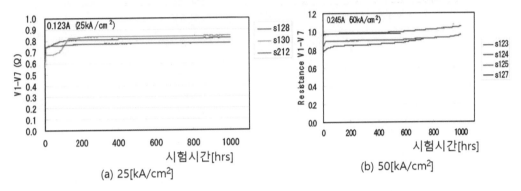

(a) 25[kA/cm²]

(b) 50[kA/cm²]

그림 9.9 전기이동 시험 결과 (본문 p.339 참조)

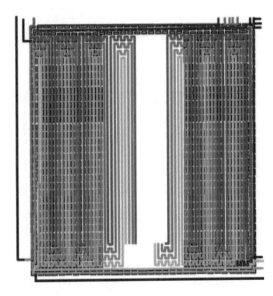

그림 9.16 TV40 시편의 데이지체인 배선도(칩의 1/4인 7×7[mm] 영역만 도시함) (본문 p.342 참조)

실리콘관통비아에 공동이 없는 칩

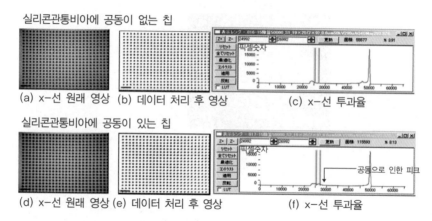

(a) x-선 원래 영상　(b) 데이터 처리 후 영상　　(c) x-선 투과율

실리콘관통비아에 공동이 있는 칩

(d) x-선 원래 영상 (e) 데이터 처리 후 영상　　(f) x-선 투과율

그림 9.27 엑스레이 투과분석의 결과 (본문 p.349 참조)

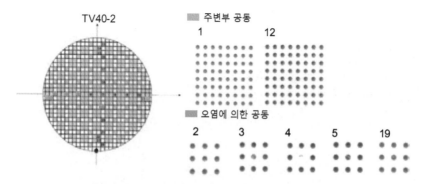

그림 9.28 TV40 웨이퍼 내의 공동 검사결과 (본문 p.349 참조)

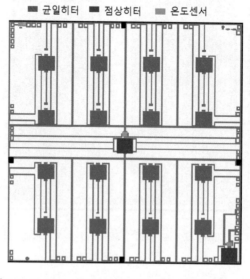

그림 9.37 TV200 시험용 칩의 레이아웃 (본문 p.354 참조)

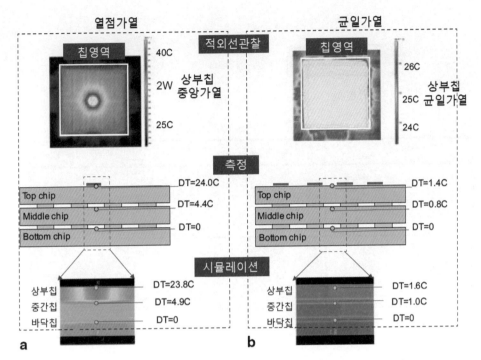

그림 9.39 열점가열과 균일가열에 따른 온도분포 (본문 p.355 참조)

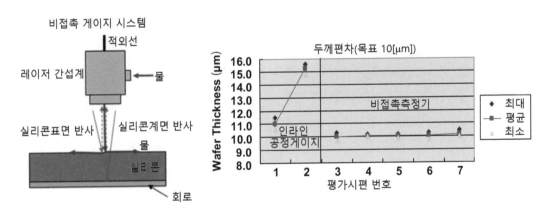

그림 9.54 웨이퍼 박막가공의 현장측정방법과 평가결과 (본문 p.367 참조)

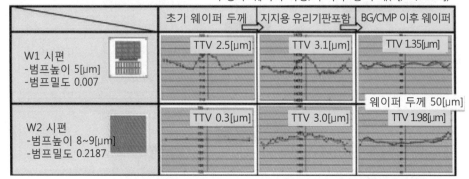

그림 9.56 웨이퍼 박막가공의 결과 (본문 p.368 참조)

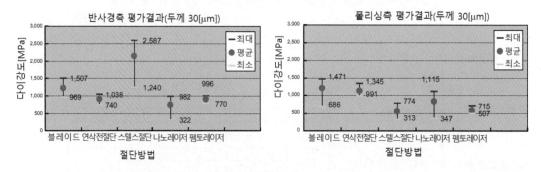

그림 9.62 절단방법에 따른 다이굽힘강도 의존성 (본문 p.374 참조)

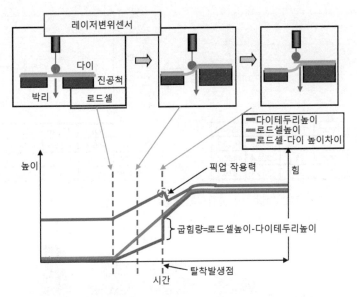

그림 9.67 다이픽업 메커니즘의 분석 (본문 p.377 참조)

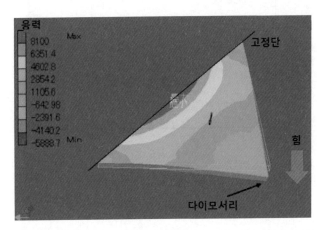

그림 9.69 다이 테두리에 작용하는 굽힘응력에 대한 3차원 시뮬레이션 (본문 p.378 참조)

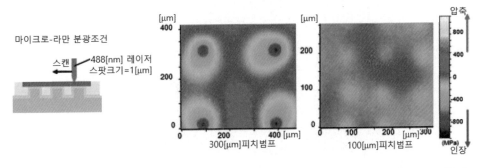

그림 9.87 더미 실리콘 범프 어레이에 의해서 유발되는 기계적 응력의 매핑 (본문 p.390 참조)

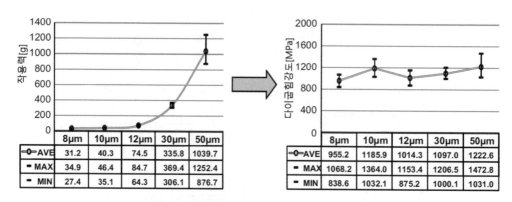

	8μm	10μm	12μm	30μm	50μm
AVE	31.2	40.3	74.5	335.8	1039.7
MAX	34.9	46.4	84.7	369.4	1252.4
MIN	27.4	35.1	64.3	306.1	876.7

	8μm	10μm	12μm	30μm	50μm
AVE	955.2	1185.9	1014.3	1097.0	1222.6
MAX	1068.2	1364.0	1153.4	1206.5	1472.8
MIN	838.6	1032.1	875.2	1000.1	1031.0

그림 9.92 외팔보식 굽힘시험 방법의 결과 (본문 p.394 참조)

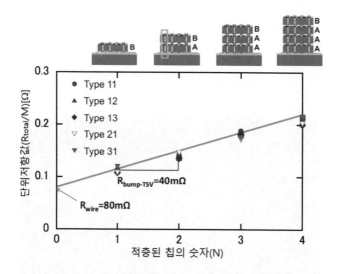

그림 9.96 적층된 칩의 숫자(N)와 단위저항(R_{total}/M) 사이의 상관관계 (본문 p.400 참조)

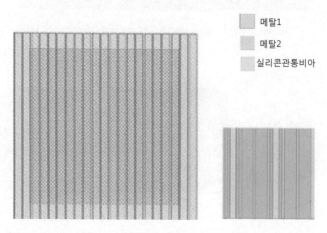

그림 9.122 로직 다이의 실리콘관통비아 레이아웃 (본문 p.427 참조)

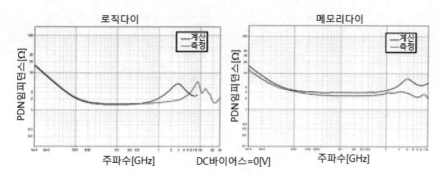

그림 9.131 메모리 다이와 로직 다이의 배전망 임피던스 (본문 p.432 참조)

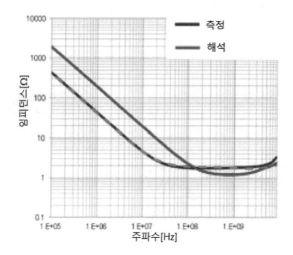

그림 9.132 실리콘 인터포저의 배전망 임피던스 측정결과와 해석결과 비교 (본문 p.432 참조)

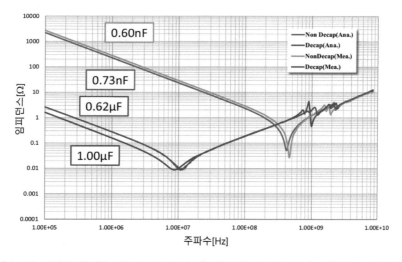

그림 9.133 패키지 내에서 배전망 임피던스 측정결과와 해석결과 비교 (본문 p.433 참조)

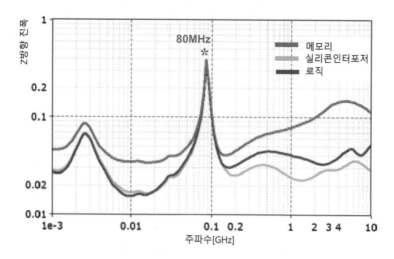

그림 9.134 배전망 임피던스 비교결과 (본문 p.433 참조)

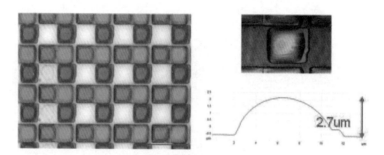

그림 9.151 컬러필터와 마이크로렌즈의 생성 (본문 p.446 참조)

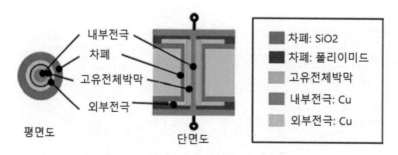

그림 9.154 실리콘관통비아 형태의 비동조 커패시터의 구조 (본문 p.448 참조)

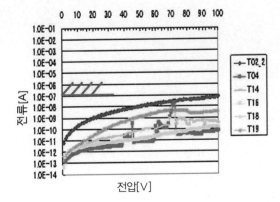

항목	목표	결과
전압[V]	>100	50
정전용량[pF/unit]	53	33

그림 9.156 시험요소그룹에 대한 평가결과 (본문 p.449 참조)

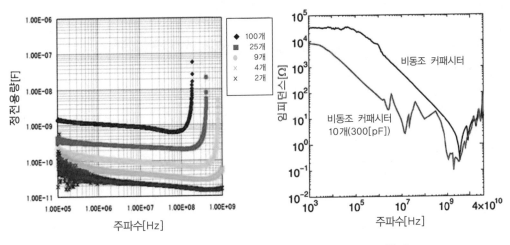

그림 9.160 비동조 커패시터칩의 주파수 특성 (본문 p.451 참조)

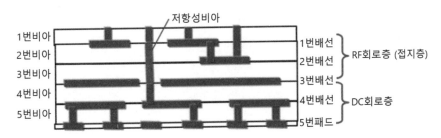

그림 9.168 저온 동시소성 세라믹의 층상 구조 (본문 p.459 참조)

찾아보기

ㅈ

저자 소개

콘도 가즈오 박사 오사카 부립대학교 화학공학과 교수이다. 1981년 일리노이 대학교에서 화학공학 박사학위를 취득하였다. 스미토모금속社, 홋카이도 대학교 그리고 오카야마 대학교에서 근무하였다. 200여 편의 연구논문을 발표하였으며, 100여 건의 특허를 보유하고 있다. 주 연구영역은 실리콘관통비아를 위한 구리 전기증착이지만, 연구영역은 전기증착뿐만 아니라 배터리과학과 화학기상증착까지 다양한 분야로 확장되어 있다. 전기화학협회, IEEE, 일본 화학공학협회, 일본 일렉트로닉스실장학회, 일본 표면기술협회, 일본금속학회, 일본전기화학회, 일본 응용물리학회의 회원이다.

카다 모리히로 산업기술총합연구소(AIST)의 초청연구원 및 오사카 부립대학교 시간제 연구원으로 근무하였다. 산업기술총합연구소와 대학에서 근무하기 전에는 초선단전자기술개발기구(ASET)에서 반도체 3차원 집적기술 연구개발 프로젝트를 총괄하였다. 또한 샤프社 선진 패키징개발부서 본부장으로 근무하였다. 1970년 후쿠이 대학교에서 응용물리학 학사학위를 취득하였다. 칩 스케일, 칩 적층 패키지, 3차원 패키지형 시스템 등을 중심으로 하는 반도체 패키징 분야에서 40년 이상의 경력을 가지고 있으며, 3차원 집적화 기술분야의 세계적인 개척자이다.

다카하시 켄지 박사 반도체 및 저장장치 기업인 도시바社 메모리 사업부 메모리 패키징 개발부서의 수석전문가이다. 1984년 동경대학교 화학공학과에서 석사학위를 취득하였으며, 2010년 큐슈대학교에서 정보과학 및 전기공학 박사학위를 취득하였다. 전문분야는 실리콘관통비아 기술을 중심으로 하는 반도체 패키징과 칩 패키징 상호작용 분야의 연구개발이다. 초선단전자기술개발기구(ASET)의 전자시스템 집적기술 연구부서의 연구부장으로 근무하였다. IEEE의 시니어 회원이며, 일본화학공학회, 일본전자정보통신학회 그리고 일본일렉트로닉스 실장학회의 회원이다.

역자 소개

장인배 교수

[학력 및 경력]

    서울대학교 기계설계학과 학사, 석사, 박사

    현 강원대학교 메카트로닉스공학전공 교수

[저서 및 역서]

    『표준기계설계학』(동명사, 2010)

    『전기전자회로실험』(동명사, 2011)

    『고성능 메카트로닉스의 설계』(동명사, 2015)

    『포토마스크 기술』(씨아이알, 2016)

    『정확한 구속: 기구학적 원리를 이용한 기계설계』(씨아이알, 2016)

    『광학기구 설계』(씨아이알, 2017)

    『유연 메커니즘: 플랙셔 힌지의 설계』(씨아이알, 2018)

    『유기발광다이오드 디스플레이와 조명』(씨아이알, 2018)

    『웨이퍼레벨 패키징』(씨아이알, 2019)

    『정밀공학』(씨아이알, 2019)

3차원 반도체

초판발행 2018년 10월 30일
초판 2쇄 2019년 11월 25일

저 자 콘도 가즈오, 카다 모리히로, 다카하시 켄지
역 자 장인배
펴 낸 이 김성배
펴 낸 곳 도서출판 씨아이알

책임편집 박영지, 최장미
디 자 인 송성용, 윤미경
제작책임 김문갑

등록번호 제2-3285호
등 록 일 2001년 3월 19일
주 소 (04626) 서울특별시 중구 필동로8길 43(예장동 1-151)
전화번호 02-2275-8603(대표)
팩스번호 02-2265-9394
홈페이지 www.circom.co.kr.

I S B N 979-11-5610-700-2 93560
정 가 32,000원